普通高等教育"十二五"规划教材

环 境 工 程 学

主 编 罗 琳 颜智勇
副主编 戴春皓 黄红丽

U0319768

北 京
冶金工业出版社
2018

内 容 提 要

本书分 3 篇，共 12 章，全面、系统地介绍了环境工程学的基本理论，特别是水污染控制工程、大气污染控制工程、固体废弃物的处置与管理以及物理污染防治技术的基本原理和方法；此外，还介绍了噪声、电磁辐射、放射性、振动、光、热等污染的防治技术；同时还从安全工程的角度分别介绍了水环境安全与风险、大气环境安全与风险以及危险废物的环境风险等内容。

本书可作为普通高等院校安全工程、环境科学、生态学等专业学生的教材，也可供相关领域的科技人员参考。

图书在版编目(CIP)数据

环境工程学/罗琳，颜智勇主编. —北京：冶金工业
出版社，2014.4（2018.6 重印）
普通高等教育"十二五"规划教材
ISBN 978-7-5024-6495-0

Ⅰ.①环… Ⅱ.①罗… ②颜… Ⅲ.①环境工程学—
高等学校—教材 Ⅳ.①X5

中国版本图书馆 CIP 数据核字（2014）第 060543 号

出 版 人 谭学余
地 址 北京北河沿大街嵩祝院北巷 39 号，邮编 100009
电 话 (010)64027926 电子信箱 yjcbs@cnmip.com.cn
责任编辑 陈慰萍 马文欢 美术编辑 吕欣童 版式设计 孙跃红
责任校对 卿文春 责任印制 牛晓波
ISBN 978-7-5024-6495-0
冶金工业出版社出版发行；各地新华书店经销；北京虎彩文化传播有限公司印刷
2014 年 4 月第 1 版，2018 年 6 月第 2 次印刷
787mm×1092mm 1/16；19.25 印张；464 千字；295 页
39.00 元

冶金工业出版社投稿电话：(010)64027932 投稿信箱：tougao@cnmip.com.cn
冶金工业出版社发行部 电话：(010)64044283 传真：(010)64027893
冶金书店 地址：北京东四西大街 46 号(100010) 电话：(010)65289081(兼传真)
（本书如有印装质量问题，本社发行部负责退换）

前　　言

"环境工程学"是高等院校环境类相关专业的一门主要课程。

在教育部高校本科专业目录中，环境工程与安全工程同属环境与安全类一级学科，它们之间相互交叉、相互渗透、紧密联系。通常，在安全科学与工程的研究中会涉及环境科学方面的知识，而在环境科学与工程的研究里也包含有安全学科相关知识。例如，生态环境安全既是环境科学与工程中的重要研究内容，也是安全工程中非常重要的研究内容，许多的环境应急事故也属于安全事故范畴。在很多企业中，安全与环境同属一个行政管理部门，设立有 HSE（Health，Safety，Environment）岗位。因此作为安全工程专业的学生学习一些基本的环境工程知识有利于搞好安全管理工作。

但从目前来看，安全工程专业学生学习"环境工程学"，大多采用环境工程专业的教材，而这类教材涉及的安全知识较少，尤其是没有从安全的角度去理解环境工程各主要技术和工艺。针对以上问题，本书根据安全专业的学生学习"环境工程学"的需求和特点进行编写，在编写中力求体现以下特点：

（1）注重基本理论与基本概念的阐述，明确物理概念，强调实际应用，深入浅出并突出重点。

（2）注重启发性。承上启下提出问题，引导读者建立解决问题的思路，培养读者主动学习与创新能力。

（3）便于自主学习。内容编排按照"基本概念→水污染控制工程→大气污染控制工程→固体废物污染控制工程→其他污染（噪声、电磁辐射、放射性、振动、光、热等）的防治技术"，清晰地展示环境工程学的构架与内容，方便读者自主学习与参考。

（4）针对安全工程专业学生学习"环境工程学"的需求和特点，从安全的视角，简洁系统地阐述环境工程的基本理论与基础知识，介绍环境工程领域涉及的安全问题以及相关政策与法规、注意事项和处理措施与技术等，让安全工程的学生毕业后在工作岗位上能合理应对环境事故。

（5）为了帮助读者牢固掌握基本内容，书中各章后都附有"复习思考题"。

本书由罗琳和颜智勇担任主编，戴春皓和黄红丽担任副主编。参加本书编写的还有彭慧、廖婵娟。杨仁斌主审了本书初稿。

由于编者水平有限，书中存在的缺点和不足，热忱欢迎读者批评指正。

编　者

2013 年 10 月

目　录

第1篇　水污染控制工程

第2篇　大气污染控制工程

第3篇　固体废物污染控制工程及其他污染防治技术

0 绪 论

0.1 安全工程与环境工程学

0.1.1 安全与环境的哲学基础

人是一种自然存在物，人类与外部自然界的万事万物同属大自然这一大家庭。人类在生存与发展中不断地与其本身之外的自然界发生物质与能量的交换；人的物质与精神活动在受到外部自然环境影响的同时，也会在一定程度上改变和影响人类的生存与发展。因此人类的安全与外部生态环境安全紧密相连，互相影响。

在人类的生产与生活当中，安全与环境二者同时存在。安全的生存环境和生产环境对人类的延续至关重要。从小的方面来说，人类的幸福需要有安全的环境来支撑；从大的方面来说，人类的生产和延续离不开安全的环境。但人类的生产和生活活动对环境造成了不同程度的损害，有些损害对环境的承受力是致命的，这就导致了不安全的环境。在现有技术水平条件下，人类追求生活质量的提高有些是以牺牲环境为代价的。

随着经济全球化和国际社会的发展，生态环境已经成为人的生存安全、健康安全乃至国家安全的突出问题。在我国建设生态文明和中华民族伟大复兴的过程中，安全保障与生态环境保护是重要的组成部分且必须协同发展。

0.1.2 安全工程与环境工程学的涵义

安全工程是以人类生产、生活活动中发生的各种事故为主要研究对象，综合运用自然科学、技术科学和管理科学等方面的有关知识和成就，辨识和预测生产、生活活动中存在的不安全因素，并采取有效的控制措施防止事故发生或减轻事故损失的工程领域。它是一门理、工、文、管、法、医等的大跨度、多学科交叉融合的工程性新兴综合学科。相关领域的发展和渗透，充实和丰富了安全工程的基础，拓宽和发展了其研究范畴，并促进其持续健康发展和具有长久生命力与创新力。安全工程是阐明事故发生及其预防规律的科学，并随着科技进步和社会发展而不断更新和发展。

随着人类物质文明的高度发展，国家、社会和个人对安全的依赖和企盼达到了前所未有的程度。安全工程实践的目的是为保证人们在生产和生活中，生命、健康和设备、财产、环境等不受或少受损害，提供直接和间接的保障。

环境工程学是环境科学的一个分支，又是工程学的一个重要组成部分。它脱胎于早期的土木工程、卫生工程、化学工程等学科，又融入了其他自然科学和社会科学的有关原理和方法，是一门运用环境科学、工程学和其他有关科学的理论和方法，研究保护和合理利用自然资源，控制和防治环境污染与生态破坏，以改善环境质量，使人们得以健康、舒适地生存与发展的学科，同时也是 21 世纪重点发展的战略性高新科技之一。

0.1.3　安全工程与环境工程学的联系

在教育部高校本科专业目录中，环境工程与安全工程同属环境与安全类一级学科。通常在安全工程的研究中会涉及一些环境科学方面的知识，环境工程的研究里也包含有安全相关知识。随着社会的不断发展，人们对环境和安全的认识不断加深，在相关领域的研究也不断深入，二者之间相互交叉、相互渗透、相互促进。

安全工程与环境工程都已是发展多年的学科，二者也都有其成熟的理论，怎么把这些成熟的理论用于指导我们的安全生产与环境保护，如何协调环境与安全是需要研究的重点。安全工程旨在解决生产生活中存在的潜在不安全环境，为人的生产生活创造环境的安全。而环境工程则旨在解决人类生产与生活过程中的环境污染，为人类创造安全的环境。安全工程与环境工程学是二者的有机结合，必然兼顾安全工程和环境工程所涉及的部分内容。现在的很多企业设立了 HSE［健康（Health）、安全（Safety）和环境（Environment）管理体系的简称］这个职位，也包括了环境和安全。

0.2　环境工程学的形成与发展

环境工程学是在人类保护和改善生产环境并同环境污染作斗争的过程中逐步形成的。这是一门历史悠久而又正在迅速发展的工程技术学科。

随着全球气候变化、自然灾害频发、环境污染和生态破坏等现象的出现，环境问题已成为制约经济、社会发展的关键因素。以问题导向、政策和产业驱动、学科交叉为特征的环境工程学，将作为应对上述诸多问题的学科扮演越来越重要的角色。

人们很早就认识到水对人类生存和发展的重要性。例如，早在公元前 2300 年前后，我国就创造了凿井取水技术，促进了村落和集市的形成。为了保护水源，还建立了持刀守卫水井的制度。这是人类开发和保护水源的早期记载。

在大气污染控制方面，在公元 61 年，古罗马哲学家塞内加曾将燃烧引起的空气污染问题称之为"烟囱劣行"。我国北宋时期著名科学家沈括也在其《梦溪笔谈》中描述过炭黑生产所造成的烟尘污染。这些都是人们对大气污染的早期认识，人们真正认识空气污染是在 18 世纪中叶工业革命之后。随着生产力的迅猛发展，煤和石油作为主要能源，其燃烧排放的大量一氧化碳、二氧化氮、二氧化硫和粉尘等在城市上空蓄积，严重的空气污染公害事件也接连发生，例如 20 世纪最早记录下的大气污染事件——比利时马斯河谷烟雾事件、20 世纪 40 年代发生在美国宾夕法尼亚州的多诺拉烟雾事件以及洛杉矶光化学烟雾事件。在 1952 年发生的"伦敦烟雾事件"，造成多达 12000 人丧生，英国也因此加速环境保护立法的进程。为消除工业生产造成的粉尘污染，美国在 1885 年发明了离心除尘器。进入 20 世纪以后，除尘、空气调节、燃烧装置改造、工业气体净化等工程技术逐渐得到推广应用。

在污水处理方面，我国在公元前 2000 年以前，已用陶土管修建地下排水道，并在明朝以前就采用明矾净水。古罗马则大约在公元前 6 世纪开始修建下水道。公元前 2500 年前，美索不达米亚文明时期也有过污水和雨水混合排放的记载。1804 年在苏格兰第一座慢滤池投入使用，它采用砂滤法净化自来水。在 1850 年，漂白粉被用于饮用水消毒，以防止水性传染病的流行。美国在 1852 年建立了木炭过滤的自来水厂。19 世纪后半叶，英国开始建立公共污水处理厂。第一座有生物滤池装置的城市污水处理厂建于 20 世纪初。1914 年出现了活性污泥法处理污水的新技术。

在固体废物处理方面，历史更为悠久。古希腊早在公元前 3000 年左右即开始用填埋法来处理城市垃圾。我国自古以来就利用粪便和垃圾堆肥施田。只不过在漫长的发展过程中，人类对固体废物的处理仅仅限于堆积和填埋而已，完全依靠大自然的作用对其进行消解。固体废物处理真正作为工程措施来考虑是在工业化以后。1822 年德国利用矿渣制造水泥。1874 年英国建立了垃圾焚烧炉。大规模生产所产生的大量废物必须集中处理，城市产生的大量生活垃圾必须排到远离生活区的地点，这些都是固体废物工程学发展的动因。到 20 世纪之后，随着城市化的不断扩大，工业生产的不断发展，城市垃圾和工业废物数量剧增，对其进行管理、处置和回收利用技术也不断取得成就，逐步形成环境工程学的一个重要组成部分。

在噪声控制方面，我国和欧洲一些国家的古建筑中，墙壁和门窗位置的安排都考虑了隔声的问题。20 世纪 50 年代起，噪声成为城市环境的公害之一。人们从物理学、机械学、建筑学等各个方面对噪声问题进行了广泛的研究，噪声控制技术取得了很大进展，建立了噪声控制的理论基础，形成了环境声学。

第二次世界大战后的半个多世纪，全球经济迅速发展，各种水处理新技术、新方法不断涌现，根据化学、物理学、生物学、地学、医学等基础理论，运用卫生工程、给排水工程、化学工程、机械工程等技术原理和手段，解决废气、废水、固体废物、噪声污染等问题，使单项治理技术有了较大的发展，逐渐形成了治理技术的单元操作、单元过程以及某些水体和大气污染治理工艺系统。20 世纪 60 年代中期，美国开始了技术评价活动，并在 1969 年的《国家环境政策法》中规定了环境影响评价的制度。至此，人们认识到控制环境污染不仅要采用单项治理技术，而且还要采取综合防治措施并进行综合的技术经济分析，以防止在采取局部措施时与整体发生矛盾而影响清除污染的效果。

在这种情况下，环境系统工程和环境污染综合防治的研究工作迅速发展起来。随后，陆续出现了环境工程学的专门著作，形成了一门新的学科——环境工程学。由于频繁发生的污染事件造成的危害引起了人们的广泛关注，人们认识到社会发展和环境污染治理并重的必要性和重要性，也使得环境工程学作为一门学科的发展获得了原动力。

环境工程学是环境学科和工程学科大跨度交叉与综合形成的应用学科，涉及领域十分广泛。环境要素的多样性、工程原理的复杂性、工程运行的专业性使之构成了一个复杂的学科体系。当今，驱动环境工程学理论体系日臻完善的根本原因也归结于日益突出的环境问题、国际社会和民众的高度关注以及科学技术的进步与发展。如何运用相关学科的理论与方法以及工程实践的经验来消除污染，实现既保护环境，又保护人类健康、安全与发展，同时持续发展经济的宏伟目标，是环境工程学进一步发展和完善的方向。

0.3　环境工程学的主要内容

迄今为止，人们对环境工程学这门学科还存在着不同的认识。有人认为，环境工程学是研究环境污染防治技术的原理和方法的学科，主要是研究废气、废水、固体废物、噪声以及对造成污染的放射性物质、热、电磁波等的防治技术；有人则认为环境工程学除了研究污染防治技术外还应包括环境系统工程、环境影响评价、环境工程经济和环境监测技术等方面的研究。

尽管对环境工程学的研究内容有不同的看法，但是从环境工程学发展的现状来看，其基本内容主要有大气污染防治工程、水污染防治工程、固体废物的处理和利用、环境污染综合防治、环境系统工程等几个方面。

作为一个庞大而复杂的各种基础理论和工程技术的融合体，环境工程学虽然现在达到了一定的规模和水平，但还远不能适应发展的需求。例如：进入 21 世纪，安全与环境科学的理论在不断发展，停留在过程化、表面化基础上的理论体系已经不能适应安全与环境科学技术发展的要求。因此，一个有着完整的、独立的研究对象，追求本质规律、能够适应现代生产方式和生活方式安全要求的学科理论体系正在逐步形成。这个科学称为安全与环境科学。从工厂技术的层次，它包括安全工程和环境工程，即运用安全学和环境科学直接服务于人类生产生活的技术方法（包括环境安全的预测、生产设计、生产施工、运转、监控、环境污染治理工程等技术）。

鉴于环境工程的复杂性和特殊性，以往的环境工程学理论存在着一定的局限性，本书融入了安全工程中的安全理念和分析方法，将环境工程学在环境污染防治工程方向的基本内容分为以下几个方面。

（1）水质净化与水污染控制工程。水质净化与水污染控制工程的主要任务是从技术和工程上解决预防和控制水污染的问题，同时提供保护水环境质量、合理利用水资源方法，满足不同用途和要求的用水的工艺技术和工程措施，以及风险评价和应急处置方法。其主要内容包括：水污染控制基础、水的物理化学处理方法、水的生物化学处理方法。

（2）大气污染控制工程。大气污染控制工程主要是研究大气污染物的种类和起因，并提供预防、控制和改善大气质量的工程技术措施，以及大气安全评价和应急处理。其主要内容包括：大气质量与大气污染、颗粒污染物控制、气态污染物控制。

（3）固体废物污染控制工程及其他污染防治技术。固体废物污染控制工程主要任务是从工程的角度，解决城市垃圾、农业废物、危险废物的处理处置、回收利用和管理的问题。其主要内容包括：固体废物的预处理技术、固体废物处理技术、固体废物处置技术。

其他污染防治技术主要论述了与人类生活密切相关的噪声、电磁、放射性、振动、光、热等要素的污染对人类的影响以及防范措施，将物理性污染的危害和防治的相关技术和发展动态呈现给读者，引起人们对物理性污染的认识和重视，并采取措施改善生存的物理环境，从而获得更好的生活质量。

复习思考题

0-1 阐述安全与环境两者之间的关系。

0-2 如何正确理解"安全工程与环境工程学"这门课程？

0-3 当代世界面临的主要安全与环境安全问题有哪些？

0-4 环境工程学研究的主要内容有哪些？

0-5 举例说明空气污染、水污染或者固体废物污染所带来的环境问题，并分析其原因。

第1篇

水污染控制工程

1　水污染控制基础

1.1　水的循环、污染与危害

1.1.1　地球上水的分布与循环

水是生命之源，是人类赖以生存的必不可少的最基本的物质条件，是地球上不可替代的自然资源。从表面上看，地球上的水量非常丰富，71%的面积被海洋覆盖，总水量约为14亿 km^3，它们分别以固态、液态、气态的形式分布于地球表面和大气圈、岩石圈、生物圈。然而，地球上总水量的97.47%是海水，人类难以利用。淡水资源量只占总水资源量的2.53%，且其2/3被冰川覆盖着，主要分布于地球的南北两极；只有0.26%的淡水资源可利用，它们分布于河川、湖泊、水际、沼泽、地下蓄水层、土壤、植物、大气层等。

目前，全球60%的国家和地区淡水不足，40多个国家缺水，65%的水域已经受到污染。预计到2025年，全球将有2/3的人口面临严重缺水的局面。随着水资源的日益匮乏和水环境的严重污染，人们越来越认识到：水是一种极其重要的经济及战略资源，是经济繁荣的保证，哪一个国家和地区缺少水资源，那么其国民经济的发展就会遇到种种困难；全球水资源短缺，并受到污染，不仅是一个技术和经济问题，而且是一个政治问题，更是未来国际社会稳定的一个重要因素。联合国在对全球范围内的水资源状况进行分析研究后发出警告："世界缺水将严重制约各国经济发展，可能导致国家间冲突"。在2002年南非召开的可持续发展世界高峰会议上，全体代表一致通过将水危机列为未来十年人类面临的最严重的挑战之一。全球缺水的地区无论在面积上还是在数量上正在继续扩大，淡水资源的可用性是当今人类所面临的主要问题之一。

地球上的水圈是一个永不停息的动态系统。在太阳辐射、冷却和地球引力的推动下，水在水圈内各组成部分之间的不停运动，构成全球范围的海陆间循环（大循环），主要过程有降水、径流、蒸发和蒸腾、渗透等，并把各种水体联系起来，使得各种水体能够长期存在。

海洋和陆地之间的水交换是这个循环的主线，意义最重大。在太阳能的作用下，海洋表面的水蒸发到大气中形成水汽，水汽随大气环流运动，一部分进入陆地上空，在一定条件下形成雨雪等降水；大气降水到达地面后转化为地下水、土壤水和地表径流，地下径流和地表径流最终又回到海洋，由此形成淡水的动态循环。这部分水容易被人类社会所利用，具有经济价值，正是人们所说的水资源。

1.1.2　水污染及其分类

水体是河流、海洋、湖泊、沼泽、水库和地下水等的统称。水体中不仅有水，也包括水体中的悬浮物、溶解物、水生生物和底泥等。1984 年，我国颁布的《水污染防治法》对"水污染"下了明确的定义，即水体因某种物质的介入，而导致其化学、物理、生物或者放射性等方面特征的改变，从而影响水的有效利用、危害人体健康或者破坏生态环境，造成水质恶化的现象称为水污染。

一般所称的水污染，主要是指排入水体的污染物在数量上超过了该物质在水体中的本底含量和自净能力，从而导致水体的物理特征、化学特征发生不良变化，破坏了水中固有的生态系统，破坏了水体的功能及其在人类生活和生产中的作用。水体污染主要是由工业废水、农药、生活污水以及各种固体、气体等废弃物排放所造成的。水体本身有着一定的自净能力。以河流为例，污水流入河流时，被流水混合、稀释和扩散，比水重的粒子就沉降存积在河床上；然后开始氧化过程，易氧化的物质被水中的氧气氧化，有机物通过水中微生物进行生物氧化分解；同时，河流的表面又不断地从大气中获得氧气，使所消耗的氧气得到补充。这样，经过一定时间，河水流到一定距离时，就恢复到原来的清洁状态。但对于很多人工合成的有机化合物和氰化物、重金属类、放射性物质等有毒物质，水体的自净作用则几乎没有。

从污染的来源划分，水的污染分为自然污染和人为污染。当前对人体危害较大的是人为污染。从污染的性质划分，水污染又可分为化学性污染、物理性污染和生物性污染三大类。

（1）化学性污染：污染杂质为化学物而造成的水体污染。化学性污染根据具体污染杂质可分为六类。

1）无机污染物质：污染水体的无机污染物质有酸、碱和一些无机盐类。酸碱污染使水体的 pH 值发生变化，妨碍水体自净作用，还会腐蚀船舶和水下建筑物、影响渔业。

2）无机有毒物质：污染水体的无机有毒物质主要是重金属等有潜在长期影响的物质，主要有汞、镉、铅、砷等元素。

3）有机有毒物质：污染水体的有机有毒物质主要是各种有机农药、多环芳烃、芳香烃等。它们大多是人工合成的物质，化学性质很稳定，很难被生物分解。

4）需氧污染物质：生活污水和某些工业废水中所含的碳水化合物、蛋白质、脂肪和酚、醇等有机物质可在微生物的作用下进行分解，但在分解过程中需要氧气，故称之为需氧污染物质。

5）植物营养物质：主要是生活与工业污水中的含氮、磷等植物营养物质以及农田排水中残余的氮和磷。

6）油类污染物质：主要指石油对水体的污染，尤其海洋采油和油轮事故污染最甚。

（2）物理性污染：由物质的物理性质引起的水体污染。

1) 悬浮物质污染：悬浮物质是指水中含有的不溶性物质，包括固体物质和泡沫塑料等。它们是由生活污水和垃圾、采矿、采石、建筑、食品加工、造纸等产生的废物排入水中或农田的水土流失所引起的。悬浮物质影响水体外观，妨碍水中植物的光合作用，减少氧气的溶入，对水生生物不利。

2) 热污染：来自各种工业过程的冷却水，若不采取措施，直接排入水体，可能引起水温升高、溶解氧含量降低、水中某些有毒物质的毒性增加等现象，从而危及鱼类和水生生物的生长。

3) 放射性污染：由于原子能工业的发展，放射性矿藏的开采，核试验和核电站的建立以及同位素在医学、工业、研究等领域的应用，使放射性废水、废物显著增加，造成一定的放射性污染。

(3) 生物性污染：主要是指病原性微生物造成的污染。生活污水，特别是医院污水和某些工业废水污染水体后，往往可以带入一些病原微生物。例如某些原来存在于人畜肠道中的病原细菌，如伤寒、副伤寒、霍乱细菌等都可以通过人畜粪便的污染而进入水体，随水流动而传播。一些病毒，如肝炎病毒、腺病毒等也常在污染水中发现。某些寄生虫病，如阿米巴痢疾、血吸虫病、钩端螺旋体病等也可通过水进行传播。防止病原微生物对水体的污染也是保护环境、保障人体健康的一大课题。

随着工业的进步和社会的发展，水污染日趋严重，成了世界性的头号环境治理难题。早在18、19世纪，英国、德国等西方国家就因为只注重工业发展，而忽视了水资源的保护，导致了大量水体遭到污染。水污染主要由人类活动产生的污染物而造成的，它包括工业污染源、农业污染源和生活污染源三大部分。工业废水为水域的重要污染源，具有量大、面广、成分复杂、毒性大、不易净化、难处理等特点。农业污染源包括牲畜粪便、农药、化肥等。农药污水中，一是有机质、植物营养物及病原微生物含量高，二是农药、化肥含量高。生活污染源主要是城市生活中使用的各种洗涤剂和污水、垃圾、粪便等，多为无毒的无机盐类，生活污水中含氮、磷、硫多，致病细菌多。

1.1.3　水污染的危害

(1) 水污染对人体的危害。人体在新陈代谢的过程中，把水中的各种元素通过消化道带入人体的各个部分。当水中缺乏某些或某种人体生命过程所必需的元素时，就会影响人体健康。例如，有些地区水中缺碘，长期饮用这种水，就会导致"大脖子病"，也即医学上所称的"地方性甲状腺肿"。当水中含有有害物质时，对人体的危害更大。致癌物质可以通过食用受污染的食物（粮食、蔬菜、鱼肉等），带入人体，还可以通过饮水进入人体。据调查，饮用受污染水的人，患肝癌和胃癌等癌症的发病率要比饮用清洁水的高出61.5%左右。当含有汞、镉等元素的污水排入河流和湖泊时，水生植物就把汞、镉等元素吸收和富集起来；鱼吃水生植物后，汞、镉等元素又在鱼体内进一步富集；人吃了中毒的鱼后，汞、镉等元素便在人体内富集，使人患病而死亡。这样，从"水生植物→水生小动物→小鱼→大鱼→人体"，形成了一条食物链，人体最后成了汞、镉等元素的"落脚点"。

(2) 水污染对水生生物的危害。水中生活着各种各样的水生动物和植物。生物与水、生物与生物之间进行着复杂的物质和能量的交换，在数量上保持着一种动态的平衡关系。

但在人类活动的影响下，这种平衡遭到了破坏。当人类向水中排放污染物时，一些有益的水生生物会中毒死亡，而一些耐污的水生生物会加剧繁殖，大量消耗溶解在水中的氧气，进一步使有益的水生生物因缺氧被迫迁栖它处，或者死亡。特别是有些有毒元素，既难溶于水又易在生物体内累积，对人类造成极大的伤害。如汞在水中的含量是很低的，但在水生生物体内的含量却很高，在鱼体内的含量更是高得出奇。假定水体中汞的浓度为1，那么水生生物中的底栖生物（指生活在水体底泥中的小生物）体内汞的浓度为700，而鱼体内汞的浓度高达860。由此可见，当水体被污染后，一方面导致生物与水、生物与生物之间的平衡受到破坏，另一方面一些有毒物质不断转移和富集，最终危及人类自身的健康和生命。

（3）水污染对工农业生产的影响。工农业生产不仅需要有足够的水量，而且对水质也有一定的要求。若水质不达标，会对工农业造成很大的损失：一是使工业设备受到破坏，严重影响产品质量；二是使土壤的化学成分改变，肥力下降，导致农作物减产和严重污染；三是增加污水处理费用。

1.2 水 质 指 标

水质指标是用来准确地反映水体被污染的程度、描述水质状况的一系列标准，是判断和综合评价水体质量并对水质进行界定分类的重要参数。水质指标大致可分为物理性水质指标、化学性水质指标、生物性水质指标和放射性水质指标。

1.2.1 物理性水质指标

1.2.1.1 感官物理性指标

（1）温度。水的许多物理特性、物质在水中的溶解度以及水中进行的许多物理化学过程都和温度有关。地表水的温度随季节、气候条件变化而有不同程度的变化，通常为0.1~30℃。地下水的温度比较稳定，通常为8~12℃；工业废水的温度与生产过程有关；饮用水的温度在10℃比较适宜。

（2）颜色和色度。颜色有真色和表色之分。真色是由于水中所含溶解物质或胶体物质所致，即除去水中悬浮物质后所呈现的颜色。表色包括由溶解物质、胶体物质和悬浮物质共同引起的颜色。一般只对天然水和饮用水作真色的测定。测定可采用铂钴标准比色法，即用氯铂酸钾 K_2PtCl_6 和氯化钴 $CoCl_2 \cdot 6H_2O$ 配制的混合溶液作为色度的标准溶液，测定水样时，将水样颜色与一系列具有不同色度的标准溶液进行比较或绘制标准曲线在仪器上进行测定。规定1L水中含有2.491mg K_2PtCl_6 及2.00mg $CoCl_2 \cdot 6H_2O$ 时，即Pt的浓度为1mg/L时所产生的颜色为1度。

对废水和污水的颜色常用文字描述，如定性的或深浅程度的一般描述。必要时辅以稀释倍数法：在比色管中将水样用无色清洁水稀释成不同倍数，并与液面高度相同的蒸馏水作比较，取其刚好看不见颜色时的稀释倍数者，即为色度。

（3）浑浊度。水由于含有悬浮及胶体状态的杂质而产生浑浊现象，其浑浊程度可以用浑浊度来表示。浑浊度是一种光学效应，表示光线透过水层时受到阻碍的程度，与颗粒的数量、浓度、尺寸、形状和折射指数等有关。

将水样与用精制硅藻土或白陶土配置的系列浊度标准溶液进行比较，来确定水样的浊度。规定 1000mL 水样中含有 1mg 一定粒度的硅藻土或白陶土所产生的浊度为 1 个浊度单位，简称"度"。

1.2.1.2　其他物理性指标

（1）总固体：水样在 103～105℃下蒸发干燥后所残余的固体物质总量，也称蒸发残余物。

（2）悬浮性固体和溶解固体：水样过滤后，滤样截留物蒸干后的残余固体量称为悬浮性固体（SS），滤过液蒸干后的残余固体量称为溶解固体（DS）。

（3）挥发性固体和固定性固体：在一定温度下（600℃）将水样中经蒸发干燥后的固体灼烧而失去的重量称为挥发性固体（VS），可反映固体中有机物的含量。灼烧后残余物质的重量称为固定性固体（FS）。

（4）电导率：水中溶解的盐类均以离子状态存在，具有一定的导电能力，因此电导率可以间接地表示出溶解盐类的含量（含盐量表示水中各种溶解盐类的总和），是水的纯净程度的一个重要指标。电导率是指一定体积溶液的电导，即在 25℃ 时面积为 $1cm^2$、间距为 1cm 的两片平板电极间溶液的电导，单位有 mS/m 或 μS/cm。水越纯净，含盐量越少，电阻越大，电导率越小。超纯水几乎不能导电。电导率的大小等于电阻值的倒数，其受溶液浓度、离子种类及价态和测量方法的影响。

1.2.2　化学性水质指标

1.2.2.1　一般化学性水质指标

（1）pH。pH 是重要的水质指标之一。一般天然水体的 pH 值在 6.0～8.5 之间。其测定可用试纸法、比色法和电位法。试纸法虽简单，但误差大；比色法用不同的显色剂进行，不方便；电位法用酸度计进行测定，是测定 pH 值的最常用方法。

（2）硬度。水中有些金属阳离子，同其他离子结合在一起，在水被加热的过程中，由于蒸发浓缩，容易形成水垢，附着在受热面上而影响热传导，这些金属离子的总浓度称为水的硬度。致硬金属离子有：钙、镁离子，铁、锰、锶等二价阳离子，铝离子、三价铁离子。

碳酸盐硬度由钙镁的碳酸盐、重碳酸盐所形成，可经煮沸而除去，即暂时硬度。

$$Ca(HCO_3)_2 \Longrightarrow CaCO_3 \downarrow + CO_2 \uparrow + H_2O$$

非碳酸盐硬度由钙、镁的硫酸盐、氯化物等形成，不受加热的影响。即永久硬度。

$$总硬度 = 钙硬度 + 镁硬度 = 碳酸盐硬度 + 非碳酸盐硬度$$

硬度的单位为 mmol/L、mg/L（以 $CaCO_3$ 计）。

（3）碱度。水中能与强酸发生中和反应的全部物质（包括各种强碱、弱碱、强碱弱酸盐和有机碱等）即水接受质子的能力称为碱度。天然水中的碱度主要由 CO_3^{2-}、HCO_3^-、OH^-、$HSiO_3^-$、$H_2BO_3^-$、HPO_4^- 和 HS^- 等引起。其中 CO_3^{2-}、HCO_3^-、OH^- 是主要的致碱度阴离子。

（4）溶解氧（DO）。常温下水中氧的饱和量在 4～14mg/L。海水中的含氧量为淡水的 80%。溶解氧可用碘量法或溶解氧测定仪进行测定。

1.2.2.2 氧平衡指标

（1）生化需氧量（BOD）。生化需氧量是指在人工控制的一定条件下，水样中的有机物在有氧的条件下被微生物分解所消耗的溶解氧量。BOD愈高，反映有机耗氧物质的含量也愈高。

目前多数国家采用5天（20℃）作为测定的标准时间，所测结果称为5日生化需氧量，以BOD_5表示。

生化需氧量BOD_5能真实反映微生物降解有机物所需要的氧量，但它的测定时间较长，对指导实践不够迅速及时。另外，有些工业废水不具备微生物生活所需的营养物或者含有抑制微生物生长繁殖的物质，因此，它的应用受到了一定的限制。

（2）化学需氧量（COD）。在酸性条件下，水中各种有机物质与外加的强氧化剂（$K_2Cr_2O_4$、$KMnO_4$）作用时所消耗的氧化剂量，折算成氧（O）的mg/L表示。

按氧化剂的不同，化学需氧量可分为重铬酸钾需氧量和高锰酸钾需氧量。

1）重铬酸钾需氧量（也称重铬酸钾指数化学需氧量COD_{Cr}）：在强酸性条件下，加热回流2h（有时加入催化剂），使有机物质与重铬酸钾充分反应。此法可将水中绝大多数有机物质氧化，但对于苯、甲苯等芳香烃类化合物较难氧化。重铬酸钾的氧化能力强于高锰酸钾，因此二者测得的COD值是不同的。在污水处理中，通常采用重铬酸钾法。

2）高锰酸钾需氧量（也称高锰酸盐指数COD_{Mn}）：不能代表水中有机物的全部含量，一般水中不含氮的有机物质在测定条件下易被高锰酸钾氧化，而含氮的有机物就难分解。它一般用于测定天然水和含容易被氧化的有机物的一般废水。

化学需氧量测定具有时间短、不受水质限制的特点，但由于氧化剂氧化有机物时，也能氧化部分还原性无机物质（但不包括硝化所需要的氧量），因此，它不能像BOD_5那样表示出可被微生物氧化的有机物的数量。当水中存在有毒物质，或无法测出其BOD_5值时，则只能用COD来表示。某一水样BOD_5与COD的比值是衡量污水可生化性的一项主要指标，比值越高，可生化性越好，一般认为该值大于0.3即为可生化的。对于成分比较固定的污水，BOD_5值与COD值保持着一定的相关关系。

（3）总有机碳（TOC）。总有机碳表示水中所有有机污染物的总含碳量，是评价水中有机污染物质的一个综合指标。在900~950℃高温下，以铂为催化剂，使水样汽化燃烧，有机碳即氧化成CO_2，测定所产生的CO_2量，在此总量中减去碳酸盐等无机碳元素含量，即可求出水样中的TOC。

（4）总需氧量（TOD）。在特殊的燃烧器中，以铂为催化剂，在900℃高温下使一定量的水样汽化，其中有机物燃烧变成稳定的氧化物时所需的氧量，结果以氧（O）的mg/L表示。

TOD比BOD、COD更接近于实际需氧量。一般认为TOD是真正的有机物完全氧化的总需氧量。

总之，有的水质指标是水中某一种或某一类杂质的含量，直接用其浓度表示，如某种重金属和挥发酚；有些是利用某类杂质的共同特性来间接反映其含量的，如BOD、COD等；还有一些指标是与测定方法直接联系的，常有人为任意性，如浑浊度、色度等。水质指标是不断发展的，其合理拟定有待根据生产和环境科学的发展逐步完善。

1.3 水质标准和污水排放标准

在保护水资源，控制水污染中，有关部门制定了各种水质质量标准及污水排放标准。

1.3.1 水质标准

水质标准是依据人类对水体的使用要求制定的。其涉及范围有以下几个方面：饮用水、公共给水、工业用水、农业用水、渔业用水、游览、航运、水上运动等。由于各类水体所服务的对象和内容不同，因此，对水体水质的要求也不同。一般饮用水、公共用水水源和游览用水等要求水质较高；农业、渔业用水水质则以不影响动植物生长和不使动植物体内残毒超标为限；工业用水水源要满足生产用水的要求；而只用于航运等的水体则对水质的要求相对较低。根据人类对自然水体的使用要求，我国已颁布了《地表水环境质量标准》（GB 3838—2002）、《海水水质标准》（GB 3097—1997）、《农田灌溉水质标准》（GB 5084—2005）、《国家渔业水质标准》（GB 11607—1989）等。

1.3.2 污水排放标准

污水排放标准是依据水体的环境容量和现代的技术经济条件而制定的。要防止水体的污染，保持水体达到一定的水质标准，必须对排入水体的污染物的种类和数量进行严格的控制。因此，必须制定严格的排水水质标准。

污水排放标准有全国性的，也有地区性的或行业性的。地区性或行业性标准只适用于相应的地区或行业。我国已颁布了很多全国性的、行业性的以及一些地区性的污水排放标准。

《污水排入城镇下水道水质标准》（CJ 343—2010）于2010年7月发布，并于2011年1月1日正式实施。该标准相应地严格了多项污染物控制指标，新增了12项控制项目，取消了1项控制项目（总锑），并将原有的2个等级改为3个等级（A级、B级、C级），对保护环境、控制污染物排放量具有重要的作用。与CJ 3082—1999相比，CJ 343—2010对TDS、硫酸盐排放限值从单级要求（分别为2000和600mg/L）提高为3级要求（TDS的A级为1600mg/L、B级为2000mg/L、C级为2000 mg/L；硫酸盐A级为400mg/L、B级为600mg/L、C级为600mg/L），并增加了氯化物A级500mg/L、B级600mg/L和C级800mg/L的要求。CJ 3082—1999规定的TDS和硫酸盐排放限值，是针对直接排放入环境的要求；而CJ 343—2010规定的TDS、硫酸盐和氯化物排放限值，是针对间接排放入城镇下水道，再进入城镇污水处理厂的要求。

《城镇污水处理厂污染物排放标准》（GB 18918—2002）由国家环境保护总局科技标准司2001年提出，2002年12月27日由国家环境保护总局和国家技术监督检验总局批准发布，2003年7月1日正式实施。本标准是专门针对城镇污水处理厂污水、废气、污泥污染物排放制定的国家专业污染物排放标准，适用于城镇污水处理厂污水排放、废气的排放和污泥处置的排放与控制管理。根据国家综合排放标准与国家专业排放标准不交叉执行的原则，本标准实施后，城镇污水处理厂污水、废气和污泥的排放不再执行综合排放标准。污水处理厂噪声控制仍执行国家或地方的噪声控制标准。对城镇居民小区、郊区村镇、居民点、工业企业内的居住区的生活污水处理设施污染物排放控制也按本标准执行。

1.4　污染物在水体中的迁移与转化

1.4.1　水体的自净作用

以河流为例，河流的自净作用是指河水中的污染物质在河水向下游流动中的过程浓度自然降低的现象。这种现象从净化机制来看，可分为物理净化、化学净化和生物净化。

（1）物理净化：是指河水中的污染物质由于稀释、扩散、沉淀等作用而浓度降低的过程。其中稀释作用是一项重要的物理净化过程。

（2）化学净化：是指河水中的污染物质由于氧化、还原、分解等作用而浓度降低的过程。

（3）生物净化：是指由于水中生物活动，尤其是水中微生物对有机物的氧化分解作用而引起的污染物质浓度降低的过程。

河流自净作用包含着十分广泛的内容，而在实际中这些作用又常相互交织在一起。因此在具体情况下，研究工作中必然有所侧重。

1.4.1.1　污水排入河流的混合过程

（1）竖向混合阶段。污染物排入河流后因分子扩散、湍流扩散和弥散作用逐步向河水中分散，由于一般河流的深度与宽度相比较小，所以首先在深度方向上达到浓度分布均匀。从排放口到深度上达到浓度分布均匀的阶段称为竖向混合阶段。在竖向混合阶段也存在着横向混合作用。

（2）横向混合阶段。当深度上达到浓度分布均匀后，在横向上还存在混合作用。经过一定距离后污染物才在整个横断面达到浓度分布均匀，这一过程称为横向混合阶段。

（3）断面充分混合后阶段。在横向混合阶段后，污染物浓度在横断面上处处相等。河水向下游流动的过程中，持久性污染物浓度将不再变化，非持久性污染物浓度将不断减少。

1.4.1.2　水体的氧平衡

需氧污染物排入水体后即发生生物化学分解作用，在分解过程中消耗水中的溶解氧。在受污染水体中，有机物的分解过程制约着水体中溶解氧的变化过程。这一问题的研究，对评价水污染程度，了解污染物对水产资源的危害和利用水体自净能力，都有重要意义。

图 1-1 表示一条被污染河流中生化需氧量和溶解氧的变化曲线。受污染前，河水中的溶解氧一般亏氧很少，有时甚至是饱和的。在受到有机污染后，开始时，河水中有机物大量增加，好氧分解剧烈，吸收大量的溶解氧（耗氧或消氧），同时河流又从水面上获得氧气（复氧）。这时，耗氧速度大于复氧速度，河水中的溶解氧迅速下降。随着有机物因被分解而减少，耗氧速度减慢，在最缺氧

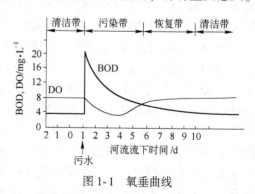

图 1-1　氧垂曲线

点，耗氧速度等于复氧速度。此后耗氧速度小于复氧速度，河水中的溶解氧逐渐回升，最后河水溶解氧恢复或接近饱和状态。这一过程中 DO 曲线呈下垂状，称为溶解氧下垂曲线（简称为氧垂曲线）。

在图 1-1 中，根据 BOD 与 DO 曲线，该河可划分为污水排入前的清洁水区、排入后的水质污染恶化区和恢复区、恢复后的清洁水区。氧垂曲线可反映废水排入河流后溶解氧的变化情况（也表示河流的自净过程），也可反映最缺氧点的位置及其溶解氧含量。

1.4.2　污染物在不同水体中的迁移转化规律

污染物排入河流后，在随河水往下游流动的过程中受到稀释、扩散和降解等作用，浓度逐步减小。污染物在河流中的扩散和分解受到河流的流量、流速、水深等因素的影响。大河和小河的纳污能力差别很大。

河口是指河流进入海洋前的感潮河段。一般以落潮时最大断面的平均流速与涨潮时最小断面的平均流速之差等于 0.05m/s 的断面作为河口与河流的分界。河口污染物的迁移转化受潮汐影响，受涨潮、落潮、平潮时的水位、流向和流速的影响。污染物排入后随水流不断回荡，在河流中停留时间较长，对排放口上游的河水也会产生影响。

湖泊、水库的贮水量大，但水流一般比较慢，对污染物的稀释、扩散能力较差。污染物不能很快地和湖、库的水混合，易在局部形成污染。当湖泊和水库的平均水深超过一定深度时，水温变化使湖（库）水产生温度分层，在季节变化时易出现翻湖现象，湖底的污泥翻上水面。

海洋虽有巨大的自净能力，但是海湾或海域局部的纳污和自净能力差别很大。此外，污水的水温较高，含盐量少，密度较海水小，易于浮在表面，在排放口处易形成污水层。

地下水埋藏在地质介质中，其污染是一个缓慢的过程，但其一旦污染要恢复原状非常困难。污染物在地下水中的迁移转化受对流与弥散、机械过滤、吸附与解吸、化学反应、溶解与沉淀、降解与转化等过程的影响。

1.5　水环境安全与风险

1.5.1　水环境安全

环境是指以人类为中心或为主体的，与人类生存、发展和享受有关的一切外界有机和无机的物质、能量及其功能的总体，主要指的是自然环境。环境、资源和生态三者之间有着非常密切的关系。水是人类不可缺少的自然资源，它对人类社会的繁荣与发展有着重要的支撑和保障作用。伴随着科技的进步和经济的发展，人类对水的需求逐渐增多，同时也不可避免地产生了水环境污染问题。水资源的有限、水质的破坏等问题，引起了人类对水问题的关注。水环境安全问题不仅是生态环境的问题，也是直接关系到国家安全的经济问题和政治问题。

水环境安全的概念水被视为"生命之源"，人们一天也离不开水。城市的兴起与扩大，特别是人口的剧烈增长和工业的发展，水的安全问题也相伴而生。首届亚太地区水资源峰会于 2007 年 12 月 3 日在日本南部大分县别府市召开，联合国秘书长潘基文向峰会发去了录像致辞。他表示，目前全球尤其是亚洲正遭受严重的水资源危机，各国对水资源的争夺有可能引发战争。缺水已成为当今世界面临的一大难题。伴随着环境安全成为科研热点，水环境安全作为一个更新的研究方向，正方兴未艾。

水环境安全有别于通常所说的水资源安全，虽然水环境安全的主要内容也是指水多、水少、水脏的问题，但它更强调的是把水作为一个环境要素，强调水环境是一个完整的生态系统，是水量与水质的统一体，包括地表水环境和地下水环境，是从环境学角度的动态的概念，而不是资源学角度的一种为人类利用的概念。综上所述，水环境安全的概念应该定义为：水体保持一定的水量、安全的水质条件以维护其正常的生态系统和生态功能，保障水中生物的有效生存，周围环境处于良好状态，使水环境系统功能可持续正常发挥，同时能较大限度地满足人类生产和生活的需要，使人类自身和人类群际关系处于不受威胁的状态。

水环境安全的内涵主要包括自然型水环境安全（如干旱、洪涝、河流改道等）和人为型水环境安全（如水量短缺、水质污染、水环境破坏等）。其外延指的是由水环境安全引发的其他安全，如粮食安全、经济安全和国家安全等。

由于自然的原因，如水资源时空分布不均导致的干旱与洪涝灾害、降雨变化等导致的断流等等都属于自然型的水环境安全。对于人类系统而言，人类在利用水资源的过程中，不顾及水环境承载力，过度开发，挤占生态用水，破坏生态环境，造成水环境的破坏，引起水量短缺、水质污染等问题，属于人为型的水环境安全。

目前造成全国水污染严峻形势主要有三大原因：一是由于粗放型经济增长方式没有根本转变，污染物排放量大，大大超过水环境容量；二是生态用水缺乏，目前，黄河、海河、淮河水资源开发利用率都超过50%，其中海河更是高达95%，超过国际公认的40%的合理限度，严重挤占生态用水；三是水污染防治立法不够健全，处罚力度小，执法不够有力，干部群众的环保意识和守法意识不高。因此，国家将从五个方面加强水环境保护、保障水安全：优先保护饮用水源地水质；以划定城市和农村生活饮用水水源地为重点，组织制定全国城市和农村水源地保护规划，特别是要加快广大农村集中式水源地的划定工作；防治乡镇企业和农业面源污染水源地；在水源地保护区内严格限制各项开发活动；一级保护区内，禁止一切排污行为和对水源地有影响的旅游和水产养殖等活动。

1.5.2   水环境风险识别与防范

研究流域水环境污染潜在风险，首先应弄清被污染的对象是什么。受污染的要素很多，研究流域水环境潜在环境风险，应以流域地表水体为污染的受体，也即流域内水环境污染的终结，进而以保护地表水水体为目标和出发点，追溯可能造成地表水体受污染的风险源及风险因素，并将流域的空间范围作为一个整体进行研究、开展风险的识别和防范以及污染监控预警体系的建立。

1.5.2.1   流域水环境潜在环境风险的识别

A   识别范围

在流域存在的所有工业污染源、农业污染源、城市污染源以及交通污染源等都应列入流域水环境潜在环境风险识别的调查范围。流域的空间范围根据保护目标和环境管理的需要确定，其范围可大可小，可以是河流的一条支流或干流，可以是河流重点控制断面以上一定范围的流域，可以是一个水库、湖泊，可以是一个行政区域内的流域，也可以是跨行政区间的流域。

B 识别内容

（1）一般性污染源的调查识别。一般性污染源的调查识别应包括污染源的排污节点、排污量、排污浓度、主要污染因子、排放浓度、排污口的位置及其与河流的距离。一般性污染源的调查识别，对于流域环境风险防范，一定要抓住事物的主要方面；对于排污量大、污染物毒性强、污染成分复杂、对流域地表水的利用造成一定威胁的排污单位要进行翔实的调查。

（2）事故性风险源的调查识别。事故性风险源的调查识别通常为针对有毒有害和易燃易爆物质在生产、使用、储存过程中可能发生的突发性污染事件及事故所造成的人身伤害与环境影响。对这类风险源的调查应依据环境影响评价报告书内容确定，并在此基础上进行核实。重点要进行物质风险识别和生产设施风险识别。物质风险性识别包括企业所涉及的原辅材料、中间品、产品及"三废"污染物；生产设施风险性识别主要对生产装置、储运系统、公用和辅助工程，逐一划分功能单元，对风险程度进行判定。事故性风险源是流域内环境风险的潜在隐患，但由于这些风险源往往与企业的安全生产相关，而易被环保管理所忽视，使得在日常管理中缺乏基础资料。因此，事故性风险源识别与调查更应得到加强，要在全面调查事故性风险源的基础上，建立动态数据库。如化工企业的原辅材料，有些是危险化学品，环保部门应掌握这些危险化学品的来源、运输情况、储存情况、使用量、发生事故的性质、对周围环境产生的影响、现有防范措施以及应急预案，以上这些内容都是流域环境风险调查识别的重点内容。

C 识别方法

流域水环境风险的识别调查，首先应利用现有资料，包括环境统计资料、污染源普查资料、排污许可证资料、"三同时"验收资料和环境影响评价资料等，利用上述资料，结合历史上曾发生过的污染事故和对环境造成的影响，确定流域水环境风险源。

D 现场调查

在利用现有资料调查的基础上确定所有风险源，筛选出主要风险源，对这些主要风险源进行现场调查，做进一步的核实。对于风险物质的量，必要时利用物料衡算法进行核实。现场调查过程中，力争做到详尽，相关问题一定要记录在案。

1.5.2.2 流域水环境潜在环境风险的防范

防范流域水环境潜在环境风险时，应将流域范围作为一个整体统筹考虑，在调查识别的基础上找出问题的症结，做到点面结合，防范目标明确，防范措施合理，保证达到预期的防范效果。

环境污染的防治规划一般注重常规污染物的防治，潜在环境风险的防范有其特殊性和针对性。区域环境风险防范应着重于流域内可能发生的较大污染事故的防范，它有可能造成一定的环境破坏或人身的伤害；此外，更应着眼于流域内可能存在的风险源的防范，这些风险源可能引发燃烧、爆炸和泄漏，进而引起外环境的意外环境污染事故。虽然污染事故具有偶然性，但其防范有一定的规律，因此，在流域污染防范规划中应增加必要的环境风险防范的内容。

　　目前大部分流域范围内都实施了水污染集中处理，大中型城市、重点流域的县级城市都建设了污水处理厂，这样巨额投资建立的污染处理设施，在保证流域水环境防治方面起到了不可低估的作用。在未来应使其在水环境潜在环境风险防范中发挥更重要作用。比如，流域内显而易见的农田污染，是流域内一个不可忽视的潜在环境风险，污水处理厂的建立，至少在消除农田污染方面起到了某方面的作用：减小了农田污染的几率。一般讲习惯性长期的农田污灌，容易形成某些污染物在土壤中的累积，最终导致一些农作物有害因子超标。某些不合理的污灌可能造成土壤的板结。甚至在流域内一种主导性特征污染物存在时某些常规污染物起到了协同作用。水污染集中处理要在流域水环境潜在风险防范中发挥更大作用，关键在于水污染集中处理不但要在处理 NH_3-N、COD 方面起作用，而且要在消除特征污染方面也起作用。一方面，污水处理厂在接纳工厂污水方面提出要求，将特征污染物在进入污染处理厂前破坏掉；另一方面污水处理厂要针对流域内的污水特点，探索工艺中可能消除特征污染物的方法。

　　流域内可能存在的引发燃烧、爆炸及泄漏的风险，说到底是一个安全问题，但事故一旦发生，就会引发外环境的污染或破坏，必然和环保部门相关联，对于这类事故环保部门是难以逃脱干系。环保部门要变被动为主动，做好应做的工作。首先要掌握流域内风险源的情况，这就是前面提到的风险源的识别和调查，对于这项工作一定要提到议事日程，不能觉得环保部门只能管废弃物，涉及原料、中间品和产品以及设备设施就不是应该过问的事情，如果这样，在流域水环境风险防范上就会出现盲目性。其次是抓好环境应急方案的编制和演练。环境应急预案要具有针对性、可操作性，预案相关的组织机构、保障措施、物质供应、监测监控条件等都要一一保障。企业也要开展应急演练，通过演练，熟悉应急规程，及早发现存在的问题。

1.5.3　水环境安全评价

　　综合指数评价法是指在确定一套合理的经济效益指标体系的基础上，对各项经济效益指标个体指数加权平均，计算出经济效益综合值，用以综合评价经济效益的一种方法。它是将一组相同或不同指数值通过统计学处理，使不同计量单位、性质的指标值标准化，最后转化成一个综合指数，以准确地评价工作的综合水平。综合指数值越大，工作质量越好，指标多少不限。

　　综合指数法为企业间综合经济效益评比提供了依据。各项指标的权数是根据其重要程度决定的，体现了各项指标在经济效益综合值中作用的大小。综合指数法的基本思路则是利用层次分析法计算的权重和模糊评判法取得的数值进行累乘，然后相加，最后计算出经济效益指标的综合评价指数。

1.5.4　水环境安全事故应急处理

　　近年来，随着社会经济的高速发展和人口的不断膨胀，我国环境污染问题日益严重。河流和湖泊的污染状况尤为严重，突发性水环境安全事故时有发生，不仅给我国的经济、社会和生态环境造成了不可估量的损失，而且也威胁着我国水环境质量。如 2005 年松花江污染事件、2007 年太湖蓝藻暴发事件、2009 年盐城水污染事件等一系列重特大水环境突发事件频发，引起了政府的高度重视及社会的广泛关注。面对日益稀缺的水资源，如何在事故发生后及时控制污染，保障用水安全，将损失降至最低程度是环保部门应该思考的问题。环境污染事故的应急处置，不但要快速了解事故类型，还要快速了解事故的发生地点、污染范围、可能的扩散面积等空间信息。

水环境安全事故是指水体因一种或多种物质非正常突然的介入，而导致其化学、物理、生物等方面特性的改变，造成水质急剧恶化的现象，进而影响水的有效利用，危害人体健康或者破坏生态环境。

水环境安全事故主要是由水、陆交通事故，企业排放和管道泄漏等原因造成的，其特点表现为突发性、扩散性、长期性和危害性。

（1）突发性。由于可能发生水污染事故的主体相当部分属于运动源，因此事故的发生难以预料，发生的时间和地点具有不确定性，污染物的类型、数量、危害方式和环境破坏能力也难以确定。这给事故模拟和预防工作带来了困难。

（2）扩散性。水体的流动性决定了污染物在水中的扩散性。水域的水流状态直接影响污染物的扩散方式和扩散速度。水域的不同类型和水文变化也影响污染物的扩散。水体被污染后呈条带状，线路长，危害容易被放大。一切与该流域水体发生联系的环境因素都可能受到水体污染的影响，如河流两侧的植被、饮用河水的动物、从河流引水的工农业、用户等。流域内的地下水由于与地表水产生交换，也可能被污染。

（3）影响的长期性和危害性。当长期饮用含氟量高于 1.0mg/L 的水时，易患斑齿病，同时还可导致氟骨病。地下水的氯污染是炼焦、电镀、选矿和冶炼等工业废水下渗而造成的。氰化物毒性剧烈，氰中毒会影响神经中枢，造成呼吸系统困难，全身细胞缺氧，长期饮用含微量氰化物的水，将引起人体甲状腺肿大。1989 年阿拉斯加威廉王子海湾发生的油泄漏事故，导致超过 10 万只海鸟死亡，仅大约 800 只能够洗去油污重返大自然，约有 4000 只海獭死亡，仅有不到 200 只获得新生。据分析，如要使大多数生物群落与生态系统恢复到漏油前的状态和结构特征，至少需要 5~25 年的时间。

污染事件发生后，随着污染物的运移转化，可能对自来水厂的取水造成严重影响。如果发现毒性很大且很难处理的污染物已经进入自来水厂的处理设施，则应立即关闭取水口或地下取水井。如果有毒污染物的浓度在自来水厂可以处理的能力范围内，可采取有限制的取水方案，并保证处理后的水质安全。如果污染事件发生在上游取水口，应允许适当延迟关闭取水口的时间，并在这段时间内加强水质监测，了解污染物的稀释推移情况，同时做好污染物的示踪工作，警告下游取水口做好应急准备。在对流域内的污染隐患建立数据库的基础上，可通过在污染河流设置断面监测并应用地理信息系统迅速确定污染事故的源头，立即责令其关停。用水缺乏时应首先保证生活用水需要，其次满足生产用水需要；建议关停某些用水量大的工厂或服务性行业；公众应时刻牢固树立节水观念，建议使用移动厕所，就餐建议使用纸质饭盒。在自来水厂关闭时，城市应急部门应组织人员向群众分发煮沸的洁净水或灌装水，做好联络协调灌装水服务供应商的工作。

水污染事故发生后，污染物会随着水流、空气的运动扩散到河流下游或城市下风向地区，同时污染物也会随时间的推移转化成其他物质，因此对污染区域的治理十分困难。一般情况下，可以充分利用受纳水体的自净容量，使污染物在运移中逐步稀释。然而，水体的自净能力是有限的，如何建立合理的水体自净容量评价方法也是迫切需要解决的问题。

面对一些突发性污染，单纯依靠水体的稀释收效很慢，需要采用人工投加化学药剂或人工治理的方法降低污染的危害程度和范围。总的操作方法为：对可吸附有机污染物采用活性炭吸附技术；对金属盐类污染物采用化学沉淀技术；对可氧化污染物采用化学氧化技术；对微生物污染采用强化消毒技术；对藻类暴发采用强化混凝与气浮相结合的过滤处理技术。

1.6　废水处理的基本方法

废水处理是用物理、化学或生物方法，或几种方法配合使用以去除废水中的有害物质，按照水质状况及处理后出水的去向确定其处理程度。废水处理一般可分为一级、二级和三级处理。

一级处理采用物理处理方法，即用格栅、筛网、沉沙池、沉淀池、隔油池等构筑物，去除废水中的固体悬浮物、浮油，初步调整 pH 值，减轻废水的腐化程度。废水经一级处理后，一般达不到排放标准（BOD 去除率仅为 25% ~ 40%），故通常为预处理阶段，以减轻后续处理工序的负荷和提高处理效果。

二级处理是采用生物处理方法及某些化学方法来去除废水中的可降解有机物和部分胶体污染物。经过二级处理后，废水中 BOD 的去除率可达 80% ~ 90%，即 BOD 含量可低于 30mg/L。经过二级处理后的水，一般可达到农灌标准和废水排放标准，故二级处理是废水处理的主体。

经过二级处理的水中还存留一定量的悬浮物、生物不能分解的溶解性有机物、溶解性无机物和氮磷等藻类增值营养物，并含有病毒和细菌，因而不满足要求较高的排放标准，如果处理后排入流量较小、稀释能力较差的河流就可能引起污染。二级处理后的水也不能直接用作自来水、工业用水和地下水的补给水源。

三级处理是进一步去除二级处理未能去除的污染物，如磷、氮、生物难以降解的有机污染物、无机污染物、病原体等。废水的三级处理是在二级处理的基础上，进一步采用化学法（化学氧化、化学沉淀等）、物理化学法（吸附、离子交换、膜分离技术等）以除去某些特定污染物的一种"深度处理"方法。显然，废水的三级处理耗资大，但能充分利用水资源。

排放到污水处理厂的污水及工业废水可利用各种分离和转化技术进行无害化处理，见表 1-1。

表 1-1　污水处理厂处理废水方式

处理方法	基本原理	常用技术
物理法	通过物理或机械作用去除废水中不溶解的悬浮固体及油品	过滤、沉淀、离心分离、气浮等
化学法	加入化学物质，通过化学反应，改变废水中污染物的化学性质或物理性质，使之发生化学或物理状态的变化，进而从水中除去	中和、氧化、还原、分解、絮凝、化学沉淀等
物理化学法	运用物理和化学的综合作用使废水得到净化	汽提、吹脱、吸附、萃取、离子交换、电解、电渗析、反渗析等

处理方法	基 本 原 理	常 用 技 术
生物法	利用微生物的代谢作用，使废水中的有机污染物氧化降解成无害物质的方法，又叫生物化学处理法，是处理有机废水最重要的方法	活性污泥、生物滤池、生物转盘、氧化塘、厌氧消化等

其中废水的生物处理法是基于微生物通过酶的作用将复杂的有机物转化为简单物质，把有毒的物质转化为无毒物质的方法。根据在处理过程中起作用的微生物对氧气的不同要求，生物处理可分为好氧生物处理和厌氧生物处理两种。好氧生物处理是在有氧气的情况下，在好氧细菌的作用下进行的。细菌通过自身的生命活动——氧化、还原、合成等过程，把一部分有机物氧化成简单的无机物（CO_2、H_2O、NO_3^-、PO_4^{3-}等），获得生长和活动所需能量，而把另一部分有机物转化为生物所需的营养物质，使自身生长繁殖。厌氧生物处理是在无氧气的情况下，在厌氧微生物的作用下进行的。厌氧细菌在降解有机物的同时，需从 CO_2、NO_3^-、PO_4^{3-} 等中取得氧元素以维持自身对氧元素的物质需要，因而其降解产物为 CH_4、H_2S、NH_3 等。用生物法处理废水，需首先对废水中的污染物质的可生物分解性能进行分析，包括可生物分解性、可生物处理的条件、废水中对微生物活性有抑制作用的污染物的极限容许浓度等三个方面。可生物分解性是指通过生物的生命活动，改变污染物的化学结构，从而改变污染物的化学和物理性能所能达到的程度。对于好氧生物处理是指在好氧条件下污染物被微生物通过中间代谢产物转化为 CO_2、H_2O 和生物物质的可能性以及这种污染物的转化速率。微生物只有在某种条件下（营养条件、环境条件等）才能有效分解有机污染物。营养条件、环境条件的正确选择，可使生物分解作用顺利进行。通过对生物处理性的研究，可以确定这些条件的范围，诸如 pH 值，温度以及碳、氮、磷的比例等。

近年来，在水资源再生利用研究中，人们十分关注各种纳微米级颗粒污染物去除的问题。水中的纳微米级颗粒污染物是指尺寸小于 $1\mu m$ 的细微颗粒，其组成极其复杂，如各种微细的黏土矿物质、合成有机物、腐殖质、油类和藻类物质等。微细黏土矿物作为一种吸附力较强的载体，表面常吸附着有毒重金属离子、有机污染物、病原细菌等污染物；而天然水体中的腐殖质、藻类物质等，在水净化处理的氯消毒过程中，可与氯形成氯代烃类致癌物。这些纳微米级颗粒污染物的存在不仅对人体健康具有直接或潜在的危害作用，而且严重恶化水质条件，增加水处理难度，如在城市废水的常规处理过程中，造成沉淀池絮体上浮、滤池易穿透，导致出水水质下降、运行费用增加等困难。而目前采用的传统常规处理工艺无法有效去除水中这些纳微米级污染物，一些深度处理技术如超滤膜、反渗透等又由于投资及费用昂贵，难以得到广泛应用，因此迫切需要研究和发展新型、高效、经济的水处理技术。

复习思考题

1-1　水体污染的主要污染源和主要污染物是哪些？

1-2　常用的水质指标有哪些？

1-3　废水处理可分为哪几种类型？各包含哪些处理方法？

1-4　生活需氧量、化学需氧量、总有机碳和总需氧指标的含义是什么？分析这些指标之间的联系与区别。

1-5　水环境安全事故应急处理的方法有哪些？

1-6　我国现行的排放标准有哪几种？各种标准的适用范围是什么？

2 水的物理化学处理方法

2.1 水的物理处理

2.1.1 格栅

生活污水、工业废水、河流湖泊水中常含有一些大块的固体悬浮物和漂浮物，如塑料瓶、塑料袋、破布、棉纱、木棍、树枝、水草等。设置格栅的目的是去除此类物质，以防止它们堵塞水泵叶轮，妨碍管道、渠道、闸阀的正常操作，堵塞沉淀池排泥管等。

格栅的基本结构是由一组平行设置的栅条所组成的框架，故此得名。近年来格栅在材料、设置形式和清渣机械方面有许多新的发展。

根据工艺要求，格栅需设置在污水处理厂或给水厂的一泵房之前，是污水处理厂或给水厂的第一道水处理工序。

2.1.1.1 格栅分类

A 按格栅栅距分类

根据格栅的栅距（栅条之间的净距），格栅可细分为粗格栅、中格栅、细格栅三类。一般采用粗细格栅结合使用。

（1）粗格栅。粗格栅的栅距范围为40~150mm，常采用100mm。栅条结构采用金属直栅条，垂直排列，一般不设清渣机械，必要时人工清渣，主要用于隔除粗大的漂浮物。粗格栅主要用于地表水取水构筑物、城市排水合流制管道的提升泵房、大型污水处理厂等，隔除水中粗大的漂浮物，如树干等。在粗格栅后一般需再设置栅距较小的格栅，进一步拦截杂物。

（2）中格栅。在污水处理中，有时中格栅也被称为粗格栅，栅距范围10~40mm，常用栅距16~25mm，用于城市污水处理和工业废水处理，除个别小型工业废水处理采用人工清渣外，一般都为机械清渣。在早期的设计中，格栅的栅距以不堵塞水泵叶轮为选择依据，较大水泵可以选用较大的栅距。近年来，城市污水处理厂设计中均采用较小的栅距，以尽可能多地去除漂浮杂物。

（3）细格栅。栅距范围1.5~10mm，常用栅距5~8mm。近年来，细格栅设备较好地解决了栅缝易堵塞的难题，可以有效去除细小的杂物，如小塑料瓶、小塑料袋等。对于后续处理采用孔口布水处理设备（如生物滤池的旋转布水器）的污水处理厂，必须去除此类细小杂物，以免堵塞布水孔。

B 按格栅栅条形状分类

按照格栅栅条的形状，格栅可以分为平面格栅和曲面格栅。平面格栅是使用最广泛的格栅形式。曲面格栅只用于细格栅，且应用较少。

　　a　平面格栅

　　平面格栅一般由栅条、框架和清渣机构组成。栅条部分的基本形式如图2-1所示。图中正面为进水侧，栅条由金属材料焊接而成，材质有不锈钢、镀锌钢等。栅条截面形状为矩形或圆角矩形（以减少水流阻力），见表2-1。

　　按照格栅的清渣方式，清渣机可以分为人工清渣和机械清渣两大类。采用人工清捞栅渣的格栅较为简单，使用平面格栅，格栅倾斜50°~60°。栅上部设立清捞平台，见图2-2，主要用于小型工业废水处理。

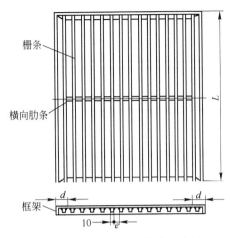

图2-1　平面格栅栅条部分示意图

表2-1　栅条断面形状及尺寸

栅条断面形状	一般采用尺寸/mm	栅条断面形状	一般采用尺寸/mm
正方形	20×20	迎水面为半圆形的矩形	10×50
圆　形	20	迎水、背面均为半圆形的矩形	10×50
锐边矩形	10×50		

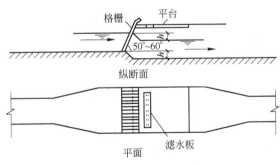

图2-2　人工清渣的格栅

　　城市污水处理和大中型工业废水处理均采用机械清渣格栅。机械清渣的格栅除污机又有多种类型，主要有：链条牵引式格栅除污机、钢丝绳牵引式格栅除污机、伸缩臂格栅除污机、铲抓式移动格栅除污机和自清式回转格栅机。前四种格栅均采用如图2-1所示的固定栅条，清渣齿耙由机械机构带动，定期把截留在栅条前的杂物向上刮出，由皮带输送机运走。清渣齿耙的带动方式有链条牵引、钢丝绳牵引、伸缩臂、铲抓等。

　　（1）链条牵引式格栅除污机。链条牵引式格栅除污机有多种链条设置方式。其中较为成功的是高链式结构，其链条与链轮等传动均在水位以上，不易腐蚀和被杂物卡住。图2-3为高链式格栅除污机结构图，图2-4为其动作示意图。

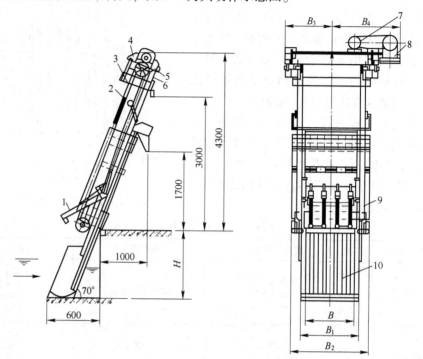

图2-3 高链式格栅除污机结构图

1—齿耙；2—刮渣板；3—机架；4—驱动机构机架；5—行程开关；

6—调整螺栓；7—电动机；8—减速机；9—链条；10—格栅

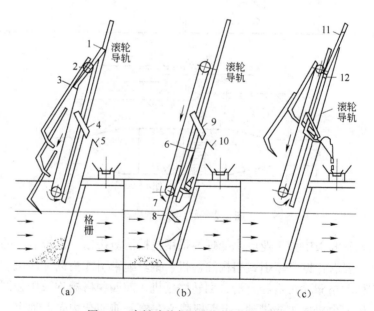

图2-4 高链式格栅除污机动作示意图

（a）取渣；（b）输渣；（c）卸渣

1，6，11—滚轮；2，7，12—主滚轮；3，8—齿耙；4，9—刮渣板；5，10—滑板

（2）钢丝绳牵引式格栅除污机。钢丝绳牵引式格栅除污机采用钢丝绳带动铲齿，可适应较大渠深，但在水下部分的钢丝绳易被杂物卡住，现较少采用。

（3）伸缩臂式格栅除污机。伸缩臂式格栅除污机采用机械臂带动铲齿，不清渣时清渣设备全部在水面以上，维护检修方便，工作可靠性高，但清渣设备较大，且渠深不宜过大。

（4）铲抓式移动格栅除污机。铲抓式移动格栅除污机（见图2-5）的铲斗一般尺寸较大，适用于水中大块杂物较多的场合，如大中型给排水工程、农灌站等渠宽较大的进水构筑物。

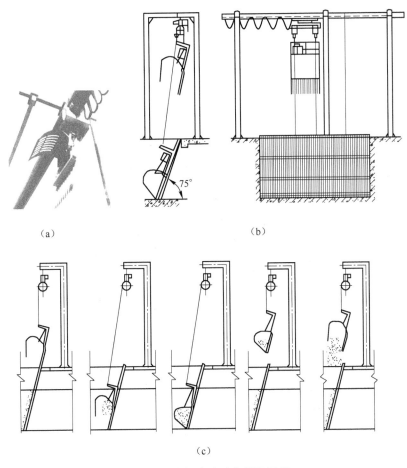

图 2-5 铲抓式移动格栅除污机
（a）铲斗；（b）安装形式；（c）铲斗工作示意图

（5）自清式回转格栅机。自清式回转格栅机是近年来新流行的格栅机械。与传统的固定平面栅不同，在自清式回转格栅机械中，众多小耙齿组装在耙齿轴上，形成了封闭式耙齿链（见图2-6）。耙齿材料有工程塑料、尼龙、不锈钢等，其中以不锈钢最为耐用，工程塑料价格便宜。格栅传动系统带动链轮旋转，使整个耙齿链上下转动（迎水面从下向上），把截留在栅齿上的杂物从上面转至格栅顶部，由于耙齿的特殊结构形状，当耙齿链携带杂物到达上端反向运动时，前后齿耙产生相互错位推移，把附在栅面上的污物外推，促使杂物依靠重力脱落。格栅设备后面还装有清除刷，在耙齿经过洗刷时进一步刷净齿耙。图 2-7 为自清式回转格栅机的清渣示意图。

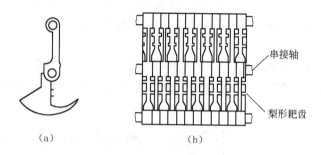

图 2-6　自清式回转格栅机的齿耙组装图

（a）梨形耙齿；（b）叠合串接成截污栅面

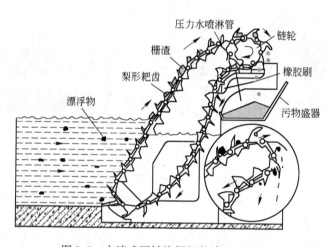

图 2-7　自清式回转格栅机的清渣示意图

自清式回转格栅机的栅距为 2~10mm，栅宽范围为 300~1800mm。它克服了传统固定平面格栅的许多缺点，如易被棉丝、塑料袋等缠死，固定栅条处于水下不易清除等，但价格较高。自清式回转格栅机目前应用较为广泛。

b　曲面格栅

曲面格栅主要用于细格栅，如弧形栅等。

图 2-8 所示为全回转型弧形格栅除污机。由图可见，挂渣臂（边缘部位齿耙）做旋转运动，把圆弧形栅条上截留的栅渣刮出水面，再通过清渣板把齿耙上的渣推出到外面的渣槽或传送带上。

弧形栅的过栅深度和出渣高度有限，不便在泵前使用，只能用作污水水泵提升后的细格栅。

2.1.1.2　格栅设置

A　工艺布置

根据水中杂物的特性和处理要求，格栅的工艺设置可分为以下三类。

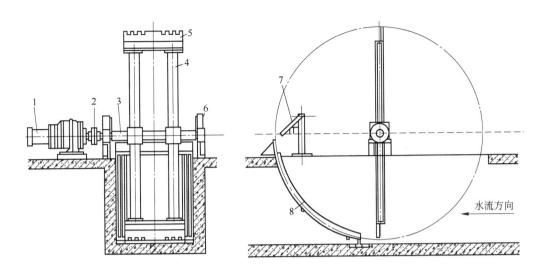

图 2-8　全回转型弧形格栅除污机示意图

1—电动机和减速机；2—联轴器；3—传动轴；4—旋臂；5—耙齿；6—轴承座；7—除污器；8—弧形格栅

（1）城市排水。城市排水又分为合流制和分流制两大系统。对于合流制排水系统的污水提升泵房，因所含杂物的尺寸较大（如树枝等），为了保证机械格栅的正常运行，常在中格栅前再设置一道粗格栅。对于分流制的城市污水系统，一般在污水处理厂提升泵前设置中格栅、细格栅两道格栅，例如第一道可采用栅距 25mm 的中格栅，第二道可采用栅距 8mm 细格栅。也有在泵前设置中格栅、泵后设置细格栅的布置方法。

（2）地表水取水。当采用岸边固定式地表水取水构筑物时，一般采用两道格栅，其中第一道为粗格栅，主要阻截大块的漂浮物；第二道多用旋转筛网，截留较小的杂物，如小鱼等。

（3）工业废水。对于普通的工业废水，泵前设置一道格栅即可，栅距可根据水质确定。对于含有较多纤维物的废水，如纺织废水、毛纺废水等，为了有效去除纤维物，常用的格栅工艺是：第一道为格栅，第二道为筛网或捞毛机。

B　格栅设置要求

（1）布置要求。格栅安装在泵前的格栅间中，格栅间与泵房的土建结构为一个整体。机械格栅每道不宜少于 2 台，以便维修。

当来水接入管的埋深较小时，可选用较高的格栅机，把栅渣直接刮出地面以上。当接入管的埋深较大，受格栅机械所限，格栅机需设置在地面以下的工作平台上。格栅间地面下的工作平台应高出栅前最高设计水位 0.5m 以上，并设有防止水淹（如前设速闭闸，以便在泵房断电时迅速关闭格栅间进水）、安全和冲洗措施等。

格栅间工作台两侧过道宽度不应小于 0.7m，机械格栅工作台正面过道宽度不应小于 1.5m，以便操作。

（2）格栅设置。格栅前渠道内的水流速度一般采用 0.4~0.9m/s，过栅流速一般采用 0.6~1.0m/s。过栅流速过大时有些截留物可能穿过，流速过低时可能在渠道中产生沉淀。设计中应以最大设计流量时满足流速要求的上限为准，进行格栅设备的选型和格栅间渠道设计。

机械格栅的倾角一般为 60°~90°，多采用 75°。人工清捞的格栅倾角小时较省力，一般采用 50°~60°，但占地面积大。

（3）运行。固定栅机械格栅机多采用间歇清渣方式，而回转式格栅机一般采用连续旋转方式运行。

格栅的水头损失很小，一般在 0.08~0.15m，阻力主要由截留物阻塞栅条所造成。间歇清渣方式一般在格栅的水头损失达到设定的最大值（如 0.15m）时进行清渣，水头损失可由分别设在格栅前后的超声波液位计进行探测，并控制格栅机的机械清渣装置。也可以采用定时清渣的方式，但此方式不能适应来水含渣量的变化。特别是合流制系统，降雨时与旱时流量相比，栅渣量相差极大，如采用定时清渣易出现问题。

（4）机电设备。格栅间的机电设备一般包括进水闸、格栅机、栅渣传送带、无轴螺旋输送机、螺旋压榨机、栅渣储槽、维修吊车、液位探测仪、配电柜、仪表控制箱等。污水处理厂的原水水质在线监测仪表，如 pH 计等，一般也设置在格栅间中。

2.1.1.3　栅渣

格栅的栅渣量变化范围很大，与地区特点、格栅的栅距大小、污水流量、下水道系统的类型、季节等因素有关。对于城市排水，合流制的栅渣量大于分流制的栅渣量，降雨时的栅渣量大于旱天时的栅渣量，采用较小栅距的栅渣量大于采用较大栅距的栅渣量，夏秋季的栅渣量大于冬春季的栅渣量。

对于分流制排水系统的污水处理厂，在无当地运行资料时，可采用以下数据：栅距间隙 16~25mm，每 $10^3 m^3$ 污水栅渣 0.10~0.05m^3；栅距间隙 30~50mm，每 $10^3 m^3$ 污水栅渣 0.03~0.01m^3；栅渣的含水率一般为 80%，堆积密度约为 960kg/m^3。

格栅产生的栅渣经栅渣压榨机压榨减小体积后，定期用车辆外运至垃圾处理场，采用填埋法或焚烧法进行处置。

2.1.2　沉砂池

沉砂池可分为平流式、旋流式和曝气沉砂池三大类。

2.1.2.1　平流式沉砂池

平流式沉砂池（见图 2-9）属于早期使用的沉砂池形式，池型采用渠道式，底部设砂斗，定期排砂。

平流式沉砂池的主要设计要求是：

（1）最大流速 0.3 m/s，最小流速 0.15 m/s；

（2）水力停留时间为 30~60s，最大流量时的停留时间不小于 30s；

（3）有效水深（图 2-9 中 h_2）不应大于 1.2m，每格宽度不宜小于 0.6m；

（4）砂斗间歇排砂，排砂周期小于 2d。

平流式沉砂池的沉砂效果不稳定，往往不适应城市污水水量波动较大的特性。水量大时，流速过快，许多砂粒未来得及沉下；水量小时，流速过慢，有机悬浮物也沉下来了，沉砂易腐败。平流式沉砂池目前只在个别小厂或老厂中使用。

国外城市污水处理厂在过去曾采用过多尔式沉砂池。它是一种方形平流式沉淀池，典型尺寸为 10m×10m×0.8m，中心设旋转刮砂机，连续排砂。该池型因占地大，不能适应水量变化，在新设计中已很少采用。

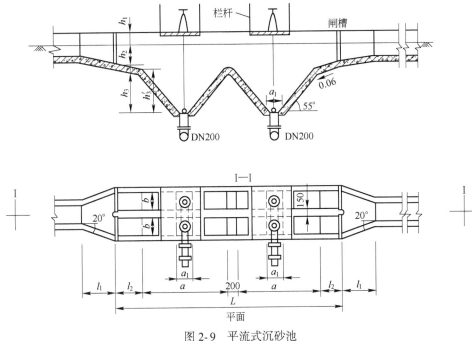

图 2-9 平流式沉砂池

2.1.2.2 曝气沉砂池

曝气沉砂池采用矩形长池型，在沿池长一侧的底部设置曝气管，通过曝气在池的过水断面上产生旋流，水呈螺旋状通过沉砂池。重颗粒沉到底，并在旋流和重力的作用下流进集砂槽，再定期用排砂机械（刮板或螺旋推进器、移动吸砂泵等）排出池外；而较轻的有机颗粒则随旋流流出沉砂池。图 2-10 为曝气沉砂池断面图。

曝气沉砂池的主要设计要求是：

（1）水力停留时间 3~5min，最大流量时水力停留时间应大于 2min；

（2）水平流速 0.06~0.12m/s；

（3）有效水深 2~3m，宽深比宜为 1~1.5，长宽比为 5 左右，并按此比例进行分格；

（4）采用中孔或大孔曝气穿孔管曝气，每立方米污水所需曝气量（空气）约为 0.2m³，或每平方米池表面曝气量（空气）3~5m³/h，使水的旋流流速保持在 0.25~0.30m/s 以上；

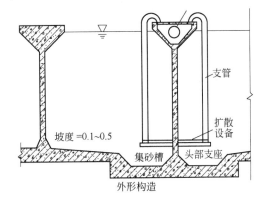

图 2-10 曝气沉砂池断面图

（5）进水方向应与池中旋流方向一致，出水方向应与进水方向垂直，并宜设置挡板。

曝气沉砂池在我国 20 世纪 80 年代和 90 年代初期设计的城市污水处理厂中被广泛采

用。由于污水处理厂对空气污染的问题日益得到重视，从 20 世纪 90 年代中期开始，城市污水处理厂设计中沉砂池的池型多已改用旋流式沉砂池。

2.1.2.3　旋流式沉砂池

旋流式沉砂池采用圆形浅池型，池壁上开有较大的进出水口，池底为平底（如比氏沉砂池）或向中心倾斜的斜底（如钟式沉砂池），底部中心的下部是一个较大的砂斗，沉砂池中心设有搅拌与排砂设备。旋流式沉砂池的构造见图 2-11。进水从切线方向流进池中，在池中形成旋流，池中心的机械搅拌叶片进一步促进水的旋流。在水流涡流和机械叶片的作用下，较重的砂粒从靠近池心的环形孔口落入下部的砂斗，再经排砂泵或空气提升器排出池外。

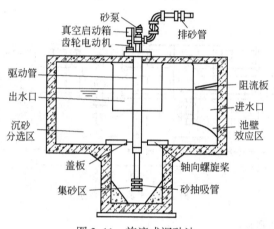

图 2-11　旋流式沉砂池

旋流式沉砂池的气味小，沉砂中夹带的有机物含量低，可在一定范围内适应水量变化，是当前的流行设计，有多种规格的定型设计可供选用。其主要设计要求是：

（1）最高流量时的水力停留时间不应小于 30s；

（2）设计水力表面负荷为 $150 \sim 200 \, \mathrm{m^3/(m^2 \cdot h)}$；

（3）有效水深宜为 $1.0 \sim 2.0 \mathrm{m}$，池径与池深比宜为 $2.0 \sim 2.5$；

（4）池中应设立式桨叶分离机。

2.1.3　离心分离

2.1.3.1　离心力分离原理

物体高速旋转时产生离心力场利用离心力分离废水中密度与水不同的悬浮物的处理方法，就是离心力分离法。

废水做高速旋转时，密度大于水的悬浮固体被抛向外围，而密度小于水的悬浮物（如乳化油）则被推向内层。如将水和悬浮物从不同的出口分别引出，即可使二者得以分离。废水在高速旋转过程中，悬浮颗粒同时受到两种径向力的作用，即离心力和水对颗粒的向心推力。设颗粒和同体积水的质量分别为 m_p 和 m_c（kg），旋转半径为 r（m），角速度为 ω（rad/s），则颗粒受到的离心力和径向推力分别为 $m_p\omega^2 r$ 和 $m_c\omega^2 r$（N）。此时，颗粒所受的净离心力 F_c（N）为二者之差，即

$$F_c = (m_p - m_c)\omega^2 r \tag{2-1}$$

而该颗粒在水中的净重力 $F_g = (m_p - m_c)g$。若以 n 表示转速（r/min），并将 $\omega = 2\pi n/60$ 代入式（2-1），以 f 表示颗粒所受离心力与重力之比，则有：

$$f = \frac{F_c}{F_g} = \frac{\omega^2 r}{g} \approx \frac{rn^2}{900} \tag{2-2}$$

f 称为（离心设备的）分离因素，是衡量离心设备分离性能的基本参数。在旋转半径 r 一定时，f 值随转速 n 的平方急剧增大，例如，当 $r = 0.2$m，$n = 500$r/min 时，$f \approx 56$；而当 $n = 3000$r/min 时，则 $f \approx 2000$。可见，在离心分离中，离心力对悬浮颗粒的作用远远超过了重力，从而极大地强化了分离过程。

另外，根据颗粒随水旋转时所受到的向心力与水的反向阻力平衡的原理，可导出粒径为 $d_p(\text{m})$ 的颗粒的稳定分离速度 $u_c(\text{m/s})$ 为：

$$u_c = \frac{\omega^2 r(\rho_p - \rho_c)d_p^2}{18\mu} \tag{2-3}$$

式中，ρ_p 和 ρ_c 分别为颗粒和水的密度，kg/m^3；μ 为水的动力黏度。

当 $\rho_p > \rho_c$ 时，u_c 为正值，颗粒被抛向周边；当 $\rho_p < \rho_c$ 时，颗粒被推向中心。在离心分离设备中，能进行离心沉降和离心浮上两种操作。

2.1.3.2 离心分离设备及其设计计算

按照产生离心力的方式不同，离心分离设备可分为水旋和器旋两类。前者如水力旋流器、旋流沉淀池，其特点是器体固定不动，由沿切向高速进入器内的物料产生离心力；后者指各种离心机，其特点是由高速旋转的转鼓带动物料产生离心力。

A 水力旋流器

水力旋流器简称水旋器，有压力式和重力式两种。压力式水力旋流器是借进水压能和速度头产生离心力。水力旋流器由钢板或其他耐磨材料制成，其构造如图 2-12 所示，上部是直径为 D 的圆筒，下部是锥角为 θ 的截头圆锥体。进水管以渐收方式与圆筒以切向连接。

当物料借水泵提供的能量以 6~10m/s 的流速切向进入圆筒后，沿器壁形成向下做螺旋运动的一次涡流，其中直径和比重较大的悬浮固体颗粒被甩向器壁，并在下旋水流推动和重力作用下沿器壁下滑，在锥底形成浓缩液连续排除。其余液流则向下旋流至一定程度后，便在愈来愈窄的锥壁反向压力作用下改变方向，由锥底向上做螺旋形运动，形成二次涡流，经溢流管进入溢流筒后，从出水管排除。另外，在水旋器中心，还形成一

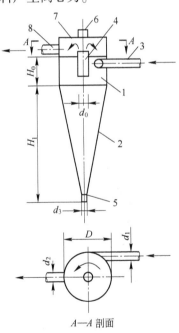

图 2-12 水力旋流器的构造
1—圆筒；2—圆锥体；3—进水管；4—溢流管；
5—排渣口；6—通气管；7—溢流筒；8—出水管

束绕轴线分布的自下而上的空气涡流柱。流体在器内的上述流动状态如图 2-13 所示。

水力旋流器设计计算的一般程序是：首先确定各部结构尺寸，然后求出处理水量和极限粒径，最后根据处理水量确定设备台数。

水力旋流器的设计还应注意以下细节：进水口应紧贴器壁，并制作成高宽比为 1.5～2.5 的矩形；进水管轴线应下倾 3°～5°，以加强水流的下旋运动；溢流管下缘与进水管轴线的距离以等于 $H_0/2$ 为佳；为保持空气柱内稳定的真空度，排水管不能满流工作，因此，应使 $d_2 > d_0$，并在器顶设置通气管，以平衡器内压力和破坏可能发生满流时的虹吸作用；排渣口径宜取小值，以利提高浓缩液浓度；进口易被磨损，应用耐磨材料制作，且能快速更换，以便调节口径和检修。

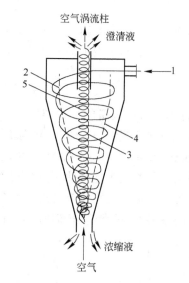

图 2-13　物料在水力旋流器内的流动情况
1—入流；2——次涡流；3—二次涡流；
4—零锥面；5—空气涡流柱

B　离心机

离心机的种类和形式很多。离心机按分离因素的大小，可分为高速离心机（$f > 3000$）、中速离心机（$f = 1000～3000$）和低速离心机（$f < 1000$），中、低速离心机又统称常速离心机；按转鼓几何形状的不同，可分为转筒式、管式、盘式和板式离心机；按操作过程可分为间歇式和连续式离心机；按转鼓的安装角度，可分为立式和卧式离心机。

（1）常速离心机。用常速离心机进行液固分离的基本要求是悬浮物与水有较大的密度差。其多用于分离纤维类悬浮物和污泥脱水等液固分离，分离效果主要取决于离心机的转速及悬浮物密度和粒度的大小。国内某些厂家采用转筒式连续离心机进行污泥脱水或从废水中回收纤维类物质，可使泥饼的含水率降低到 80% 左右，纤维回收率可达 80%～70%。

常速离心机还有一类间歇式过滤离心机。其转鼓壁上销有小孔，鼓内壁衬以滤布，转鼓旋转时，注入鼓内的废水在离心力的作用下被甩向鼓壁，并透过滤布从圆孔溢出鼓外，而悬浮物则被滤布截留，从而以离心分离和阻力截留的双重作用完成液固分离过程。

（2）高速离心机。高速离心机有管式和盘式等类型，主要用于分离乳浊液中的有机分散相物质和细微悬浮固体，如从洗毛废水中回收羊毛脂、从淀粉废水中回收玉米蛋白质等。图 2-14 所示为一种盘式离心机的转筒结构。它是在转鼓中加设一组锥角为 30°～50° 的圆锥形金属盘片，盘片之间形成

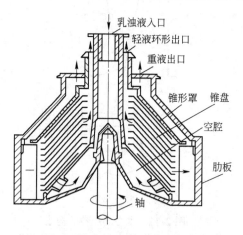

图 2-14　盘式离心机的转筒结构

0.4~1.5mm 的窄缝。这样不但增大了分离面积，缩短了悬浮物分离时所需的移动距离，而且减少了涡流形成的作用，从而提高了分离效率。离心机运行时，乳油液沿中心管自上而下进入下部的转鼓空腔，并由此进入锥形盘分离区。在 5000r/min 以上的高转速离心力作用下，乳液中的重组分（水）被甩向器壁，汇集于重液出口排出；轻组分则沿盘向锥形环状窄缝上升，汇集于轻液出口排出。

2.1.4　沉淀

2.1.4.1　沉淀原理与分类

沉淀法即是利用悬浮颗粒与水的密度差，在重力作用下将重于水的悬浮颗粒从水中分离出去的一种水处理工艺。该工艺简单，在水处理中的应用极为广泛，一般适于去除 20~100μm 及以上的颗粒。胶体不能直接用沉淀法去除，需经混凝处理后，使颗粒尺寸变大，才能通过沉淀去除。

根据悬浮颗粒的浓度和性质，沉淀可分为四种基本类型。各类沉淀发生的水质条件如图 2-15 所示。

（1）自由沉淀：颗粒在沉淀过程中呈离散状态，互不干扰，其形状、尺寸、密度等均在沉淀过程中不发生改变，下沉速度恒定。这种现象时常发生在废水处理工艺中的沉砂池和初沉池的前期。

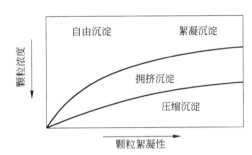

图 2-15　四种类型沉淀与颗粒浓度和絮凝性的关系

（2）絮凝沉淀：当水中悬浮颗粒浓度不高，但具有絮凝性时，在沉淀过程中，颗粒相互干扰，其尺寸、质量均会随沉淀深度的增加而增大，沉速亦随深度而增加。这种现象通常发生在废水处理工艺中的初沉池后期、二沉池前期以及给水处理工艺中的混凝沉淀单元。

（3）拥挤沉淀：又称分层沉淀。当悬浮颗粒浓度较大时，每个颗粒在下沉过程中都要受到周围其他颗粒的干扰，在清水与浑水之间形成明显的交界面，并逐渐向下移动。这种现象主要发生在高浊水的沉淀单元、活性污泥的二沉池等。

（4）压缩沉淀：当悬浮颗粒浓度很高时，颗粒相互接触，相互支撑，在上层颗粒的重力下，下层颗粒间的水被挤出，污泥层被压缩。这种现象发生在沉淀池底部。

2.1.4.2　沉淀池的颗粒去除特性

为便于说明沉淀池的工作原理以及分析水中悬浮物在沉淀池内的运动规律，Hazen 和 Camp 提出了理想沉淀池这一概念。理想沉淀池划分为四个区域，即进口区域、沉淀区域、出口区域及污泥区域，并做如下假设：

（1）沉淀池的进出水均匀分布在整个横断面。沉淀池中各过水断面上各点的流速均相等。

（2）颗粒处于自由沉淀状态。即在沉淀过程中，颗粒之间互不干扰，颗粒的大小、形状和密度不变。因此，颗粒沉速在沉淀过程中始终保持不变。

（3）颗粒在沉淀过程中的水平分速等于水流速度。

（4）颗粒沉淀到池底即认为已被去除，不再返回水流中。

按照上述假设，悬浮颗粒自由沉降的迹线可用图 2-16 表示。

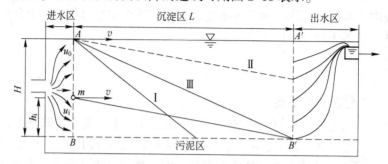

图 2-16　四种类型沉淀与颗粒浓度和絮凝性的关系

图中沉淀池的有效长、宽和深分别为 L、B 和 H。原水进入沉淀池，在进水区被均匀分配在 $A—B$ 断面上，其水平流速为：

$$v = \frac{Q}{HB} \tag{2-4}$$

式中　v——沉淀池的水平流速，m/s；

　　　Q——沉淀池设计流量，m^3/s；

　　　H——沉淀池有效水深，m；

　　　B——沉淀池宽度，m。

随原水进入沉淀池的颗粒一边随水流水平流动，一边向下沉，其运动轨迹是向下倾斜的直线。直线 Ⅰ 代表从池顶 A 点开始下沉在池底最远处 B' 点之前能够沉到池底的颗粒的轨迹；直线 Ⅱ 代表从池顶 A 开始下沉但不能沉到池底的颗粒的运动轨迹；直线 Ⅲ 则代表一类颗粒从池顶开始下沉而刚好沉到池底最远处 B' 点的轨迹。设按直线 Ⅲ 运动的颗粒的相应沉速为 u_0，沉速大于或等于 u_0 的颗粒可以全部去除，沉速小于 u_0 的颗粒只能部分去除，其去除比例为 h_i/H，即 u_i/u_0。设原水中沉速为 $u_i(u_i < u_0)$ 的颗粒物浓度为 C，沿着进水区高度为 h_0 的截面进入的颗粒物总量为 $QC = h_0BvC$，沿着 m 点以下的高度为 h_i 截面进入的颗粒物数量为 h_iBvC（见图 2-16），则沉速为 u_i 的颗粒物的去除率为：

$$E = \frac{h_iBvC}{h_0BvC} = \frac{h_i}{h_0}$$

根据相似关系得：

$$\frac{h_0}{u_0} = \frac{L}{v} \quad \frac{h_i}{u_i} = \frac{L}{v}$$

因此，颗粒物去除率为：

$$E = \frac{h_i}{h_0} = \frac{u_i}{u_0}$$

直线 Ⅲ 代表的颗粒沉速 u_0 具有特殊意义，一般称为"截留沉速"。它反映了沉淀池所能全部去除的颗粒中的最小颗粒的沉速。

对于直线 Ⅲ 所代表的一类颗粒而言，沉淀时间 t_0 与流速 v 和沉速 u_0 都有关：

$$t_0 = \frac{L}{v} \quad 或 \quad t_0 = \frac{H}{u_0} \qquad (2\text{-}5)$$

式中　t_0——水在沉淀区的停留时间，s。

将式（2-4）代入式（2-5），整理得：

$$u_0 = \frac{Q}{LB} = \frac{Q}{A} = q_0 \qquad (2\text{-}6)$$

式中　L——沉淀区长度，m；

　　　A——沉淀池水面的表面积，m^2；

　　　q_0——沉淀池表面负荷，或称过流率，$m^3/(m^2 \cdot s)$。

表面负荷在数值上等于截留沉速，但含义却不同。通过静置沉淀实验，根据要求达到的沉淀总效率，求出颗粒沉速后，也就确定了沉淀池的表面负荷。

2.1.4.3　沉淀池

沉淀池根据池内水流方向的不同，可分为平流式沉淀池、竖流式沉淀池、辐流式沉淀池和斜板（管）沉淀池。

A　平流式沉淀池

a　构造

平流式沉淀池应用很广，特别是在城市给水处理厂和污水处理厂中被广泛采用。平流式沉淀池为矩形水池，如图 2-17 所示，原水从池的一端进入，在池内做水平流动，从池的另一端流出。其基本组成包括进水区、沉淀区、存泥区和出水区 4 部分。

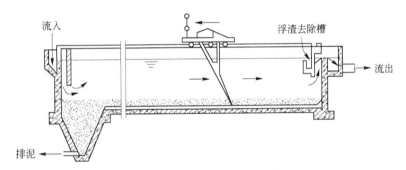

图 2-17　设刮泥车的平流式沉淀池

平流式沉淀池的优点是沉淀效果好；对冲击负荷和温度变化的适应能力较强；施工简单；平面布置紧凑；排泥设备已定型化。其缺点是配水不易均匀；采用多斗排泥时，每个泥斗需要单独设排泥管各自排泥，操作量大；采用机械排泥时，设备较复杂，对施工质量要求高。平流式沉淀池主要适用于大、中、小型水和污水处理厂。

（1）进水区。进水区的作用是使水流均匀地分配在沉淀池的整个进水断面上，并尽量减少扰动。

在给水处理中，沉淀单元可以与混凝单元联合使用。但在经过反应后的矾花进入沉淀池时，要尽量避免被湍流打碎，否则将显著降低沉淀效果。因此，反应池与沉淀池之间不宜用管渠连接，应当使水流经过反应后缓慢、均匀地直接流入沉淀池。为防止来自絮凝池的原水中的絮凝体破碎，通常可采用如图 2-18 所示的穿孔花墙将水流均匀地分布于沉淀池的整个断面，孔口流速不宜大于0.15～0.2m/s；孔口断面形状宜沿水流方向逐渐扩大，以减少进口的射流。

在污水处理工艺中，进水可采用多种方式：

1）溢流式入水方式，并设置多孔整流墙，见图2-19（a）。

2）底孔式入流方式，底部设有挡流板（大致在1/2池深处），见图2-19（b）。

3）浸没孔与挡流板组合，见图2-19（c）。

4）浸没孔与有孔整流墙组合，见图2-19（d）。原水流入沉淀池后应尽快地消能，防止在池内形成短流或股流。

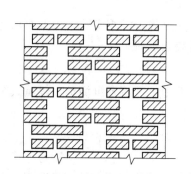

图2-18　进水穿孔花墙

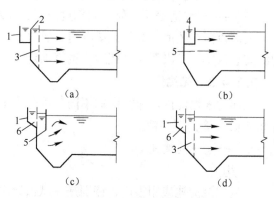

图2-19　沉淀池进水方式

1—进水槽；2—溢流堰；3—有孔整流堰；
4—底孔；5—挡流板；6—淹没孔

（2）沉淀区。为创造一个有利于颗粒沉降的水力条件，应降低沉淀池中水流的雷诺数和提高水流的弗劳德数。采用导流墙将平流式沉淀池进行纵向分隔可减小水力半径，改善沉淀池的水流条件。

沉淀区的高度与前后相关的处理构筑物的高程布置有关，一般为3～4m。沉淀区的长度取决于水流的水平流速和停留时间。一般认为沉淀区长宽比不小于4，长深比不小于8。在给水处理中，水流的水平流速一般为10～25mm/s；在废水处理中对于初次沉淀池一般不大于7mm/s，对二次沉淀池一般不大于5mm/s。

（3）出水区。沉淀后的水应尽量地在出水区均匀流出，一般采用溢流出水堰，如自由堰和三角堰，或采用淹没式出水孔口，见图2-20。其中锯齿三角堰应用最普遍，水面宜位于齿高的1/2处。为适应水流的变化或构筑物的不均匀沉降，在堰口处需要设置能使堰板

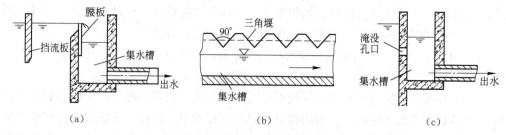

图2-20　沉淀池出水堰形式

（a）自由堰；（b）锯齿三角堰；（c）淹没孔口

上下移动的调节装置，使出水堰口尽可能水平。堰前应设置挡板，以阻拦漂浮物，或设置浮渣收集和排除装置。挡板应当高出水面0.1~0.15m，浸没在水面下0.3~0.4m，距出水口0.25~0.5m。

为控制平稳出水，溢流堰单位长度的出水负荷不宜太大。在给水处理中，应小于5.8L/(m·s)。在废水处理中，对初沉池，不宜大于2.9L/(m·s)；对二次沉淀池，不宜大于1.7L/(m·s)。为了减少溢流堰的负荷，改善出水水质，溢流堰可采用多槽布置，如图2-21所示。

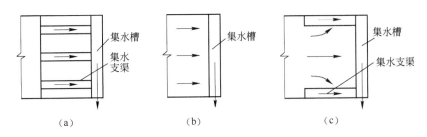

图2-21 沉淀池集水槽形式
(a) 设置平行出水支渠的集水槽；(b) 沿沉淀池宽度设置的集水槽；
(c) 沿部分池长设置出水支渠的集水槽

（4）存泥区及排泥措施。沉积在沉淀池底部的污泥应及时收集并排出，以不妨碍水中颗粒的沉淀。污泥的收集和排出方法有很多。一般可以采用泥斗，通过静水压力排出。泥斗设置在沉淀池的进口端时，应设置刮泥车和刮泥机（见图2-22），将沉积在全池的污泥集中到泥斗处排出。链带式刮泥机装有刮板。当链带刮板沿池底缓慢移动时，把污泥缓慢推入污泥斗；当链带刮板转到水面时，又可将浮渣推向出水挡板处的排渣管槽。链带式刮泥机的缺点是机械长期浸没于水中，易被腐蚀，且难维修。行车刮泥小车沿池壁顶的导轨往返行走，使刮板将污泥刮入污泥斗，浮渣刮入浮渣槽。由于整套刮泥车都在水面上，不易腐蚀，易于维修。

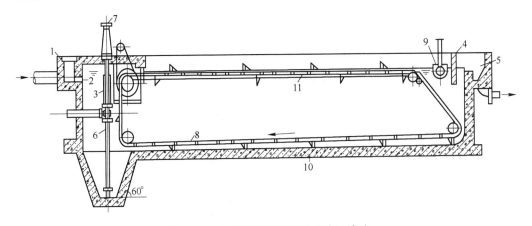

图2-22 设链带刮泥机的平流式沉淀池
1—进水槽；2—进水孔；3—进水挡板；4—出水挡板；5—出水槽；6—排泥管；
7—排泥闸门；8—链带；9—排渣管槽；10—刮板；11—链带支撑

如果沉淀池体积不大，可沿池长设置多个泥斗。此时无需设置刮泥装置，但每一个污泥斗应设单独的排泥管及排泥阀，如图2-23（b）所示。排泥所需的静水压力应视污泥的特性而定，如为有机污泥，一般采用1.5～2.0m，排泥管直径不小于200mm。

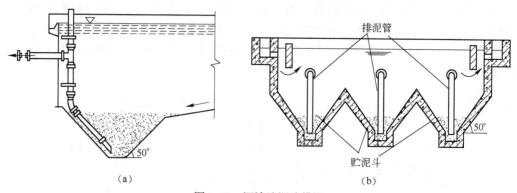

图 2-23　沉淀池泥斗排泥
（a）单斗排泥；（b）多斗排泥

此外，也可以不设污泥斗，采用机械装置直接排泥。如采用多口虹吸式吸泥机排泥（见图2-24）。吸泥动力是利用沉淀池水位所能形成的虹吸水头。刮泥板、吸口、吸泥管、排泥管成排地安装在桁架上，整个桁架利用电动机和传动机构通过滚轮架设在沉淀池壁的轨道上行走。在行进过程中将池底积泥吸出并排入排泥沟。这种吸泥机适用于具有3m以上虹吸水头的沉淀池。由于吸泥动力较小，池底积泥中的颗粒太粗时不易吸起。

除多口吸泥机以外，还有一种单口扫描式吸泥机。其特点是无需成排的吸口和吸管装置。当吸泥机沿沉淀池纵向移动时，泥泵、吸泥管和吸口沿横向往复行走吸泥。

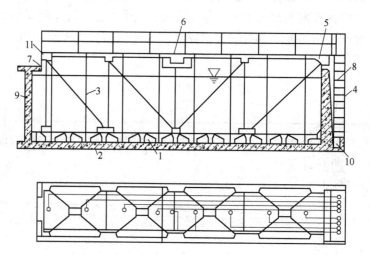

图 2-24　多口虹吸式吸泥机
1—刮泥板；2—吸口；3—吸泥管；4—排泥管；5—桁架；6—电动机和传动机构；
7—轨道；8—梯子；9—沉淀池壁；10—排泥沟；11—滚轮

b　工艺设计计算

（1）设计参数的确定。沉淀池设计的主要控制指标是表面负荷和停留时间。如果有悬浮物沉降实验资料，表面负荷 q_0（或颗粒截留沉速 u_0）和沉淀时间 t_0 可由沉淀实验提供。需要注意的是，对于 q_0 或 u_0 的计算，如沉淀属絮凝沉降，沉淀柱实验水深应与沉淀池的设计水深一致；对于 t_0 的计算，不论是自由沉降还是絮凝沉降，沉淀柱水深都应与实际水深一致。同时考虑实际沉淀池与理想沉淀池的偏差，应按计算公式对实验数据进行一定的放大，获得设计表面负荷 q（或设计颗粒截留沉速 u）和设计沉淀时间 t。

如无沉降实验数据，可参考经验值选择表面负荷和沉淀时间，见表 2-2。沉淀池的有效水深 H、设计沉淀时间 t 与设计表面负荷 q 的关系见表 2-3。

表 2-2　城市给水和城市污水沉淀池设计数据

沉淀池类型		表面负荷 /m³·(m²·h)⁻¹	沉淀时间/h	堰口负荷 /L·(m·s)⁻¹
给水处理（混凝后）		1.0~2.0	1.0~3.0	≤5.8
初次沉淀池		1.5~4.5	0.5~2.0	≤2.9
二次沉淀池	活性污泥法后	0.6~1.5	1.5~4.0	≤1.7
	生物膜法后	1.0~2.0	1.5~4.0	≤1.7

表 2-3　有效水深 H、设计沉淀时间 t 与设计表面负荷 q 的关系

设计表面负荷 q /m³·(m²·h)⁻¹	设计沉淀时间 t/h				
	$H=2.0\mathrm{m}$	$H=2.5\mathrm{m}$	$H=3.0\mathrm{m}$	$H=3.5\mathrm{m}$	$H=4.0\mathrm{m}$
2.0	1.0	1.3	1.5	1.8	2.0
1.5	1.3	1.7	2.0	2.3	2.7
1.2	1.7	2.1	2.5	2.9	3.3
1.0	2.0	2.5	3.0	3.5	4.0
0.6	3.3	4.2	5.0		

（2）设计计算。平流式沉淀池的设计计算主要是确定沉淀区、污泥区、池深度等。

1）沉淀区。可按设计表面负荷或设计停留时间来计算。从理论上讲，采用前者较为合理，但以设计停留时间作为指标积累的经验较多。设计时应两者兼顾；或者以设计表面负荷控制，以设计停留时间校核；或者相反也可。

① 按表面负荷计算，通常用于有沉淀实验资料时。

沉淀池面积 A 为

$$A = \frac{Q}{q} \tag{2-7}$$

沉淀池长度 L 为

$$L = vt \tag{2-8}$$

沉淀池宽度 B 为

$$B = \frac{A}{L} \tag{2-9}$$

沉淀区水深 H 为

$$H = \frac{Qt}{A} \tag{2-10}$$

② 以停留时间计算，通常用于无沉淀实验资料时。

沉淀池有效容积 V 为

$$V = Qt \tag{2-11}$$

根据选定的有效水深，计算沉淀池宽度为

$$B = \frac{V}{LH} \tag{2-12}$$

2）污泥区。污泥区容积视每日进入的悬浮物量和所要求的储泥周期而定，可由式（2-13）进行计算：

$$V_s = \frac{Q(C_0 - C_e)100t_s}{\gamma(100 - W_0)} \quad 或 \quad V_s = \frac{SNt_s}{1000} \tag{2-13}$$

式中　V_s——污泥区容积，m^3；

C_0，C_e——沉淀池进、出水的悬浮物浓度，kg/m^3；

γ——污泥堆积密度，如系有机污泥，由于含水率高，γ 可近似采用 $1000kg/m^3$；

W_0——污泥含水率，%；

S——每人每日产生的污泥量，$L/(人 \cdot d)$，生活污水的污泥量见表2-4；

N——设计人数；

t_s——两次排泥的时间间隔，d，初次沉淀池一般按不大于 2d，采用机械排泥时可按 4h 考虑，曝气池后的二次沉淀池按 2h 考虑。

表2-4　城市污水沉淀池污泥产量

沉淀池类型		污　泥　量		污泥含水率/%
		g/(人·d)	L/(人·d)	
初次沉淀池		14~27	0.36~0.83	95~97
二次沉淀池	活性污泥法后	10~21	—	99.2~99.6
	生物膜法后	7~19	—	96~98

3）沉淀池总高度。

$$H_T = H + h_1 + h_2 + h_3 = H + h_1 + h_2 + h_4 + h_5 \tag{2-14}$$

式中　H_T——沉淀池总高度，m；

H——沉淀区有效水深，m；

h_1——超高，至少采用 0.3m；

h_2——缓冲区高度，无机械刮泥设备时一般取 0.5m，有机械刮泥设备时其上缘应高出刮泥板 0.3m；

h_3——污泥区高度，m，根据污泥量、池底坡度、污泥斗几何高度以及是否采用刮泥机决定，一般规定池底纵坡不小于 0.01，机械刮泥时纵坡为 0（污泥斗倾角：方斗不宜小于 60°，圆斗不宜小于 55°）；

h_4——泥斗高度，m；

h_5——泥斗以上梯形部分高度，m。

B　竖流式沉淀池

竖流式沉淀池可设计成圆形、方形或多角形，但大部分为圆形（见图2-25）。

原水由中心管下口流入池中，通过反射板的拦阻向四周分布于整个水平断面上，缓慢向上流动。由此可见，在竖流式沉淀池中水流方向是向上的，与颗粒沉降方向相反。当颗

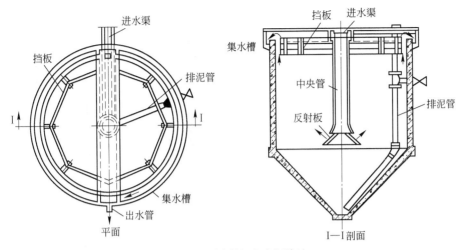

图 2-25   圆形竖流式沉淀池

粒发生自由沉淀时，只有沉降速度大于水流上升速度的颗粒才能下沉到污泥斗中从而被去除，因此沉淀效果一般比平流式沉淀池和辐流式沉淀池低。但当颗粒具有絮凝性时，则上升的小颗粒和下沉的大颗粒之间相互接触、碰撞而絮凝，使粒径增大，沉速加快。另外，沉速等于水流上升速度的颗粒将在池中形成一悬浮层，对上升的小颗粒起拦截和过滤作用，因而沉淀效率将有提高。澄清后的水由沉淀池四周的堰口溢出池外。沉淀池贮泥斗倾角为 45°~60°，污泥可借静水压力由排泥管排出。排泥管直径为 0.2m，排泥静水压力为 5~2.0m，排泥管下端距池底不大于 2.0m，管上端超出水面不少于 0.4m。可不必装设排泥机械。

圆形竖流式沉淀池的直径与沉淀区的深度（中心管下口和堰口的间距）的比值不宜超过 3，以使水流较稳定和接近竖流。其直径不宜超过 10m。沉淀池中心管内流速不大于 30mm/s，反射板距中心管口采用 0.25~0.5m。

竖流式沉淀池的优点是：排泥方便，管理简单；占地面积较小。其缺点是：池深较大，施工困难；对冲击负荷和温度变化的适应能力较差；池径不宜过大，否则布水不匀，故适用于中、小型水厂和污水处理厂。

C   辐流式沉淀池

辐流式沉淀池呈圆形或正方形。圆形辐流式沉淀池直径较大，一般为 20~30m，最大直径达 100m，中心深度为 2.5~5.0m，周边深度为 1.5~3.0m。池直径与有效水深之比不小于 6，一般为 6~12。

辐流式沉淀池内水流的流态为辐射形，为达到辐射形的流态，原水由中心或周边进入沉淀池。

中心进水周边出水辐流式沉淀池如图 2-26（a）所示，在池中心处设有进水中心管。

原水从池底进入中心管，或用明渠自池的上部进入中心管，在中心管的周围常有穿孔挡板围成的流入区，使原水能沿圆周方向均匀分布，向四周辐射流动。由于过水断面不断增大，因此流速逐渐变小，颗粒在池内的沉降轨迹是向下弯的曲线，如图 2-27 所示。澄清后的水，从设在池壁顶端的出水槽堰口溢出，通过出水槽流出池外。为了阻挡漂浮物质，出水槽堰口前端可加设挡板及浮渣收集与排出装置。

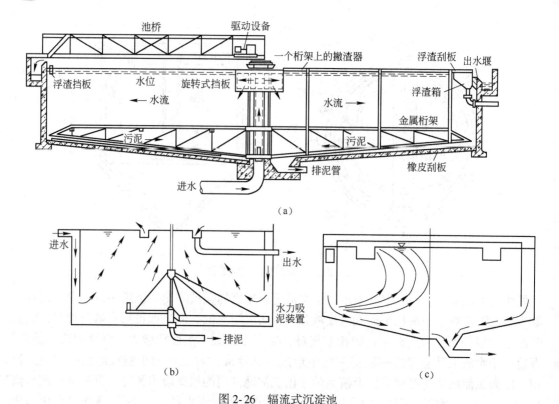

图 2-26　辐流式沉淀池

（a）中心进水周边出水辐流式沉淀池；（b）周边进水中心出水向心辐流式沉淀池；
（c）周边进水周边出水向心辐流式沉淀池

　　周边进水的向心辐流式沉淀池的流入区设在池周边，出水槽设在沉淀池中心部位的 $R/4$、$R/3$、$R/2$ 或设在沉淀池的周边，俗称周边进水中心出水向心辐流沉淀池（见图 2-26b）或周边进水周边出水向心辐流式沉淀池（见图 2-26c）。由于进、出水的改进，向心辐流式沉淀池与普通辐流式沉淀池相比，其主要特点有：

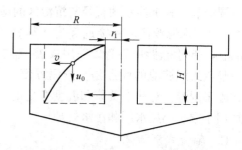

图 2-27　辐流式沉淀池中颗粒沉降轨迹

　　（1）进水槽沿周边设置，槽断面较大，槽底孔口较小，布水时水头损失集中在孔口上，使布水比较均匀。

　　（2）沉淀池容积利用系数提高。据实测资料，向心辐流式沉淀池的容积利用系数高于中心进水的辐流式沉淀池。随出水槽的设置位置、容积利用系数的提高程度不同。从 $R/4$ 到 R 的设置位置，容积利用系数分别为 85.7%～93.6%。

　　（3）向心辐流式沉淀池的表面负荷比中心进水的辐流式沉淀池提高约 1 倍。

　　辐流式沉淀池大多采用机械刮泥。通过刮泥机将全池的沉积污泥收集到中心泥斗，再借静水压力或污泥泵排出。刮泥机一般是一种桁架结构，绕中心旋转，刮泥刀安装在桁架上，可中心驱动或周边驱动。当池径小于 20m 时，用中心传动；当池径大于 20m 时，用周边传动。池底以 0.05 的坡度坡向中心泥斗，中心泥斗的坡度为 0.12～0.16。

如果沉淀池直径不大（小于20m），也可在池底设多个泥斗，使污泥自动滑进泥斗，形成斗式排泥。

辐流式沉淀池的主要优点是机械排泥设备已定型化，运行可靠，管理较方便，但设备较复杂，对施工质量要求高，适用于大、中型污水处理厂，用作初次沉淀池或二次沉淀池。

D　斜板（管）沉淀池

a　基本原理

从前述的理想沉淀池的特性分析可知，沉淀池的沉淀效率仅与颗粒沉淀速度和表面负荷有关，而与沉淀池的深度无关。

如图2-28所示，将池长为L、水深为H的沉淀池分隔为n个水深为H/n的沉淀池。设水平流速（v）和沉速（u_0）不变，则分层后的沉降轨迹线坡度不变。如仍保持与原来沉淀池相同的处理水量，则所需的沉淀池长度可减小为L/n。这说明，减小沉淀池的深度，可以缩短沉淀时间，从而减小沉淀池体积，也就可以提高沉淀效率。这便是1904年Hazen提出的浅层沉淀理论。

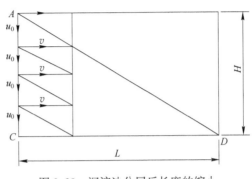

图2-28　沉淀池分层后长度的缩小

沉淀池分层和分格还将改善水力条件。在同一个断面上进行分层或分格，使断面的湿周增大，水力半径减小，从而降低雷诺数，增大弗劳德数，降低水的紊乱程度，提高水流稳定性，增大沉淀池的容积利用系数。

根据上述的浅层沉淀理论，过去曾经把普通的平流式沉淀池改建为多层多格的池子，使沉淀面积增加。但在工程实际应用中，采用分层沉淀，排泥十分困难，因此一直没有得到应用。将分层隔板倾斜一个角度，以便能自行排泥，这种形式即为斜板沉淀池。如各斜隔板之间还进行分格，即成为斜管沉淀池。

斜板（管）的断面形状有圆形、矩形、方形和多边形。除圆形以外，其余断面均可同相邻断面共用一条边。斜板（管）的材质要求轻质、坚固、无毒、价廉，目前使用较多的是厚0.4~0.5mm的薄塑料板（无毒聚氯乙烯或聚丙烯）。一般在安装前将薄塑料板制成蜂窝状块体，块体平面尺寸通常不宜大于1m×1m。块体用塑料板热轧成半六角形，然后黏合，其黏合方法如图2-29所示。

b　斜板（管）沉淀池的分类

根据水流和泥流的相对方向，斜板（管）沉淀池可分为逆向流（异向流）、同向流、横向流（侧向流）三种类型，如图2-30所示。

逆向流的水流向上，泥流向下。斜板（管）倾角为60°。

同向流的水流、泥流都向下，靠集水支渠将澄清水和沉泥分开（见图2-31）。水流在进水、出水的水压差（一般在10cm左右）推动下，通过多孔调节板（平均开孔率在40%左右），进入集水支渠，再向上流到池子表面的出口集水系统，流出池外。集水装置是同向流斜板（管）沉淀池的关键装置之一，它既要取出清水，又不能干扰沉泥。因此，该处

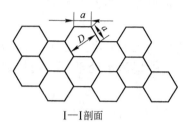

I—I剖面

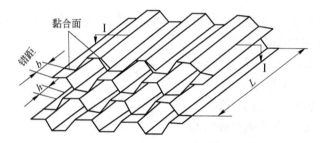

图 2-29　塑料片正六角形斜管黏合示意图

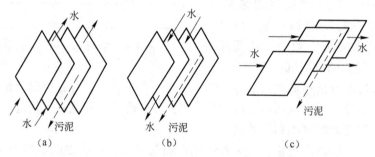

图 2-30　三种类型的斜板（管）沉淀池
（a）异向流；（b）同向流；（c）横向流

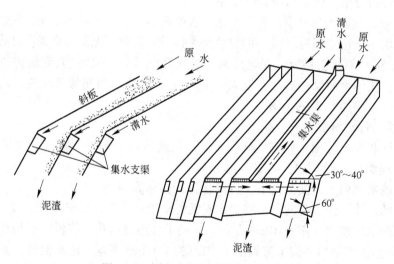

图 2-31　同向流斜板（管）沉淀装置

的水流状态必须保持稳定，不应出现流速的突变。同时在整个集水横断面上应做到均匀集水。同向流斜板（管）的优点是水流促进泥的向下滑动，保持板（管）身的清洁，因而可以将斜板（管）倾角减为30°~40°，从而提高沉淀效果，但缺点是构造比较复杂。

横向流的水流水平流动，泥流向下，斜板（管）倾角为60°。横向流斜板（管）水流条件比较差，板间支撑也较难以布置，在国内很少应用。

斜板（管）长度通常采用1~1.2m。同向流斜板（管）长度通常采用2~2.5m，上部倾角为30°~40°，下部倾角为60°。为了防止污泥堵塞及斜板变形，板间垂直间距不能太小，以80~120mm为宜；斜管内切圆直径不宜小于35~50mm。

2.1.5 气浮

气浮过程中，细微气泡首先与水中的悬浮粒子相黏附，形成整体密度小于水的"气泡-颗粒"复合体，使悬浮粒子随气泡一起浮升到水面。由此可见，实现气浮分离必须具备以下三个基本条件：一是必须在水中产生足够数量的细微气泡；二是必须使待分离的污染物形成不溶性的固态或液态悬浮体；三是必须使气泡能够与悬浮粒子相黏附。这里着重讨论细微气泡的形成以及它与悬浮粒子的黏附问题。

2.1.5.1 空气的溶解与释放

A 空气的溶解

空气对水属于难溶气体，它在水中的传质速率受液膜阻力所控制，此时空气的传质速率可表示为：

$$N = K_L(C^* - C) = K_L \Delta C \tag{2-15}$$

式中　N——空气传质速率，$kg/(m^2 \cdot h)$；

　　K_L——液相总传质系数，$m^3/(m^2 \cdot h)$；

　C^*，C——空气在水中的平衡浓度和实际浓度，kg/m^3。

由上式可见，在一定的温度和溶气压力下（即C^*为定值时），要提高溶气速率，就必须通过增大液相流速和紊动程度来减薄液膜厚度和增大液相总传质系数。增大液相总传质系数，强化溶气传质的途径是采用高效填料溶气罐，即溶气用水以喷淋方式由罐顶进入，空气以小孔鼓泡方式由罐底进入，或用射流器、水泵叶轮将水中空气切割为气泡后由罐顶经喷头或孔板通入。这样，就能在有限的溶气时间内使空气在水中的溶解量尽量接近饱和。当采用空罐时，也应采用上述的布气进水方式，而且应尽可能提高喷淋密度。

在水温一定而溶气压力不很高的条件下，空气在水中的溶解平衡可用亨利定律表示为：

$$V = K_T p \tag{2-16}$$

式中　V——空气在水中的溶解度，L/m^3；

　　K_T——溶解度系数，$L/(kPa \cdot m^3)$；

　　p——溶液上方的空气平衡分压，kPa（绝对压力）。

由上式可见，空气在水中的平衡溶解量与溶气压力成正比，且与温度有关。在实际操作中，由于溶气压力受能耗的限制，而且空气溶解量与溶气利用率相比并不十分重要，因而溶气压力通常控制在490kPa（表压）以下。

溶解于水中的空气量与通入空气量的百分比，称为溶气效率。溶气效率与温度、溶气压力及气液两相的动态接触面积有关。为了在较低的溶气压力下获得较高的溶气效率，就必须增大气液传质面积，并在剧烈的湍动中将空气分散于水。在20℃和290~490kPa（表压）的溶气压力下，填料溶气罐的平均溶气效率为70%~80%，空罐为50%~60%。

在一定条件下，空气在水中的实际溶解量与平衡溶解量之比，称为空气在水中的饱和系数。饱和系数的大小与溶气时间及溶气罐结构有关。在2~4min的常用溶气时间内，填料罐的饱和系数为0.7~0.8，空罐为0.8~0.7。

B　溶解空气的释放

溶气水的释气过程是在溶气释放器内完成的。现以图2-32所示的TS型释放器为例加以说明。

当带压溶气水由接管进入孔口时，过流断面突然缩小，随即进入孔盒时，断面又突然扩大。水流在孔室内剧烈碰撞，形成涡流。当它反向急速转入平行狭缝沿径向迅速扩散时，过流断面再次收缩，流态骤变，紊动更为剧烈。在上述过程中，绝大部分空气分子从水中释放，并在分子扩散和紊流扩散中逐级并大为超微气泡。当水、气混合流通过出水孔进入辅消能室时，过流断面又突然扩大，溶气水的剩余静压能继续在此转化，过饱和空气几乎全部释出，同时超微气泡在紊流扩散作用下，同向并大为10μm级的细微气泡出流，释气过程结束。可见，释气过程是在溶气水流经过反复地收缩、扩散、撞击、反流、挤压、辐射和旋流中完成的，整个过程历时不到0.2s。

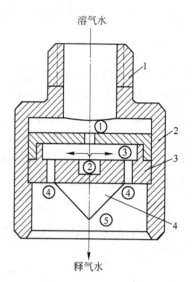

图2-32　溶气释放器结构及其释气原理示意图
1—接管；2—壳体；3—孔盒；4—导流锥
①—中孔；②—孔室；③—平行狭缝；
④—出水孔；⑤—辅消能室

释放器的性能往往因结构不同而有很大差异。但高效释放器都有一个共同特点，就是使溶气水在尽可能短的时间内达到最大的压力降，并在主消能室（即孔盒内）具有尽可能高的紊流速度梯度。

2.1.5.2　细微气泡的性质

气浮法的净水效果，只有在获得直径微小、密度大、均匀性好的大量细微气泡的情况下，才能得到良好的气浮效果。

（1）气泡直径。气泡直径愈小，其分散度愈高，对水中悬浮粒子的黏附能力和黏附量也就愈大。大气泡数量的增多会造成两种不利影响：一是使气泡密度和表面相大幅度减小，气泡与悬浮粒子的黏附性能和黏附量相应降低；二是大气泡上浮时会造成剧烈的水力扰动，不仅加剧了气泡之间的兼并，而且由此产生的惯性撞击力会将已黏附的气泡撞开。

（2）气泡密度。气泡密度是指单位体积释气水中所含微气泡的个数，它决定气泡与悬浮粒子碰撞的几率。由于气泡密度与气泡直径的3次方成反比，因此，在溶气压力受到限制的条件下，增大气泡密度的主要途径是缩小气泡直径。

（3）气泡的均匀性。气泡均匀性的含义，一是指最大气泡与最小气泡的直径差；二是指小直径气泡占气泡总量的比例。

（4）气泡稳定时间。气泡稳定时间是指将溶气水注入1000mL量筒，从满刻度起到乳白色气泡消失为止的历时。优良的释放器释放的气泡稳定时间应在4min以上。

（5）溶气利用率。溶气利用率是指能同悬浮粒子发生黏附的溶气量占溶解空气量的百分比。常规压力溶气气浮的溶气利用率通常不超过20%，其原因在于释放的空气大部分以大直径的无效气泡逸散。在这种情况下，即便将溶气压力提得很高，也不会明显提高气浮效果。相反，如能用性能优良的释放器获得性质良好的细微气泡，就完全能够在较低的溶气压力下使溶气利用率大幅度提高，从而实现气浮工艺所追求的"低压、高效、低能耗"的目标。

2.1.5.3 压力溶气气浮及其系统设计

按照加压水（即溶气用水）的来源和数量，压力溶气气浮有全部进水加压、部分进水加压和部分回流水加压三种基本流程。三种流程都由加压泵、溶气罐、释放器和气浮池等基本设备组成。

图2-33所示的气浮系统是以空压机作为气源的。对全部进水加压时，投加了混凝剂的原水由加压泵升压至196~392kPa（表压），与压力管通入的压缩空气一起进入溶气罐内，并停留2~4min，使空气溶于水。溶气水由罐底引出，通过释放器减压后进入气浮池。此时，水中溶解的过饱和空气以细微气泡逸出，与水中的悬浮物粒子黏附而浮升到水面。浮渣由刮渣机定期刮入气浮池尾（首）的浮渣槽排出。处理水则由没于池尾的溢流堰和集水槽或靠近池底的穿孔集水管排出池外。这种流程虽有溶气量大的优点，但动力消耗大，絮凝体容易在加压和溶气过程中破碎，水中的悬浮粒子容易在溶气罐填料上沉积和堵塞释放器。因此，目前已较少采用。

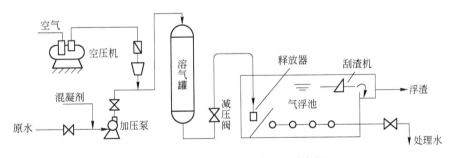

图2-33 气浮流程的系统配置示意图

仅对部分进水加压时，从原水总量中抽出10%~30%作为溶气用水，其余大部分先进行混凝处理，再通入气浮池中与溶气水混合进行气浮。这种流程的气浮池常与隔板混凝反应池合建。它虽然避免了絮凝体容易破碎的缺点，但仍有溶气罐填料和释放器易被堵塞的问题，因而也较少采用。

部分回流水加压，是从处理后的净化水中抽出10%~30%作为溶气用水，而全部原水都进行混凝处理后进行气浮。这种流程不仅能耗低，混凝剂利用充分，而且操作较为稳定，因而应用最为普遍。

压力溶气气浮的供气方式可分为空压机供气、射流进气和泵前插管进气三种，如图2-34所示。空压机供气的优点是气量、气压稳定，并有较大的调节余地，但噪声大，投资较高。射流进气是以加压泵出水的全部或部分作为射流器的动力水，当水流以 30~40m/s 的高速紊流束从喷嘴喷出，并穿过吸气室进入混合管时，便在吸气室内造成负压而将空气吸入。气水混合物在混合管（喉管）内剧烈紊动、碰撞、剪切，形成乳化状态。进入扩散管后，动能转化为压力能而使空气溶于水，随后进入溶气罐。这种供气方式设备简单，操作维修方便，气水混合溶解充分；但由于射流器阻力损失大（一般为加压泵出口压力的30%）而能耗偏高。泵前插管进气，是在加压泵的吸水管上设置一个膨胀的插管管头，在管头轴线上沿水流方向插入 1~3 支的进气管。水泵运行时，叶轮旋转产生的负压将空气从进气管吸入，并与水一起在泵内增压、混合和部分溶解。这种溶气方式简便易行、能耗低，但气水比受到一定限制（一般为 5%~8%，最高不能超过 10%），而且加压泵叶轮易受气蚀。

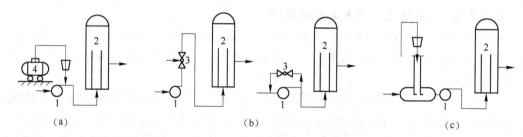

图 2-34　压力溶气气浮的三种供气方式
(a) 空压机供气；(b) 射流进气；(c) 泵前插管进气
1—加压泵；2—溶气罐；3—射流器；4—空压机

以上三种供气方式的选择应视具体情况而定。一般在采用填料溶气罐时，以空压机供气为好。反之，当受水质限制而采用空罐时，为了保证较高的溶气效率，宜采用射流进气；而当有高性能的溶气释放器能保证较高的溶气利用率，且处理水量较小时，则以泵前插管进气较为简便、经济。

近年来，在射流进气的基础上研究了一种内循环式射流压力溶气的新型气浮流程（见图2-35）。这种溶气系统除保持了射流进气的气、水混合充分和溶气效率高的特点外，还

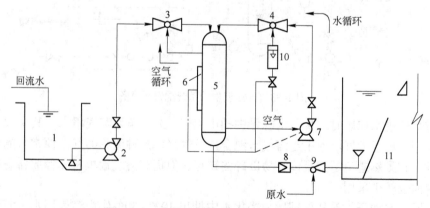

图 2-35　内循环式射流压力溶气气浮系统
1—清水池；2—加压泵；3—工作射流器；4—加气射流器；5—空气分离器；6—水位自控器；
7—循环加气水泵；8—溶气释放器；9—混合器；10—流量计；11—气浮池

能充分利用尚未溶解的压力空气和饱和罐的内压，因而可比一般的射流进气节约30%以上的能耗，而且可用普通截止阀作为溶气释放器，对废水中的悬浮固体浓度有较大的适应能力，也能在较大的范围内调节溶气水的压力和流量，以适应不同条件的运行要求。

2.1.6 过滤

过滤是用来分离悬浮液，获得清净液体的单元操作。在水处理中，过滤一般是指以石英砂等粒状颗粒的滤层截留水中悬浮杂质，从而使水获得澄清的工艺过程。在给水处理工艺中，过滤常置于沉淀池或澄清池之后，是保证净化水质的一个不可缺少的关键环节。滤池的进水浊度一般在10NTU以下，经过滤后的出水浊度可以降到1NTU以下，满足饮用水标准。过滤的功效不仅在于进一步降低水的浊度，而且水中的有机物、细菌乃至病毒等也将随水的浊度降低而被部分去除。随着废水资源化需求的日益提高，过滤在废水深度处理中也得到了广泛应用。

过滤从分类上主要有慢速过滤（又称表面滤膜过滤）和快速过滤（又称深层过滤）两种。

慢速过滤的滤速通常低于10m/d，它是利用在砂层表面自然形成的滤膜去除水中的悬浮杂质和胶体，同时由于滤膜中微生物的生物化学作用，水中的细菌、铁、氨等可溶性物质以及产生色、臭、味的微量有机物也可被部分去除。但由于慢速过滤的生产效率低，并且设备占地面积大，目前各国很少采用，它基本上被快速过滤技术所取代。

快速过滤是把滤速提高到10m/d以上，使水快速通过砂等粒状颗粒滤层，在滤层内部去除水中的悬浮杂质，因此是一种深层过滤。但快速过滤的前提条件是必须先投加混凝剂。当投加混凝剂后，水中胶体的双电层得到压缩，容易被吸附在砂粒表面或已被吸附的颗粒上，这就是接触黏附作用。这种作用机理在实践中得到了验证：表层细砂层粒径为0.5mm，空隙尺寸为80μm，进入滤池的颗粒大部分小于30μm，但仍能被去除。快滤池自1884年在世界上正式使用以来，已有100多年的历史，目前在水处理中得到了广泛应用。

2.1.6.1 快速过滤的机理与应用

在快速过滤过程中，水中悬浮杂质在滤层内部被去除的主要机理涉及两个方面：一是迁移机理，即被水流挟带的杂质颗粒如何脱离水流流线而向滤料颗粒表面接近或接触；二是黏附机理，即当杂质颗粒与滤料表面接触或接近时，依靠哪些力的作用使得它们黏附于滤料表面。

A 迁移机理

在过滤过程中，滤层空隙中的水流一般处于层流状态。随着水流流线移动的杂质颗粒之所以会脱离流线而趋向滤料颗粒表面，主要是受拦截、沉淀、惯性、扩散和水动力等作用力的影响（见图2-36）。颗粒尺寸较大时，处于流线中的颗粒会直接被滤料颗粒所拦截；颗粒沉速较大时会在重力作用下脱离流线，在滤料颗粒表面产生沉淀；颗粒具有较大惯性时也可以脱离流线与滤料表面接触；颗粒较小、布朗运动较剧烈时会扩散至滤料颗粒表面；水力作用是由于在滤料颗粒表面附近存在速度梯度，非球体颗粒在速度梯度作用下，会产生转动而脱离流线与滤料表面接触。

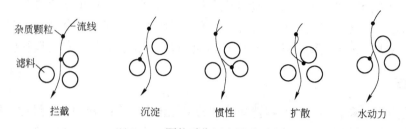

图 2-36　颗粒受作用力影响示意图

对于上述迁移机理，目前只能定性描述，其相对作用大小尚无法定量估算。虽然也有某些数学模型，但还不能解决实际问题。在实际的过滤过程中，几种机理可能同时存在，也可能只有其中某些机理起作用。

B　黏附机理

当水中的杂质颗粒迁移到滤料表面上时，是否能黏附于滤料表面或滤料表面上原先黏附的杂质颗粒上主要取决于它们之间的物理化学作用力。这些作用力包括范德华引力、静电力以及某些化学键和某些特殊的化学吸附力等。此外，絮凝颗粒的架桥作用也会存在。黏附过程与澄清池中的泥渣所起的黏附作用基本类似，不同的是黏附过程的滤料为固定介质，效果更好。因此，黏附过程主要受滤料和水中杂质颗粒的表面物理化学性质的影响。未经脱稳的杂质颗粒，过滤效果很差。不过，在过滤过程中，特别是过滤后期，当滤层中的空隙逐渐减小时，表层滤料的筛滤作用也不能完全排除，但这种现象并不希望发生。

在杂质颗粒与滤料表面发生黏附的同时，还存在由于空隙中水流剪力的作用而导致杂质颗粒从滤料表面上脱落的趋势。黏附力和水流剪力的相对大小，决定了杂质颗粒黏附和脱落的程度。过滤初期，滤料较干净，滤层内的空隙率较大，空隙流速较小，水流剪力较小，因而黏附作用占优势。随着过滤时间的延长，滤层中杂质逐渐增多，空隙率逐渐减小，水流剪力逐渐增大，导致黏附在最外层的杂质颗粒首先脱落下来，或者被水流挟带的后续杂质颗粒不再继续黏附，促使杂质颗粒向下层推移，从而使下层滤料的截留作用渐次得到发挥。

C　过滤在水处理中的应用

过滤在水和废水处理过程中是一个不可或缺的环节。在给水处理中，过滤一般置于沉淀池或澄清池之后。当原水浊度较低（一般小于 50 NTU），且水质较清时，原水可以不经沉淀而进行直接过滤。直接过滤有两种方式：

（1）原水经投加混凝剂后直接进入滤池过滤，滤前不设任何絮凝设备。这种过滤方式称为接触过滤。

（2）滤池前设一简易的微絮凝池，原水投加混凝剂后先经微絮凝池，形成粒径大致在 40~60μm 的微絮粒后，进入滤池过滤。这种过滤方式称为微絮凝过滤，微絮凝池的絮凝条件不同于一般絮凝池，一般要求形成的絮凝体尺寸较小，便于絮体能深入滤层深处以提高滤层含污能力。因此，微絮凝池水力停留时间一般较短，通常为几分钟。

采用直接过滤工艺需注意以下几点：

（1）原水浊度和色度较低且变化较小。若对原水水质变化趋势无充分把握时，不应轻易采用直接过滤方式。

（2）通常采用双层、三层或均质滤料。滤料粒径和厚度适当增加，否则滤层表面空隙易被堵塞。

（3）滤速应根据原水水质决定。浊度偏高时应采用较低滤速，反之亦然。

在废水处理中，过滤主要用于深度处理。二级生物出水可经混凝沉淀后再进行过滤，以进一步去除残存有机物、悬浮杂质等，出水可用于一般市政杂用或对用作水质要求不高的工业用水，如补充工业冷却用水等。此外，过滤还可以作为活性炭吸附以及离子交换、电渗析、反渗透、超滤等工艺的前处理。

2.1.6.2　快滤池的结构与工作过程

A　普通快滤池的结构

快滤池的池型有很多，普通快滤池是应用最早的池型。由于它的构造和使用经验有典型意义，本节以普通快速池为例，介绍快滤池的结构。

普通快速池一般建成矩形的钢筋混凝土池子。通常情况下宜双行排列，当池个数较少时（特别是个数成单的小池子），可采用单行排列。

图 2-37 为普通快滤池构造示意图。快滤池包括集水渠、洗砂（冲洗）排水槽、滤层、承托层（也称垫层）及配水系统五个部分。两行滤池之间布置管道、闸门及一次仪表部分，称为管廊，主要管道包括浑水进水、清水出水、冲洗来水、冲洗排水（或称废水渠）等管道。管廊的上面为操作室，设有控制台。快滤池常与全厂的化验室、消毒间、值班室等建在一起成为全厂的控制中心。

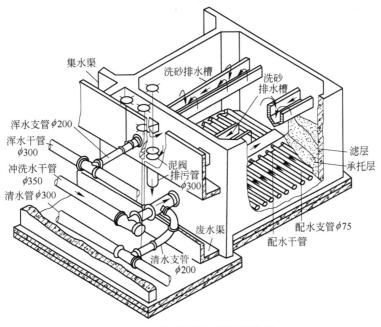

图 2-37　普通快滤池构造剖视图

B　快滤池的工作过程与周期

a　工作过程

快滤池的工作过程主要是过滤和冲洗两个过程的交替循环。过滤是截留杂质、生产清水的过程；冲洗即是把截留的杂质从滤层中洗去，使之恢复过滤能力。

（1）过滤。过滤开始时，原水自进水管（浑水管）经集水渠、冲洗排水槽分配进入滤池，在池内自上而下通过滤层、承托层（垫层），由配水系统收集，并经清水管排出。经过一段时间的过滤，滤层逐渐被杂质所堵塞，滤层的空隙不断减小，水流阻力逐渐增大至一个极限值，以致滤池出水量锐减。另外，由于水流的冲刷力又会使一些已截留的杂质从滤料表面脱落下来而被带出，影响出水水质。此时滤池应停止过滤，进行冲洗。

（2）冲洗。冲洗时，关闭浑水管及清水管，开启排水阀和冲洗进水管，冲洗水自下而上通过配水系统、承托层、滤层，并由冲洗排水槽收集，经集水渠内的排水管排走。在冲洗过程中，冲洗水流逆向进入滤层，使滤层膨胀、悬浮，滤料颗粒之间相互摩擦、碰撞，附着在滤料表面的杂质被冲刷下来，由冲洗水带走。从停止过滤到冲洗完毕，一般需要20~30min，在这段时间内，滤池停止生产。冲洗所消耗的清水，占滤池生产水量的1%~3%（视水厂规模而异）。

滤池经冲洗后，过滤和截污能力得以恢复，又可重新投入运行，如果开始过滤的出水水质较差，则应排入下水道，直到出水合格为止，这称为初滤排水。

b　工作周期

当滤池的水头损失达到最大允许值（2.5~3.0m）或出水浊度超过标准时，则应停止过滤，对滤池进行冲洗。从过滤开始到过滤终止的运行时间，称为滤池的过滤周期，一般应大于8~12h，最长可达48h以上。冲洗操作包括反冲洗和其他辅助冲洗方法，所需的时间称为滤池的冲洗周期。过滤周期与冲洗周期以及其他辅助时间之和称为滤池的工作周期或运转周期。滤池的生产能力可以用工作周期中得到的净清水量除以工作周期表示，所以提高滤池的生产能力应在保证滤后水质的前提下，设法提高滤速，延长过滤周期，缩短冲洗周期和减少冲洗水量的消耗。

2.2　水的化学处理

2.2.1　混凝

2.2.1.1　胶体的特性与结构

A　胶体的特性

胶体的特性包括光学性质、力学性质、表面性质和电学性质。

（1）光学性质。胶体颗粒的尺寸微小，它往往由多个分子或一个大分子组成，能够透过普通滤纸，在水溶液中能引起光的反射。

（2）力学性质。胶体的力学性质主要是指胶体的布朗运动。布朗运动是用超显微镜观测到的胶体颗粒所做的不规则的运动。这是由处于热运动状态的水分子不断运动，并撞击这些胶体颗粒而引发的。布朗运动的强弱与颗粒的大小有关。如颗粒大，则周围受水分子的撞击瞬间可达几万甚至几百万次，结果各方向的撞击可以平衡抵消，并且颗粒本身的质量较大，受重力作用后能自然下沉；当颗粒小时，来自周围水分子的撞击在瞬间不能完全抵消，粒子不断改变位置，从而产生布朗运动。胶体颗粒的布朗运动是胶体颗粒不能自然沉淀的一个原因。

（3）表面性质。由于胶体颗粒微小，比表面积大，因此具有巨大的表面自由能，从而使胶体颗粒具有特殊的吸附能力和溶解能力。

（4）电学性质。胶体的电学性质是指胶体在电场中产生的动电现象，包括电泳和电渗。二者都是由于外加电势差的作用引起的胶体溶液体系中固相与液相间产生的相对移动。

电泳现象是指将胶体溶液置于电场中，胶体微粒向某一个电极方向移动的现象。说明胶体微粒是带电的，移动方向与电荷正负有关。当胶体微粒向阴极移动时，说明胶体微粒带正电，如氢氧化铝胶体；相反，如向阳极移动，则说明胶体微粒带负电，如黏土、细菌或蛋白质等胶体。胶体微粒带电是保持其稳定性的重要原因之一。由于胶体微粒的带电性，当它们相互靠近时，就会产生排斥力，因此它们不能聚合。

B 胶体的结构

a 胶体的双电层结构

图 2-38 是胶体双电层结构示意图。

粒子的中心是胶核，它由数百乃至数千个分散相固体物质分子组成。胶核表面由于吸附了某种离子（电势形成离子）而带有电荷。由于静电引力的作用，势必吸引溶液中的异号离子（反离子）到微粒周围。这些异号离子同时受到两种力的作用：一种是微粒表面电势形成离子的静电引力，吸引异号离子贴近微粒；另一种是异号离子本身热运动的扩散作用及液体对这些异号离子的溶剂化作用力，它们使异号离子均匀散布到液相中去。这两种力综合的结果，使得靠近胶体微粒表面处这些异号离子的浓度大，而随着与胶体微粒表面距离的增加浓度逐渐减小，直至等于溶液中离子的平均浓度。电势形成离子层和反离子层构成了胶体双电层结构。

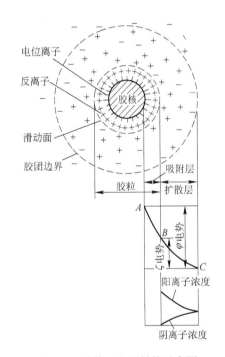

图 2-38 胶体双电层结构示意图

胶体微粒表面吸附了电势形成离子和部分反离子，这部分反离子紧附在胶体微粒表面随其移动，称为束缚反离子，组成吸附层。吸附层只有几个离子的大小，约一个分子的尺寸。其他反离子由于热运动和液体溶剂化作用而向外扩散，当微粒运动时，与固体表面脱开而与液体一起运动，它们包围着吸附层形成扩散层，称为自由反离子。

由于扩散层中的反离子与胶体微粒所吸附的离子间的吸附力很弱，所以微粒运动时，扩散层中大部分离子脱开微粒，这个脱开的界面称为滑动面。最紧的滑动面就是吸附层边界，一般情况下，滑动面在吸附层边界外，但在胶体化学中常将吸附层边界当做滑动面。

通常将胶核与吸附层合在一起称胶粒，胶粒再与扩散层组成胶团（即胶体粒子）。胶团的结构可表述如下：

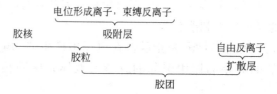

由于胶核表面吸附的离子总比吸附层里的反离子多，所以胶粒是带电的，而胶团是电中性的。胶核表面上的离子和反离子之间形成的电势称总电势，即 φ 电势。而胶核在滑动时所具有的电势（在滑动面上）称为 ζ 电势（在水处理领域，习惯称 ζ 电位）。总电势 φ 对于某类胶体而言，是固定不变的，它无法测出，也没有实用意义。而 ζ 电势可以通过电泳或电渗的速度计算出来，它随温度、pH 值及溶液中反离子浓度等外部条件而变化，在水处理研究中 ζ 电势具有重要的意义。

b　憎水胶体与亲水胶体

凡是在吸附层中离子直接与胶核接触，水分子不直接接触胶核的胶体称憎水胶体。一般无机物的胶体颗粒，如氢氧化铝、氢氧化铁、二氧化硅等都属于此类。

凡胶体微粒直接吸附水分子的称为亲水胶体。亲水胶体的颗粒绝大多数都是相对分子质量很大的高分子化合物或高聚合物，它们相对分子质量从几万到几十万，甚至达几百万。一个有机物高分子往往就是一个胶体颗粒，它们的分子结构具有复杂的形式，如线形、平面形、立体形等。亲水胶体直接吸附水分子是由于颗粒表面存在某些极性基团（如—OH，—COOH、—NH$_2$ 等）而引起的。这些基团的电荷分布都是不均匀的，在一端带有较多的正电荷或负电荷，所以称极性基团，极性基团能吸引许多极性分子。以蛋白质为例，蛋白质相对分子质量可达 10000～300000 以上，它的一个分子就相当于一个胶体微粒。蛋白质分子上有许多—COOH 与—NH$_2$ 的极性基团，由于溶解和吸附的作用也能产生带负电的—COO—的部位和带正电的—NH$_3$—的部位，同样会吸引很多水分子，使蛋白质外围包上了一层水壳。这层水壳与蛋白质胶核组成蛋白质胶团，随胶体微粒一起移动，滑动面就是水壳的表面。蛋白质分子上带负电部位与带正电部位数目代数和的数值决定了胶体的带电符号，在一般 pH 值范围内，负电荷的数目多，所以蛋白质是带有负电荷的胶体。

由上所述，憎水胶体具有双电层，亲水胶体则有一层水壳。双电层和水壳都有一个厚度，这个厚度是决定胶体是否稳定的主要因素。

C　胶体的稳定性

胶体的稳定性是指胶体颗粒在水中长期保持分散悬浮状态的特性。从胶体化学角度而言，胶体溶液并非真正的稳定系统。但从水处理工程的角度而言，由于胶体颗粒和微小悬浮物的沉降速度十分缓慢，因此均被认为是"稳定"的。

2.2.1.2　水的混凝

A　铝盐在水中的化学反应

水处理中常用的混凝剂有铝盐和铁盐。硫酸铝是使用历史最长、目前应用仍较广泛的一种无机混凝剂，它的作用机理具有相当的代表性。故在阐述混凝机理之前，有必要先对硫酸铝在水中的化学反应进行介绍。

硫酸铝[$Al_2(SO_4)_3 \cdot 18H_2O$]溶于水后，立即离解出铝离子，且常以[$Al(H_2O)_6$]$^{3+}$的水合形态存在。

当水溶液的pH<3时，在水中这种水合铝离子是主要形态。如pH值升高，水合铝离子就会发生配位水分子离解（即水解过程），生成各种羟基铝离子。pH值再升高，水解逐级进行，水合铝离子从单核单羟基水解成单核三羟基，最终产生氢氧化铝化学沉淀物而析出。

实际上铝盐在水中的反应比上面的反应要复杂得多。当pH>4时，羟基离子增加，各离子的羟基之间可发生架桥连接（羟基架桥）产生多核羟基络合物，也即发生高分子缩聚反应。

所以水解与缩聚两种反应交错进行，最终产生聚合度极大的中性氢氧化铝。当其浓度超过其溶解度时，即析出氢氧化铝沉淀物。

B　水的混凝机理

与胶体化学的单一胶体体系相比，水中的胶体体系要复杂得多。水中杂质大小相差悬殊，几乎达几百万倍，成分也非常复杂。如天然水中除含有黏土颗粒外，还含有微生物和其他有机物等。废水中的成分就更加复杂，含有大量无机杂质与有机物杂质，甚至含有大量合成高分子有机物。

水处理中的混凝机理比较复杂，迄今还没有一个统一的认识。关于"混凝"一词，目前尚无统一规范化的定义。在化学和工程中，对"混凝"、"凝聚"和"絮凝"三个词常有不同解释，有时又含混相同。本书中，凝聚是指胶体被压缩双电层而失去稳定性，发生相互聚集的过程；絮凝是指脱稳胶体聚结成大颗粒絮体的过程；混凝则是凝聚和絮凝的总称。

凝聚是瞬时的，只需将化学药剂全部分散到水中即可。絮凝则与凝聚作用不同，它需要一定的时间去完成，但一般情况下两者不好决然分开。因此把能起凝聚与絮凝作用的药剂统称为混凝剂。

混凝机理涉及的因素很多，如水中杂质成分与浓度、水温、水的pH值、混凝剂的性质和混凝条件等。许多年来，水处理专家从铝盐和铁盐的混凝现象开始，对混凝剂作用机理进行了不断研究，理论也获得不断发展。下面介绍一些目前看法比较一致的混凝机理。

（1）双电层压缩机理。如前所述，憎水胶体的聚集稳定性主要取决于胶粒的ζ电势。根据DLVO理论，要使胶粒通过布朗运动相撞聚集，必须降低ζ电势，以降低或消除排斥能峰。在水中投加电解质混凝剂可达此目的。

例如对天然水中带负电荷的黏土胶体，在投入铝盐或铁盐等混凝剂后，混凝剂提供的大量正离子会涌入胶体扩散层甚至吸附层。因为胶核表面的总电势不变，增加扩散层及吸附层中的正离子浓度，等于压缩双电层，使扩散层减薄，从而使胶体滑动面上的ζ电势降低。当大量正离子涌入吸附层以致扩散层完全消失时，ζ电势为零，此时称为等电状态。理论上等电状态时排斥势能消失，胶粒最易发生凝聚。但实际上，ζ电势只要降低到一定程度，当$\zeta=\zeta_k$，即胶粒间的排斥能峰$E_{max}=0$时，胶粒就开始产生明显的聚集，此时的ζ_k电势称为临界电势。胶粒因ζ电势降低或消除以致失去稳定的过程，称为胶体脱稳。脱稳的胶体相互聚结，称为凝聚。

双电层压缩是阐明胶体凝聚的一个重要理论。该理论是在20世纪60年代以前提出的，它成功地解释了胶体的稳定性及其凝聚作用，特别适用于无机盐混凝剂所提供的简单离子的情况。利用该理论可以较好地解释港湾处的沉积现象，因淡水进入海水时，盐类增加，离子浓度增高，淡水夹带的胶体的稳定性降低，所以在港湾处黏土和其他胶体颗粒易沉积。

但是双电层压缩理论不能解释水处理中的一些混凝现象，如混凝剂投量过多时胶体会重新稳定。因为根据该理论，当溶液中外加电解质很多时，至多达到 $\zeta = 0$ 状态，而不可能出现胶粒电荷改变的情况。实际上，三价铝盐或铁盐混凝剂投加过多时凝聚效果反而下降，胶粒甚至重新稳定；又如在等电状态，混凝效果应该最好，但生产实践却表明，混凝效果最佳时的 ζ 电势常大于零；与胶粒带同电号的聚合物或高分子有机物可能有好的凝聚效果等。这些复杂的现象与胶粒的吸附能力有关，基于单纯的静电现象的双电层压缩理论难以解释。

（2）吸附电中和作用机理。吸附电中和作用是指胶核表面直接吸附异号离子、异号胶粒或链状高分子带异号电荷的部位等来降低 ζ 电势。这种吸附力，绝非单纯的静电力，一般认为还存在范德华引力、氢键及共价键等。混凝剂投量适中时，通过胶核表面直接吸附带相反电荷的聚合离子或高分子物质，ζ 电势可达到临界电势 ζ_k。但当混凝剂投量过多时，胶核表面吸附过多的相反电荷的聚合离子，导致胶核表面电荷变号。该理论是在对传统铝、铁盐混凝剂的特点进行系统分析的基础上发展而来的。以铝盐为例，当 pH>3 时，水中便会出现聚合离子及多核羟基络合物。这些物质往往会吸附在胶核表面，分子质量越大，吸附作用越强。

吸附电中和理论解释了压缩双电层理论所不能解释的现象，并已广泛用于解释金属盐混凝剂对胶体颗粒的脱稳凝聚作用。

（3）吸附架桥作用机理。吸附架桥作用主要是指高分子物质与胶粒的吸附架桥与桥连，还可理解成两个大的同号胶粒中间由于有一个异号胶粒而联结在一起，如图2-39所示。高分子絮凝剂具有线形结构，它们具有能与胶粒表面某些部位起作用的化学基团，当高分子聚合物与胶粒接触时，高分子链的一端由于基团能与胶粒表面产生特殊反应而吸附某一胶粒后，另一端又吸附另一胶粒，形成"胶粒-高分子-胶粒"的絮凝体。高分子聚合物在这里起了胶粒与胶粒之间相互结合的桥梁作用。高分子投量过少时，不足以形成吸附架桥。但当高分子物质投量过多，胶粒相对少时，吸附了某一胶粒的高分子物质的另一端黏结不到第二胶粒，而是被原先的胶粒吸附在其他部位，进而产生"胶体保护"作用，使胶体又处于稳定状态。即当全部胶粒的吸附面均被高分子覆盖以后，两胶粒接近时，就会受到高分子的阻碍而不能聚集。这种阻碍来源于高分子之间的相互排斥。因此，只有在高分子投加量适中时，即胶粒只有部分表面被覆盖时，才能在胶粒间产生有效的吸附架桥作用并获得最佳絮凝效果。一般认为高分子在胶粒表面的覆盖率在 $1/3 \sim 1/2$ 时絮凝效果最好。但在实际水处理中，胶粒表面覆盖率无法测定，故高分子混凝剂投加量通常由试验决定。已经架桥絮凝的胶粒，如受到剧烈的长时间搅拌，架桥聚合物可能从另一胶粒表面脱开，重又卷回原所在胶粒表面，造成再稳定状态。

起架桥作用的线性高分子一般需要一定的长度。长度不够不能起到胶粒间架桥作用，只能被单个分子吸附。聚合物在胶粒表面的吸附来源于各种物理化学作用，如范德华引力、静电引力、氢键、配位键等，这取决于聚合物同胶粒表面二者化学结构的特点。

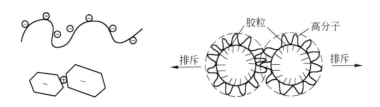

图 2-39 胶体保护示意图

利用这个机理可解释非离子型或带同号电荷的离子型高分子絮凝剂能得到好的絮凝效果的现象。

高分子物质若为阳离子型聚合电解质，对带负电荷的黏土胶体而言，既具有电性中和作用又具有吸附架桥作用；若为非离子型（不带电荷）或阴离子型（带负电荷）聚合电解质，只能起吸附架桥作用。

（4）网捕或卷扫机理。当金属盐混凝剂投加量大到足以形成大量的氢氧化物沉淀时，水中的胶粒可被这些沉淀物在形成时所网捕或卷扫。水中胶粒本身可作为这些金属氢氧化物沉淀物形成的核心。所以混凝剂最佳投加量与被去除物质的浓度成反比，即胶粒越多，所需混凝剂投加量越少，反之亦然。

以上各种混凝机理，从不同角度解释了混凝剂与胶粒颗粒的相互作用。这些作用在水处理中常不是孤立的，混凝过程实际是以上几种机理综合作用的结果，只是在一定情况下以某种现象为主而已。混凝效果和作用机理不仅取决于所使用的混凝剂的物化特性，而且与所处理水的水质特性，如浊度、pH 值以及水中杂质等有关。

2.2.1.3 混凝剂与助凝剂

A 混凝剂

混凝剂种类很多，按化学成分可分为无机和有机两大类。无机混凝剂品种较少，主要是铁盐、铝盐及其聚合物，在水处理中应用最为广泛。有机混凝剂品种很多，主要是高分子物质，但在水处理中的应用比无机的少。在全国混凝剂销售中，传统无机混凝剂约占 20%，无机高分子混凝剂约占 70%，有机高分子混凝剂约占 10 %。

a 无机混凝剂

常用的无机混凝剂见表 2-5。

表 2-5　常用的无机及复合混凝剂

铝 系	硫酸铝、明矾、聚合氯化铝（PAC）、聚合硫酸铝（PAS）
铁 系	三氯化铁、硫酸亚铁、硫酸铁、聚合硫酸铁、聚合氯化铁
无机复合	聚合硫酸铝铁（PFAS）、聚合氯化铝铁（PFAC）、聚合硫酸氯化铁（PFSC）、聚合硫酸氯化铝（PASC）、聚合铝硅（PASi）、聚合铁硅（PFSi）、聚合硅酸铝（PSA）、聚合硅酸铁（PSF）
无机-有机复合	聚合铝/铁-聚丙烯酰胺、聚合铝/铁-甲壳素、聚合铝/铁-天然有机高分子、聚合铝/铁-其他合成有机高分子

（1）铝盐混凝剂。铝盐混凝剂主要有硫酸铝和聚合铝混凝剂。

硫酸铝有固、液两种形态，固体产品为白色、淡绿色或淡黄色片状或块状，液体产品为无色透明至淡绿或淡黄色，常用的是固态硫酸铝。硫酸铝按用途分为两类：Ⅰ类，饮用水用；Ⅱ类，工业用水、废水和污水处理用。固态硫酸铝Ⅰ类和Ⅱ类产品的Al_2O_3含量均不小于15.6%，不溶物含量均不大于0.15%，铁含量不大于0.5%。硫酸铝Ⅰ类产品对铅、砷、汞、铬和镉含量还有相应规定。

硫酸铝使用方便，混凝效果较好。但当水温低时硫酸铝水解困难，形成的絮体较松散。硫酸铝可干式或湿式投加。湿式投加时一般采用10%~20%的浓度。硫酸铝使用时的有效pH值范围较窄，在5.5~8之间。

聚合铝包括聚合氯化铝（PAC）和聚合硫酸铝（PAS）等。目前使用最多的是PAC。PAC的化学式表示为$Al_n(OH)_mCl_{3n-m}$，式中$0<m<3n$。从安全考虑，产品标准对生活饮用水用聚合氧化铝原料做了限制。产品分为固体和液体，其中有效成分以氯化铝的质量分数表示，用于生活饮用水的，液体中含量不小于10%，固体中含量不小于29%；用于工业给水、废水和污水及污泥处理的，液体中含量不小于6%，固体中不小于28%。

PAC作为混凝剂处理水时，具有下列优点：

1）适应范围广，对污染严重或低浊度、高浊度、高色度的原水均可达到较好的混凝效果。

2）水温低时，仍可保持稳定的混凝效果。

3）适宜的pH值范围较宽，在5~9之间。

4）矾花形成快，颗粒大而重，沉淀性能好，投药量比硫酸铝低。

PAC的作用机理与硫酸铝相似，但它的效能优于硫酸铝。实际上，聚合氯化铝可看成是氯化铝在一定条件下经水解、聚合后的产物。一般铝盐在投入水后才进行水解聚合反应，因此反应产物的形态受水的pH值及铝盐浓度影响。而聚合氯化铝在投入水中前的制备阶段即已发生水解聚合，虽然投入水中后也可能发生新的变化，但聚合物成分基本确定。其成分主要决定于羟基（—OH）和铝（Al）的物质的量之比，通常称为盐基度，以B表示：

$$B = \frac{[OH]}{3[Al]} \times 100\%$$

盐基度对混凝效果有很大影响。用于生活饮用水净化的聚合氯化铝的盐基度一般为40%~90%；用于工业给水、废水和污水及污泥处理的聚合氯化铝的盐基度一般为30%~95%。

PAS也是聚合铝类混凝剂之一。PAS中的硫酸根离子具有类似羟基的架桥作用，促进铝盐的水解聚合反应。

（2）铁盐混凝剂。铁盐混凝剂主要三氯化铁、硫酸亚铁和聚合铁。

三氯化铁（$FeCl_3 \cdot 6H_2O$）是铁盐混凝剂中最常用的一种。和铝盐相似，三氯化铁溶于水后，铁离子Fe^{3+}通过水解聚合可形成多种成分的配合物或聚合物，其混凝机理也与铝盐相似，但混凝特性与铝盐略有区别。一般，铁盐适用的pH值范围较宽，在5~11之间；形成的絮凝体比铝盐絮凝体密实，沉淀性能好；处理低温或低浊水的效果比铝盐效果好。但其缺点是溶液具有较强的腐蚀性，固体产品易吸水潮解，不易保存，处理后的水的色度比用铝盐的高。

三氯化铁有固、液两种形态。三氯化铁按用途分为两类：Ⅰ类，饮用水处理用；Ⅱ

类，工业用水、废水和污水处理用。固体三氯化铁 I 类和 II 类产品中 $FeCl_3$ 含量分别达 96% 和 93% 以上，不溶物含量分别小于 1.5% 和 3%。液体三氯化铁 I 类和 II 类产品中 $FeCl_3$ 含量分别为 41% 和 38% 以上，不溶物含量小于 0.5%。

硫酸亚铁（$FeSO_4 \cdot 7H_2O$）是半透明绿色结晶体，俗称绿矾，易溶于水。硫酸亚铁在水中离解出的 Fe^{2+} 只能生成简单的单核络合物，因此不具有 Fe^{3+} 的优良混凝效果。残留于水中的 Fe^{2+} 会使处理后的水带色，特别是与水中有色胶体作用后，将生成颜色更深的不易沉淀的物质。故采用硫酸亚铁作混凝剂时，应先将 Fe^{2+} 氧化成 Fe^{3+} 后使用。

聚合铁包括聚合硫酸铁（PFS）和聚合氯化铁（PFC）。

聚合硫酸铁是碱式硫酸铁的聚合物，其化学式为 $[Fe_2(OH)_n(SO_4)_{3-n/2}]_m$，其中 $n<2$，$m>10$。聚合硫酸铁有液、固两种形态，液体呈红褐色，固体呈淡黄色。制备聚合硫酸铁的方法有好几种，但目前基本上都是以硫酸亚铁为原料，采用不同的氧化方法，将硫酸亚铁氧化成硫酸铁，同时控制总硫酸根和总铁的物质的量之比，使氧化过程中部分羟基（—OH）取代部分硫酸根而形成碱式硫酸铁 $Fe_2(OH)_n(SO_4)_{3-n/2}$。碱式硫酸铁易于聚合而产生聚合硫酸铁。聚合硫酸铁的盐基度需要控制在较低范围内，一般 [OH]/[Fe] 控制在 8%~16%。聚合硫酸铁具有优良的混凝效果，其腐蚀性远小于三氯化铁。

聚合氯化铁的研制始于 20 世纪 90 年代的日本。试验表明，聚合氯化铁的混凝效果一般高于聚合硫酸铁。但由于聚合氯化铁产品稳定性较差，在聚合后几小时至一周内即会发生沉淀，从而使混凝效果降低，因此目前尚未大规模商品化应用。

b 其他无机聚合物/复合物

目前，新型无机混凝剂的研究趋向于聚合物及复合物，如铁-铝、铁-硅、铝-硅复合物。此外，无机与有机的复合物的研制也成为热点课题。与传统混凝剂相比，这些无机聚合物及复合物混凝剂的优点可概括为：（1）对于低浊水、高浊水、有色水、严重污染水、工业废水都有十分优良的混凝效果；（2）投加量少；（3）投加后原水 pH 值和碱度降低程度低，药剂的腐蚀性减弱；（4）适宜 pH 值范围较宽；（5）混凝效果稳定，适应各种条件的能力强。

c 有机高分子混凝剂

有机高分子混凝剂又分天然和人工合成两类。天然有机高分子混凝剂有淀粉、动物胶、树胶、甲壳素等。在水处理中，人工合成的有机高分子混凝剂种类日益增多并居主要地位。有机高分子混凝剂一般都是线形高分子聚合物，分子呈链状，并由许多链节组成，每一链节为一化学单体，各单体以共价键结合。聚合物的相对分子质量为各单体的相对分子质量的总和，单体的总数称为聚合度。高分子混凝剂的聚合度即指链节数，为 1000~5000，低聚合度的相对分子质量从一千至几万，高聚合度的相对分子质量从几千至几百万，甚至上千万。

高分子聚合物按含有的官能团的带电与离解情况，可分为以下四种：官能团离解后带正电的称为阳离子型高分子混凝剂；官能团离解后带负电的称为阴离子型；分子中既含正电基团又含负电基团的称为两性型；分子中不含离解基团的称为非离子型。水处理中常用的是阳离子型、阴离子型和非离子型，两性型使用极少。

非离子型聚合物的主要产品是聚丙烯酰胺（PAM）和聚氧化乙烯（PEO）。聚丙烯酰胺是使用最为广泛的高分子混凝剂（其中包括水解产品），其聚合度可高达 20000~90000，相对分子质量可高达 150 万~600 万。高分子混凝剂的混凝效果主要在于对胶体表面具有强烈的吸附作用，在胶粒之间起到吸附架桥作用。为了使高分子混凝剂能更好地发挥吸附架桥作用，应尽可能使高分子的链条在水中伸展开。为此，通常将聚丙烯酰胺在碱性条件下（pH>10）使其部分水解，生成阴离子型水解聚合物（HPAM）。聚丙烯酰胺经部分水解后，部分酰胺基转化为羧酸基，带负电荷，在静电斥力下，高分子链得以在水中充分伸展开来。由酰胺基转化成羧酸基的百分数称为水解度。水解度过高或过低都不利于获得良好的混凝效果，一般水解度控制在 30%~40%。通常将聚丙烯酰胺作为助凝剂配合铝盐或铁盐混凝剂使用，效果显著。

阳离子型聚合物通常带有氨基（—NH$_3^+$）、亚氨基（—CH$_2$—NH$_2^+$—CH$_2$—）等基团。由于水中的胶体一般带负电荷，因此阳离子型聚合物具有优良的混凝效果。阳离子型高分子混凝剂在国外的使用有日益增多的趋势，在我国也有研制，但由于价格较昂贵，实际使用尚少。

有机高分子混凝剂使用中的毒性问题始终为人们关注。聚丙烯酰胺是由丙烯酰胺聚合而成的，在产品中含有少量未聚合的丙烯酰胺单体。丙烯酰胺对人体有危害，属于可能对人体有致癌性的物质，国内外对饮用水中的丙烯酰胺设立了严格要求。世界卫生组织《饮用水水质准则》（第 3 版）和我国现行《生活饮用水卫生标准》（GB 5749—2006）对其的浓度限值是 0.5μg/L；对于聚丙烯酰胺产品，我国现行国家标准《水处理剂 聚丙烯酰胺》（GB 17514—2008）规定，饮用水处理中所用的聚丙烯酰胺产品中丙烯酰胺单体残留量不大于 0.025%，用于污水处理的不大于 0.05%。

B 助凝剂

从广义上而言，凡是能提高或改善混凝剂作用效果的化学药剂统称为助凝剂。助凝剂本身可以起混凝作用，也可不起混凝作用，但与混凝剂一起使用时，能促进混凝过程，产生大而结实的矾花。按其功能，助凝剂一般可分为以下三大类。

（1）酸碱类，当受处理的水的 pH 值不符合工艺要求，常需投加酸碱，如石灰、硫酸等，用以调整水的 pH 值，控制良好的反应条件。

（2）絮体结构改良剂，用以加大矾花的粒度和结实性，改善矾花的沉降性能。如活化硅酸（SiO$_2$·nH$_2$O）、骨胶、高分子絮凝剂等，均可以加快矾花的形成，改善矾花结构和沉降性。

（3）氧化剂类，可用来破坏干扰混凝的有机物，如投加 Cl$_2$、O$_3$ 等氧化有机物，以提高混凝效果。

2.2.1.4 混凝影响因素

影响混凝效果的因素比较复杂，包括水温、水化学特性、水中杂质性质和浓度以及水力条件等。

A 水温

水温对混凝效果有明显影响。通常在低温时，絮凝体形成缓慢，絮凝颗粒细小、松散。其主要原因有：

（1）混凝剂水解多是吸热反应，水温低时，水解困难。特别是硫酸铝，水温降低 10℃，水解速度常数降低为原来的 $\frac{1}{4}$~$\frac{1}{2}$；当水温低于 5℃时，水解速度非常缓慢。

（2）低温时，水的黏度大，致使水中杂质颗粒的布朗运动减弱，颗粒间的碰撞机会减少，不利于脱稳胶粒的凝聚。同时，水黏度大时，水流剪力增大，不利于絮凝体的成长。

（3）水温低时，胶体颗粒的水化作用增强，妨碍胶体凝聚。

低温水的混凝是水处理中的难题之一。常用的改善办法是增加混凝剂投加量或投加助凝剂。常用的助凝剂有活化硅酸等。也可以采用气浮法或过滤法代替沉淀法作为混凝的后续处理。

B　水的 pH 值

水的 pH 值对混凝效果的影响程度视混凝剂品种而异。对于无机盐类混凝剂，水的 pH 值直接影响其在水中的水解和聚合，亦即影响无机盐水解产物的存在形态。不同的混凝剂，最佳的 pH 值范围不同。对硫酸铝而言，用以去除浊度时，最佳 pH 值在 6.5~7.5 之间，絮凝作用主要是氢氧化铝聚合物的吸附架桥和羟基络合物的电性中和作用；用以去除水的色度时，pH 值宜在 4.5~5.5 之间。采用三价铁盐混凝剂用以去除水的浊度时，pH 值宜在 6.0~8.4 之间；用以去除水的色度时，pH 值宜在 3.5~5.0 之间。

如果采用高分子混凝剂，由于其聚合物形态在投入水中前已基本确定，故其混凝效果受水的 pH 值影响较小。

对于无机盐类混凝剂的水解，由于不断产生 H^+，从而导致水的 pH 值下降。要使 pH 值保持在最佳范围内，水中应有足够的碱性物质与 H^+ 中和。

当原水碱度不足或混凝剂投量甚高时，水的 pH 值将大幅度下降，以致影响混凝剂继续水解。为此，应投加碱剂（如石灰）以中和混凝剂水解过程中产生的 H^+。

将水中原有碱度考虑在内，石灰投量按下式估算：

$$c(\text{CaO}) = 3a - x + \delta \tag{2-17}$$

式中　$c(\text{CaO})$——纯石灰 CaO 投量，mmol/L；

　　　a——混凝剂投量，mmol/L；

　　　x——原水碱度，按 mmol/L，CaO 计；

　　　δ——保证反应顺利进行的剩余碱度，一般取 0.25~0.5mmol/L（以 CaO 计）。

应当注意，石灰投加不可过量，否则形成的 $Al(OH)_3$ 会溶解为负离子 $Al(OH)_4^-$ 而使混凝效果恶化。一般情况下，石灰投量最好通过试验决定。

C　水中杂质的成分、性质和浓度

水中杂质的成分、性质和浓度对混凝效果有明显的影响。水中含有二价以上的正离子时，对天然水中黏土颗粒的双电层压缩有利。杂质颗粒级配越单一均匀、越细，越不利于混凝，大小不一的颗粒有利于混凝。水中含有大量的有机物时，对胶体会产生保护作用，需要投加较多的混凝剂才能产生混凝效果。杂质颗粒浓度过低，不利于颗粒间碰撞而影响混凝，低浊水的混凝效果不佳，是水处理领域的难题之一。总之，水中杂质浓度和成分不一样，混凝效果不同，适宜的混凝剂种类和投加量也是不一样的。这从理论上只能做些定性分析，在实际生产中，可以通过混凝试验来进行评价。

2.2.1.5　混凝设备

混凝设备包括混凝剂的配制与投加设备、混合设备和反应絮凝设备。

A　混凝剂的配制与投配

混凝剂投加到水中可以采用干投法和湿投法。干投法是将固体混凝剂磨成粉末后直接投加到水中。由于投配量难以控制，对机械设备要求高，劳动强度也大，这种方法目前使用较少。湿投法是将混凝剂配制成一定的浓度后再定量投加到水中，是目前最常用的方法。

　　a　混凝剂的溶解和配制

　　混凝剂是在溶解池中进行溶解。为加速混凝剂的溶解，溶解池应有搅拌设备。常用的搅拌方式有机械搅拌、压缩空气搅拌和水泵搅拌。对无机盐类混凝剂的溶解池、搅拌设备和管配件，均应考虑防腐措施或用防腐材料。当使用硫酸铁混凝剂时，由于腐蚀性较强，尤其需要注意。

　　溶解池一般建于地面以下以便操作，池顶一般高出地面 0.2m 左右，其容积 W_1 按下式计算：

$$W_1 = (0.2 \sim 0.3)W_2 \tag{2-18}$$

式中　W_2——溶液池容积。

　　将在溶解池完全溶解后的浓药液送入溶液池，用清水稀释到一定浓度以备投加。溶液池的容积按下式计算：

$$W_2 = \frac{24 \times 100aQ}{1000 \times 1000cn} = \frac{aQ}{417cn} \tag{2-19}$$

式中　Q——处理水量，m^3/h；

　　　　a——混凝剂最大投加量，kg/m^3；

　　　　c——混凝剂质量分数，无机混凝剂溶液一般用 10%~20%，有机高分子混凝剂溶液一般用 0.5%~1.0%；

　　　　n——每日调制次数，一般为 2~6 次。

　　b　混凝剂溶液的投加

　　混凝剂溶液的投加设备包括计量设备、注入设备、投药箱、药液提升设备等。

　　计量设备多种多样，应根据具体情况选用，如转子流量计、电磁流量计、计量泵、孔口计量设备等。孔口计量设备是常用的简单计量设备，如图 2-40 所示。箱中的水位靠浮球阀保持恒定。在恒定液位 h 下药液从出液管恒定流出。出液管管端装有苗嘴或孔板，更换苗嘴或改变孔板的出口断面，可以调节加药量。

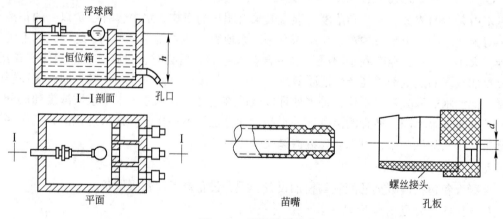

图 2-40　简单计量设备

混凝剂溶液的投加方式可以采用泵前重力投加（见图 2-41）、水射器投加（见图 2-42）和计量泵直接投加（见图 2-43）等。

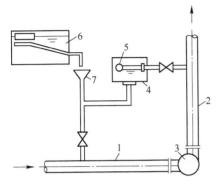

图 2-41　泵前重力投加

1—吸水管；2—出水管；3—水泵；4—水封箱；
5—浮球阀；6—溶液；7—漏斗

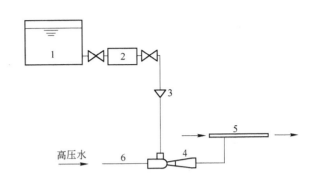

图 2-42　水射器投加

1—溶液池；2—投药箱；3—漏斗；4—水射器；
5—压水管；6—高压水管

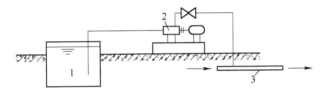

图 2-43　计量泵直接投加

1—溶液池；2—计量泵；3—压水管

泵前重力投加安全可靠，操作简单。水射器投加设备简单，使用方便，但效率较低。计量泵直接投加可不必另设计量设备，灵活方便，运行可靠，一般适用于大型水厂。

B　混合设备

常用的混合方式有水泵混合、管式混合和机械混合。

（1）水泵混合。水泵混合是我国常用的一种混合方式。混凝剂溶液投加到水泵吸水管上或吸水喇叭口处，利用水泵叶轮的高速转动来达到混凝剂与水快速而剧烈的混合。这种混合方式混合效果好，不需另建混合设备，节省投资和动力，适用于大、中、小水厂；但使用三氯化铁作为混凝剂并且投加量较大时，药剂对水泵叶轮有一定的腐蚀作用。水泵混合适用于取水泵房与混凝处理构筑物相距不远的场合。当两者相距较远时，经水泵混合后的原水在长距离输送过程中可能会在管道中过早地形成絮凝体，已形成的絮凝体在管道出口处一旦破碎往往难于重新聚集，不利于后续的絮凝。

（2）管式混合。目前广泛使用的管道混合器是管式静态混合器。在该混合器内，按要求安装若干固定混合单元，每一个混合单元由若干固定叶片按一定的角度交叉组成。当水流和混凝剂流过混合器时，被单元体多次分隔、转向并形成涡旋，以达到充分混合的目的。静态混合器的特点是构造简单，安装方便，混凝快速而均匀。

（3）机械混合。这种方式是在混合池内安装搅拌装置，由电动机驱动进行强烈搅拌。电动机的功率按照混合阶段对速度梯度的要求进行选配。搅拌装置可以是桨板式、螺旋桨式或透平式。机械混合的优点是混合效果好，搅拌强度随时可调，使用灵活方便，适用于各种规模的处理厂。其缺点是机械设备存在维修问题。

2.2.1.6　混凝的应用

A　给水处理

天然水中含有大量的各类悬浮物、胶体、细菌等杂质，其水质距生活和工业用水水质要求还存在差距。因此需要采用适宜的方法对天然水进行处理，以去除水中杂质，使之符合生活饮用或工业使用所要求的水质。

如前所述，以地表水为水源的生活饮用水的常规处理工艺是"混凝—沉淀—过滤—消毒"。混凝是其中的重要单元，主要去除水中的胶体和部分微小悬浮物，从表观来看主要是去除产生浊度的物质。天然水经混凝沉淀后一般浊度可降低到 10 NTU 以下。由于细菌也属于胶体类物质，经过混凝沉淀，大肠菌可以去除 50%～90%。

B　废水处理

a　混凝法处理废水的特点

混凝不仅可以去除废水中呈胶体和微小悬浮物状态的有机和无机污染物，还可以去除废水中的某些溶解性物质，如砷、汞以及导致水体富营养化的磷元素等。因此，混凝在工业废水处理中应用非常广泛，既可作为独立的处理单元，也可以和其他处理法联合使用，进行预处理、中间处理或最终处理。近年来，由于污水回用的需要，混凝作为城市污水深度处理常用的一种技术得到了广泛应用。此外，混凝法还可以改善污泥的脱水性能，在污泥脱水工艺中是一种不可缺少的前处理手段。

与给水处理中的天然水相比，由于工业废水和生活污水的性质复杂，利用混凝法处理废水的情况更为复杂。有关混凝剂品质和混凝条件的确定因废水种类和性质而异，需要通过试验才能确定适宜的混凝剂种类和投加量。

混凝法处理废水的优点是设备简单、基建费用低、易于实施、处理效果好，但缺点是运行费用高、产生的污泥量大。

b　应用举例

（1）印染废水处理。印染废水的特点是色度高，水质复杂多变，含有悬浮物、染料、颜料、化学助剂等污染物。对于在废水中呈胶体状态的染料、颜料等污染物，可用混凝法加以去除。混凝剂的选择与染料种类有关，需根据混凝试验确定。对于直接染料，一般可用硫酸铝和石灰作混凝剂；对于还原染料或硫化染料，可以采用酸将 pH 值调节到 1～2 使还原染料析出。聚合氯化铝对直接染料、还原染料和硫化染料都有较好的混凝效果，但对活性染料、阳离子染料的效果则较差。

某针织厂染色废水，含直接染料、活性染料、酸性染料等。悬浮物（SS）浓度为 80～140mg/L，COD 浓度为 64.9～88.3mg/L。采用聚合氯化铝为混凝剂，投加量为 0.05%～0.1%。经混凝沉淀后，色度去除 90%，出水 SS 浓度为 2.5～5mg/L，COD 浓度为 8.7～19.0mg/L。

（2）含乳化油废水处理。石油炼厂、煤气发生站等产生的废水中含有大量的油类污染物、悬浮物等。其中乳化油颗粒小，表面带电荷，隔油池去除效果不佳，可以采用混凝法予以去除。通过投加混凝剂，可以改变胶体粒子表面的电荷，破坏乳化油的稳定体系，形成絮凝体。通常混凝法能够使废水的含油量从数百 mg/L 降至 5mg/L 左右。

国内一些炼油污水处理厂采用混凝加气浮的方法处理含油废水，效果良好。如兰州某炼油厂废水原水含油浓度 50~100mg/L，采用聚合氯化铝作为混凝剂，经混凝和一级气浮处理后，含油浓度降低到 20~30mg/L，再经混凝和二级气浮后，含油浓度降低到 10mg/L 以下。

(3) 城市污水深度处理。城市污水经二级生物处理以后，出水 COD 浓度在 50~100mg/L，SS 小于 30 mg/ L，尚不能满足污水回用的要求。可以采用混凝法对二级生物处理出水进行深度处理。经混凝沉淀后，出水一般可达到市政杂用水水质的要求。

2.2.2 澄清

2.2.2.1 澄清池的特点与类型

A 澄清池的特点

上述讨论的沉淀池中，颗粒沉淀到池底即完成沉淀过程，而在澄清池中，则是通过水力或机械的手段，将沉到池底的污泥提升起来，并使之处于均匀分布的悬浮状态，在池中形成稳定的悬浮泥渣层。这层泥渣层具有相当高的接触絮凝活性。当原水与泥渣层接触时，脱稳杂质被泥渣层吸附或截留，使水获得澄清。澄清池常用在给水处理中。这种把泥渣层作为接触介质的过程，实际上也是絮凝过程，一般称为接触絮凝。悬浮泥渣层称为接触凝聚区。

悬浮泥渣层通常是在澄清池开始运转时，在原水中加入较多的凝聚剂，并适当降低负荷，经过一定时间运转后，逐步形成的。当原水悬浮物浓度低时，为加速泥渣层的形成，也可人工投加黏土。

泥渣层的污泥浓度一般在 3~10g/L。为保持悬浮层稳定，必须控制悬浮层内污泥的总容积不变。由于原水不断进入，新的悬浮物不断进入池内，如悬浮层超过一定浓度，将逐渐膨胀，最后使出水水质恶化。因此在生产运行中要通过控制悬浮层的污泥浓度来维持正常操作。方法是：用量筒从悬浮层区取 100 mL 水样，静置 5 min，沉下的污泥所占毫升数，用百分比表示，称为沉降比。根据各地水质、水温不同，沉降比宜控制在 10%~20%。当沉降比超过限值时，即进行排泥。澄清池的排泥能不断排出多余的陈旧泥渣，其排泥量相当于新形成的活性泥渣量。故泥渣层始终处在新陈代谢中，从而保持接触絮凝的活性。

B 澄清池的类型

澄清池的形式很多，基本上可分为泥渣悬浮型和泥渣循环型两大类。

(1) 泥渣悬浮型澄清池：又称为泥渣过滤型澄清池。它的工作特征是澄清池中形成的泥渣悬浮在池中，当原水由下而上通过该悬浮泥渣层时，原水中的脱稳杂质与高浓度的泥渣接触凝聚并被泥渣层拦截下来。这种作用类似于过滤作用，浑水通过泥渣层即获得澄清。泥渣悬浮型澄清池常用的有脉冲澄清池和悬浮澄清池。

(2) 泥渣循环型澄清池：为了充分发挥泥渣接触絮凝作用，可使泥渣在池内循环流动，回流量为设计流量的 3~5 倍。泥渣循环可借助机械抽升或水力抽升形成。前者称为机械搅拌澄清池，后者称为水力循环澄清池。

2.2.2.2　澄清池的构造与运行

A　脉冲澄清池

脉冲澄清池的特点是澄清池的上升流速发生周期性的变化。这种变化是由脉冲发生器引起的。

脉冲发生器有多种形式。采用真空泵脉冲发生器的澄清池的剖面如图2-44（a）所示。其工作原理如下。

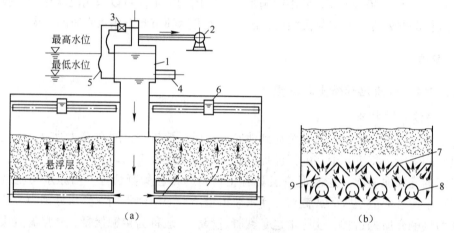

图2-44　采用真空泵脉冲发生器的澄清池

（a）澄清池剖面图；（b）稳流板工作示意图

1—进水室；2—真空泵；3—进气阀；4—进水管；5—水位电极；
6—集水槽；7—稳流板；8—穿孔配水管；9—缝隙

原水加入混凝剂后流入进水室。由于真空泵造成的真空而使进水室内水位上升，此为充水过程。当水面达到进水室最高水位时，进气阀自动开启，使进水室通大气。这时进水室内水位迅速下降，向澄清池放水，此为放水过程。原水通过设置在底部的配水管进入澄清池进行澄清净化。当水位下降到最低水位时，进气阀又自动关闭，真空泵则自动启动，再次造成进水室内的真空，进水室内水位又上升，如此反复进行脉冲工作。充水时间一般为25~30s，放水时间为6~10s。总的时间称为脉冲周期。

脉冲澄清池底部的配水系统采用稳流板（见图2-44b），投加过混凝剂的原水通过穿孔管喷出，水流在池底折流向上，在稳流板下的空间剧烈翻腾，形成小涡体群，造成良好的碰撞反应条件，最后水流通过稳流板的缝隙进入悬浮层，进行接触凝聚。

在脉冲作用下，池内悬浮物一直周期性地处于膨胀和压缩状态，进行一上一下的运动，这种脉冲作用使悬浮层的工作稳定，其原因是：由于池子底部的配水系统不可能做到完全均匀的配水，所以悬浮层区和澄清区的断面水流速度总是不均匀的，水流不均匀性产生的后果是高速度的部分把矾花带出悬浮层区，使矾花浓度降低，没有起到足够的接触凝聚作用，使水质变坏。当池子的水流连续向上时，上述现象就会加剧，而且会成为一种恶性循环，这就是一般澄清池（特别是悬浮澄清池）工作恶化的原因。脉冲澄清池则在充水时间内，由于上升水流停止，在悬浮物下沉及扩散的过程中，会使断面上的悬浮物浓度分布均匀化，并加强颗粒的接触碰撞，改善混合絮凝的条件，从而提高净水效果。由于脉冲作用的优点，脉冲澄清池的单池面积可以很大，为其他类型澄清池所不及。

B　机械搅拌澄清池

机械搅拌澄清池的构造如图 2-45 所示。其主要由第一、第二絮凝室和分离室构成。整个池体上部是圆筒形，下部是截头圆锥形。原水由进水管进入环形三角配水槽，通过其缝隙均匀流入第一絮凝室，在此与回流泥渣进行接触絮凝。絮凝体在叶轮的提升作用下进入第二絮凝室，进行进一步的接触絮凝，形成大而结实的絮凝体，以便在分离室进行良好的固液分离。在分离室进行固液分离后的清水通过周边的集水渠收集后排出。混凝剂的投加点，按实际情况和运行经验确定，可由加药管加入澄清池的进水管、三角配水槽或第一絮凝室。

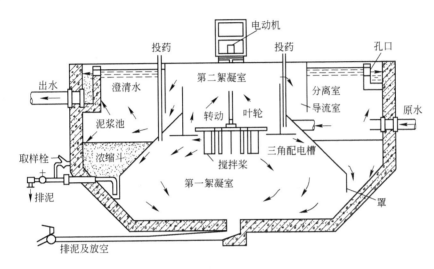

图 2-45　机械搅拌澄清池剖面示意图

搅拌设备由提升叶轮和搅拌桨组成。提升叶轮安装在第一和第二絮凝室的分隔处。搅拌设备的作用有：(1) 提升叶轮将回流液从第一絮凝室提升到第二絮凝室，使回流液的泥渣不断在池内循环；(2) 搅拌桨使第一絮凝室内的泥渣和来水迅速混合，泥渣随水流处于悬浮和环流状态。一般回流流量为进水流量的 3~5 倍。

第二絮凝室设有导流板，用以消除叶轮提升时所引起的水的旋转，使水流平稳地经导流室流入分离室。分离区中下部为泥渣层，上部为清水层。向下沉降的泥渣沿锥底的回流缝再进入第一絮凝室，重新参加接触絮凝，一部分泥渣则自动排入泥渣浓缩斗进行浓缩，至适当浓度后经排泥管排出。

在分离室，可以加设斜板（管），以提高沉淀效率。

机械搅拌澄清池的主要设计参数如下：

(1) 上升流速一般为 0.8~1.1mm/s；

(2) 水在澄清池内的总停留时间为 1.2~1.5h；

(3) 叶轮提升流量可为进水流量的 3~5 倍，叶轮直径可为第二絮凝室内径的 70%~80%，并应设调整叶轮转速和开启度的装置；

(4) 第一絮凝室、第二絮凝室（包括导流区）和分离室的容积比一般控制在 2：1：7 左右，第二絮凝室导流室的流速一般为 40~60mm/s。

2.2.3　中和法

中和处理的目的是中和废水中过量的酸或碱，使中和后的废水呈中性或接近中性，以满足下一步处理或外排的要求。

2.2.3.1　酸性废水与碱性废水

化工厂、化学纤维厂、金属酸洗车间、电镀车间等制酸或用酸过程中，都会排出酸性废水。酸性废水含有无机酸（硫酸、盐酸）或有机酸（醋酸等），并可能同时含有其他杂质，如悬浮物、金属盐类、有机物等。造纸厂、化工厂、炼油厂等常排出含碱废水。

酸性废水或碱性废水会腐蚀管道，破坏废水生物处理系统的正常运行，排入水体会危害渔业生产，毁坏农作物，因此在排放前必须进行处理。

对高浓度酸碱废水（3%以上），首先要考虑回用和综合利用。例如，较高浓度的金属酸洗废水（含 H_2SO_4 3%~5%，$FeSO_4$ 15%~25%）可回收和综合利用，金属酸洗废水生产硫酸亚铁的工艺如图 2-46 所示。

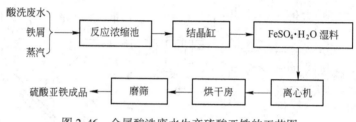

图 2-46　金属酸洗废水生产硫酸亚铁的工艺图

2.2.3.2　酸性废水中和方法

（1）用碱性废水或碱渣中和法。当工厂有条件应用碱性废水或碱渣时应优先考虑此法，以节省处理费用与药剂消耗。碱渣包括电石渣、碳酸钙碱渣等。

当两种废水互相中和时，由于水量及浓度难以保持稳定，会给操作带来困难，在此情况下，往往需设置两种废水的均化池和混合反应池。

（2）投药中和法。此法可用于处理各种酸性废水，中和过程容易控制，容许水量变动范围较大。常用的中和剂是石灰，NaOH 和 Na_2CO_3 也可用于中和，但因价格贵，一般不用。

水中一些过量金属离子，如铅（Pb^{2+}）、锌（Zn^{2+}）、铜（Cu^{2+}）、镍（Ni^{2+}）等，中和后会生成金属的氢氧化物沉淀，投加石灰时应考虑这部分反应增加的消耗量。

投加石灰的方式主要有干投法和湿投法两种。干投法的设备简单，但反应不易彻底，渣量大。湿投法需配制成石灰乳投加，设备较多。石灰投加法的缺点是劳动条件差，沉渣多。采用 NaOH 可以避免这些缺点，但药剂费用较高。

（3）过滤中和法。使酸性废水流过具有中和能力的滤料得以中和的方法，称为过滤中和法。

过滤中和法所用滤料有石灰石、白云石、大理石等。

石灰石的主要成分是 $CaCO_3$，只能中和 2%以下的低浓度硫酸，因为所生成的 $CaSO_4$ 的溶解度较低，如进水硫酸浓度过高，生成的硫酸钙超过溶解度，析出的 $CaSO_4$（石膏）

将覆盖在石灰石表面，使其无法继续与水中的酸反应。由于中和盐酸生成的 $CaCl_2$ 的溶解度较高，石灰石可以用于较高浓度盐酸废水的过滤中和。

白云石是 $CaCO_3$ 和 $MgCO_3$ 混合物，可以中和 5g/L 以下浓度的硫酸，这是因为白云石中的 $MgCO_3$ 与酸反应生成的 $MgSO_4$，溶解度高，产生的 $CaSO_4$ 的量比石灰石少。

在过滤中和处理中会产生大量的二氧化碳，使出水中二氧化碳过饱和，pH 值一般在 4 左右，需后接吹脱处理。

2.2.3.3 中和设备

过滤中和设备主要有重力式普通中和滤池、等速升流式膨胀中和滤池和变速升流式膨胀中和滤池几种。

重力式普通中和滤池采用的滤料粒径较大（30~80mm），滤速很低（<5m/h）。当进水酸浓度较大时，易在滤料颗粒表面结垢，且不易冲洗，因此效果较差，现已很少采用。

等速升流式膨胀中和滤池由于采用的滤料粒径小（0.5~3mm），滤速高（50~70m/h），水流由下而上流动，使滤料互相碰撞摩擦，表面不断更新，故处理效果较好，沉渣量也少。其缺点是：下部大颗粒滤料因不易膨胀而易产生结垢，上部的小颗粒易随水流失。

变速升流式膨胀中和滤池是目前使用最为广泛的过滤中和设备，它的结构为倒锥形变速中和塔（见图 2-47）。滤料粒径为 0.5~3mm。由于中和塔的直径下小上大，下部的大粒径滤料在高滤速（130~150m/h）条件下工作，上部的小滤料在较低滤速（40~60m/h）条件下工作，从而使滤料层中不同粒径颗粒都能均匀地膨胀，使大颗粒不结垢或减少结垢，小颗粒不致随水流失。

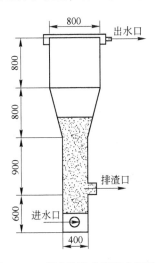

图 2-47 变速升流式膨胀中和滤池

2.2.4 高级氧化技术

Fenton 试剂法是目前应用较多的一种均相催化湿式氧化法。它是在 1894 年，由法国人 H. J. H. Fenton 发现并应用于有机废水的氧化处理。Fenton 试剂是强效氧化剂，最早被应用于有机合成方面，直至 1964 年，H. R. Eisenhouser 首次将其用于处理苯酚及烷基苯废水，从而开辟了 Fenton 试剂在工业废水处理领域的先河。Fenton 试剂法不但氧化能力强，而且具有反应速度快、反应操作简单、可产生絮凝等优点，非常适用于难生物降解的有机废水的处理，目前已被广泛应用于制抗生素废水、农药废水、垃圾渗滤液、含酚类、多环芳烃类等难降解有机废水的处理中。

2.2.4.1 Fenton 反应机理

Fenton 反应体系非常的复杂，目前公认的 Fenton 反应机理是自由基机理。即 H_2O_2 在 Fe^{2+} 的催化作用下生成羟基自由基（·OH），羟基自由基具有很强的氧化性及亲电加成性能，能够将大多数有机物氧化分解为小分子物质。

Fenton 试剂除了由于产生的羟基自由基而具有强氧化性外，还有絮凝效果。研究表明，Fenton 试剂之所以具有絮凝功能，是因为反应体系中铁离子与氢氧化物反应生成具有絮凝、吸附性能的铁水络合物。

2.2.4.2　Fenton 试剂氧化法的影响因素

由 Fenton 试剂反应机理可知，羟基自由基是氧化有机物的关键因子，体系中二价铁、过氧化氢及废水的酸碱性决定了羟基自由基的产率，即决定了降解有机物的程度，因此溶液的 pH 值、亚铁与 H_2O_2 的投加量、反应时间、反应温度等都影响 Fenton 试剂处理废水中有机物的程度。同时在相同的条件下对于不同的废水水质有不同的处理效果，其最适处理条件随着处理水质的变化而变化。

（1）Fe^{2+} 投加量的影响。Fe^{2+} 是催化 H_2O_2 分解产生 ·OH 的必要条件。Fe^{2+} 浓度过低则不利于过氧化氢分解为羟基自由基，也会使反应速度下降。随着 Fe^{2+} 浓度增加，生成的 ·OH 会逐渐增多，废水的 COD 去除率会相应提高。但若 Fe^{2+} 的投量过高，导致 H_2O_2 迅速分解，产生大量的 ·OH，但是 ·OH 同基质的反应相对滞后，未消耗的游离 ·OH 积聚并相互反应生成水，从而造成 ·OH 被无效损耗。所以 Fe^{2+} 投量过高也不利于 ·OH 的产生。而且过量的 Fe^{2+} 极易被氧化成 Fe^{3+} 使水的色度增加。因此反应体系中适宜的 Fe^{2+} 浓度可使反应持续高速进行。

（2）H_2O_2 投加量的影响。H_2O_2 的投加量决定了 Fenton 试剂法处理废水的经济性和适用性。在极限范围内增大 H_2O_2 的投加量可以有效地提高反应的进程，有机物的去除率也会增加。若 H_2O_2 浓度过低，·OH 产生的数量少，有机物的去除率降低。若 H_2O_2 投加量过高，反应产生的 Fe^{2+} 氧化成 Fe^{3+}，将不利于 ·OH 的生成；同时 H_2O_2 又是 ·OH 捕捉剂，投量过高会引起最初产生的 ·OH 泯灭，造成氧化效果低下，去除率降低。有文献研究表明，在确定总投加量不变的前提下，将其分批多次投加，可以有效提高系统有机物的去除率。

（3）pH 值的影响。研究普遍认为 Fenton 反应需在酸性条件下进行，在中性或碱性条件下受到抑制。pH 值过高或过低都不利于 ·OH 的产生。研究表明，Fenton 反应系统的最佳 pH 值范围为 3.0~5.0，该范围与有机物种类关系不大；同时反应由于生成了草酸、反丁烯二酸等有机酸，所以在反应过程中，污水的 pH 值会有所降低，初始的反应值只需控制在 6.0 左右，就可以使反应过程控制在较佳的 pH 值范围。

（4）反应时间的影响。Fenton 试剂具有氧化能力强、反应速度快等特点，但是完成 Fenton 反应所需要的时间取决于反应产生的 ·OH 与废水中污染物反应的速率。对于污染负荷较低且简单的废水，典型反应时间是 30min 左右，对于复杂或浓度大的污水，反应可能消耗数小时。

（5）反应温度的影响。反应温度对于 Fenton 反应的影响同样具有两面性。在一定范围内，温度升高，·OH 的活性会提高，有利于氧化反应的进行；但若温度过高，则会造成 H_2O_2 的无效分解，不但不利于 ·OH 的生成，反而会造成 H_2O_2 的极大浪费。

2.2.5　化学还原法

在废水处理中，目前采用化学还原法进行处理的主要污染物有 Cr（Ⅵ）、Hg（Ⅱ）、Cu（Ⅱ）等重金属。

2.2.5.1　还原法去除六价铬

废水中剧毒的六价铬（$Cr_2O_7^{2-}$ 或 CrO_4^{2-}）可用还原剂还原成毒性极微的三价铬。常用的还原剂有亚硫酸氢钠、二氧化硫、硫酸亚铁。

还原产物 Cr^{3+} 可通过加碱至 pH = 7.5～9 使之生成氢氧化铬沉淀，而从溶液中分离除去。还原反应在酸性溶液中进行（pH<4 为宜）。还原剂的耗用量与 pH 值有关。例如，若用亚硫酸作还原剂，pH = 3～4 时，氧化还原反应进行得最完全，投药量也最省；pH = 6 时，反应不完全，投药量较大；pH = 7 时，反应难以进行。

采用药剂还原法去除六价铬时，还原剂和碱性药剂的选择要因地制宜，全面考虑。采用亚硫酸氢钠，具有设备简单、沉渣量少且易于回收利用等优点，因而应用较广。亦有采用来源广、价格低的硫酸亚铁和石灰的。如厂区有二氧化硫及硫化氢废气时，也可采用尾气还原法。如厂区同时有含铬废水和含氰废水时，可互相进行氧化还原反应，以废治废。

2.2.5.2 还原法除汞（Ⅱ）

还原法除汞（Ⅱ）常用的还原剂为比汞活泼的金属（铁屑、锌粉、铝粉、钢屑等）、硼氢化钠、醛类、联胺等。废水中的有机汞通常先用氧化剂（如氯）将其破坏，使之转化为无机汞后，再用金属置换。

金属还原除汞（Ⅱ）时，将含汞废水通过金属屑滤床，或与金属粉混合反应，置换出金属汞。置换反应速度与接触面积、温度、pH 值等因素有关。通常将金属破碎成 2～4mm 的碎屑，并用汽油或酸去掉表面的油污或锈蚀层。反应温度提高，能加速反应的进行；但温度太高，会有汞蒸气逸出，故反应一般在 20～80℃ 范围内进行。采用铁屑过滤时，pH 值在 6～9 较好，耗铁量最省；pH 值低于 6 时，则铁因溶解而耗量增大；pH 值低于 5 时，有氢析出，吸附于铁屑表面，减小了金属的有效表面积，并且氢离子和汞离子竞争也变得严重，阻碍除汞（Ⅱ）反应的进行。采用锌粒还原时，pH 值最好在 9～11 之间。用铜屑还原时，pH 值在 1～10 之间均可。

据某厂试验，用工业铁粉去除酸性废水中的汞（Ⅱ），在 50～60℃，混合反应 1～1.5h，经过滤分离，废水中所含汞量可去除 90% 以上。某水银电解法氯碱车间的含汞淡盐水，用钢屑填充的过滤床处理，温度在 20～80℃，pH 值在 6～9，接触时间 2min，汞去除率达 90%。钢屑过滤法常用于处理酸浓度较大的含汞废水，如某化工厂废水中酸浓度达 30%，含汞量为 600～700mg/L，采用铜屑过滤法除汞，接触时间不少于 40min，含汞量可降至 10mg/L 以下。

硼氢化钠在碱性条件下（pH = 9～11）可将汞离子还原成汞。其方法是采用 $NaBH_4$ 含量为 12% 的碱性溶液（还原剂），与废水一起加入混合反应器进行反应。将产生的气体（氢气和汞蒸气）通入洗气器，用稀硝酸洗涤以除去汞蒸气，硝酸洗液返回原废水池再进行除汞处理。而脱气泥浆中的汞粒（粒径约 10μm）可用水力旋流器分离，能回收 80%～90% 的汞。残留于溢流水中的汞，用孔径为 5μm 的微孔过滤器截留去除，出水中残汞量低于 0.01mg/L。回收的汞可用真空蒸馏法净化。据试验，每千克硼氢化钠可回收 2kg 金属汞。

2.2.6 化学沉淀法

2.2.6.1 硫化物沉淀法

A 金属硫化物的溶解性

大多数过渡金属的硫化物都难溶于水，因此可用硫化物沉淀法去除废水中的重金属离子。各种金属硫化物的溶度积相差悬殊，同时溶液中 S^{2-} 浓度受 H^+ 浓度的制约，所以可以通过控制酸度，用硫化物沉淀法把溶液中不同金属离子分步沉淀而分离回收。一些金属硫化物的溶解度与溶液 pH 值的关系如图 2-48 所示。

硫化物沉淀法常用的沉淀剂有 H_2S、Na_2S、NaHS、CaS_x（多硫化钙）、$(NH_4)_2S$ 等。根据沉淀转化原理，难溶硫化物 MnS、FeS 等亦可作为处理药剂。

S^{2-} 和 OH^- 一样，也能够与许多金属离子形成络阴离子，从而使金属硫化物的溶解度增大，不利于重金属的沉淀去除，因此必须控制沉淀剂 S^{2-} 的浓度不要过量太多，其他配位体如 X^-（卤离子）、CN^-、SCN^- 等也能与重金属离子形成各种可溶性络合物，从而干扰金属的去除，应通过预处理除去。

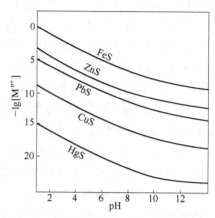

图 2-48　金属硫化物溶解度和 pH 值的关系

B　硫化物沉淀法除汞（Ⅱ）

硫化汞溶度积很小，所以硫化物沉淀法的除汞率高，在废水处理中得到实际应用。本法主要用于去除无机汞。对于有机汞，必须先用氧化剂（如氯）将其氧化成无机汞，然后再用本法去除。

提高沉淀剂（S^{2-}）浓度有利于硫化汞的沉淀析出。但是，过量硫离子不仅会造成水体贫氧，增加水体的 COD，而且还能与硫化汞沉淀生成可溶性络阴离子 $[HgS_2]^{2-}$，降低汞的去除率。因此，在反应过程中，要补投 $FeSO_4$ 溶液，以除去过量硫离子。这样，不仅有利于汞的去除，而且有利于沉淀的分离。因为浓度较小的含汞废水进行沉淀时，往往形成 HgS 的微细颗粒，悬浮于水中很难沉降。而 FeS 沉淀可作为 HgS 的共沉淀载体促使其沉降。同时，补投的一部分 Fe^{2+} 在水中可生成 $Fe(OH)_2$ 和 $Fe(OH)_3$，对 HgS 悬浮微粒起凝聚共沉淀作用。为了加快硫化汞悬浮微粒的沉降，有时还加入焦炭末或粉状活性炭，吸附硫化汞微粒，促使其沉降。

沉淀反应在 pH 值为 8~9 的碱性条件下进行。pH 值小于 7 时，不利于 FeS 沉淀的生成；碱度过大则可能生成氢氧化铁凝胶，难以过滤。废水中若存在 X^-、CN^-、SCN^- 等离子，可与 Hg^{2+} 形成一系列络离子，如 $[HgCl_4]^{2-}$、$[HgI_4]^{2-}$、$[Hg(CN)_4]^{2-}$、$[Hg(SCN)_4]^{2-}$，对汞的沉淀析出不利，应预先除去。

由于 HgS 的溶度积非常小，从理论上说，硫化物沉淀法可使溶液中汞离子降至极微量。但硫化汞悬浮微粒很难沉降，而且各种固液分离技术有其自身的局限性，致使残余汞浓度只能降至 0.05mg/L 左右。

C　硫化物沉淀法处理其他重金属废水

用硫化物沉淀法处理含 Cu^{2+}、Cd^{2+}、Zn^{2+}、Pb^{2+}、AsO_2^- 等废水在生产上已得到应用。如某酸性矿山废水含 Cu^{2+} 50mg/L、Fe^{2+} 340mg/L、Fe^{3+} 38mg/L，pH = 2，处理时先投加 $CaCO_3$，在 pH = 4 时使 Fe^{3+} 先沉淀，然后通入 H_2S，生成 CuS 沉淀，最后投加石灰乳至

pH = 8~10，使 Fe^{2+} 沉淀。此法可回收品位为 50% 的硫化铜渣，回收率达 85%。又如，某镀镍废水，含镉 5~10mg/L，并含有氨三乙酸等络合剂，用硫化钠进行沉淀，然后投加硫酸铝和聚丙烯酰胺，沉淀池出水中 Cd^{2+} 含量低于 0.1mg/L。

硫化物沉淀法处理含重金属废水，具有去除率高、可分步沉淀、泥渣中金属品位高、适应 pH 值范围大等优点，在某些领域得到了实际应用。但是 S^{2-} 可使水体中 COD 增加，当水体酸性增加时，可产生硫化氢气体污染大气，并且沉淀剂来源受限制，价格亦不低，因此限制了它的广泛应用。

2.2.6.2　碳酸盐沉淀法

碱土金属（Ca、Mg 等）和重金属（Mn、Fe、Co、Ni、Cu、Zn、Ag、Cd、Pb、Hg、Bi 等）的碳酸盐都难溶于水，所以可用碳酸盐沉淀法将这些金属离子从废水中去除。

对于不同的处理对象，碳酸盐沉淀法有三种不同的应用方式：

（1）投加难溶碳酸盐（如碳酸钙），利用沉淀转化原理，使废水中重金属离子（如 Pb^{2+}、Cd^{2+}、Zn^{2+}、Ni^{2+} 等离子）生成溶解度更小的碳酸盐而沉淀析出。

（2）投加可溶性碳酸盐（如碳酸钠），使水中金属离子生成难溶碳酸盐而沉淀析出。

（3）投加石灰，与造成水中碳酸盐硬度的 $Ca(HCO_3)_2$ 和 $Mg(HCO_3)_2$，生成难溶的碳酸钙和氢氧化镁而沉淀析出。

这里仅就处理重金属废水的某些实例，作简要介绍。如蓄电池生产过程中产生的含铅废水，投加碳酸钠，然后再经过砂滤，在 pH = 8.4~8.7 时，出水总铅为 0.2~3.8mg/L，可溶性铅为 0.1mg/L。又如某含锌废水（6%~8%），投加碳酸钠，可生成碳酸锌沉淀，沉渣经漂洗、真空抽滤，可回收利用。

2.2.6.3　卤化物沉淀法

A　氯化物沉淀法除银

氯化物的溶解度都很大，唯一例外的是氯化银（沉淀平衡常数 $K_{sp} = 1.8 \times 10^{-10}$）。利用这一特点，可以处理和回收废水中的银。

含银废水主要来源于镀银和照相工艺。氰化银镀液中的含银浓度高达 13000~45000mg/L。处理时，一般先用电解法回收废水中的银，将银浓度降至 100~500mg/L，然后再用氯化物沉淀法，将银浓度降至 1mg/L 左右。当废水中含有多种金属离子时，调 pH 值至碱性，同时投加氯化物，则其他金属形成氢氧化物沉淀，唯独银离子形成氯化银沉淀，二者共沉淀。用酸洗沉渣，将金属氢氧化物沉淀溶出，仅剩下氯化银沉淀。这样可以分离和回收银，而废水中的银离子浓度可降至 0.1mg/L。

镀银废水中含有氰，它和银离子形成 $[Ag(CN)_2]^-$ 络离子，对处理不利，一般先采用氯化法氧化氰，放出的氯离子又可以与银离子生成沉淀。根据试验资料，银和氰重量相等时，每毫克氰投氯量为 3.5mg。氧化 10min 以后，调 pH 值至 6.5，使氰完全氧化。继续投氯化铁，以石灰调 pH 值至 8，沉降分离后倾出上清液，可使银离子由最初 0.7~40mg/L 几乎降至零。根据上述试验结果设计的生产回收系统，其运转数据为：银由 130~564mg/L 降至 0~8.2mg/L；氰由 159~642mg/L 降至 15~17mg/L。

B　氟化物沉淀法

当废水中含有比较单纯的氟离子时，投加石灰，调 pH 值至 10~12，生成 CaF_2 沉淀，

可使含氟浓度降至 $10 \sim 20mg/L$。

若废水中还含有其他金属离子（如 Mg^{2+}、Fe^{3+}、Al^{3+} 等），加石灰后，除形成 CaF_2 沉淀外，还形成金属氢氧化物沉淀。由于后者的吸附共沉作用，氟浓度可降至 $8mg/L$ 以下。若加石灰至 $pH = 11 \sim 12$，再加硫酸铝，使 $pH = 6 \sim 8$，则形成氢氧化铝，氟浓度可降至 $5mg/L$ 以下。如果加石灰的同时，加入磷酸盐（如过磷酸钙、磷酸氢二钠），则与水中氟形成难溶的磷灰石沉淀。

当石灰投量为理论投量的 1.3 倍，过磷酸钙投量为理论量的 $2 \sim 2.5$ 倍时，废水氟浓度可降至 $2mg/L$ 左右。

2.2.7 电化学法

电解质溶液在直流电流作用下，在两电极上分别发生氧化反应和还原反应的过程叫做电解。直接或间接地利用电解槽中的电化学反应，可对废水进行氧化处理、还原处理、凝聚处理及浮上处理。可见，电解法在废水处理中有广阔的应用范围，现已发展成为一种重要的废水处理方法。电化学反应所用"药剂"就是电子，其氧化能力和还原能力随电极电位而变化，因此是一种适用范围很宽的氧化剂或还原剂。

电解法的工艺过程通常包括预处理（如均和、调 pH 值、投加药剂等）、电解、固液分离及泥渣处理等，其主要设备为电解槽。电解槽的构造和电解操作条件是影响处理效果和电能消耗的主要因素。

2.2.7.1 电能效率及其影响因素

在电解过程中，电能的实际耗量总是大于理论耗量。电解时，理论上应当析出的物质量与通过的电量成正比（法拉第电解定律）。但由于存在各种副反应，实际析出的物质量总是比理论量要少，即析出每单位重量物质的实际耗电量总是比理论耗电量要大。因此，电流效率（理论耗电量与实际耗电量之比）总是小于100%。从理论上讲，分解电压（使电解质溶液发生电解所需的最小外加电压）等于相应自发原电池的电动势。实际电解时所需电压（称为槽电压）不仅包含理论分解电压，而且还包含阴、阳极的超电势以及克服电阻（溶液电阻、电极及导线接点电阻等）的电压降。因此，电压效率（理论分解电压与槽电压之比）亦总是小于100%。

电流效率和电压效率的降低，都将引起电能效率的降低。影响电能效率的因素很多，除了电解槽的构型、尺寸、电极材料外，还有电解的工艺条件（电流密度、槽温、废水成分、搅拌强度等）。

2.2.7.2 电解氧化和还原法

（1）电解氧化法。电解槽的阳极既可通过直接的电极反应过程（如 CN^- 的阳极氧化），使污染物氧化破坏，也可通过某些阳极反应产物（如 Cl_2、ClO^-、O_2、H_2O_2 等）间接地氧化破坏污染物（如阳极产物 Cl_2 除氰、除色）。实际上，为了强化阳极的氧化作用，往往投加一定量的食盐，进行所谓的"电氯化"，此时阳极的直接氧化作用和间接氧化作用往往同时起作用。

电化学氧化法主要用于去除水中氰、酚、COD、S^{2-}、有机农药（如马拉硫磷）等，亦有利用阳极产物 Ag^+ 进行消毒处理的。

（2）电解还原法。电解槽的阴极可使废水中的重金属离子还原出来，沉淀于阴极（称为电沉积），加以回收利用；还可将五价砷（AsO_3^- 或 AsO_4^{3-}）及六价铬（CrO_4^{2-} 或 $Cr_2O_7^{2-}$）分别还原为砷化氢 AsH_3 及 Cr^{3+}，予以去除或回收。

2.2.8 电解浮上和电解凝聚

2.2.8.1 电解浮上法

废水电解时，由于水的电解及有机物的电解氧化，在电极上会有气体（如 H_2、O_2、CO_2、Cl_2 等）析出。借助于电极上析出的微小气泡而浮上分离疏水性杂质微粒的处理技术，称为电解浮上法。电解时，不仅有气泡浮上作用，而且还兼有凝聚、共沉、电化学氧化及电化学还原等作用，能去除多种污染物。电解产生的气泡粒径很小，氢气泡为 $10 \sim 30\mu m$，氧气泡为 $20 \sim 60\mu m$；而加压溶气气浮时产生的气泡粒径为 $100 \sim 150\mu m$，机械搅拌时产生的气泡直径为 $800 \sim 1000\mu m$。由此可见，电解产生的气泡捕获杂质微粒的能力比后两者高，出水水质自然较好。此外，电解产生的气泡，在 $20℃$ 时的平均密度为 $0.5g/L$；而一般空气泡的平均密度为 $1.2g/L$。可见，前者的浮载能力比后者大一倍多。

电解浮上处理的主要设备是电浮槽。电浮槽有两种基本类型，一种是电解和浮升在同一室内进行的单室电浮槽，另一种是电解与浮升分开的双室电浮槽。前者适用于小水量的处理，后者适用于大水量。据一般经验，电极间距为 $15 \sim 20mm$，电流密度为 $0.2 \sim 0.5$ A/dm^2 时，效果较好。

电解浮上法具有去除污染物范围广、泥渣量少、设备较简单、操作管理方便、占地面积小等优点；主要缺点是电耗及电极损耗较大。据研究，若采用脉冲电流可使电耗大大降低；与其他方法配合使用，将比较经济。此法多用于去除细分散悬浮固体和油状物。如某轧钢厂废水中悬浮固体含量为 $150 \sim 350mg/L$，橄榄油含量为 $300 \sim 600mg/L$，废水量为 $75m^3/h$，采用 $25m^3$ 的电解浮上槽进行处理。所用电极极板面积为 $25m^2$，电流密度为 $1A/dm^2$，槽电压为 $8V$，每立方米水总的能量消耗为 $0.275kW \cdot h$。出水中悬浮固体降至 $30mg/L$ 以下，油含量降至 $40mg/L$ 以下，从刮出的泡渣中可回收铁粉和油。又如，某造纸厂废水，电解设备同上，电极采用低碳钢，电流密度为 $0.8A/dm^2$，槽电压为 $10V$，进水悬浮固体（纤维、高岭土等）含量为 $1g/L$，流量为 $100m^3/h$。出水固体含量降至 $30mg/L$，泡渣含水率 $90\% \sim 95\%$。因为水中含有极细微的高岭土，投加 $30mg/L$ 的硫酸铝，可改善去除效果。

2.2.8.2 电解凝聚法

电解凝聚法通常采用的电极材料为铝和铁。对于饮用水处理，通常采用铝作为阳极。这主要是由于采用铁作为阳极时，铁的消耗量要比使用铝时大 $3 \sim 10$ 倍，并且经常出现极化和钝化现象。此外，使用铁阳极时要求水在电极之间停留的时间更长。虽然铝离子要比铁离子的凝聚效果好，但从实用和经济角度看，在废水处理中还是使用铁比铝更方便和合适些。对于重金属离子的去除，采用铁作为阳极时费用较低，同时可以获得更好的处理效果。目前在废水处理中普遍使用 A_3 钢板作为电极。当水中 Ca^{2+}、Mg^{2+} 含量较高时，宜选取不锈钢作为阴极。

废水进行电解凝聚处理时，不仅对胶态杂质及悬浮杂质有凝聚沉淀作用，而且由于阳极的氧化作用和阴极的还原作用，能去除水中多种污染物。例如，纸厂废水的 COD 高达 1500~2000mg/L，色度也很高。用电解凝聚法处理纸厂废水，电极采用铁板，槽电压为 10~20V，电解时间为 10~15min，经处理后，COD 去除 55%~70%，色度去除 90%~95%；若与生物处理相结合，COD 可去除 80%~90%。

电解凝聚比起投加凝聚的化学凝聚来，具有一些独特的优点，可去除的污染物广泛；反应迅速（如阳极溶蚀产生 Al^{3+} 并形成絮凝体只需约 0.5min）；适用的 pH 值范围宽；所形成的沉渣密实，澄清效果好。

2.2.9　消毒

2.2.9.1　氯的消毒作用

常用氯系消毒剂有氯、次氯酸钠、漂白粉、漂白精等。它们的杀菌机制基本相同，主要靠水解产物次氯酸起作用。氯在水中迅速水解为次氯酸（水中 Cl_2 量可忽略），而次氯酸为弱酸，在水中部分电离。当水中含有氨态氮时（这是很常见的），投氯后生成各种氯胺，氯胺亦有消毒作用，称为化合氯；而把 HOCl、OCl^- 称为游离氯。在平衡状态时水中各种氯胺的比例决定于 pH 值、氯/氨值和温度。一般说来，当 pH>9 时，一氯胺占优势；当 pH=7.0 时，一氯胺与二氯胺近似等量；当 pH<6.5 时，主要为二氯胺；只有当 pH<4.4 时才产生三氯胺。实验表明，氯胺在酸性条件下有较强的杀菌作用。由此可知，二氯胺的消毒作用比一氯胺强。至于三氯胺，其消毒作用极差，又具有恶臭味，在通常的水处理条件下不大可能生成，因而对消毒处理意义不大。

氯胺在水中的消毒作用，实质上是依靠其水解产物 HOCl。只有当水中的 HOCl 因消毒而消耗后，氯胺才不断水解释放出 HOCl 继续起消毒作用。因此，氯胺的消毒作用比较缓慢，需要较长的接触时间和较大的投药量。但是氯胺消毒有其独特的优点：（1）氯胺较稳定，在水中的存留期长，逐渐释放出 HOCl，消毒作用持久；（2）能减少三卤甲烷和氯酚的产生，可使氯酚臭味减轻；（3）防止管网中铁细菌的繁殖。

2.2.9.2　投氯量及投氯点

氯化消毒时，为获得可靠而持久的消毒效果，投氯量应满足以下要求：（1）杀灭细菌以达到指定的消毒指标及氧化有机物等所消耗的"需氯量"；（2）抑制水中残存致病菌的再度繁殖所需的"余氯量"。余氯量的规定还提供了确定投氯量和判定消毒效果的简易方法。下面分别讨论不同情况下投氯量与余氯量之间的关系。

水中不含氨氮和含氨有机物，只有其他需氧物质（如细菌、有机物、还原性无机物等）时，投氯量等于需氯量 b 与余氯量 c 之和。投氯量与余氯量之关系如图 2-49 中 OMP 曲线所示。45°倾斜线（虚线）表示需氯量为零的假想情况。

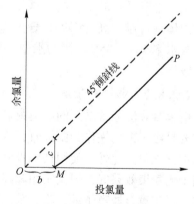

图 2-49　投氯量和余氯量的关系

若水中需氯杂质主要为氨氮及含氨有机物时，投氯量与余氯量的关系如图 2-50 中

$OMABP$ 曲线所示。曲线与虚线间的垂直距离表示需氯量；曲线与横坐标间的垂直距离表示余氯量。OM 段表示水中其他杂质消耗氯，余氯量为零，此时消毒效果不可靠；MA 段表示氯与氨生成氯胺（主要是一氯胺），有化合余氯存在，所以有一定消毒效果；AB 段表示部分氯胺被投入的氯氧化分解为不起消毒作用的 N_2、NO、N_2O 等。化合余氯减少，最后到折点 B，化合余氯量降至最小值；BP 线表示此时已经没有消耗氯的杂质了，所投之氯全部用于增加游离余氯量，消毒效果最好。

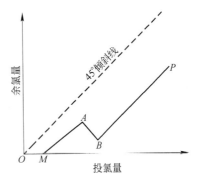

图 2-50　折点氯化曲线

　　消毒处理时投氯量的控制视原水水质和消毒要求不同而异。对给水处理来说，若氨氮含量较低（小于 0.3mg/L），通常投氯量超过折点 B，维持一定游离余氯量，此即"折点氯化法"。若氨氮含量较高（大于 0.5mg/L），投氯量控制在峰点 A 以前即可，这时的化合余氯量足以消毒。不同废水的水质和消毒要求差别很大，应通过实验确定投氯量。一般城市污水沉淀后出水的投氯量为 6~24mg/L，二级生化处理出水为 3~9mg/L，二级生化加过滤处理出水为 1~5mg/L。氯与废水应充分混合，接触时间约为 1h（氯胺消毒为 2h）。废水经加氯消毒后，1h 后的余氯量应不小于 0.5mg/L。但余氯的多少，还应考虑接纳水体的安全。例如水体含氯量达 0.1mg/L 时，有使河流中鱼类死亡的危险。

　　氯化消毒还应考虑以下几个问题：

　　（1）折点加氯时氯的大量投加，使 pH 值下降，不仅影响排放或回用，而且腐蚀管道与设备。因此，在加氯的同时要加碱调整 pH 值。

　　（2）氯化消毒时，水中有机物与氯生成有毒且难降解的有机氯化物，影响排放和进一步的生化处理；同时，氯与有机物反应缓慢，给维持一定的余氯带来困难。因此，有时消毒前要进行预处理，去除水中有机物。预处理的方法有药剂氧化法和活性炭吸附法。氧化剂可用臭氧或高锰酸钾。

　　（3）折点氯化后，有时要进行后处理，去除有机氯化物及过量的氯（其中往往含有恶臭味的二氯胺及三氯胺）。后处理的方法有二氧化硫法和活性炭吸附及还原法。

　　（4）煤气站废水中含有 SCN^-、CN^- 等离子和酚等化学物质，如在生物处理后进行氯化消毒，会生成剧毒的 $CNCl$ 和氯酚，排放到水体中危害性更大。

　　给水处理中，投氯方式有单纯投氯（仅进行消毒处理）、预氯化（在其他处理以前投氯）、后氯化（在其他处理后投氯）、再氯化（在配水系统进行二次氯化）等。废水处理中，一般采用单纯氯化和后氯化。如发现某些处理过程受到微生物的干扰破坏时，也可采用预氯化。

2.2.9.3　加氯装置

　　氯是有毒物质。当空气中氯气浓度为 3.5mg/L 时，即可感知；浓度达 30mg/L 时，能引起咳嗽；在 40~60mg/L 浓度下停留 30min，对生命有危险；浓度达 100mg/L，使人立即死亡。目前给水处理中最常用的消毒剂是液氯。氯通常以液氯形式装钢瓶供应，使用时是在有压条件下操作，加之氯的比重比空气重 1.5 倍，一旦有漏气现象，不易散发，容易造成操作人员中毒。因此，投加氯气时，必须十分注意安全。

为保证投加液氯时的安全和计量准确，人们研制了各种加氯装置。图 2-51 为安全加氯设备中的一种——真空加氯机的示意图。玻璃钟罩外浅盘中存有水，形成水封，防止罩内氯气外溢。盘里还设有补充进水管和溢流管，保证盘中维持必要的水层深度。正常工作时，氯气从液氯瓶的出口减压阀流出，经旋流分离器分离去除锈垢、油污等悬浮杂质，由浮球控制的出氯孔进入加氯机玻璃罩，经吸氯管由水射器抽吸到投氯点。浮球 5 用以调节出氯量。当处理水量大时，水射器从真空罩内抽出的氯气量增加，罩内真空度增加而使罩内水面上升，浮球 5 随之上浮而开大出氯孔；反之水面下降而减小出氯孔开启度。当罩内真空度过高，浮球 6 脱空，让少量空气进入罩内，适当降低真空度，以防水封破坏，氯气外泄。

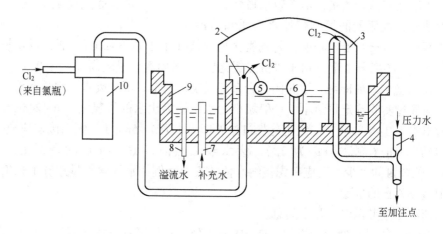

图 2-51　真空加氯机

1—出氯孔；2—玻璃钟罩；3—吸氯管；4—水射器；5，6—浮球；

7—补充进水管；8—溢流管；9—浅盘；10—旋流分离器

采用漂白粉消毒时比较安全。漂白粉需配成溶液加注，溶解时先调成糊状，然后稀释成浓度为 2% 的溶液。其投加设备和混合反应设备与石灰乳的化学沉淀法相似。采用漂白粉消毒时，还应设置沉淀池，除去产生的机械杂质。沉淀时间为 1～1.5h。电解含盐溶液或海水，现场制备次氯酸钠溶液进行消毒。漂白粉消毒对小水量消毒处理是方便和经济的，已在实际中得到应用。

2.2.9.4　应用

氯化除用于消毒杀菌外，还用以抑制和控制藻类及其他生物的繁殖，稳定和延缓污泥的厌氧发酵。

医院废水的主要处理内容是消毒。消毒前应进行澄清处理，一般采用沉淀池，有时，在澄清处理后还要进行生物处理。因医院废水量通常不大，可采用生物转盘或生物滤塔，经过二次沉淀后，施以消毒处理。一般一级处理污水的投氯量为 30～50mg/L，二级处理污水为 15～25mg/L。余氯量控制在 2～5mg/L 范围内。图 2-52 为某医院的废水处理流程。加氯量为 50mg/L，余氯 2mg/L，消毒作用稳定，同时可去除氨氮 50%、悬浮物 87%，溶解氧由 2mg/L 增加至 7mg/L。

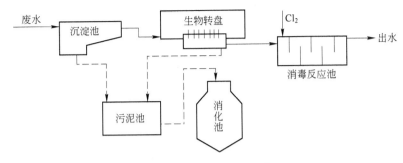

图 2-52　某医院废水处理流程

2.3　水的物理化学处理

2.3.1　离子交换法

2.3.1.1　原理

　　离子交换法是液相中的离子和固相中离子间所进行的一种可逆性化学反应，当液相中的某些离子较为固相所喜好时，便会被离子交换固体吸附，同时为维持水溶液的电中性，离子交换固体必须释出等价离子回溶液中。

　　离子交换法是以圆球形树脂（离子交换树脂）过滤原水，水中的离子与固定在树脂上的离子交换。常见的两种离子交换方法分别是硬水软化和去离子法。硬水软化主要是用在反渗透（RO）处理之前，先将水质硬度降低的一种前处理程序。软化机里面的球状树脂，以两个钠离子交换一个钙离子或镁离子的方式来软化水质。

　　离子交换树脂利用氢离子交换阳离子，而以氢氧根离子交换阴离子；以包含磺酸根的苯乙烯和二乙烯苯制成的阳离子交换树脂会以氢离子交换碰到的各种阳离子（如 Na^+、Ca^{2+}、Al^{3+}）。同样的，以包含季铵盐的苯乙烯制成的阴离子交换树脂会以氢氧根离子交换碰到的各种阴离子（如 Cl^-）。从阳离子交换树脂释出的氢离子与从阴离子交换树脂释出的氢氧根离子相结合后生成纯水。

　　阴阳离子交换树脂可被分别包装在不同的离子交换床中，分成所谓的阴离子交换床和阳离子交换床；也可以将阳离子交换树脂与阴离子交换树脂混在一起，置于同一个离子交换床中。不论是哪一种形式，当树脂与水中带电荷的杂质交换完树脂上的氢离子及（或）氢氧根离子，就必须进行"再生"。再生的程序恰与纯化的程序相反，利用氢离子及氢氧根离子进行再生，交换附着在离子交换树脂上的杂质。

2.3.1.2　应用

A　含汞废水的处理

　　当汞在废水中以 Hg^{2+} 或 $HgCl^+$ 或 CH_3Hg^+ 等阳离子形态存在时，含巯基（—SH）的树脂如聚硫代苯乙烯阳离子交换树脂，对它们的分离具有特效，其反应如下：

$$2RSH + Hg^{2+} \Longrightarrow (RS)_2Hg + 2H^+$$

$$RSH + HgCl^+ \Longrightarrow RSHgCl + H^+$$

$$RSH + CH_3Hg^+ \Longrightarrow RSHgCH_3 + H^+$$

国外用大孔巯基树脂进行交换，在 pH=2 的条件下，处理含汞 20~50mg/L 的氯碱废水，出水含汞在 0.002mg/L 以下。我国某研究部门用国产大孔巯基树脂处理甲基汞废水的研究取得了良好的结果。该法的流程是：将甲基汞废水通入巯基树脂交换柱进行交换，然后用盐酸-氯化钠溶液洗脱，洗脱液经紫外光照射迅速分解后，再用铜屑还原回收金属汞。经过处理，出水中含甲基汞 10^{-3}mg/L 以下，汞得以回收。

B 含镉废水的处理

在废水中镉也有两种离子形态。氰化镀镉淋洗水中的镉为四氰络镉阴离子 $Cd(CN)_4^{2-}$，它可以用 D370 大孔叔胺型弱碱性阴离子交换树脂来处理，出水含镉量低于国家排放标准，镉还可以回收利用。此外，镉还可以 Cd^{2+} 或者 $Cd(NH_3)_4^{2+}$ 形态存在，例如镀镉漂洗水，含镉约 20mg/L，pH 值为 7 左右，采用 Na 型 DK110 阳离子交换树脂处理，得到很好的效果。据报道已有许多除镉的特效树脂可用于废水处理或回收镉。当处理含镉 50~250mg/L 的废水时，回收镉的价值可使离子交换装置的投资在半年到两年内得到补偿。

C 脱氮除磷

在城市污水的深度处理中，也可用离子交换法去除常规二级处理中难以去除的营养物质磷和氮，使水质达到受纳水体或某具体回用目的的水质标准。

氯型强碱性阴离子交换树脂吸收磷酸的反应如下：

$$2RCl + HPO_4^{2-} \Longrightarrow R_2HPO_4 + 2Cl^-$$

树脂的选择性次序为：$PO_4^{3-} > HPO_4^{2-} > H_2PO_4^-$，但吸收量以一价的 $H_2PO_4^-$ 为最大。三价铁离子型的强酸性阳离子交换树脂也能吸收磷酸，这种树脂对污水二级处理出水进行深度处理时，磷的吸收量为 2.75kg/m^3，处理后出水的磷酸盐浓度在 0.01mg/L 以下。再生时使用三氯化铁溶液。

在欧美一直是用离子交换法来去除饮用水中的硝酸根离子。用氯型阳离子交换树脂对污水二级处理出水进行处理时，一个工作周期的处理水量约为树脂量的 170 倍，硝酸根离子的去除率为 77%，处理出水的硝酸根离子浓度降到 1.3mg/L。

使用普通离子交换树脂去除废水中的含氮物质并不完全适宜，因为这些树脂对铵和硝酸根离子以外的其他离子尤其是高价离子具有优先交换性。现在已经研究和开发了一种对核能选择性交换的斜发沸石天然交换剂，它可以使处理出水铵浓度降到 0.22~0.26mg/L，再生废液经分离铵后可重复使用。

2.3.2 吸附法

吸附法是利用多孔性的固体吸附剂将水样中的一种或数种组分吸附于表面，再用适宜溶剂、加热或吹气等方法将预测组分解吸，达到分离和富集的目的。

在废水处理中，吸附法主要用来脱除废水中的微量污染物，以达到深度净化的目的。其应用范围包括脱色、脱臭、脱除重金属离子、脱除溶解有机物、脱除放射性物质等。这种方法对进水的预处理要求高，吸附剂比较昂贵，过去曾限制了它的应用。近几年随着废水处理程度和废水回收率的要求愈来愈高，活性炭的产量和品种日益增加，这种高效处理方法受到普遍重视，预计可能发展成为一种十分重要的废水处理方法。

（1）含汞废水的处理。某厂含汞废水经硫化钠沉淀（同时投加石灰调节 pH 值，加硫酸亚铁作混凝剂）处理后，仍含汞约 1mg/L，高峰时达 2~3mg/L，而允许排放的标准是 0.05mg/L，所以需采用活性炭法进一步处理。由于水量较小（每天 10~20m³），采取静态间歇吸附池两个，交替工作，即一池进行处理时，废水注入另一池。每个池容积 40m³，内装 1m 厚的活性炭。当吸附池中废水进满后，用压力为 294~392kPa 的压缩空气搅拌 30min，然后静置沉淀 2h，经取样测定含汞量，如果达到排放标准，则放掉上清液，进行下一批处理。该厂采用次品活性炭，其吸附能力（吸附容量）为正品的 90%。每池用炭量为废水量的 5%，外加 1/3 的余量，共计 2.7t。活性炭的再生周期约 1 年，采用加热再生法再生。

（2）含铬废水的处理。用活性炭处理含铬电镀废水已获得较广泛的应用。用此法处理浓度为 5~6mg/L 的含铬废水，出水水质可达到排放标准。处理装置为升流式双柱串联固定床，柱径 30cm，高 1.2m，共装活性炭 170L（85kg），活性炭的饱和容量为 13g/L 炭。处理废水流量为 300L/h，工作 pH=3~4，水流速度为 7~15m/h。用 5% 的硫酸对活性炭进行再生，用两倍于炭体积的酸，分两次浸泡吸附柱，然后将洗液回收。再生后的吸附柱即可恢复吸附能力，重新投入使用。经吸附除铬率为 99%，回收的铬酸可回用于钝化工序。这种方法投资少，操作管理简单，适用于中小型工厂。

（3）炼油厂废水深度处理。某炼油厂含油废水经隔油、气浮、生化、砂滤处理后，再用活性炭进行深度处理（600m³/h），使酚由 0.1mg/L 降到 0.005mg/L、氰由 0.19mg/L 降到 0.048mg/L、COD 由 85mg/L 降到 18mg/L，出水水质达到地表水标准。

此外，对染料废水、火药化工废水、有机磷废水、显影废水、印染废水、合成洗涤剂废水等，都可以用活性炭吸附处理，效果良好。

2.3.3 膜分离技术

膜分离技术是在 20 世纪初出现、20 世纪 60 年代后迅速崛起的一门分离新技术。它由于兼有分离、浓缩、纯化和精制的功能，又有高效、节能、环保、分子级过滤及过滤过程简单、易于控制等特征，因此，目前已广泛应用于食品、医药、生物、环保、化工、冶金、能源、石油、水处理、电子、仿生等领域，产生了巨大的经济效益和社会效益，已成为当今分离科学中最重要的手段之一。

2.3.3.1 膜分离技术原理

膜分离过程的推动力主要是浓度梯度、电势梯度及压力梯度。膜分离是通过膜对混合物中各组分的选择渗透作用的差异，以外界能量或化学位差为推动力对双组分或多组分混合的气体或液体进行分离、分级、提纯和富集的方法。

2.3.3.2 膜分离技术分类

近几十年来，膜分离技术应用到污水处理领域，形成了新的污水处理方法，它包含微滤（MF）、超滤（UF）、纳滤（NF）、反渗透（RO）、电渗析（ED）等。

（1）微滤。微滤又称微孔过滤，它属于精密过滤，其基本原理是筛孔分离过程。微滤膜的材质分为有机和无机两大类。有机膜材料有醋酸纤维素、聚丙烯、聚碳酸酯、聚砜、聚酰胺等；无机膜材料有陶瓷和金属等。微滤是一种精密过滤技术，一般能够去除水中的细菌、固体微粒，所分离的组分直径为 $0.03 \sim 15\mu m$；具有很好的除浊效果，广泛用于半导体工业超纯水的终端处理。饮用水生产和城市污水处理是微滤应用潜在的两大市场。微滤在工业污水处理中可用于涂料行业污水、含油废水、硝化棉废水和含重金属废水等的处理，这些都正在实现工业化。

我国微粒膜的研究与国外水平相比，常规微滤膜的性能和国外同类产品的性能基本一致，折叠式滤芯在许多场合代替了进口产品，但在错流式微滤膜和组器技术及其在工程中的应用等方面，仍落后于国外，这就抑制了微滤技术在较高浊度水质深度处理中的应用。

（2）超滤。超滤是介于微滤和纳滤之间的一种膜过程，膜孔径在 $0.05\mu m \sim 1nm$ 分子量之间。超滤是一种能够将溶液进行净化、分离、浓缩的膜分离技术，超滤过程通常可以理解成与膜孔径大小相关的筛分过程。它是以膜两侧的压力差为驱动力，以超滤膜为过滤介质，在一定的压力下，当水流过膜表面时，只允许水及比膜孔径小的小分子物质通过，达到溶液的净化、分离、浓缩的目的。

同微滤类似，超滤主要用于除去固体微粒，分离的组分直径为 $0.005 \sim 10\mu m$，还可以去除病毒、大分子物质、胶体等，广泛用于食品、医药、工业污水处理、超纯水制备及生物技术工业。超滤在水处理方面应用十分广泛。它可以与反渗透联合制备高纯水；可以处理生活污水；处理工业废水，包括电泳涂漆废水、含重金属废水、含油废水、含聚乙烯醇（PVA）废水、含淀粉及酶的废水、纺织工业脱浆水、纸浆工业污水、从羊毛精制废水中回收羊毛脂、纤维加工油剂废水处理等等。目前，我国超滤技术在水处理中以 PSH 和聚丙烯中空纤维式组件应用最多。与国际产品相比，国产超滤膜组件品种单一，通量和截流率综合性能较低，抑制了超滤膜技术在水处理以外领域的应用。但现在，已有许多共混超滤膜的研究。由于共混超滤膜具有单一组分膜所无法比拟的优点，因此这是一个发展趋势。

（3）纳滤。纳滤是介于超滤与反渗透之间的一种膜分离技术，其截留分子量在 $80 \sim 1000$ 的范围内，孔径为几纳米，因此称纳滤。纳滤技术是目前世界膜分离领域研究的热点之一，纳滤膜对分子量介于 $200 \sim 1000$ 之间的有机物和高价、低价、阴离子无机物有较高的截留性能，可以用于脱除三卤甲烷、农药、洗涤剂等可溶性有机物及异味、色度和硬度等。纳滤膜由于其结构及性能上的特点，当前已广泛地应用于生化产品、污水处理、饮用水制备和物料回收等领域。在工业污水处理中，纳滤膜主要用于含溶剂废水的处理，其以特殊的分离性能成功地应用于制糖、制浆造纸、电镀、机械加工以及化工反应催化剂的回收等行业的污水处理上。已有人开始研究用纳滤膜处理日化工业废水、石油工业废水、印刷工业废水和含杀虫剂污水等。

我国纳滤技术的研究虽在 20 世纪 80 年代末就开始了，但纳滤膜易污染，目前仍在实验室研究开发阶段，其价格一直比传统的污水处理方法高，尚无产品投放市场。目前国际上有关纳滤膜的制备、性能表征、传质机理等的研究还不够系统、全面、深入。

（4）反渗透。反渗透是利用反渗透膜只能透过溶剂（通常是水）而截留离子物质或小分子物质的选择透过性，以膜两侧静压为推动力，实现对液体混合物分离的膜过程。反渗透主要用来去除水中溶解的无机盐，反渗透膜几乎对所有的溶质都有很高的脱除率。反渗透技术的大规模应用主要是苦咸水、海水淡化和难以用其他方法处理的混合物。在污水处理方面，反渗透已广泛应用于城市污水处理和利用、电镀污水处理、纸浆和造纸工业污水处理、化工污水处理、冶金焦化污水处理、食品工业污水处理、制药污水处理及放射性污水处理等。反渗透法处理出水质量很高，在水处理中通常用于最后的精制。

反渗透技术应用十分广泛，主要应用于海水淡化、纯水和超纯水制备、城市给水处理、城市污水处理及应用、工业电镀废水处理、纸浆和造纸工业废水处理、化工废水处理、冶金焦化废水处理、食品工业、医药工业等废水处理。我国大港电厂、宝钢自备电厂等发电厂应用反渗透技术来进行预脱盐处理。与国外相比，我国反渗透工艺和工程技术已接近国外先进水平，但膜和组器技术同国际同类产品仍有较大的差距，复合膜虽已完成中试放大，但离工业生产仍有差距。当前反渗透膜市场，中空纤维型仍以国产 CTA 膜组件为主，而卷式型基本上由进口 PA 复合膜元件所占据。在工业上，引进 PA 复合膜和其他所有关键部件，设计制造反渗透装置，取代了以往整机进口的局面，实践证明是成功的。

（5）电渗析。当前离子交换膜的研究、生产和应用均已达到很高的水平，电渗析技术领先的国家是美国和日本。该技术首先用于苦咸水淡化，而后逐渐扩展到海水淡化及制取饮用水和工业纯水中，在重金属污水处理、放射性污水处理等工业污水处理中也已得到应用，目前已成为一种重要的膜法水处理技术，越来越受到重视。但是，电渗析也有它自身的问题，如电渗析只能除去水中的盐分，而对水中的有机物不能去除，某些高价离子和有机物还会污染膜。另外，电渗析运行过程中易发生浓差极化而产生结垢。

2.3.3.3 新型膜技术简介及应用现状

（1）液膜（LM）。液膜就是悬浮在液体中的很薄一层乳液微粒。它至今已经历了带支撑体液膜、乳化液膜和含流动载体乳化液膜三个阶段。液膜可以代替固膜分离气体，用液膜法去除载人宇宙飞船密封舱中 CO_4 的技术已成功的用于宇宙空间技术中。在石油化工中，液膜可以用于分离那些物理、化学性质相似但不能用常规的蒸馏、萃取方法分离的烃类混合物。液膜在医学上可以用来捕获许多有毒物质并安全地排出体外。

（2）气态膜（GM）。气态膜分离技术是近年才发展起来的膜分离技术。气态膜是由厚度为 0.03mm 的微孔、疏水性聚合物膜支撑的气态薄层，它用于分隔两种水溶液，只有挥发性溶质可以以气态形式扩散并通过膜，非挥发性的溶质不能通过膜。

（3）渗透蒸发（PV）。渗透蒸发是利用液体中两种组分在膜中溶解度与扩散系数的差别，通过渗透与蒸发，将两种组分进行分离。渗透蒸发过程的研究和应用，已从有机物中脱水发展到水中脱除有机杂质以及有机物/有机物的分离。渗透蒸发近年研究虽然进展很快，但它单独使用的经济性并不好，工业上多用于集成过程或组合过程，即与其他分离过程结合起来使用，可以发挥有关分离过程的优点，做到扬长避短，达到优化的目的。

（4）双极膜（BM）。双极膜是一种具有专门用途的离子膜。它是一种新型复合膜，由三部分组成：阳离子交换层（N 型膜）、界面亲水层（催化层）和阴离子交换层（D 形膜），同样荷有不同固定电荷密度、厚度和性能的膜材料，在不同复合条件下可制成不同性能的膜，如水解离膜、1 价和 2 价离子分离膜、防结垢膜、抗污染膜、低压反渗透脱硬膜。其中水解离膜应用较广，由它可派生出许多用途，如酸碱的生产、烟道气脱硫、食盐的电解等。

总之，任何水处理技术都有它的适用范围，往往使用某一种膜技术并不一定能够解决各种水处理问题，因此在实际应用中通常将不同的膜技术进行组合使用，如 ED 与 RO 的结合，RO 与 UF 的结合及 RO 与 MF 的结合使用等，这样往往可以发挥各自的特点，取得更大的技术和经济效果。同时膜技术与常规的水处理技术联合使用也是不可忽视的。因此，在研究水处理工艺时，将各种膜分离技术的相互配合使用，以及膜技术与常规水处理技术的联合使用是十分重要的，是今后开发新型水处理工艺的一个重要方向。相信膜技术在水处理技术中的作用和地位会日益突出，其应用范围也日益广阔。

复习思考题

2-1　沉淀池有哪几种类型？各有何特点？

2-2　设置沉砂池的目的和作用是什么？

2-3　微气泡与悬浮颗粒相黏附的基本条件是什么，有哪些影响因素？

2-4　在废水处理中，气浮法与沉淀法相比较，各有何优点？

2-5　如何改进及提高沉淀或气浮分离的效果？

2-6　影响混凝的因素有哪些？列出五种常用的混凝剂。

3 水的生物化学处理方法

3.1 废水生物处理微生物学基础

3.1.1 废水处理中的微生物

废水生物处理是 19 世纪末出现的污水治理技术，发展至今已成为世界各国处理城市生活污水和工业废水的主要手段。目前，国内已有近万座污水生物处理厂投入运行。

生物化学处理法简称生化法，是通过微生物体内的生物化学作用来分解废水中的有机物和某些无机毒物（如氰化物、硫化物），使之转化为稳定、无害物质的一种水处理方法。

生化法由于处理废水效率高、成本低、投资省、操作简单，因此在城市污水和工业废水的处理中都得到广泛的应用。生化法的缺点是有时会产生污泥膨胀和上浮，影响处理效果；该法对要处理水的水质也有一定要求，如废水成分、pH 值、水温等，因而限制了它的使用范围，另外，生化法占地面积也较大。

在自然环境（土壤和水体）中，存在着大量微生物，它们具有氧化分解有机物并将其转化为无机物的巨大能力。水的生物化学处理方法就是在人工创造的有利于微生物生命活动的环境中，使微生物大量繁殖，提高微生物氧化分解有机物效率的一种水处理方法。它主要用于去除污水中溶解性和胶体性有机物，降低水中氮、磷等营养物的含量。按参与作用的微生物种类和供氧情况，生物化学处理方法分为好氧和厌氧两大类，分别利用好氧微生物和厌氧微生物分解有机物。按微生物存在状况，生物化学处理系统又可以分为悬浮生长系统和附着生长系统两种。在悬浮生长系统中，微生物群体在处理设备内呈悬浮状态生长，污水通过与之接触得到净化；在附着生长系统中，微生物附着在某些惰性介质上呈膜状生长，污水流经膜的表面得到净化。

属于生化处理法的有活性污泥法、生物过滤法、生物膜法、氧化塘法和厌氧生物法等。

活性污泥可分为好氧活性污泥和厌氧颗粒污泥，不论是哪一种，都是由各种微生物、有机物和无机物胶体、悬浮物构成的结构复杂的肉眼可见的绒絮状微生物共生体。这种共生体有很强的吸附和降解有机污染物质的能力，可以达到处理和净化污水的目的。这些在废水生物处理过程中净化污水的微生物主要是细菌、真菌、藻类、原生动物和一些小型的后生动物等。

迄今为止，已知的环境污染物达数十万种之多，其中大量的是有机物。所有的有机污染物，可根据微生物对它们的降解性，分成可生物降解、难生物降解和不可生物降解三大类。

废水的生物处理就是利用微生物的新陈代谢作用处理废水的一种方法。微生物与其他生物一样，为了进行自身的生理活动，必须从周围环境中摄取营养物质并加以利用。这些营养物质在微生物体内，通过一系列的生物化学反应，使微生物获得需要的能量，同时微生物本身也得到繁殖。废水中存在的各种有机物和无机物，大部分都可以被微生物作为营养物质而加以利用。废水的生物处理实质就是将废水中含有的污染物质作为微生物生长的营养物质被微生物代谢、利用、转化，将原有的高分子有机物转化为简单有机物或无机物，使得废水得到净化。

作为一个整体，微生物分解有机物的能力是惊人的。可以说，凡自然界存在的有机物，几乎都能被微生物所分解。有些种类，如葱头假单胞菌甚至能降解 90 种以上的有机物，它能利用其中任何一种作为唯一的碳源和能源进行代谢。有毒的氰（腈）化物、酚类化合物等，也能被不少微生物作为营养物质利用、分解。

半个多世纪以来，人工合成的有机物大量问世，如杀虫剂、除草剂、洗涤剂、增塑剂等，它们都是地球化学物质家族中的新成员。尤其是不少合成有机物在研制开发时，就是要求它们具有化学稳定性。因此，微生物接触这些陌生的物质，开始时难以降解也是不足为怪的。但微生物具有极其多样的代谢类型和很强的变异性，近年来已发现许多微生物能降解人工合成的有机物，甚至原以为不可生物降解的合成有机物，也找到了能降解它们的微生物。因此，通过研究，有可能使不可降解的或难降解的污染物转变为能降解的，甚至能使它们迅速、高效地去除。

由于废水中污染物的种类繁多，相互间的影响错综复杂，所以一般应通过实验来评价废水的可生化性，判断采用生化处理的可能性和合理性。

细菌等各类微生物的种类与数量常与污水水质及其处理工艺有密切关系，在特定的污水中，会形成与之相适应的微生物群落。

微生物要不断进行繁殖和正常活动，必须拥有必要的能源、碳源和其他无机元素。其中碳是构成微生物细胞的主要成分，碳的主要来源是二氧化碳和有机物。如果微生物由二氧化碳取得组成细胞的碳，就称为自养型微生物；如果细胞利用有机碳进行细胞合成，则称为异养型微生物。在废水处理过程中，能分解有机物的主要是异养型微生物。根据利用氧的能力，微生物可以分为好氧、厌氧和兼性三类。好氧微生物只能存在于有分子氧供给的条件下；厌氧微生物只能在无氧或者缺氧的环境中生存；而兼性微生物是既能在有分子氧的环境中生存，也可在无分子氧的环境中生存。

在生物处理中，净化污水的第一和主要承担者是细菌，而原生动物是细菌的首次捕食者，后生动物是细菌的二次捕食者。

3.1.2 生化处理方法概述

不同的细菌对氧的反应变化很大，一些细菌只能在有氧存在的环境中生长，称需氧细菌（或称好氧细菌），利用此类微生物的作用来处理废水称为好氧生物处理法。另一些细菌只能在无氧的环境中生长，称厌氧细菌，相应的处理方法称厌氧生物处理。介于两者之间的还有兼性微生物（在有氧或无氧的环境中均可生长），但它们在废水处理中不起主要作用。

生化法按微生物的代谢形式，可分为好氧法和厌氧法两大类；按微生物的生长方式可分为悬浮生物法和生物膜法。生化法的分类如图 3-1 所示。

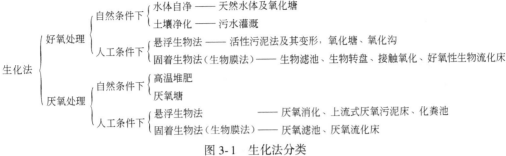

图 3-1　生化法分类

3.1.3　微生物的生理学特性

在废水生物化学处理过程中，细菌的净化作用最为重要。微生物生长繁殖及获取能量过程中的必要反应都是在酶的作用下完成的。酶是微生物细胞特有的一种蛋白质，是具有高度专一性的有机催化剂。任何一种酶只能对一种或一类反应起催化作用。

酶的活性由许多环境条件决定，特别是温度、pH 值和某些离子。每种酶都有最适宜的最佳 pH 值和温度范围。一般来说，温度以 20~30℃为宜，高于 35℃或者低于 10℃，酶的活性会降低（嗜冷菌和嗜热菌除外）。对大多数细菌来说，能适应的 pH 值范围为 4~9，最佳范围在 6.5~7.5 之间。某些离子的存在会影响酶的活性，如 PO_4^{3-}、Mg^{2+}、Ca^{2+} 等能激发某些酶的活性，而重金属离子则能使酶失去活性。

酶活性的大小用酶所催化反应的反应速度来表示，影响酶促反应速度的因素有温度、pH 值、底物浓度、酶浓度、激活剂、抑制剂等。

在细胞内部进行生物化学反应时，除需要酶外，还需要能量。微生物通过有机物或无机物在细胞内部的氧化作用或光合作用释放出能量，这些能量被某些化合物获取，储存在细胞内。最常见的储能方式是三磷酸腺苷（ATP）。微生物从三磷酸腺苷获取能量，用于合成新的机体细胞、维持生命及运动，同时 ATP 变成释能态的二磷酸腺苷（ADP）。然后二磷酸腺苷再获取有机物和无机物分解过程中释放出的能量，重新转化为储能态的三磷酸腺苷。

通常将能量的生产和获取的生物过程称为异化作用，将细胞组织生产的生物过程称为同化作用。微生物就是这样不断地从外界环境中摄取营养物质，满足自身生长和繁殖过程对物质和能量的需要，并同时排出代谢产物，完成整个代谢过程。异养菌代谢过程中只将一部分有机物转化为最终产物，并由这一过程中获取能量用于使剩余有机物合成新细胞（原生质）的反应。应该指出，在新细胞合成与微生物增长过程中，除氧化一部分有机物以获得能量外，还有一部分微生物细胞物质也被氧化分解。当有机物近乎耗尽时，内源呼吸就成为供应能量的主要方式。

3.1.4　细菌生长曲线

研究细菌的生长情况，大多数采用静态培养法，即在一个无进出水的密闭系统中，给细菌提供完全、充分的营养及环境条件。在这样条件下，大多数细菌的生长过程都遵循图 3-2 所示的模式，大体上具有四个明显的生长阶段。

（1）迟缓期：表示细菌适应新环境需要的时间。

（2）对数生长期：由于营养物浓度超过细菌的需要量，生长不受限制，生物量呈对数增长。

（3）稳定期：由于营养物浓度随细菌的消耗逐渐下降，细菌繁殖世代时间延长，毒性代谢产物逐渐增高，当营养物浓度减到生长极限时，细菌即进入减速生长期，即稳定期。

（4）衰亡期（内源呼吸期）：细菌生长到内源呼吸期时，营养物耗尽，迫使细菌代谢自身的原生质，生物量逐渐减少。

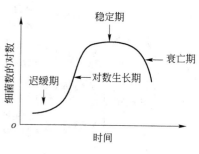

图 3-2　细菌生长曲线

应当指出，上述细菌生长曲线是在营养物没有补给的密封系统中得到的。在一个有营养补充的开放系统中，在相当长时间内维持细菌的对数生长是完全有可能的，这是高负荷生物处理能够正常运行的微生物学基础。

3.1.5　微生物生长动力学

在对数生长期，假如细菌生长需要的一种基本物质（基质）供给量不足时，该基质就成为细菌生长的控制因素，这时细菌的比增长速率和限制性基质浓度的关系用 Monod 公式表示：

$$\mu = \mu_{\mathrm{m}} \frac{S}{k_{\mathrm{s}} + S} \tag{3-1}$$

式中　μ——细菌比增长速率（单位细菌浓度下的细菌增长速率），$\mu = \frac{1}{X}\frac{\mathrm{d}X}{\mathrm{d}t}$，$\mathrm{d}^{-1}$；

μ_{m}——基质达到饱和浓度时，细菌最大比增长速率，d^{-1}；

S——残存于溶液中的基质浓度，$\mathrm{mg/L}$；

k_{s}——半速率常数，也称饱和常数，即 $\mu = \frac{1}{2}\mu_{\mathrm{m}}$ 时的基质浓度，$\mathrm{mg/L}$。

按式（3-1），细菌的增殖速率可用式（3-2）表示：

$$\frac{\mathrm{d}X}{\mathrm{d}t} = \mu_{\mathrm{m}}\left(\frac{S}{k_{\mathrm{s}} + S}\right)X \tag{3-2}$$

式中　X——细菌浓度，$\mathrm{mg/L}$。

从式（3-2）可知，细菌的增长速率取决于 k_{s} 和 S 的大小。

在基质非常充分的初期阶段，$S \gg k_{\mathrm{s}}$，k_{s} 可以忽略不计，此时式（3-1）和式（3-2）可简化为：

$$\mu = \mu_{\mathrm{m}}$$
$$\frac{\mathrm{d}X}{\mathrm{d}t} = \mu_{\mathrm{m}}X = k_0 X \tag{3-3}$$

即细菌增长速率与基质浓度无关，呈零级反应，$k_0 = \mu_{\mathrm{m}}$。

在低基质浓度时，$S \ll k_{\mathrm{s}}$，S 可忽略不计，此时：

$$\mu = \mu_{\mathrm{m}} \frac{S}{k_{\mathrm{s}}}$$

$$\frac{dX}{dt} = \frac{\mu_m}{k_s}XS = k_1XS \tag{3-4}$$

细菌的增长速率遵循一级反应规律。

细菌利用基质时，只有一部分基质转化为新细胞，另一部分则氧化成为无机的和有机的最终产物。对于给定的基质，转化为新细胞的基质的比例是一定的。因此，基质降解的速率和细菌增长的速率之间有以下关系：

$$-\frac{dX}{dt} = Y\frac{dS}{dt} \tag{3-5}$$

式中 Y——降解单位质量基质产生的细菌数量，称为产率级数。

因此，基质降解速率与基质浓度间有以下关系：

$$\frac{dS}{dt} = -\frac{\mu_m XS}{Y(k_s+S)} \tag{3-6}$$

在实际废水处理系统中，并非所有细菌都同时处于对数生长期，总有部分细菌处于内源代谢过程中，内源代谢的速率一般与细菌浓度成正比。因此，若同时考虑生物合成和内源代谢，细菌的净增长速率为：

$$\frac{dX}{dt} = \frac{\mu_m XS}{k_s + S} - k_dX = \frac{k_0 XS}{k_s + S} - k_dX \tag{3-7}$$

$$\frac{dX}{dt} = -Y\frac{dS}{dt} - k_dX \tag{3-8}$$

式中 k_d——内源衰减系数，d^{-1}。

3.2 废水好氧处理技术

3.2.1 活性污泥法

3.2.1.1 活性污泥法的基本原理

向生活污水中不断注入空气，维持水中有足够的溶解氧，经过一段时间后，污水中即生成一种絮凝体，这就是"活性污泥"。微生物和有机物构成活性污泥的主要部分，约占全部活性污泥的70%以上。活性污泥的含水率一般在98%~99%，具有很强的吸附和降解有机物的能力，可以达到处理和净化污水的目的。活性污泥法就是以悬浮在水中的活性污泥为主体，在有利于微生物生长的环境条件下和污水充分接触，使污水净化的一种方法。

活性污泥法主要由初次沉淀池、曝气池、二次沉淀池、供氧装置以及回流设备等组成，基本流程如图3-3所示。需处理的污水和回流污泥一起进入曝气池，成为悬浮混合液，沿曝气池注入压缩空气曝气，使污水和活性污泥充分混合接触，并供给混合液足够的溶解氧。这时污水中的有机物被活性污泥中的好氧微生物群体分解，然后混合液进入二次沉淀池，活性污泥与水澄清分离，部分活性污泥回流到曝气池，继续进行净化过程，澄清水则溢流排放。由于在处理过程中活性污泥不断增长，部分剩余污泥从系统排出，以维持系统稳定。

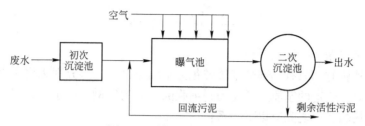

图 3-3　活性污泥法基本流程

活性污泥系统有效运行的基本条件是：

（1）废水中含有足够的可溶性易降解有机物，作为微生物生理活动必需的营养物质。

（2）混合液含有足够的溶解氧。

（3）活性污泥在池内呈悬浮状态，能够充分与废水相接触。

（4）活性污泥能连续回流、及时地排除剩余污泥，使混合液保持一定浓度的活性污泥。

（5）没有对微生物有毒害作用的物质进入。

活性污泥法的基本特点是：利用生物絮凝体为生化反应的主体物；利用曝气设备提供氧源，对体系进行搅拌增加接触和传质过程；采用沉淀方法除去悬浮物；通过回流使微生物返回系统；经常排出一部分生物固体，以保障曝气池中的污泥浓度维持在一定的水平。

3.2.1.2　活性污泥法的净化过程及机理

活性污泥去除水中有机物，主要经历三个阶段。

（1）吸附阶段：污水与活性污泥接触后的很短时间（约 30min）内，水中有机物浓度（BOD）迅速降低，这主要是吸附作用引起的。由于絮状的活性污泥表面积很大（每立方米混合液 2000~10000m²），细菌表面常分泌有一层多糖类黏液，污水中的悬浮颗粒和胶体物质被絮凝和吸附而迅速除去。

这层多糖类黏液厚薄不一，比较薄时为黏液层，比较厚时称为荚膜。荚膜物质相融合成一团块，内含许多细菌时称为菌胶团。菌胶团是活性污泥中细菌的主要存在形式，有较强的吸附和氧化有机物质的能力。活性污泥的初期吸附性能取决于污泥的活性。一般处于对数生长期的细菌活力很强，繁殖很快，但黏液分泌少，不易凝聚和沉淀；稳定期后的细菌生长速率下降，但菌胶团结构紧密，吸附、沉降性能良好。

（2）氧化阶段：在有氧的条件下，微生物将在吸附阶段吸附的有机物一部分氧化分解，获取能量，另一部分则合成新的细胞。从污水处理角度看，无论是氧化还是合成，都能从废水中去除有机物，只是合成的细胞必须易于絮凝沉降，从而能从水中分离出来。这一阶段比吸附阶段慢得多。

（3）絮凝体形成与絮凝沉降阶段：氧化阶段合成的菌体有机体絮凝形成絮凝体，通过重力沉降从水中分离出来，使水得到净化。

活性污泥的吸附凝聚性能、有机物的去除速率及活性污泥增长速率与活性污泥中微生物的生长期有关。在对数生长期，微生物活动能力强，有机物氧化和转换成新细胞的速率最大，但不易于形成良好的活性污泥絮凝体；在减速增长期，有机物去除速率与残存有机物呈一级反应，速率有所降低，但污泥絮凝体易于形成；内源呼吸期，有机物迅速耗尽，污泥量减少，絮凝体形成速率快，吸附有机物的能力强。

3.2.1.3 影响活性污泥增长的因素

活性污泥法是水体自净过程的人工强化。要充分发挥活性污泥微生物的代谢作用，必须创造有利于微生物生长繁殖的良好条件。影响活性污泥增长的主要因素有：

(1) 溶解氧。活性污泥法是好氧的生物处理法，氧是好氧微生物生存的必要条件，供氧不足会妨碍微生物代谢过程，造成丝状菌等耐低溶解氧环境的微生物滋长，使污泥不易于沉淀，这种现象称为污泥膨胀。污泥膨胀指污泥结构极度松散，体积增大、上浮，难以沉降分离影响出水水质的现象。活性污泥混合液中溶解氧浓度以 2mg/L 左右为宜。

(2) 营养物。微生物生长繁殖必需一定的营养物。碳元素的需要量一般以 BOD_5 负荷率表示，它直接影响到污泥的增长、有机物降解速率、需氧量和污泥沉降性能。若以混合液悬浮固体浓度（MLSS）表示活性污泥，则一般活性污泥法 BOD_5 负荷率控制在 $0.3kg(BOD_5)/[kg(MLSS)\cdot d]$ 左右；高负荷活性污泥法 BOD_5 负荷率高达 $2.0kg(BOD_5)/[kg(MLSS)\cdot d]$ 左右。除碳外，微生物生长繁殖一般还需氮、磷、硫、钾、镁、钙、铁以及各种微量元素。一般对氮、磷的需要量应满足 $BOD_5：N：P = 100：5：1$。

(3) pH 值和温度。为维持活性污泥法处理设施正常运转，混合液的 pH 值应控制在 6.5~9.0，温度以 20~30℃ 为宜。

除此之外，还应控制对生物处理有毒害作用的物质的浓度。对微生物有毒害或抑制作用的物质有重金属、氰化物、H_2S、卤族元素及其化合物等无机物以及酚、醇、醛、染料等有机物。

3.2.1.4 评价活性污泥性能的指标

活性污泥是由细菌、真菌、原生动物和少量后生动物等多种微生物群体组成的一个小生态系统。在性能良好的活性污泥中，占优势的主要是以菌胶团存在的细菌和固着型纤毛类原生动物，如钟虫、盖纤虫和枝虫等。评价活性污泥性能时，除进行生物相（微生物种类和数量）的观察外，还使用以下指标。

(1) 混合液悬浮固体浓度（MLSS）：指曝气池中污水和活性污泥混合后的混合液悬浮固体数量，单位为 mg/L，也称为混合液污泥浓度，是计量曝气池中活性污泥数量的指标。MLSS 是具有活性的微生物（M_a）、微生物自身氧化的残留物（M_e）、吸附在污泥上不能被生物降解的有机物（M_i）和无机物（M_{ii}）四者的总量。

(2) 混合液挥发性悬浮固体浓度（MLVSS）：指混合液悬浮固体中有机物的数量，由于不包括 M_{ii}，因此能较好的表示活性污泥微生物的数量，但由于包括了 M_e 和 M_i，因此也不是最理想的指标。

(3) 污泥沉降比（SV）：指曝气池混合液在 100mL 量筒中静置沉淀 30min 后，沉淀污泥占混合液的体积百分数（%）。污泥沉降比反映曝气池正常运行时的污泥量，用以控制剩余污泥的排放，它还能及时反映出污泥膨胀等异常情况。

(4) 污泥体积指数（SVI）：污泥体积指数也称污泥容积指数，是指混合液经 30min 沉降后，1g 干污泥在湿的时候所占体积，以 mL/g 计。

$$SVI（mL/g）= \frac{混合液经 30min 沉淀后污泥体积(mL)}{污泥干重(g)} = \frac{SV(\%)\times 1000}{MLSS(g/L)}$$

SVI 反映出污泥的松散程度和凝聚、沉降性能。该值低，说明污泥颗粒小而紧密易沉降，但活性和吸附力低，含无机物多；过高则太松散，难以沉淀，将要或已经发生污泥膨胀现象。对于城市污水的活性污泥 SVI 值在 50~150 之间。

（5）污泥龄（θ_c）：指曝气池中工作的活性污泥总量与每日排放的剩余污泥量的比值，单位是天（d）。它表示新增长的污泥在曝气池中的平均停留时间，即曝气池工作污泥全部更新一次所需时间。污泥龄和细菌的增长处于什么阶段直接相关，以它作为生物处理过程的主要参数是很有价值的。

3.2.1.5　活性污泥法的运行方式

活性污泥法为了适应不同处理要求，降低费用，经过不断发展，已形成了多种运行方式，下面做简单介绍。

A　普通活性污泥法

普通活性污泥法也称传统活性污泥法，是在废水的自净作用原理下发展起来的。废水在经过沉砂、初沉等工序进行一级处理，去除了大部分悬浮物和部分 BOD 后即进入一个人工建造的池子，池子犹如河道的一段，池内有无数能氧化分解废水中有机污染物的微生物。同天然河道相比，这一人工的净化系统效率极高。由于大气的天然复氧不能满足这些微生物氧化分解有机物的耗氧需要，因此在池中需设置鼓风曝气或机械叶轮曝气的人工供氧系统，池子也因此而被称为曝气池。

废水在曝气池停留一段时间后，废水中的有机物绝大多数被曝气池中的微生物吸附、氧化分解成无机物，随后即进入沉淀池。在沉淀池中，成絮状的微生物絮体——活性污泥下沉，处理后的出水即可溢流排放。

为了使曝气池保持高的反应速率，必须使曝气池内维持足够高的活性污泥微生物浓度。为此，沉淀后的活性污泥又回流至曝气池前端，使之与进入曝气池的废水接触，以重复吸附、氧化分解废水中的有机物。

在连续生产（连续进水）条件下，活性污泥中微生物不断利用废水中的有机物进行新陈代谢，由于合成作用的结果，活性污泥数量不断增长，因此曝气池中活性污泥的量愈积愈多，当超过一定的浓度时，应适当排放一部分，这部分被排去的活性污泥常称作剩余污泥。

曝气池中污泥浓度一般控制在 2~3g/L，废水浓度高时采用较高数值。废水在曝气池中的停留时间常采用 4~8h，视废水中有机物浓度而定。回流污泥量为进水流量的 25%~50%，视活性污泥含水率而定。

曝气池中水流是纵向混合的推流式。在曝气池前端，活性污泥同刚进入的废水相接触，有机物浓度相对较高，即供给活性污泥微生物的食料较多，所以微生物生长一般处于生长曲线的对数生长期后期或稳定期。由于普通活性污泥法曝气时间比较长，当活性污泥继续向前推进到曝气池末端时，废水中有机物已几乎被耗尽，污泥微生物进入内源代谢期，它的活动能力也相应减弱，因此，在沉淀池中容易沉淀，出水中残剩的有机物数量较少。处于饥饿状态的污泥回流入曝气池后又能够强烈吸附和氧化有机物，所以普通活性污泥法的 BOD 和悬浮物去除率都很高，可达到 90%~95%。

普通活性污泥法也有它的不足之处，主要是：

（1）对水质变化的适应能力不强。

（2）所供的氧不能充分利用，因为在曝气池前端废水水质浓度高、污泥负荷高、需氧量大，而后端则相反，但空气往往沿池长均匀分布，这就造成前端供氧量不足、后端供氧量过剩的情况（见图3-4）。因此，在处理同样水量时，同其他类型的活性污泥法相比，曝气池相对庞大，占地多，能耗费用高。

B　阶段曝气法

阶段曝气法也称为多点进水活性污泥法，它是普通活性污泥法的一个简单的改进，可克服普通活性污泥法供氧同需氧不平衡的矛盾。

阶段曝气法的工艺流程如图3-5所示。从图中可见，阶段曝气法中废水沿池长多点进入，这样使有机物在曝气池中的分配较为均匀，避免了前端缺氧、后端氧过剩的弊病，从而提高了空气的利用效率和曝气池的工作能力；并且由于容易改变各个进水口的水量，在运行上也有较大的灵活性。经实践证明，曝气池容积同普通活性污泥法比较可以缩小30%左右。

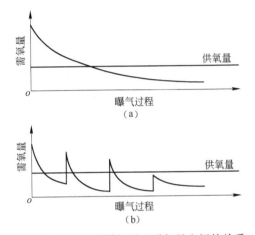

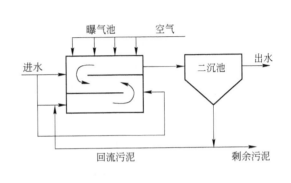

图3-4　曝气池中供氧量和需氧量之间的关系
　　（a）普通活性污泥法；（b）阶段曝气法

图3-5　阶段曝气法的工艺流程

C　渐减曝气法

克服普通活性污泥法曝气池中供氧、需氧不平衡的另一个改进方法是将曝气池的供氧沿活性污泥推进方向逐渐减少，此即为渐减曝气法。该工艺曝气池中的有机物浓度随着向前推进不断降低，污泥需氧量也不断下降，曝气量相应减少，如图3-6所示。

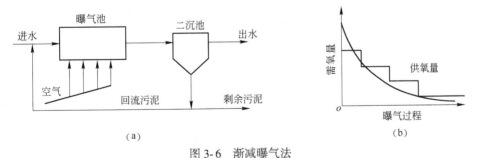

图3-6　渐减曝气法
（a）工艺流程；（b）曝气池中供氧量和需氧量之间的关系

D　吸附再生活性污泥法

吸附再生活性污泥法系根据废水净化的机理、污泥对有机污染物的初期高速吸附作用，对普通活性污泥法做相应改进发展而来。此法中曝气池被一隔为二，废水在曝气池的一部分——吸附池内停留数十分钟，活性污泥同废水充分接触，废水中有机物被污泥所吸附，随后进入二沉池，此时，出水已达很高的净化程度。

泥水分离后的回流污泥再进入曝气池的另一部分——再生池，池中曝气但不进废水，使污泥中吸附的有机物进一步氧化分解。恢复了活性的污泥随后再次进入吸附池同新进入的废水接触，并重复以上过程。

为了更好地吸附废水中的污染物质，吸附再生活性污泥法所用的回流污泥量比普通活性污泥法多，回流比一般为 10%～50%。此外，吸附池和再生池的总容积比普通活性污泥法的曝气池小得多，空气用量并不增加，因此，减少了占地和降低了造价。其由于回流污泥量较多，具有较强的调剂平衡能力，可适应进水负荷的变化。它的缺点是去除率较普通活性污泥法低，尤其是对溶解性有机物较多的工业废水（活性污泥对溶解性有机物的初期吸附作用效果较差），处理效果不理想。

E　完全混合活性污泥法

完全混合活性污泥法的流程和普通活性污泥法相同，但废水和回流污泥进入曝气池时，立即与池内原先存在的混合液充分混合。构筑物的曝气池和沉淀池有合建（见图3-7c）和分建（见图3-7a、b）两种类型。

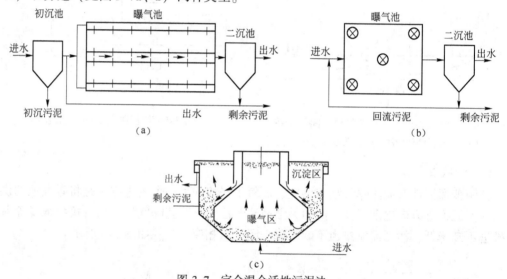

图 3-7　完全混合活性污泥法
（a）扩散空气曝气的完全混合活性污泥法工艺流程；（b）机械空气曝气的完全混合活性污泥法工艺流程；（c）合建式圆形曝气沉淀池

F　序批式活性污泥法

序批式活性污泥法又称序批式反应器（Sequencing Batch Reactor），简称SBR，是国内外近年来新开发的一种活性污泥法。其工艺特点是将曝气池和沉淀池合二为一，生化反应呈分批进行，基本工作周期可由进水、反应、沉淀、排水和闲置五个阶段组成（见图3-8）。

进水期是指反应器从开始进水到反应器最大体积的一段时间，这一时期已同时进行着生物降解反应。在反应期中，反应器不再进水，废水处理逐渐达到预期的效果。进入沉降

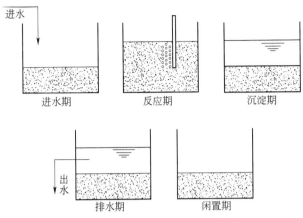

图 3-8 序批式活性污泥法运行周期

期时，活性污泥沉降，固、液分离，上清液即为处理后的水，并于排放期外排。这以后的一段时期直至下一批废水进入之前即为闲置期，活性污泥在此阶段进行内源呼吸，反硝化细菌亦可利用内源碳进行反硝化脱氮。

与其他活性污泥工艺相比较，SBR 具有下述特点：

(1) 构造简单，投资节省。SBR 的曝气、沉淀在同一池内，省去了二沉池、回流装置和调蓄池等设施，因此，基建投资较低，是特别适合于乡村地区或仅设常日班的工厂的废水处理系统。

(2) 控制灵活，可满足各种处理要求。在 SBR 的运行过程中，一个周期中各个阶段的运行时间、总停留时间、供气量等都可按照进水水质和出水要求加以调节。

(3) 活性污泥性状好、污泥产率低。由于 SBR 在进水初期有机物浓度高，污泥絮体内部的菌胶团细菌也能获得充足的营养，因此，有利于菌胶团细菌的生长，污泥结构紧密，沉降性能良好。此外，在沉降期，几乎是在静止状态下沉降，因此污泥沉降时间短，效率高。但由于 SBR 的运行周期中有一闲置期，污泥处于内源呼吸阶段，因此，污泥产率比较低。

(4) 脱氮效果好。SBR 系统可通过控制合适的充气、停气为硝化细菌和反硝化细菌创造适宜的好氧、缺氧反硝化脱氮条件，此外反硝化细菌在闲置期还能进行内源反硝化，因此去氮效果好。

3.2.1.6　活性污泥系统的运行管理

A　活性污泥的来源、培养与驯化

接种污泥的来源有同类废水处理厂的剩余污泥、粪便污水等。

活性污泥的培养方法有全流量连续直接培养法、流量分阶段直接培养法和间歇培养法。

(1) 全流量连续直接培养法。全部流量通过活性污泥系统按设计水量连续进水和出水。二沉池不排放剩余污泥，全部保留在曝气池，直到 MLSS 和 SV 达到适宜数值为止。为了加快培养速度、减少培养时间，可以大量供气，以保证向混合液提供足够的溶解氧，使其充分混合；也可以从同类的正在运行的废水处理厂提取一定数量的污泥进行接种。

在活性污泥的培养驯化期间，必须考虑满足微生物的营养物质保持平衡的要求，即

BOD：N：P＝100：5：1。对城市废水和生活污水来说，这个条件是具备的；但是对某些工业废水，就要考虑投加某些营养物质了。此外，在这个期间还要进行废水、混合液、处理水以及活性污泥的分析测定，项目有 SV、MLSS、SVI，溶解氧含量，处理水的透明度，原废水及处理水的 BOD、COD 以及 SS 等。

（2）流量分阶段直接培养法。该方法与全流量连续直接培养法相同，不同的地方是废水投配流量随形成的污泥量的增加而增加，即将培养期分为几个阶段，最后流量达到设计要求，MLSS 达到适宜浓度。

（3）间歇培养法。本法适用于生活污水所占比例较小的城市水厂。它是将废水引入曝气池，水量为曝气池容积 50%～70%，曝气一段时间（4～6h），再静置 1～1.5h，排放上清液，排放量约占总水量的 50%，此后再注入废水。重复上述操作，每天 1～3 次，直到混合液中的污泥量达到 15%～20% 为止。

水温在 15℃ 以上的条件下，使用一般营养比较平衡的城市废水，经 7～15 日的培养即可以达到上述情况，为了缩短培养时间，可以考虑用同类废水处理厂的剩余污泥进行接种。向混合液中投加适量的粪便稀释液，也能够加快培养过程。

对工业废水，除培养外，还应对活性污泥加以驯化，使其适应于所处理的废水。驯化方法可分为异步驯化法和同步驯化法两种。异步驯化法是先培养后驯化，即先用生活污水或粪便稀释水将活性污泥培养成熟，此后再逐步增大工业废水在混合中的比例，以逐步驯化污泥。同步驯化法则是在用生活污水培养活性污泥的开始，就投加少量的工业废水，以后逐步提高工业废水在混合液中的比例，逐步使污泥适应工业废水的特性。二者的驯化阶段都是以全部使用工业废水而结束。

B　活性污泥法的试运行

试运行的目的是确定最佳的运行条件，作为变数考虑的因素有：

（1）MLSS、空气量、污水注入方式。

（2）如果是吸附再生法，则需考虑吸附与再生的时间比。

（3）N、P 的投加。根据上述各种参数的组合运行结果，找出最佳运行条件。

C　活性污泥系统重要运行参数的调节与观测

（1）对活性污泥状况的镜检观察。正常发育的活性污泥，呈茶褐色，个体大小适宜，菌胶絮体发育好，稍具泥土气味。

（2）对曝气时间（活性污泥反应时间）的调节。曝气时间主要以处理水达标为准，根据原废水水量、水质及曝气池容积等因素，按运行经验确定一最佳值和最佳范围。

（3）对供气量（曝气量）的调节。供气电耗占整个废水处理厂电耗的大部分（50%～60%），因此，应极其慎重地对待这一参数。确定供气量的依据之一是充氧，曝气池溶解氧浓度在夏季也应当在 2mg/L 以上，其次要满足混合液的混合搅拌的要求。

供气量一般是根据原废水的水质、混合液水温、曝气时间、MLSS、溶解氧浓度等参数，凭一定期间所取得的运行资料确定。

在一般情况下，每天早晚各调节一次供气量。对大型废水处理厂（水质、水量相对稳定），每年春秋调节一次；在水温开始上升的 4～5 月调节一次，降低供气量；而在水温开始下降的 10～11 月份调节第二次，提高供气量。

（4）污泥 30min 沉降比（SV）的测定。使 MLSS 经常处于最佳范围内是曝气池运行管理的主要内容之一，其最佳值随原废水水质不同而异，一般应以处理水达标为准。但 MLSS 的测定需时较长，可能延误对曝气池的运行管理工作，一般多以 SV 作为评定 MLSS 的指针。SV 的测定方便易行，而且与 MLSS 相对应，每座污水处理厂都可以根据参数确定本厂的最佳 SV。

SV 通过增减剩余污泥的排放量加以调节，它在一天内是动态的，而且与进水量有关，因此，SV 的测定，每周期在一次以上为宜，而且要与进水量相对应。

（5）剩余污泥排放量的调节。曝气池内的活性污泥不断地增长，MLSS 增高，SV 亦上升，因此，为了保证在曝气池内保持比较稳定的 MLSS，应当将增长的污泥量作为剩余污泥量而排出。排放的剩余污泥大致等于污泥增长量，过大或过小，都能使曝气池内 MLSS 变动。适宜的剩余污泥排放量应以进水水质、活性污泥性质，并根据一段时间所取得的资料来确定。

D 活性污泥系统的水质管理

曝气池水质管理监测项目有水温、pH 值、混合液溶解氧、SV、MLSS、SVI、Q_c、负荷和曝气时间等。

（1）水温：是影响微生物生命活动的重要因素，对活性污泥反应最适宜的水温范围是 15~30℃，高于 35℃ 或低于 10℃ 的场合都应当考虑采取相应的技术措施，以防止反应速率大幅度下降。

（2）pH 值：对活性污泥反应，pH 值介于 6.5~8.5 之间为宜，最佳为 7.2~7.4，低于 4 和高于 9.5 都会使微生物的酶系统失活。

（3）混合液溶解氧（DO）：实践证明 DO>0.3mg/L，活性污泥反应即能正常运行。但为了安全起见，曝气池开始曝气时 DO 不低于 0.5mg/L。

（4）污泥沉降比（SV）：传统活性污泥法及阶段曝气法的 SV 一般以控制在 15%~20% 为宜。

（5）混合液悬浮固体浓度（MLSS）：城市废水的 MLVSS/MLSS 比值，一般介于 0.55~0.8 之间。

（6）污泥体积指数（SVI）：此值用于判断活性污泥的沉降性能。对城市废水的活性泥，SVI 值一般介于 60~100 之间。SVI 值过高就证明污泥沉降性能不好，即将或已经膨胀；SVI 值过低就证明污泥颗粒细小密实，无机物多，污泥活性低。

（7）污泥龄（生物固体平均停留时间，Q_c）：这是一项重要的运行参数，其意义及计算方法详见有关资料。

（8）BOD 污泥负荷（NS）：也是一项重要的运行参数，此值对治理效果有着决定性的作用，运行中必须使其保持稳定。对于传统活性的污泥法，此值介于 0.2~0.4kgBOD$_5$/（kg MLSS·d）之间。

（9）BOD 容积负荷（NV）：与污泥负荷类似，此值对于传统活性污泥法介于 0.4~0.9kgBOD$_5$/（m^3·d）。

（10）曝气时间（t）：对城市废水处理，传统活性污泥法的曝气时间为 6~8h。

E 生物相镜检观察

生物相镜检观察通常只镜检活性污泥中的原生动物。原生动物是指示性生物，根据在混合液中出现的原生动物的种类及其数量，能大体上判断出废水净化的程度和活性污泥的状态。正常活性污泥的净化功能强，水质良好时的原生动物主要有固着生型毛虫，如钟虫、累枝虫、盖虫等，一般以钟虫作为中心生物。这类纤毛虫以体柄分泌的黏液固着在污泥絮体上，它们的出现说明污泥絮体结构良好。活性污泥生成不好、有机负荷高、DO 含量低、水中存活着大量游离细菌时出现的原生动物多是游泳型的纤毛虫，如豆形虫、肾形虫、尾丝虫、草履虫等，此外还可能出现滴虫、屋滴虫和波豆虫等。在以上的原生动物中，草履虫、豆形虫和肾形虫等出现的频率高，特别是在曝气池启动初期，活性污泥尚未良好形成的场合。混合液溶解氧不足时，可能出现的原生动物是有限的，主要是扭头虫。这是一种较大的纤毛虫，体长 $40\sim3000\mu m$，主要是以细菌为食。它的出现说明了在曝气池内已出现厌氧反应并已产生了硫化氢气体。曝气过度时，活性污泥絮体呈细分散状，出现的原生动物主要是小型变形虫，这些虫都是体形微小、构造简单的原生动物，其行动迟缓，以细菌为食，分布广泛。

F　活性污泥系统的常见异常现象与对策

a　污泥膨胀

正常的活性污泥沉降性能好，其 SVI 在 $50\sim150$ 之间为正常。当 SVI>200 并继续上升时，称为污泥膨胀。

(1) 丝状菌繁殖引起的膨胀。丝状菌为菌胶团的骨架。细菌分泌的外酶通过丝状菌的架桥作用将千万个细菌凝结成菌胶团吸附有机物形成活性污泥的生态系统。但当丝状菌大量生长繁殖，活性菌胶团结构受到破坏，形成大量絮体而漂浮于水面，难以沉降。这种现象称为丝状菌繁殖膨胀。

丝状菌增长过快的原因有：

1) 溶解氧过低，<$0.7\sim2.0mg/L$；

2) 冲击负荷——有机物超出正常负荷，引起污泥膨胀；

3) 进水化学条件变化：

① 营养条件变化，一般细菌在营养为 $BOD_5：N：P=100：5：1$ 的条件下生长，但若氮含量不足，C/N 升高，这种营养情况适宜丝状菌生活。② 硫化物的影响，过多的化粪池的腐化水及粪便废水进入活性污泥设备，会造成污泥膨胀。含硫化物的造纸废水，也会产生同样的问题。一般是加 $5\sim10mL/L$ 氯加以控制或者用预曝气的方法将硫化物氧化成硫酸盐。③ 碳水化合物过多会造成膨胀。④ pH 值和水温的影响，pH 值过低、温度高于35℃都易引起丝状菌生长。

解决办法：

1) 投加药物增强污泥沉降性能或是直接杀死丝状菌。投加铁盐铝盐等混凝剂可以直接提高污泥的压密性保证沉淀出水。投加一些化学药剂，如氯气，在回流污泥中可以达到消除污泥膨胀现象。投加过氧化氢和臭氧也可以起到破坏丝状菌的效果。投加药物的方法一般能较快降低 SVI，但此方法并没有从根本上控制丝状菌的繁殖，一旦停止加药，污泥膨胀现象可能又会卷土重来。而且投药有可能破坏生化系统的微生物生长环境，导致处理效果降低。所以，这种办法只能作为临时应急时用。

2) 污水性质的控制。首先应该检查和调整 pH 值，当 pH 值低于 5 时，不仅对污泥膨胀有利，而且对正常的生化反应也会有一定的危害，所以当 pH 值偏低时应及时调整。另外在北方寒冷地区一定要注意冬季时的水温，若水温偏低应加热，因为低温也会导致污泥膨胀的发生。采用鼓风曝气能在冬季有效地提高水温。如温度过高，则使用温度低的水先进行温度调节。当污水中营养成分不足或失衡时，应补充投加。缺氮时投加尿素，缺磷时投加磷酸盐，控制 $BOD_5 : N : P = 100 : 5 : 1$ 左右。污泥膨胀严重时可投加铁盐絮凝剂或有机阳离子凝聚剂。

（2）非丝状菌膨胀。非丝状菌膨胀的原因是污泥含有大量表面附着水，水中含有很高的碳水化合物而含 N 量低，当这些碳水化合物被细菌降解时形成多糖类物质，使代谢产物表面吸附表面水，说明 C/N 比失调或水温过低。解决办法是：增加 N 的比例，引进生活污水以增加蛋白质的成分，调节水温不低于 5℃。

b 污泥上浮

（1）污泥脱氮上浮。污水在二沉池中经过长时间造成缺氧（DO 在 0.5mg/L 以下），则反硝化菌会使硝酸盐转化成氨和氮气，在氨和氮逸出时，污泥吸附氨和氮而上浮使污泥沉降性降低。解决办法是：减少在二沉池中的停留时间，及时排泥，增加回流比。

（2）污泥腐化上浮。在沉淀池内污泥由于缺氧而引起厌氧分解，产生甲烷及二氧化碳气体，污泥吸附气体上浮。解决办法是：加大曝气池供氧量，提高出水溶解氧；减少污泥在二沉池中的停留时间，及时排走剩余污泥。

c 产生泡沫

产生泡沫的原因是废水中含有洗涤剂等表面活性物质。解决办法是曝气池安喷洒清水管网或适当喷洒酸、碱等除泡剂。

3.2.2 生物膜法

3.2.2.1 生物膜的基本概念

当污水与滤料等载体长期流动接触，在载体的表面上就会逐渐形成生物膜。生物膜主要由细菌（好氧菌、厌氧菌和兼性菌）的菌胶团和大量的真菌菌丝组成。生物膜上线虫类、轮虫类及寡毛类等微型生物出现的频率也较高。在日光照射的部位还生长藻类，有的滤料内甚至还出现昆虫类。由于生物膜是生长在载体上的，微生物停留时间长，像硝化菌等生长世代期较长的微生物也能生长。所以，生物膜上生长繁育的生物种类繁多、食物链长而复杂是这种处理技术的显著特征。图 3-9 是生物膜的构造示意图。

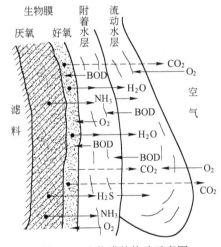

图 3-9 生物膜的构造示意图

生物膜是高度亲水的物质，其外侧表面总存在一层附着水层。附着水层的有机物由于微生物的氧化作用而消耗，浓度远比流动水层中低。因此流动层中的有机物就扩散转移到附着水层，然后进入生物膜，并通过微生物的代谢活动而被降解，使流动水层得到净化；空气中的氧溶解于流动水层中，通过附着水层传递给生物膜，供微生物呼吸作用；微生物代谢有机物的产物则沿着相反的方向从生物膜经过附着水层进入流动水层排走，气态产物又从水层逸出进入空气中。随着有机物的降解，微生物不断增殖，生物膜厚度不断增加，到一定程度，在氧不能透入的内侧就形成了厌氧层。外侧的好氧层一般厚 2mm，有机物的降解主要在好氧层内完成。当厌氧层厚度增加到一定程度时，靠近载体表面处的微生物由于得不到作为营养的有机物，其生长进入内源呼吸期，附着于载体的能力减弱，生物膜在外部水流剪切力作用下脱落。老化的生物膜脱落后，又开始生成新的生物膜。因此，在处理系统的工作过程中生物膜不断生长、脱落和更新，从而保持膜的活性。

生物膜是依靠附着于固体表面滤料的介质上而生长繁殖的微生物净化有机物的好氧处理方法，其具有以下优点：

（1）附着于固体介质表面上的微生物对水量、水质的变化有较强的适应性；

（2）固体介质有利于微生物形成稳定的生态体系，栖息微生物的种类较多，处理效率高；

（3）降解产物污泥量少；

（4）管理方便。

但它也存在以下缺点：

（1）滤料表面积小，BOD 容积负荷小；

（2）附着于固体表面的微生物量较难控制，操作伸缩性差；

（3）靠自然通风供氧，不如活性污泥供氧充足，容易产生厌氧。

生物膜法主要有润湿型、浸没型和流动床型三种形式。

（1）润湿型：生物滤池、生物滤塔、生物转盘。

（2）浸没型：生物接触氧化、滤料浸没在滤池中。

（3）流动床型：生物活性炭、砂粒介质悬浮流动于池内。

3.2.2.2　生物滤池

生物滤池由滤料、池壁、池底排水系统、上部布水系统组成。

生物滤池是以土壤自净原理为依据，在污水灌溉的实践基础上发展起来的人工生物处理技术。生物滤池的基本工艺流程如图 3-10 所示。进入生物滤池的污水需先经预处理以去除悬浮物等可能堵塞滤料的污染物，并使水质均化。在生物滤池后设二沉池，以截留污水中脱落的生物膜，保证出水水质。

图 3-10　生物滤池的基本工艺流程

生物滤池的主要特征是池内滤料是固定的，废水自上而下流过滤料层。由于和不同层面微生物接触的废水水质不同，因而微生物组成也不同，使得微生物的食物链长，产生污泥量少。当负荷低时，出水水质可高度硝化。生物滤池运行简易，且依靠自然通风供氧，运行费用低，生物滤池在发展过程中，经历了几个阶段，从低负荷发展为高负荷，突破了传统采用滤料层高度，扩大了应用范围。目前使用较多的生物滤池有普通生物滤池、高负荷生物滤池和塔式生物滤池（超速滤池）三种。表 3-1 为三种滤池性能比较表。

表 3-1 普通生物滤池、高负荷生物滤池和塔式生物滤池的性能比较

性 能	普通生物滤池	高负荷生物滤池	塔式生物滤池
表面负荷/$m^3 \cdot (m^2 \cdot d)^{-1}$	0.9~3.7	9~36（包括回流）	16~97（不包括回流）
BOD_5负荷/$kg \cdot (m^3 \cdot d)^{-1}$	0.11~0.37	0.37~1.084	高达4.8
深度/m	1.8~3.0	0.9~2.4	8~12 或更高
回流比	无	1~4	回流比较大
滤料	多用碎石等	多用塑料滤料	塑料滤料
比表面积/$m^2 \cdot m^{-3}$	43~65	43~65	82~115
孔隙率/%	45~60	45~60	93~95
蝇	多	很少	很少
生物膜脱落情况	间歇	连续	连续
运行要求	简单	需要一定技术	需要一定技术
投配时间的间歇	不超过5min	一般连续投配	连续投配
剩余污泥	黑色、高度氧化	棕色、未充分氧化	棕色、未充分氧化
处理出水	高度硝化，$BOD_5 \leqslant 20mg/L$	未充分硝化，$BOD_5 \geqslant 30mg/L$	未充分硝化，$BOD_5 \geqslant 30mg/L$
BOD_5去除率/%	85~95	75~85	65~85

A 普通生物滤池

普通生物滤池又叫滴滤池，是生物滤池早期的类型，即第一代生物滤池。

a 构造

普通生物滤池由池体、滤床、布水装置和排水系统组成，其构造如图3-11所示。

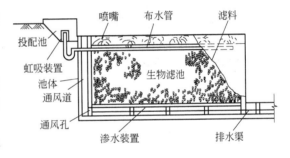

图 3-11 普通生物滤池构造示意图

（1）池体。普通生物滤池池体的平面形状多为方形、矩形和圆形。池壁一般采用砖砌或混凝土建造，有的池壁上带有小孔，用以促进滤层的内部通风，为防止风吹而影响废水的均匀分布，池壁顶应高出滤层表面0.4~0.5m，滤池壁下部通风孔总面积不应小于滤池表面积的1%。

（2）滤床。滤床由滤料组成。滤料对生物滤池工作有很大的影响，对污水起净化作用的微生物就是生长在滤料表面上。滤料一般分成工作层和承托层两层：工作层粒径为25~40mm，厚度为1.3~1.8m；承托层粒径为60~100mm，厚度为0.2m。滤料应采用强度高、耐腐蚀、质轻、颗粒均匀、比表面积大、空隙率高的材料。过去常用球状滤料，如碎石、炉渣、焦炭等；近年来，常采用塑料滤料，其表面积可达100~200m^2/m^3，孔隙率高达80%~90%；滤料粒径的选择对滤池工作影响较大，滤料粒径小，比表面积大，但孔隙率小，增加了通风阻力；相反粒径大，比表面积小，影响污水和生物膜的接触面积。粒径的选择还应综合考虑有机负荷和水力负荷的影响，当负荷较高时采用较大的粒径。

（3）布水装置。布水装置的作用是将污水均匀分配到整个滤池表面。其应具有适应水量变化、不易堵塞和易于清通等特点。根据结构布水装置可分成固定式和活动式两种。

（4）排水系统。排水系统设于池体的底部，包括渗水装置、集水渠和总排水渠等。

b　特点

普通生物滤池的优点有：处理效果好，BOD_5的去除率可达95%以上；运行稳定、易于管理、节省能源。其主要缺点是负荷低、占地面积大、处理水量小、滤池易堵塞、易产生蚊蝇、散发臭味、卫生条件差。它一般适用于处理每日污水量不高于1000m^3的小城镇污水和工业有机污水。

B　高负荷生物滤池

高负荷生物滤池是为改善普通生物滤池的净化功能并解决其运行中存在的实际负荷低、易堵塞等问题而开发出来的。它是通过限制进水BOD_5和在运行上采取处理水回流等技术来提高有机负荷率和水力负荷率，其有机负荷率和水力负荷率分别为普通生物滤池的6~8倍和10倍。

高负荷生物滤池的工艺流程设计主要采用处理水回流技术来保证进入的BOD_5值低于200mg/L，处理水回流后具有下列作用：（1）均化与稳定进水水质；（2）加大水力负荷，及时冲刷过厚和老化的生物膜，加速生物膜的更新，抑制厌氧层发育，使生物膜保持较高的活性；（3）抑制蚊蝇的滋生；（4）减轻臭味的散发。

处理水回流措施的采用，使高负荷生物滤池具有多种多样的流程，图3-12为单池系统的几种有代表性的流程。流程（a）将生物滤池出水直接回流，二沉池的生物污泥回流到初沉池有助于生物膜接种，促进生物膜更新，同时对初沉池的沉淀效果也有所提高；但回流的生物膜易堵塞滤料。流程（b）和流程（a）相比可避免加大初沉池的容积。流程（c）能提高初沉池效果，但提高了初沉池的负荷；流程（c）的特点是不设二沉池，滤池出水（含生物污泥）直接回流到初沉池，这样能提高初沉池效果，并使其兼行二沉池的功能；它适用于含悬浮固体量较高而溶解性有机物浓度较低的废水。

当原污水浓度较高或对处理水质要求较高时，可以考虑二段滤池处理系统，其主要工艺流程如图3-13所示。二段生物滤池的有机物去除率可达90%以上。但负荷不均是其主

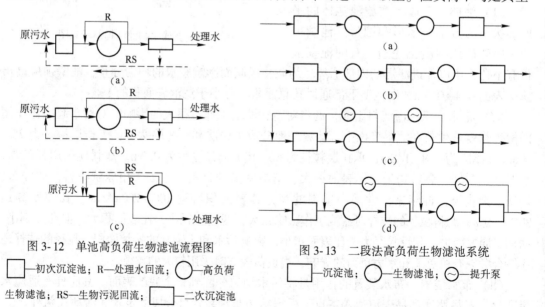

图3-12　单池高负荷生物滤池流程图
☐—初次沉淀池；R—处理水回流；◯—高负荷生物滤池；RS—生物污泥回流；☐—二次沉淀池

图3-13　二段法高负荷生物滤池系统
☐—沉淀池；◯—生物滤池；〜—提升泵

要缺点：一段负荷高，生物膜生长快，脱落的生物膜易于沉积并产生堵塞现象；二段负荷低，生物膜生长不佳，没有充分发挥净化功能。为此可采用交替式二段生物滤池，两种流程定期交替运行。

3.2.2.3　生物转盘

生物转盘是在生物滤池基础上发展起来的一种高效、经济的污水生物处理设备。它具有结构简单、运转安全、电耗低、抗冲击负荷能力强、不发生堵塞的优点。目前生物转盘已广泛运用到我国的生活污水以及许多行业的工业废水处理中，并取得良好效果。

A　生物转盘的结构及净化作用原理

a　生物转盘构造

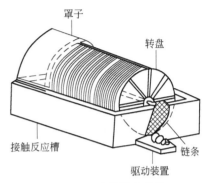

图 3-14　生物转盘构造

生物转盘污水处理装置由转盘、氧化槽和驱动装置组成，如图 3-14 所示。转盘由固定在一根轴上的许多间距很小的圆盘或多角形盘片组成，盘片是转盘的主体，作为生物膜的载体要求盘片具有质轻、强度高、耐腐蚀、防老化、比表面积大等特点。氧化槽位于转盘的正下方，一般采用钢板或钢筋混凝土制成与盘片外形基本吻合的半圆形。在氧化槽的两端设有进出水设备，槽底有放空管。

b　净化原理

转盘在旋转过程中，当盘面某部分浸没在污水中时，盘上的生物膜便对污水中的有机物进行吸附；当盘片离开液面曝露在空气中时，盘上的生物膜从空气中吸收氧气对有机物进行氧化。通过上述过程，氧化槽内污水中的有机物减少，污水得到净化。转盘上的生物膜也同样经历挂膜、生长、增厚和老化脱落的过程，脱落的生物膜可在二次沉淀池中去除。生物转盘系统除有效地去除有机污染物外，如运行得当还具有硝化、脱氮与除磷的功能。

B　生物转盘的组合形式、工艺流程及特征

根据生物转盘的转轴和盘片的布置形式，生物转盘可以是以单轴单级形式组合成单轴多级（见图 3-15）或多轴多级（见图 3-16）形式。城市污水生物转盘系统的基本工艺流

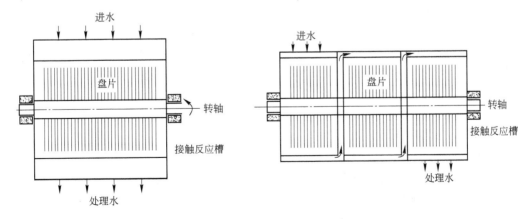

图 3-15　单轴多级生物转盘示意图　　　图 3-16　多轴多级生物转盘示意图

程如图 3-17 所示。对于高浓度有机废水可采用图 3-18 所示的工艺流程，该流程能够将 BOD 值由数千 mg/L 降至 20mg/L。

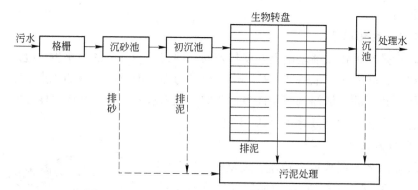

图 3-17　城市污水生物转盘系统的基本工艺流程

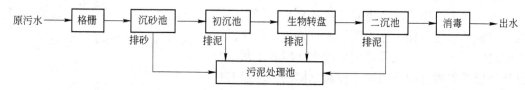

图 3-18　生物转盘污水处理系统基本工艺流程

根据上述的工艺流程，生物转盘污水处理系统具有如下特征：

（1）微生物浓度高，特别是最初几级生物转盘，这是生物转盘效率高的主要原因。

（2）反应槽不需要曝气，污泥无需回流，因此动力消耗低，这是本法最突出的特征，1kg BOD_5 耗电量为 0.7kW·h，运行费用低。

（3）生物膜上微生物的食物链长，产生污泥量少，在水温为 5~20℃的范围内，BOD_5 的去除率为 90%时，去除 1kg BOD 的污泥产量为 0.25kg。

3.2.2.4　生物接触氧化法

生物接触氧化法是在曝气池中设置填料作为生物膜的载体，经过充氧的废水以一定的流速流过填料与生物膜接触，利用生物膜和悬浮活性污泥中微生物的联合作用净化污水的方法。这种方法是介于活性污泥法和生物滤池之间的生物处理方法，所以又称接触曝气法和淹没式生物滤池。生物接触氧化法由于兼具有两种方法的优点，所以很有发展前途。

生物接触氧化装置运转时，污水在填料中流动，水利条件良好，通过曝气使水中溶解氧充足，适于微生物生长繁殖，所以生物膜上生物相当丰富，除细菌（包括球衣细菌等丝状菌）外，还有很多原生动物和后生动物，保持较高的生物量。根据实测，每平方米填料表面生物量在 100g 以上，如折算成 MLSS，可达 10g/L 之多，能有效地提高污水的净化效果。BOD_5 容积负荷可达 3~6 kg/(m³·d)。生物接触氧化法不需污泥回流，也不存在污泥膨胀问题，管理方便。

A　基本流程与特点

生物接触氧化法的基本流程如图 3-19 所示。其主要特点有：

（1）生物接触氧化池内的生物固体浓度（10~20g/L）高于活性污泥法和生物滤池，具有较高的容积负荷（可达 3.0~6.0kgBOD_5/(m³·d)）。

（2）不需要污泥回流，无污泥膨胀问题，运行管理简单。

（3）对水量水质的波动有较强的适应能力。

（4）污泥产量略低于活性污泥法。

B　生物接触氧化池的构造

生物接触氧化池由池体、填料、布水系统和曝气系统等组成。填料高度一般为 3.0m 左右，填料层上部水层高约为 0.5m，填料层下部布水区的高度一般为 0.5~1.5m。

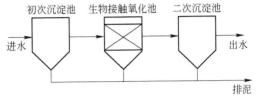

图 3-19　生物接触氧化法的基本流程

根据曝气装置与填料的相对位置，生物接触氧化池可以分为两大类：

（1）曝气装置与填料设在填料区（见图 3-20、图 3-21），水流较稳定，有利于生物膜的生长，但冲刷力不够，生物膜不易脱落；可采用鼓风曝气或表面曝气装置；较适用于深度处理。

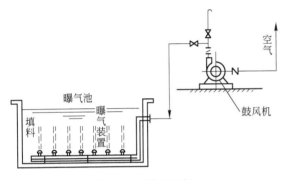

图 3-20　鼓风曝气

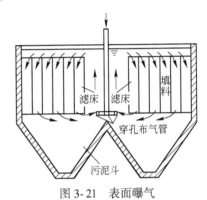

图 3-21　表面曝气

（2）曝气装置直接安设在填料底部（见图 3-22），曝气装置多为鼓风曝气系统；可充分利用池容；填料间紊流激烈，生物膜更新快，活性高，不易堵塞；但检修较困难。

C　填料

填料是微生物的载体，其特性对接触氧化池中生物量、氧的利用率、水流条件、废水与生物膜的接触反应情况等

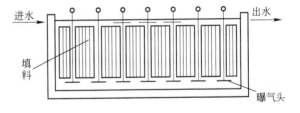

图 3-22　底部曝气

有较大影响。填料可分为硬性填料、软性填料、半软性填料及球状悬浮型填料等。

D　生物接触氧化池的计算与设计

（1）一般原则。一般采用有机负荷法进行设计；有机负荷最好通过试验确定，一般处理城市废水时可采用 1.0~1.8kg BOD$_5$/(m^3·d)；废水在池中的水力停留时间不应小于 1.0h（按填料体积计算）；进水 BOD$_5$ 浓度过高时，应考虑出水回流。

（2）设计计算方法。生物接触氧化池的有效容积（即填料体积）V 为：

$$V = \frac{Q \cdot (S_i - S_e)}{L_{VBOD_5}} \tag{3-9}$$

式中　Q——日均流量，m^3/d；

　　　S_i——进水 BOD$_5$ 浓度，mg/L；

　　　S_e——出水浓度，mg/L；

　L_{VBOD}——有机容积负荷，kgBOD$_5$/($m^3 \cdot d$)。

有效接触时间 t 为：

$$t = \frac{V}{Q} \qquad (3\text{-}10)$$

池深 H_0 为：

$$H_0 = H + h_1 + h_2 + h_3 \qquad (3\text{-}11)$$

式中　H——填料高度，m；

　　　h_1——超高，一般取 0.5m；

　　　h_2——填料层上部水深，一般为 0.4~0.5m；

　　　h_3——填料至池底的高度，在 0.5~1.5m 之间。

E　生物接触氧化池的运行与管理

启动调试时须培养生物膜，其方式类似活性污泥的培养，可间歇或连续进水；注意营养平衡（C、N、P）、pH 值、抑制物浓度等；应对生物膜的生长情况经常观察，并及时调整运行条件。

日常运行管理中，一般应控制溶解氧浓度为 2.5~3.5mg/L；避免过大的冲击负荷。

防止填料堵塞的措施有：

（1）加强前处理，降低进水中的悬浮固体浓度；

（2）增大曝气强度，以增强接触氧化池内的紊流；

（3）采取出水回流，以增加水流上升流速，以便冲刷生物膜。

3.2.2.5　生物流化床

生物流化床是 20 世纪 70 年代出现的一种生物接触氧化装置，它是根据化学工程中的流化床技术开创的。

生物流化床是以粒径小于 1mm 的砂、焦炭、活性炭一类的颗粒材料为载体，填充于设备中，充氧的污水自下而上流动，使载体流态化。生物膜附着在载体表面，由于载体粒径小，比表面积高达 2000~3000m^2/m^3，能够维持较高浓度的生物量，折算成 MLSS 可达 10~15g/L 以上。由于载体流态化，污水与生物膜广泛接触，强化了传质过程，载体相互之间的碰撞、摩擦促进了生物膜的更新，可有效地防止流化床被生物膜堵塞。因此，生物流化床具有高负荷（BOD$_5$ 容积负荷高达 7~8kg/($m^3 \cdot d$)，甚至更高）、处理效果好、占地小的优点。

载体颗粒的流化，是由上升的水流（或水流与气流）所造成的。载体颗粒有三种状态：固定状态、流化状态、流失状态，如图 3-23 所示。

A　生物流化床的工艺类型

生物流化床有两相生物流化床和三相生物流化床两种。

（1）两相生物流化床。两相生物流化床靠上升水流使载体流化。它设有专门的充氧设

备和脱膜装置。污水经充氧设备充氧后
从底部进入流化床。载体上的生物膜吸
收降解污水中的污染物，使水质得到净
化。净化水从流化床上部流出，经二次
沉淀后排放。

流化床的生物量大，需氧量也大。
原污水流量一般较小，溶解的氧量不能
满足生物膜的需要，应采用回流的办法
加大充氧水量。此外，原污水流量较
小，不能使载体流化，也应采用回流的
办法加大进水流量。因此，两相生物流
化床需要回流。纯氧或压缩空气的饱和

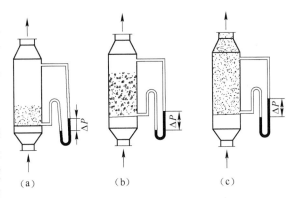

图 3-23　载体颗粒的三种状态
(a) 固定状态；(b) 流化状态；(c) 流失状态

溶解氧浓度较高，以纯氧为氧源时，充氧设备出水溶解氧浓度可达 30~40mg/L；以压缩空
气为氧源时，充氧设备出水溶解氧浓度约 9mg/L。有机物的降解使生物膜增厚，悬浮颗粒
(附着生物膜的载体) 密度变小，随出水流失，需用脱膜装置脱掉生物膜，使载体恢复原
有特性，重新附着生物膜。

(2) 三相生物流化床。三相生物流化床靠上升气泡的提升力使载体流化，床层内存在
着气、固、液三相。三相生物流化床不设置专门的充氧和脱膜设备。空气通过射流曝气器
或扩散装置直接进入流化床充氧。载体表面的生物膜依靠气体和液体的搅动、冲刷和相互
摩擦而脱落。随出水流出的少量载体进入二沉池沉淀后再回流到流化床。三相流化床操作
简单，能耗、投资和运行费用比两相流化床低，但充氧能力比两相流化床差。

B　生物流化床的构造

生物流化床主要包括反应器、载体、布水装置、充氧装置和脱膜装置等。

(1) 反应器。反应器一般呈圆柱状，高径比一般采用 (3~4)∶1；若采用内循环三相
生物流化床时，升流区截面积与降流区面积之比应在 1 左右。

(2) 载体。载体的主要性能有：比重略大于 1；表面比较粗糙；对微生物无毒性；不
与废水物质反应；价廉易得。常用载体有砂粒、无烟煤、焦炭、活性炭、陶粒及聚苯乙烯
颗粒。生物固体浓度与载体投加量有直接关系。

(3) 布水设备。对两相生物流化床，布水均匀十分关键；对三相生物流化床，由于有
气体的搅拌，布水设备不十分重要。

(4) 充氧装置。可采用射流曝气，或采用减压释放空气等充氧装置。

(5) 脱膜装置。一般三相生物流化床不需设置专门的脱膜装置；在两相生物流化床系
统中常设的脱膜装置有振动筛、叶轮脱膜装置和刷式脱膜装置。

3.3　废水厌氧生物处理技术

厌氧生物处理技术是指在厌氧条件下，利用厌氧微生物分解废水中的有机物并产生甲
烷和二氧化碳的过程。

污水厌氧生物处理工艺按微生物的凝聚形态可分为厌氧活性污泥法和厌氧生物膜法。

厌氧活性污泥法包括普通消化池、厌氧接触消化池、升流式厌氧污泥床（UASB）、厌氧颗粒污泥膨胀床（EGSB）等；厌氧生物膜法包括厌氧生物滤池、厌氧流化床和厌氧生物转盘。

我国当前的水体污染物主要是有机污染物以及营养元素 N、P。目前的形势是能源昂贵、土地价格剧增、剩余污泥的处理费用也越来越高。厌氧工艺的突出优点是：

（1）能将有机污染物转变成沼气并加以利用；

（2）运行能耗低；

（3）有机负荷高，占地面积少；

（4）污泥产量少，剩余污泥处理费用低等。

厌氧工艺的综合效益表现在环境、能源、生态三个方面。

3.3.1　厌氧生物处理的机理

微生物学的研究表明，产甲烷菌只能利用一些简单有机物如甲酸、乙酸、甲醇、甲基胺类以及 H_2、CO_2 等，而不能利用含两个碳以上的脂肪酸和甲醇以外的醇类。20 世纪 70 年代，Bryant 发现原来认为是一种被称为"奥氏产甲烷菌"的细菌，实际上是由两种细菌共同组成的：一种细菌首先把乙醇氧化为乙酸和 H_2，另一种细菌利用 H_2 和 CO_2 产生 CH_4。由此他提出了"三阶段理论"，如图 3-24 所示。

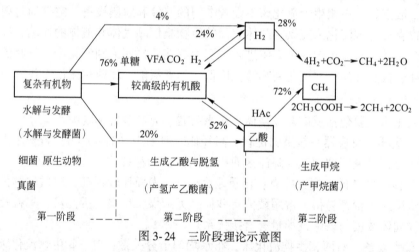

图 3-24　三阶段理论示意图

（1）水解、发酵阶段：复杂有机物先被细菌胞外酶分解为小分子有机物，小分子有机物再在发酵细菌的作用下分解为挥发性的脂肪酸、醇类、乳酸、二氧化碳、氢气等。

（2）产氢产乙酸阶段：产氢产乙酸菌将丙酸、丁酸等脂肪酸和乙醇等转化为乙酸、H_2、CO_2。

（3）产甲烷阶段：产甲烷菌利用乙酸和 H_2、CO_2 产生 CH_4。

一般认为，在厌氧生物处理过程中约有 70% 的 CH_4 产自乙酸的分解，其余的则产自 H_2 和 CO_2。

3.3.2　影响厌氧生物处理的主要因素

产甲烷阶段是厌氧消化过程的控制阶段，因此，一般来说，在讨论厌氧生物处理的影响因素时主要讨论影响产甲烷菌的各项因素：温度、pH 值、氧化还原电位、营养物质、容积负荷、有毒物质等。

(1) 温度。厌氧消化分为高温消化（55℃左右）、中温消化（35℃左右）和常温消化（20℃左右）；厌氧细菌可分为嗜热菌（或高温菌）、嗜温菌。中温消化的反应速率约为中温消化的 1.5~1.9 倍，产气率也较高，但气体中甲烷含量较低。在处理含有病原菌和寄生虫卵的废水或污泥时，高温消化可取得较好的卫生效果，消化后污泥的脱水性能也较好。随着新型厌氧反应器的开发研究和应用，温度对厌氧消化的影响不再非常重要（新型反应器内的生物量很大），因此可以在常温条件下（20~25℃）进行，以节省能量和运行费用。

(2) pH 值和碱度。pH 值是厌氧消化过程中的最重要的影响因素。产甲烷菌对 pH 值的变化非常敏感，一般认为，其最适宜 pH 值范围为 6.8~7.2，在 pH<6.5 或 pH>8.2 时，产甲烷菌会受到严重抑制，导致整个厌氧消化过程的恶化。厌氧体系中的 pH 值受多种因素的影响，如进水 pH 值、进水水质（有机物浓度、有机物种类等）、生化反应、酸碱平衡、气固液相间的溶解平衡等。厌氧体系是一个 pH 值的缓冲体系，主要由碳酸盐体系所控制。一般来说，系统中脂肪酸含量的增加（累积），使 pH 值下降；但产甲烷菌不但可以消耗脂肪酸，而且还会产生甲烷，使系统的 pH 值回升。

碱度曾一度在厌氧消化中被认为是一个至关重要的影响因素，但实际上其作用主要是保证厌氧体系具有一定的缓冲能力，维持合适的 pH 值。厌氧体系一旦发生酸化，则需要很长的时间才能恢复。

(3) 氧化还原电位。严格的厌氧环境是产甲烷菌进行正常生理活动的基本条件。非产甲烷菌可以在氧化还原电位为 $-100~+100mV$ 的环境正常生长和活动；产甲烷菌的最适氧化还原电位为 $-400~-150mV$，在培养产甲烷菌的初期，氧化还原电位不能高于 $-330mV$。

(4) 营养要求。厌氧微生物对 N、P 等营养物质的要求略低于好氧微生物，其要求 COD : N : P = 400 : 5 : 1。多数厌氧菌不具有合成某些必要的维生素或氨基酸的功能，所以有时需要投加：K、Na、Ca 等金属盐类；Ni、Co、Mo、Fe 等微量元素；酵母浸出膏、生物素、维生素等有机微量物质。

(5) 容积负荷。厌氧生物处理的有机物负荷较好氧生物处理更高，一般 COD 负荷可达 $5~10kg/(m^3 \cdot d)$，甚至可达 $50~80kg/(m^3 \cdot d)$，无传氧的限制，可以积聚更高的生物量。

产酸阶段的反应速率远高于产甲烷阶段，因此必须十分谨慎地选择有机负荷。高的有机容积负荷的前提是高的生物量，较低的污泥负荷。高的有机容积负荷可以缩短水力停留时间（HRT）、减小反应器容积。

(6) 有毒物质。常见的抑制性物质有硫化物、氨氮、重金属、氰化物及某些有机物。

1）硫化物和硫酸盐：硫酸盐和其他硫的氧化物很容易在厌氧消化过程中被还原成硫化物；可溶的硫化物达到一定浓度时，会对厌氧消化过程主要是产甲烷过程产生抑制作用。投加某些金属如 Fe^{3+} 可以去除 S^{2-}，或从系统中吹脱 H_2S 可以减轻硫化物的抑制作用。

2）氨氮：氨氮是厌氧消化的缓冲剂；但如果浓度过高，反而会对厌氧消化过程产生毒害作用；抑制浓度为 $50~200mg/L$，驯化后，适应能力会得到加强。

3）重金属：使厌氧细菌的酶系受到破坏。

3.3.3　污泥的厌氧消化

污泥厌氧消化是指污泥在无氧条件下，由兼性菌和厌氧细菌将污泥中可生物降解的有机物分解成二氧化碳、甲烷和水等，使污泥得到稳定的过程。它是污泥减量化、稳定化的常用手段之一。

3.3.3.1　厌氧消化污泥的过程

污泥厌氧消化是一个多阶段的复杂过程，完成整个消化过程，需要经过三个阶段（目前公认的），即水解酸化阶段、乙酸化阶段、甲烷化阶段。各阶段之间既相互联系又相互影响，各个阶段都有各自特色微生物群体。

（1）水解酸化阶段。一般水解过程发生在污泥厌氧消化初始阶段，污泥中的非水溶性高分子有机物，如碳水化合物、蛋白质、脂肪、纤维素等在微生物水解酶的作用下水解成溶解性的物质。水解后的物质在兼性菌和厌氧菌的作用下，转化成短链脂肪酸，如乙酸、丙酸、丁酸等，还有乙醇、二氧化碳。

（2）乙酸化阶段。在该阶段主要是乙酸菌将水解酸化产物如有机物、乙醇等转变为乙酸。该过程中乙酸菌和甲烷菌是共生的。

（3）甲烷化阶段。甲烷化阶段发生在污泥厌氧消化后期，在这一过程中，甲烷菌将乙酸和 H_2、CO_2 分别转化为甲烷：

$$2CH_3COOH \longrightarrow 2CH_4 \uparrow + 2CO_2 \uparrow$$
$$4H_2 + CO_2 \longrightarrow CH_4 \uparrow + 2H_2O$$

在整个厌氧消化过程中，由乙酸产生的甲烷约占总量的2/3，由 CO_2 和 H_2 转化的甲烷约占总量的1/3。

3.3.3.2　厌氧消化污泥的影响因素

（1）温度。在污泥厌氧消化过程中，温度对有机物负荷和产气量有明显影响。根据微生物对温度的适应性，污泥厌氧消化可分为中温（一般30~35℃）厌氧消化和高温（一般50~55℃）厌氧消化。研究表明，在污泥厌氧消化过程中，温度发生±3℃变化时，就会抑制污泥消化速度；温度发生±5℃变化时，就会突然停止产气，使有机酸发生大量积累而破坏厌氧消化。

（2）酸碱度。研究表明，污泥厌氧消化系统中，各种细菌在适应的酸碱度范围内，只允许在中性附近波动。微生物对 pH 值的变化非常敏感。水解与发酵菌及产氢、产乙酸菌适应的 pH 值范围为5.0~6.5，甲烷菌适应的 pH 值范围为6.6~7.5。如果水解酸化和乙酸化过程的反应速度超过甲烷化过程速度，pH 值就会降低，从而影响产甲烷菌的生活环境，进而影响污泥厌氧消化效果。然而，由于消化液的缓冲作用，在一定范围内可以避免这种情况的发生。

（3）有毒物质浓度。在污泥厌氧消化中，每一种所谓有毒物质是具有促进还是抑制甲烷菌生长的作用，关键在于它们的毒阈浓度。低于毒阈浓度，对甲烷菌生长有促进作用；在毒阈浓度范围内，有中等抑制作用，随浓度逐渐增加，甲烷菌可被驯化；超过毒阈上限，则对微生物生长具有强烈的抑制作用。

3.3.3.3　污泥厌氧消化分类

根据不同的分类方法，污泥厌氧消化可有不同的分类。

（1）按温度分类：可分为中温消化（30～35℃）和高温消化（50～55℃）。高温消化比中温消化产气率高，消化池体积小，但能耗相对较高，控制困难。

（2）按运行方式分类：可分为一级消化和二级消化。一级消化指污泥厌氧消化是在单池内完成的；二级消化根据污泥消化的运行经验，在两个消化池内完成，第一级消化池设有加热、搅拌装置及气体收集装置，第二级消化池不进行加热和搅拌，利用第一级的余热继续消化。

3.3.4 厌氧反应器工艺

为叙述方便，在介绍厌氧反应器和工艺之前，这里先将有关的名词作一叙述。

上流速度也叫表面速度或表面负荷。假定一个向上流动的反应器的进液流量（包括出水的循环）为 $Q(\mathrm{m^3/h})$，反应器的横截面面积为 $A(\mathrm{m^2})$，则上流速度 $u(\mathrm{m/h})$ 可定义为：

$$u = \frac{Q}{A} \tag{3-12}$$

水力停留时间（HRT）实际上指进入反应器的废水在反应器内的平均停留时间，因此，如果反应器的有效容积为 $V(\mathrm{m^3})$，则 $\mathrm{HRT(h)}$ 为：

$$\mathrm{HRT} = \frac{V}{Q} \tag{3-13}$$

如果反应器高度为 $H(\mathrm{m})$，因为 $Q=uA$，$V=HA$，所以 $\mathrm{HRT(h)}$ 也可表示为：

$$\mathrm{HRT} = \frac{H}{u} \tag{3-14}$$

即水力停留时间等于反应器高度与上流速度之比。

反应器中的污泥量通常以总的悬浮物（TSS）或挥发性悬浮物（VSS）的平均浓度来表示，其单位为 g VSS/ L 或 g TSS/L。

假定 TSS 经灼烧后的灰分为 Wash，则：

$$\mathrm{VSS} = \mathrm{TSS} - \mathrm{Wash}$$

VSS 主要表示出污泥中有机物的含量。在厌氧处理中，它近似地反映出污泥中生物物质的量。VSS 和 TSS 的比值也常被用来评价污泥的品质。VSS 在颗粒污泥中的比例在 20%～99% 间，但通常最多见的比例为 70%～90%。

反应器的有机负荷（OLR）可以分为容积负荷（VLR）和污泥负荷（SLR）两种表示方式。

VLR 表示单位反应器容积每日接受的废水中有机污染物的量，其单位为 kg COD/($\mathrm{m^3 \cdot d}$) 或 kg BOD/($\mathrm{m^3 \cdot d}$)。假定进液浓度为 ρ_w(kg COD/$\mathrm{m^3}$ 或 kg BOD/$\mathrm{m^3}$)，流量为 $Q(\mathrm{m^3/d})$，则：

$$\mathrm{VLR} = \frac{Q\rho_\mathrm{w}}{V} \tag{3-15}$$

式中，V 为反应器容积，$\mathrm{m^3}$。

流量 Q 常以 $\mathrm{m^3/h}$ 为单位，则此时，

$$\mathrm{VLR} = \frac{24Q\rho_\mathrm{w}}{V} \tag{3-16}$$

类似地，如果反应器中污泥浓度为 ρ_s(kg VSS/ m³)，则反应器的污泥负荷 [kg COD/(kg VSS · d) 或 kg BOD/(kg VSS · d)]为：

$$SLR = \frac{Q\rho_w}{V\rho_s}$$ (3-17)

比较以上 SLR 和 VLR 公式，可知 SLR 和 VLR 之间的换算公式为：

$$VLR = SLR \cdot \rho_s$$ (3-18)

类似地也可以导出：

$$VLR = \rho_w/HRT$$ (3-19)

比产甲烷活性是在一定条件下，单位质量的厌氧污泥产甲烷的最大速率，其单位为 mLCH₄/(g VSS · d)、m³ CH₄/(kg VSS · d)或 g COD$_{CH_4}$/(g VSS · d)。比产甲烷活性是污泥性质的重要参数需用专门的方法测定，它不是指反应器内污泥实际产甲烷的速率，而是表示这种污泥所具有的潜在产甲烷能力。由于比产甲烷活性受到很多因素如温度、底物浓度与组成等的影响，所以在不同条件下测得的比产甲烷活性不同。

由于反应器负荷取决于反应器内污泥的量、污泥的比产甲烷活性及污泥与废水混合的情况，因此无论对于何种厌氧反应器，比产甲烷活性都是反应器负荷与效率的重要参数。

进入厌氧反应器的溶解性废水中的 COD 厌氧过程中转化为甲烷、少量细胞物质和未完全利用的挥发性脂肪酸（VFA），由于细胞物质和 VFA 量相对较少，且对于溶解性废水的厌氧处理，产甲烷是限速的一步，因此，反应器预期的最大负荷可以近似表示为：

$$VLR_{max} = \rho_s U f_c$$ (3-20)

式中　VLR$_{max}$——预期最大负荷，kg COD/(m³ · d)；

　　　ρ_s——反应器内污泥平均浓度，kg VSS/m³；

　　　U——污泥的比产甲烷活性，kg COD$_{CH_4}$/(kg VSS · d)；

　　　f_c——污泥和废水的混合系数，对良好混合的反应器 $f_c = 1$。

污泥停留时间（SRT）也称为泥龄。延长 SRT 是所有高速厌氧反应器最主要的设计思想。换言之，高的 SRT 是厌氧反应器高速、高效运行的基本保证。

在连续运行的厌氧反应器中：

$$SRT = \frac{V \cdot \rho_s}{Q \cdot \rho_s'}$$ (3-21)

式中　SRT——污泥停留时间，d；

　　　ρ_s——反应器中污泥平均浓度，kg TSS/m³或 kg VSS/m³；

　　　ρ_s'——出水中污泥平均浓度，单位与 ρ_s 相同；

　　　V——反应器容积，m³；

　　　Q——日处理废水量，m³/d。

3.3.4.1　厌氧接触工艺

厌氧接触工艺的流程是在传统的完全混合反应器（Complete Stirred Tank Reactor，简写作 CSTR）的基础上发展而来的。

CSTR 是一个带有搅拌的槽罐，废水进入其中，在搅拌作用下与厌氧污泥充分混合，处理后的水与厌氧污泥的混合液从上部流出。CSTR 体积大，负荷低，其根本原因是它的污泥停留时间等于水力停留时间，即 SRT = HRT。由于 SRT 很低，它不能在反应器中积累起足够浓度的污泥，因此传统上仅用于城市污水污泥、好氧处理剩余污泥以及粪肥的厌氧消化。

在 CSTR 基础上发展起来的厌氧接触工艺参照了好氧活性污泥的工艺流程；在一个厌氧的完全混合反应器后增加了污泥分离和回流装置，从而使 SRT 大于 HRT，有效地增加了反应器中的污泥浓度。

厌氧接触工艺与传统的 CSTR 反应器相比负荷明显提高、HRT 减少，因而可以有效地用于工业废水的处理。

厌氧接触工艺反应器容积负荷较低，在中温条件下（$30 \sim 35℃$），其容积负荷不高于 $4 \sim 5kg\ COD/(m^3 \cdot d)$，HRT 在 $10 \sim 20d$。以此可计算出反应器的有效容积。

厌氧接触工艺反应器内的污泥浓度通过沉淀器中污泥的回流来保证，一般可达到 $5 \sim 10gVSS/L$。例如在处理造纸废水的厌氧接触工艺中，反应器污泥浓度分别为 $3 \sim 5gVSS/L$ 和 $10gVSS/L$，相应的反应器负荷为 $1 \sim 2kg\ BOD/(m^3 \cdot d)$，BOD 去除率大于 90%，反应器运行温度为 $30 \sim 40℃$。反应器内污泥和废水的混合多数通过连续的或间歇的机械搅拌来实现。

厌氧接触工艺的负荷较低，因此它不能算作高速厌氧反应器，其负荷通常只相当于高速厌氧反应器（如 UASB 反应器）的 $\frac{1}{5} \sim \frac{1}{3}$。厌氧接触工艺中的一个工艺上的缺陷是在沉淀池中固液分离较为困难。这是因为厌氧接触工艺中形成的是絮状的厌氧污泥，在反应器中的正压使悬浮液体中溶解气体过饱和，废水进入沉淀池中，这些气体将被释放并被絮状污泥吸附。同时絮状污泥在反应器中吸附的残余有机物在沉淀池中仍会继续转化为少量气体，这些气体也会吸附于污泥上，从而使污泥的沉降较困难。目前对固液分离问题尚没有满意的解决办法。除了采用有效的沉淀装置外，一般在沉淀前可采用真空脱气处理或使出液温度急剧冷却从而使产气过程停止。据报道，当反应器出水温度由 35℃ 骤减到 15℃，能明显抑制沉淀池内气体的产生并促进污泥的凝聚沉淀。有的厌氧接触工艺中也采用投加絮凝剂的办法促进污泥的沉淀。

厌氧接触工艺的负荷受其中污泥浓度的制约。在高的污泥负荷下，厌氧接触工艺也会产生类似好氧活性污泥的污泥膨胀问题。一般认为反应器中污泥的体积指数（SVI）应在 $70 \sim 150mL/g$。当反应器的污泥负荷（SLR）超过 $0.25kgCOD/(kg\ VSS \cdot d)$ 时，污泥的沉淀即可能发生恶化。反应器内厌氧污泥的浓度也是有限的，当反应器内污泥浓度超过 $18gVSS/L$ 时，污泥的分离会更加困难，这是厌氧接触工艺负荷不能提高的重要原因。

采用厌氧接触工艺可以处理含有少量悬浮物的废水。但是悬浮物的积累同样会影响污泥的分离，同时悬浮物的积累会引起污泥中细胞物质比例的下降，从而降低反应器的负荷或降低处理效率。因此对含悬浮物浓度较高的废水，在厌氧接触工艺之前采用固液分离预处理是必需的。

由于需要较长的 HRT，所以厌氧接触工艺一般宜用于高浓度的废水处理。对各种废水处理的负荷与效果不尽相同，其水力停留时间也不尽相同。Schroepfer 与 Ziemke 认为当 HRT 在 $0.5 \sim 5d$ 时，常用的 BOD 负荷为 $0.44 \sim 2.5kg/(m^3 \cdot d)$，并可去除 70% ~ 98% 的 BOD，但处理城市生活污水时 HRT 较高，运行效果较差。

3.3.4.2　厌氧滤器 (AF)

A　AF 的原理与特点

厌氧滤器是 20 世纪 60 年代末由美国 McCarty 等在 Coulter 等研究基础上发展并确立的第一个高速厌氧反应器。传统的好氧生物系统一般容积负荷在 $2kgCOD/(m^3 \cdot d)$ 以下。而在 AF 发明之前的厌氧反应器一般容积负荷也在 $4 \sim 5kgCOD/(m^3 \cdot d)$ 以下。但 AF 在处理溶解性废水时负荷可高达 $10 \sim 15kgCOD/(m^3 \cdot d)$。因此 AF 的发展大大提高了厌氧反应器的处理速率，使反应器容积大大减小。

AF 作为高速厌氧反应器地位的确立，还在于它采用了生物固定化的技术，使污泥在反应器内的 SRT 极大地延长。McCarty 发现在保持同样处理效果时，SRT 的提高可以大大缩短废水的 HRT，从而减小反应器容积，或在相同反应器容积时增加处理的水量。这种采用生物固定化技术延长 SRT，并把 SRT 和 HRT 分别对待的思想推动了新一代高速厌氧反应器的发展。

SRT 的延长实质是维持了反应器内污泥的高浓度，在 AF 内，厌氧污泥的浓度可以达到 $10 \sim 20gVSS/L$。AF 内厌氧污泥的保留由两种方式完成：其一是细菌在 AF 内固定的填料表面（也包括反应器内壁）形成生物膜；其二是在填料之间细菌形成聚集体。高浓度厌氧污泥在反应器内的积累是 AF 具有高速反应性能的生物学基础，在一定的污泥比产甲烷活性下，厌氧反应器的负荷与污泥浓度成正比。同时，AF 内形成的厌氧污泥较之厌氧接触工艺的污泥密度大、沉淀性能好，因而其出水中的剩余污泥不存在分离困难的问题。由于 AF 内可自行保留有高浓度的污泥，也不需要污泥的回流。

在 AF 内，由于填料是固定的，废水进入反应器内，逐渐被细菌水解酸化、转化为乙酸和甲烷，废水组成沿反应器高度逐渐变化。因此微生物种群的分布也呈现规律性。在底部（进水处），发酵菌和产酸菌占有最大的比重，随反应器高度上升，产乙酸菌和产甲烷菌逐渐增多并占主导地位。细菌的种类与废水的成分有关，在已酸化的废水中，发酵与产酸菌不会有太大的浓度。

污泥在反应器内分布的特征是在反应器进水处（如上流式 AF 的底部），由于细菌得到营养最多因而污泥浓度最高，污泥的浓度随高度迅速减少。

AF 在应用上的问题除了堵塞和由局部堵塞引起的沟流以外，还有需要大量的填料，填料的使用使其成本上升。由于以上问题，国外生产规模的 AF 系统应用不是很多。

B　AF 的运行与影响因素

(1) 填料。填料的选择对 AF 的运行有重要影响。具体的影响因素可能包括填料的材质、粒度、表面状况、比表面积和孔隙率等。

各种各样的材料可以作为 AF 的填料，细菌可以在各类材料上成膜生长。对于块状的填料，选择适当的填料粒径是重要的，据报道填料粒径一般为 0.2mm 到 6.0cm 不等。但粒径较小的填料易于堵塞，特别是对于浓度较大的废水。因此实践中多选用粒径 2cm 以上的填料。填料表面的粗糙度和表面孔隙率会影响细菌增殖的速率，粗糙多孔的表面有助于生物膜的形成。填料的形状与孔隙大小也是重要因素，为此已有多种空心柱状、环状的填料问世。采用孔隙率较大的空心填料可能是有益的，有助于保留更多的污泥，同时有利于防止堵塞。

（2）反应器的堵塞问题。如前所述，在 AF 进水一端，由于废水浓度大，微生物增殖较快，因此污泥浓度较大。在上流式 AF 底部最容易形成堵塞，有时截留的气泡也会造成局部堵塞。当废水浓度较高或填料黏度较小时均易于形成堵塞。浓度大的废水在反应器内沿高度有较大的浓度梯度，从而使污泥的增殖更加不均衡。此外，在一定的容积负荷下，浓度大的进液有较小的上流速度，在此情况下，废水的上升呈"塞流"或"推流"状态，这种流动状态易于形成堵塞。同时，较低的上流速度不利于物质的扩散，例如在高浓度进水时可能形成局部 pH 值的降低和有毒产物的积累。为了防止堵塞及上述不利情况的发生，可考虑采用出水循环的办法。采用大部分出水循环以稀释进水的 AF 工艺也称为完全混合式 AF 工艺。由于出水大量循环，进水与出水有机物浓度差别减小，AF 内各部分污泥浓度的差别也大大减少，这就基本消除了滤池底部的堵塞问题。完全混合工艺还可以对进水起到中和作用，减少了中和剂的用量。

由于堵塞问题难以解决，所以 AF 以处理可溶性的有机废水占主导地位。悬浮物的存在易于引起堵塞，一般进水悬浮物应控制在 200mg/L 以下。但是如果悬浮物可以生物降解并均匀分散在废水中，则它对 AF 几乎不产生不利影响。填料的正确选择对含悬浮物的废水处理也是重要的，对含悬浮物的废水应选择粒径较大或孔隙度大的填料。

采用降流式的 AF 有助于克服堵塞，因此已在含悬浮物较多和高浓度废水的处理中使用。在上流式 AF 中，微生物以填料间的絮聚形式为主要存在方式，而在降流式 AF 中微生物则几乎全部附着在填料和反容器壁面以生物膜的形式存在，这是降流式 AF 不易堵塞的原因。但也因为这个原因，降流式 AF 不易保存高浓度的污泥，细菌的增殖较缓慢。降流式 AF 的另一个优点是在处理含硫废水时，由于所产有毒性的 H_2S 大部分从上层向上逸出，因此在整个反应器内，H_2S 的浓度较小，有利于克服其毒性的影响。

（3）温度与 pH 值的影响。大多数 AF 在中温范围运行，即温度为 30~35℃。值得特别指出的是，不管采用哪种温度范围的 AF 工艺，反应器的温度一经确定之后即不能直接改变为另一种温度范围，因为各温度范围生长的微生物种群是完全不同的。同时，任何温度的波动对工艺的稳定运行也是不利的。

微生物对 pH 值最为敏感，一般讲，反应器内 pH 值应保持在 6.5~7.8 范围，且应尽量减少波动。

（4）反应器的填料高度。如前所述，在反应器 0.3m 高度时废水中的绝大部分有机物已去除，在高度 1m 以上 COD 的去除率几乎不再增加，过多增加填料高度只是增大了反应器体积。因此一些研究者认为在一定的容积负荷下，浅的填料高度可提供更有效的处理。但是反应器填料高度小于 2m 时，污泥有被冲出反应器的危险而不能保持高的效率，同时由于出水悬浮物的增多使出水水质下降。如前所述，完全混合式的 AF 工艺有助于 COD 随填料高度降低而降低，因而能够增加 AF 的容积负荷。

（5）厌氧滤器的启动。厌氧滤器的启动即完成反应器内污泥的增殖与驯化，通过形成生物膜和细胞聚集体使污泥达到预定的浓度和活性，从而反应器可在设计负荷下正常运行。接种物可采用现有污水处理厂的消化污泥，污泥在投加前可与一定量的待处理废水混合，加入反应器中停留 3~5d，然后开始连续进液。开始时负荷应低于 $1.0\text{kgCOD}/(\text{m}^3 \cdot \text{d})$，对于高浓度与有毒的废水要进行适当的稀释，并在启动过程中使稀释倍数逐渐减小。负荷应当逐渐增加，一般当废水中可生物降解的 COD 去除率达到约 80% 时，即可适当提高负荷。如此重复进行直到达到反应器的设计能力。厌氧滤器在中断运行长达几个月后可以很快恢复其原有的处理能力，说明 AF 采用间断运行也是可能的。

3.3.4.3　厌氧流化床反应器（AFBR）

在流化床系统中依靠在惰性的填料微粒表面形成的生物膜来保留厌氧污泥，液体与污泥的混合、物质的传递依靠这些带有生物膜的微粒形成流态化来实现。

流化床反应器的主要特点可归纳如下：

（1）流态化能最大程度使厌氧污泥与被处理的废水接触。

（2）由于颗粒与流体相对运动速度高，液膜扩散阻力小，且由于形成的生物膜较薄，传质作用强，因此生物化学过程进行较快，允许废水在反应器内有较短的水力停留时间。

（3）克服了厌氧滤器堵塞和沟流问题。

（4）高的反应器容积负荷可减小反应器体积，同时由于其高度与直径的比例大于其他厌氧反应器，因此可以减少占地面积。

但是，厌氧流化床反应器存在着几个尚未解决的问题。

（1）为了实现良好的流态化并使污泥和填料不致在反应器内流失，必须使生物膜颗粒保持均匀的形状、大小和密度。但这几乎是难以做到的，因此稳定的流态化也难以保证。

（2）一些较新的研究认为流化床反应器需要有单独的预酸化反应器。

（3）为取得高的上流速度以保证流态化，流化床反应器需要大量的回流水，这样导致能耗加大，成本上升。

由于以上原因，流化床反应器至今没有生产规模的设施运行。有人认为它在今后应用的前景也不大。

流化床反应器以粒径较小的填料粒子为生物膜载体，如砂粒、塑料、活性炭、沸石、玻璃等。其粒径多在 0.2~0.7mm。使用较小的填料可在启动后较短时间内获得相同的反应器性能。小的填料有较大的比表面积和较大的流态化程度，使生物膜更易生长。一般每立方米反应器可有约 300m² 的表面积，生物物质的浓度可达 8~40gVSS/L，因此反应器的体积和处理时间减少。一般填料颗粒为球形或半球形，因为这样的形状易于形成流态化。采用活性炭颗粒时，活性炭本身也能吸附有机物，这种吸附可在膜形成前或膜老化剥落时进行，因此生物膜可以从液体中和膜内部同时得到营养。

流化床反应器中形成的生物膜比厌氧滤器中的要薄，生物膜结构会因为填料不同有较大差异。薄的生物膜利用物质的传递，同时能够保持微生物的高活性，因此流化床中污泥活性高于厌氧滤器。由于流化床中的颗粒不断运动，它的微生物种群的分布趋于均一化，所以与厌氧滤器有很大不同，在流化床中央区域，污泥的产酸活性和产甲烷活性都很高。尽管如此，大部分 COD 仍然是在反应器底部除去的。

流化床设计中的一个重要问题是底部进水的均匀布水，因此需要某种形式的布水器。某研究曾以固定在底部的砾石进行布水，但由于堵塞而改为锥形布水器，进水向下通入锥形底部，锥体上方设置穿孔的布水板以消除环状水流，起到导向作用。反应器主体部分一般设计为直径相同的柱体，但有些设计采用倒置的锥形体的设计，废水由进水处较小的横截面向上方几倍大的面积逐渐膨胀，反应器内很少出现大的涡流和返流现象，水的上流速度随反应器高度上升而降低。进水流量一旦增加，较低部位的填料与其上的生物膜即膨胀到上方横截面更大的区域。

　　流化床内的流态化程度由上流速度、颗粒的形状和大小及密度以及所要求的流态化或膨胀程度所决定。在一定的反应器负荷下，上流速度取决于进液流量与反应器截面积。因此流化床反应器多采用大的回流比和相对高的反应器高度以提高上流速度。

　　流化床的启动可以采用逐渐增加上流速度的方法。Stronach 等则采用同时增大有机负荷和进液流量的办法，他们在 4L 的反应器中加入 1.96L 直径 0.22mm 的砂粒，以 30mL 消化污泥接种，加入一定量废水并在不进液的情况下用反应器本身出水连续循环 48h。

　　据报道，有人在接种时加入填料与污泥的总量为反应器总体积的 40%，以 2kgCOD/($m^3 \cdot d$) 的负荷开始启动。另据报道，处理干酪生产的乳清废水，在 35℃，HRT 为 1.4~4.9d，负荷为 13.4~37.6kgCOD/($m^3 \cdot d$) 时，COD 去除率为 72%~83.6%。处理主要含乙醇的化工废水，负荷达 4~27.3kg COD/($m^3 \cdot d$)，COD 去除率为 93%~97%。由中试和小试的结果看，流化床反应器有机质去除率高，出水水质相当好。

3.3.4.4　上流式厌氧污泥床反应器（UASB）

A　UASB 反应器的概念

　　UASB 反应器（见图 3-25）主体部分可分为两个区域，即反应区和气、液、固三相分离区。在反应区下部，是由沉淀性能良好的污泥（颗粒污泥或絮状污泥）形成的厌氧污泥床。当废水由反应器底部进入反应器后，由于水的向上流动和产生的大量气体上升形成了良好的自然搅拌作用，并使一部分污泥在反应区的污泥床上方形成相对稀薄的污泥悬浮层。悬浮液进入分离区后，气体首先进入集气室被分离，含有悬浮液的废水进入分离区的沉降室，由于气体已被分离，在沉降室扰动很小，污泥在此沉降，由斜面返回反应区。

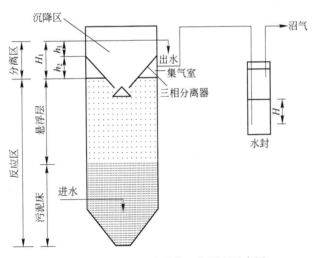

图 3-25　UASB 反应器的工作原理示意图

　　UASB 反应器运行的三个重要的前提是：

　　（1）反应器内形成沉降性能良好的颗粒污泥或絮状污泥。

　　（2）由产气和进水的均匀分布所形成的良好的自然搅拌作用。

　　（3）设计合理的三相分离器，这使沉淀性能良好的污泥能保留在反应器内。

　　UASB 反应器一般不易形成沟流，仅当负荷特别低和布水系统设计不合理时才可能有沟流发生的危险。产气的搅拌作用使污泥床不断运动从而与废水混合很好。

没有任何填料的 UASB 反应器有更大的空间容纳污泥，在处理类似的可溶解性废水时，UASB 反应器因此有最高的负荷能力。在高速厌氧反应器中，容积负荷大小的顺序如下：

形成颗粒污泥的 UASB＞流化床＞絮状污泥的 UASB、上流式 AF 和下流式 AF

没有填料的 UASB 反应器在投资和运行成本上更节省、更节能，同时操作相对简单易于控制。

UASB 反应器是目前应用最为广泛的高速厌氧反应器。其中最大的反应器体积为 15600m³。目前 UASB 反应器的应用仍呈迅速增长之势，同时，若干以 UASB 为基础的高速厌氧反应器也在发展中，如膨胀颗粒污泥床（EGSB）和杂交反应器（UASB+AF）。

B　UASB 反应器的启动和操作

a　污泥颗粒化的意义

在 UASB 反应器内，厌氧污泥可以以絮状的聚集体（絮状污泥）存在，也可以以直径 0.5~0.6mm 的球形或椭球形（颗粒污泥）存在。在厌氧反应器内颗粒污泥形成的过程称之为颗粒污泥化，颗粒污泥化是大多数 UASB 反应器启动的目标和启动成功的标志。

絮状污泥沉降性能较差，当产气量较高、废水上流速度略高时，絮状污泥容易被冲洗出反应器。产气与水流的剪切力也易于使絮状污泥进一步分散，这加剧了絮状污泥的洗出。颗粒有极好的沉降性能，它能在很高的产气量和高上流速度下保留在厌氧反应器内。因此，污泥的颗粒化可以使 UASB 反应器允许有更高的有机物容积负荷和水力负荷。一般絮状污泥的 UASB 反应器负荷在 10kgCOD/（m³·d）以下，而颗粒污泥 UASB 反应器负荷可高达 30~50kgCOD/（m³·d）。

b　UASB 反应器的初次启动

初次启动通常指对一个新建的 UASB 系统以未经驯化的非颗粒污泥（例如污水处理厂污泥消化池的消化污泥）接种，使反应器达到设计负荷和有机物去除效率的过程。通常这一过程伴随着颗粒化的完成，因此也称之为污泥的颗粒化。

由于厌氧微生物，特别是甲烷菌增殖很慢，厌氧反应器的初次启动需要较长的时间，这被认为是高速厌氧反应器的一个不足之处。但是，一旦启动完成，在停止运行后的再次启动可以迅速完成。同时如前所述，当使用现有废水处理系统的厌氧颗粒污泥启动时，它要比其他任何高速厌氧反应器的启动都要快得多。

（1）接种。接种的过程是相当简单的。虽然在废水处理中大多数菌种是严格厌氧的，但启动时不需要追求严格厌氧条件。水中的溶解氧会很快被种泥中的兼性厌氧菌消耗并形成严格的厌氧条件。

迄今为止，当没有现成的颗粒污泥时，应用最多的种泥是污水处理厂污泥消化池的消化污泥。当用非颗粒污泥接种时，则应当注意反应器的操作。为避免絮状污泥在反应器里大量生长妨碍颗粒污泥的形成，必须将絮状污泥和分散的细小污泥由反应器"洗出"，这是反应器完成颗粒化的先决条件。但是洗出应当是缓慢的和逐步进行的过程，过度的洗出会使反应器内污泥量减少太多而导致启动失败。洗出的程度可以 SRT 为依据，根据上流速度来调节，因为启动初期污泥洗出主要由上流速度控制。

（2）启动的阶段。Lettinga 把 UASB 的初次启动和颗粒化过程分为三个阶段，这种划分是基于他们以 VFA 混合液为进液、以消化污泥为种泥的试验结果。

阶段 1 即启动的初始阶段。这一阶段是指反应器负荷低于 2kgCOD/（m³·d）的阶段。在这一阶段，反应器的负荷由 0.5 ~ 1.5kgCOD/（m³·d）或污泥负荷 0.05 ~ 0.1 kgCOD/（kgVSS·d）开始。这一阶段洗出的污泥仅限于种泥中非常细小的分散污泥，洗出的原因主要是水的上流速度和逐渐产生的少量沼气。

阶段 2 即当反应器负荷上升至 2 ~ 5kg COD/（m³·d）的启动阶段。在这一阶段污泥的洗出量增大，但其中大多为絮状的污泥。洗出的原因是产气和上流速度的增加引起的污泥床的膨胀。大量污泥洗出的结果是在留下的污泥中开始形成颗粒状。根据 Lettinga 的报道，从开始启动到 40d 左右，可以观察到明显的颗粒状污泥，颗粒污泥的形成是从底部开始的。在这一阶段污泥负荷的增加较快，这是因为污泥对废水的驯化过程基本完成，污泥的比活性增加。这一阶段的末期，污泥的洗出由于颗粒污泥的形成而减少，颗粒污泥的良好沉淀性能使其保留在反应器内。这一阶段里，反应器内的污泥浓度由于絮状污泥的洗出降低到最低的程度。实际上，在反应器里对较重的颗粒污泥和分散的、絮状的污泥进行了选择。

阶段 3 这一阶段是指反应器负荷超过 5kgCOD/（m³·d）以后。在这一阶段里污泥迅速减少，而颗粒污泥加速形成直到反应器内不再有絮状污泥存在。这一阶段反应器负荷可以增加到很高，当反应器大部分被颗粒污泥充满时，其最大负荷可以超过 50kgCOD/（m³·d）。

（3）初次启动过程的一些要点。反应器启动的过程实质上是对菌种驯化、选择、增殖的过程。因此在启动阶段应有一定的目标和遵循某些基本原则。

初次启动是一个需要熟练技艺和经验的过程，尽管许多人已成功完成过各类 UASB 的启动，但不同规模、不同设计和处理不同水的 UASB 的启动模式和启动时间有时相当不同，因此与其给出一个启动模式不如从根本上了解启动中的一些要点。现将一般承认的要点或注意事项叙述如下。

1）对启动初期的目标应明确。在 UASB 启动初期，特别是第一阶段，不能够追求反应器的处理效率、产气率的改进和出水的质量等。因为初期的目标是使反应器逐渐进入"工作"状态，从微生物学角度看，它实质上是使菌种从休眠状态中恢复、即活化的过程，在这一过程中，理所当然有一个停滞期存在。当菌种从休眠中恢复到营养细胞的状态后，它们还要经历对废水性质的适应。在整个颗粒化过程中，选择、驯化、增殖过程都在进行，而原种泥中可能浓度较低的甲烷菌增长速度相对于产酸菌要慢得多。因此在颗粒污泥出现前的这一段时间可能相对较长，这一阶段里不可能有较大的反应器负荷。

2）进液的浓度。当废水浓度低于 5000mg COD/（m³·d）时，一般不需稀释就可直接进液，除非废水含有高浓度的有毒物质。当废水浓度过高时，最好将废水稀释到大约 5000mg COD/（m³·d）。

有时没有低浓度的其他稀释水，可以简单地采用反应器出水的循环。但出水循环在启动阶段也应谨慎从事，因为启动阶段的出水有时仍会有相当浓度的未降解的 COD，这种出水有时不仅不能有效稀释进水反而还会引起过负荷。在这种情况下如果负荷的因素更重要时，则不必采用出水的循环。

3）负荷增加的操作方法。如前所述，启动的最初负荷可以从 0.5 ~ 1.5kg COD/（m³·d）开始，当可生物降解的 COD 去除率达到 80% 后再逐步增大负荷，或最早的负荷根据污泥负荷计算，即取 $0.05 \sim 0.1 \text{kg COD}/(\text{m}^3 \cdot \text{d})$ 的污泥负荷。

为保险起见，反应器开始负荷不应太高，只要容积负荷略高于 $0.2 \text{kg COD}/(\text{m}^3 \cdot \text{d})$ 即可，水力保留时间大于 24h。反应器开始操作，在最低的负荷下连续运转直到有气体产生，5d 后，检查产气是否达到略高于 $0.1 \text{m}^3/(\text{m}^3 \cdot \text{d})$。如果 5d 后反应器的产气量仍未达到这一数值，可以停止进液 3d 后再恢复进液，直到产气量增加。如果产气量已达到 $0.1 \text{m}^3/(\text{m}^3 \cdot \text{d})$，则下一步是检查出水的 VFA 浓度。出水 VFA 浓度是非常重要的参数，出水 VFA 浓度过高，意味着甲烷菌活力还不够高或环境因素使甲烷菌活力下降而导致 VFA 利用不充分。启动阶段，当环境因素如 pH 值、温度等正常时，出水 VFA 过高则表明反应器负荷相对于当时的菌种活力偏高。出水 VFA 若高 8mmol/L，则应当停止进液，直到反应器内 VFA 低于 3mmol/L 后，再继续以原浓度、原负荷进液。如果出水 VFA 低于 3mmol/L，说明反应器运行状态良好，反应器可以仍以原负荷（例如开始时的约 $0.2 \text{kg COD}/(\text{m}^3 \cdot \text{d})$）继续运行。这一阶段需要运行很长时间而不改变负荷，运行时间可能有一个月之久。由于上流速度和产气量很小，基本上没有污泥洗出。出水 VFA 需至少每两天测一次，直到连续进液多日。出水 VFA 始终保持在 3mmol/L 以下后，再采取增加负荷的措施。

增加负荷可以通过增大进液量或者降低进液稀释比的方法进行。负荷每次可增加 30%。如果废水经过很大程度的稀释，则可以把稀释比降低 30%，仍维持 HRT 不变，则负荷也就增加了 30%。负荷的增加必须使出水 VFA 比原先略有上升，当出水 VFA 高于 8mmol/L，此时不停止进液但要观察反应器内 pH 值的变化，防止"酸化"的发生。增大负荷后的短时间内，产气量也有可能降低，这是因为非常小的甲烷菌微粒被洗出。几天后产气量会重新上升，出水 VFA 浓度也会下降。但是如果出水 VFA 增大到 15mmol/L，则必须把负荷降至原来的水平，并保证反应器内 pH 值不低于 6.5。万一 pH 值下降至 6.5 以下，有必要加入碱调节 pH 值。待一切恢复正常后，可把负荷提高的幅度降至 20%。

当负荷达 $2.0 \text{kg COD}/(\text{m}^3 \cdot \text{d})$ 以上时，每次负荷可增加 20%，增加负荷的时机（出水 VFA<3mmol/L）及方式如前所述。负荷达到 $5.0 \text{kg COD}/(\text{m}^3 \cdot \text{d})$ 后，除了依照前面所述的方法操作外，也应当每 3 周检查 1 次反应器中污泥的活性和污泥沿反应器高度的浓度变化。颗粒化可能在负荷达到 $5 \text{kg COD}/(\text{m}^3 \cdot \text{d})$ 前后很快形成，其后反应器的负荷可以较快地增加。

（4）启动前应了解的废水特征。各类废水在性质上区别极大，其厌氧处理的难易、效果也区别很大。一般情况下，对一种废水，起码要在启动前了解以下特征。

1）废水中的有机物浓度。过低浓度的废水可能并不适合传统的 UASB 的应用。Lettinga 等曾认为低于 $1000 \text{mgCOD}/(\text{m}^3 \cdot \text{d})$ 的废水不宜使用 UASB，或者说在此浓度下 UASB 的使用不能充分表现其优越性。但近年来由于 EGSB 反应器的发展和 UASB 上流速度的有效提高，他们又提出低于 $100 \text{mgCOD}/(\text{m}^3 \cdot \text{d})$ 的废水不宜使用 UASB 的说法。而在较高的浓度下废水则可能需要稀释或回流。

废水的厌氧生物可降解性能预测出 UASB 反应器出水的质量或 COD 的去除效率。

2）废水的 pH 值缓冲能力。碱度是衡量缓冲能力的一个参数。另一个实用的检查废水缓冲能力的方法是向废水中加入相当于其 COD 浓度 40% 的乙酸（以 COD 浓度计）。假如废水 pH 值仍维持 6.5 以上，则其缓冲能力是没有问题的。假如 pH 值在加乙酸后低于

6.5，则说明废水的缓冲能力不是非常强，在操作中应小心控制。后一种情况下，在废水处理中产生的 NH_3，也能提高其缓冲能力。对于碱度特别小的废水，可以加入 Na_2CO_3 提高其碱度。

3）废水中应有维持细菌生长必需的营养。厌氧菌需要的营养较少。粗略地讲，N 和 P 的需求大约为 COD_{BD}：N：P＝（350～500）：5：1。但由于发酵产酸菌的生长速率大大高于甲烷菌，因此，较为精确的估算应当是 COD_{BD}：N：P＝（50/Y）：5：1。其中 Y 为细胞产率，对于发酵产酸菌 Y＝0.15；对于产甲烷菌 Y＝0.03。典型地，对完全未酸化的废水，取 Y＝0.15；对于一个完全酸化的废水，取 Y＝0.03。此外，甲烷菌细胞组成中有较高浓度的铁、镍和钴。在以冷凝液为主的废水中，如玉米、土豆加工废水中，这些元素可能非常少，在此情况下应当加入这些微量元素，有时也添加锌和钼。

4）废水中的悬浮物。废水悬浮物的含量如果太高，则可能不大适宜于 UASB 处理。当废水悬浮物浓度超过 3000mg/L，并且它们不能生物降解或者能滞留在反应器内，就会引起较大麻烦。但如果这些悬浮物能够生物降解，或者它们不在反应器内滞留，则不会引起任何问题。悬浮物能否在反应器内滞留取决于悬浮物和污泥的颗粒大小与密度，当反应器形成颗粒污泥，则悬浮物不容易停留在反应器内。当废水含高浓度悬浮物时，在 UASB 反应器前增设沉淀池是有益的。对于可以降解的悬浮物，应当知道它降解的速率以便计算悬浮物在反应器里的保留量。

5）废水中是否含有有毒化合物或在厌氧过程中转化为有毒物的化合物。一般情况下应当了解总氮（凯氏氮）和氨氮、硫酸盐或亚硫酸盐的浓度，并要了解在废水产生的工厂里是否使用了杀菌剂、消毒剂等。如果氨氮浓度超过 2000mg/L，那么 UASB 中的污泥必须经过很好的驯化才可能处理这种废水。当废水中 SO_4^{2-} 浓度超过 50mg/L 或 COD 与 SO_4^{2-} 的比值很低，则废水的处理也会成问题。SO_4^{2-} 本身毒性极小，但厌氧过程中硫酸盐还原菌会将 SO_4^{2-} 转化为 H_2S，而 H_2S 是有毒的。当 SO_4^{2-} 浓度不十分高，而 COD/SO_4^{2-} 的比值高于 10，则产生的 H_2S 会被大量的沼气从水中经"气提"作用带走，此时反应器运行和启动不会有问题。当 SO_4^{2-} 浓度过高或 COD/SO_4^{2-} 比值太低，则可能必须使用单独的酸化反应器。这个酸化反应器使废水进入 UASB 反应器前将 SO_4^{2-} 转化为 H_2S，H_2S 在酸化反应器中由产气（主要为 CO_2）气提带出废水。当 SO_4^{2-} 浓度超过 100mg/L 时，也可以使用酸化反应器。此外盐浓度过高时对甲烷菌的生长是不利的。如果不了解盐的种类，则很难准确指出多大的盐浓度才会有麻烦。但一般可以认为在废水中溶解性的灰分高于 15g/L 时会引起问题。在 5～15g/L 浓度范围，盐也可能会引起毒性，这取决于盐的组成。以低浓度进液开始启动，一般情况下可以使污泥逐渐有一定程度的驯化，但此时反应器的启动需要较长的停滞期。

c　UASB 反应器的二次启动

如前所述，初次启动是指用颗粒污泥以外的其他污泥作为种泥启动一个 UASB 反应器的过程。当越来越多的 UASB 反应器投入生产运行以后，人们有可能得到足够的颗粒污泥来启动一个 UASB 反应器。使用颗粒污泥作为种泥对 UASB 反应器的启动即称为二次启动。颗粒污泥是 UASB 启动的理想的种泥，使用颗粒污泥的二次启动大大缩短了启动时间。即使对于性质相当不同的废水，颗粒污泥也能很快适应。

使用颗粒污泥接种允许有较大的接种量，较大的接种量可缩短启动的时间。启动时间的长短很大程度上取决于颗粒污泥的来源，即颗粒污泥在原反应器中的培养条件（温度、pH 值等）以及原来处理的废水种类。新启动的反应器在选择种泥时应尽量使种泥的原处理废水种类与拟处理的废水种类一致，这样可以缩短驯化所需时间，进而大大缩短启动时间。不同温度范围的种泥会延长启动时间，例如采用高温种泥不利于中温反应器的启动，而中温的种泥启动高温反应器也较慢，因此应尽量使用同一温度范围的种泥。

在实践中，有时难以得到从同一种废水培养的颗粒污泥，但经验已证明，即使在这种情况下，二次启动也能很快完成。据文献报道，当使用来自于制糖废水的 UASB 反应器的颗粒污泥接种处理甲醇废水时，用接种量分别为 $20kgVSS/m^3$ 和 $36kgVSS/m^3$ 的不同 UASB 反应器启动，前者启动 20d 后负荷即达到 $10kg\ COD/(m^3 \cdot d)$，36d 后达到 $17.5kgCOD/(m^3 \cdot d)$，后者在第 8d 负荷即达到 $12kg\ COD/(m^3 \cdot d)$，以上反应器处理温度均为中温范围。

二次启动的初始反应器负荷可以较高。这是因为二次启动采用较大的接种量，同时颗粒污泥的活性比其他种泥要高得多。Lettinga 推荐初始的反应器负荷可为 $3kg\ COD/(m^3 \cdot d)$。

二次启动进液浓度在开始时一般与初次启动相当，但可以相对迅速地增大进液浓度。在甲醇废水处理的二次启动中，Lettinga 采用最初进液浓度分别为 3.0gCOD/L 和 4.5gCOD/L，在 24d 后，进液 COD 浓度上升至 6.0g/L，48d 后上升至 12g/L。

负荷和浓度增加的模式与初次启动类似，但相对容易。产气、出水 VFA 等仍是重要的控制参数，COD 去除率、pH 值等也是重要的监测指标。

d　UASB 反应器启动后的运行

UASB 反应器的运行是在高负荷下的生物化学过程，这一过程由厌氧微生物的生命过程完成。因此反应器的运行从根本上讲必须满足微生物对环境条件的需求，这些环境条件应尽量接近微生物的最佳生长条件，同时也应力求避免大的波动。

在实际运行中，进出液的 COD 浓度、进液流量、进水与出水的 pH 值、反应器内的 pH 值、产气量及其组成、出水的 VFA 浓度及其组成、反应器内的温度都是被监测的指标。

（1）出水 VFA 的浓度与组成。出水的 VFA 浓度在反应器控制中被认为是最重要的参数。这是因为 VFA 的除去程度可以直接反映出反应器运行状况，同时也是因为 VFA 浓度的分析能较为快速和灵敏地反映出反应器行为的微小变化。在正常情况下，底物由酸化菌转化为 VFA，VFA 可以被甲烷菌转化为甲烷。因此甲烷菌活跃时，出水 VFA 浓度较低。当出水 VFA 浓度低于 3mmol/L（或 200mg/L，以乙酸计）时，反应器的运行状态最为良好。任何不利于甲烷菌生长的因素都会导致出水 VFA 浓度的上升，这是由甲烷菌活性降低使 VFA 积累所致。温度的突然降低或过高、毒性物质浓度的增加、pH 值的波动、负荷的突然加大等都会由出水 VFA 的升高反映出来。进水状态稳定时，出水 pH 值的下降也能反映出 VFA 的升高，但是 pH 值的变化要比 VFA 的变化迟缓，有时 VFA 升高了数倍 pH 值尚没有明显改变。因此监测出水 VFA 浓度可快速反映出反应器运行的状况，有利于操作过程的及时调节。过负荷常是出水 VFA 升高的原因。因此当环境因素（温度、进水 pH 值、出水水质等）没有明显变化时，出水 VFA 的升高可由降低反应器负荷来调节。过负荷可能由进水COD浓度或进水流量的升高引起，也可能由反应器内污泥过多流失引起。

出水VFA浓度的上升直接影响废水处理的效果，过高的出水VFA浓度表明反应器内大量的VFA积累，因此是反应器pH值下降或导致"酸化"的前期讯号。一般认为，当VFA的浓度超过800mgCOD/L时，反应器即面临酸化危险，应立即降低负荷或暂停进液，并检查环境因素有无改变。在正常运行中，应保持出水VFA浓度在400mgCOD/L以下，而以200mgCOD/L以下为最佳。

出水VFA的组成也是反应器运行中监测的指标之一。正常运行中，VFA浓度较低，出水VFA以乙酸为主，占VFA总量90%以上，只有少量丙酸与丁酸。当乙酸不能很好被甲烷菌利用时，底物会转化为较多的丙酸与丁酸。因此，出水VFA的组成也能反映出反应器的运行状况。

（2）pH值。在UASB反应器运行过程中，反应器内的pH值应保持在6.5~7.8范围之内，并且应尽量减少波动。pH值在6.5以下，甲烷菌即已受到抑制，pH值低于6.0时，甲烷菌已严重抑制，反应器内产酸菌呈现优势生长。此时反应器已严重酸化，恢复十分困难。

VFA浓度增高是pH值下降的主要原因，虽然pH值的检测非常方便，但它的变化比VFA浓度的变化要滞后许多。当甲烷菌活性降低，或因过负荷导致VFA开始积累时，由于废水的缓冲能力，pH值尚没有明显变化，从pH值的监测上尚反映不出潜在的问题。当VFA积累至一定程度时，pH值才会有明确变化。因此测定VFA是控制反应器pH值降低的有效措施。

当pH值降低较多时，应立即采取措施，减少或停止进液是常采用的应急措施。在pH值和VFA恢复正常后，反应器在较低的负荷下运行。进水pH值的降低可能是反应器内pH值下降的原因，因此如果反应器内pH值降低，应立即检查进液pH值有无改变。

（3）产气量与组成。产气量也是非常重要的监测指标。它容易测量，并且可以迅速反映出反应器运行状态。产气量可以从进入反应器的COD总量、COD的去除率等数据估算出来，实际产气量应当与估算值接近并维持稳定。当产气量突然减少，而反应器负荷没有变化时，说明运行不正常导致甲烷菌活性降低。pH值的变化、温度的降低、有毒物质等均可能是产气突然下降的原因。在稳定的UASB反应器中，当废水组成变化时，产气成分也会发生迅速的变化。产气的组成也能反映出反应器的运行状态。当正常运行时，甲烷在产气中约占60%~80%，这一比例与废液成分有关。当反应器内产酸菌优势生长、VFA积累导致pH降低以及影响甲烷菌生长的其他环境因素都会导致产气中甲烷比例下降。

（4）污泥的洗出。另外一个应当监测的指标是运行过程中污泥的洗出。在反应器的启动阶段相当多的污泥从反应器中洗出，这是正常的。在启动后的运行中，也会有一定量的污泥从反应器中洗出。但是污泥在运行阶段被洗出的量是有限度的，这一限度即洗出的污泥量不应大于同期产生的污泥量，否则反应器内污泥大量流失，反应器将不能维持较高的负荷，因此在运行中应通过测出水悬浮物的量来估计污泥洗出的量。

（5）反应器运行的其他监测指标。在相对稳定的操作条件下（温度、进液pH值、进液的COD浓度与组成、进液流量等相对稳定），通过以上参数的监测即可以确认反应器是否稳定运行。但在实际操作中，为了了解反应器的运行效率和分析问题出现的原因，往往可能测试更多的参数。这些参数的测定有些是必须经常进行的，有些则根据需要偶尔进行。现分述如下。

1）对于进液和出液要测定以下参数：① COD 浓度、BOD 浓度或可生物降解的 COD 浓度（COD_{BD}）、VFA 浓度与组成；② 温度；③ pH 值和碳酸氢盐碱度；④ 流量；⑤ TSS 和 VSS 浓度，悬浮物的沉降性能；⑥ 废水中的氮、磷等营养物质；⑦ SO_4^{2-}、SO_3^{2-}、S^{2-} 的浓度；⑧ 有毒物或抑制性物质的存在。

2）关于产气量和组成可以测定以下参数：①产气量（m^3/h）；②产气组成，包括 CH_4 含量、CO_2 含量、H_2S 含量、H_2 含量、N_2 含量等。根据以上测量可以计算出 COD 转化为 CH_4 的转化率。

3）为了监测反应器内污泥床的变化，可测定以下参数：① 污泥浓度沿反应器高度的分布曲线；② 随上流速度的变化污泥床的膨胀率；③ 污泥的产甲烷活性；④ 污泥颗粒的形状、大小、强度、沉降性能等；⑤ 污泥的灰分与 VSS 百分比，如有必要测定污泥中以 S^{2-}、$CaCO_3$、$CaHPO_4$、$MgNH_4PO_4$ 等形式存在的沉淀物；⑥ 污泥中 N、P 和 S 含量。

3.3.5　厌氧反应器设计

3.3.5.1　酸化反应器

目前酸化反应器的设计尚没有一定的模式，现有的酸化反应器只是一些简单的废水流进流出的容器，其中提供某种形式的混合或搅拌。目前也没人作过高速酸化反应器的研究与设计。因为高速的酸化反应器与高速的产甲烷反应器一样需要保持高浓度的具有活性的产酸污泥，而产酸菌有极高的死亡率。然而没有发展高速酸化反应器的主要原因在于，人们已普遍认为底物的完全酸化是没有必要的，有时甚至是有害的。此外人们也知道，产酸菌生长迅速并且有很高的底物利用率，因此所需要的酸化程度极易达到，如前所述，酸化工艺通过增加废液碱度很容易控制。

一个简单的带搅拌的混合槽即可以用作产甲烷反应器前的酸化反应器。其 HRT 应当根据废水中有机物的性质、工艺温度和所需的酸化程度决定，HRT 一般在 6~24h 之间。

应当强调的是，很多情况下酸化反应器后应有污泥分离装置，特别是对高浓度废水是如此。其原因是废水中的悬浮物（其中包括大量细胞物质）会严重干扰其后的 UASB 反应器操作或妨碍启动时颗粒污泥的形成。

3.3.5.2　厌氧反应器

A　反应器容积

厌氧反应器的容积取决于许多因素，主要有：

（1）每日处理废水的 COD 总量；

（2）可容许的上流速度；

（3）废水的最低温度；

（4）废水浓度和废水特征（污染物的复杂性、生物可降解性等）；

（5）在一定的污泥浓度下，反应器所能达到的容积负荷；

（6）需要的 COD 去除率，所要求的 COD 去除率越高，则反应器内底物浓度将越低，因此根据莫诺德（Monod）动力学方程，实际的底物利用率也越低；

（7）所要求的污泥稳定化的程度，对非复杂废水，一般污泥的稳定性较高；对复杂废水，污泥稳定性则取决于包裹在其中的物质的可降解性、操作温度和平均的污泥停留时间。

其中可容许的最大上流速度和反应器负荷是较重要的设计参数。现对 UASB 和 EGSB 两种反应器分别讨论如下。

a UASB 反应器

对于形成颗粒污泥的 UASB 反应器，假如处理溶解性废水，日平均上流速度大约可达到 3m/h，若处理含悬浮物废水则为 1~1.25m/h。在高峰负荷下，以上两种情况的上流速度可允许在短期内（数小时）分别达到 6m/h 和 2m/h。在这种上流速度下，大多数颗粒污泥能被保留在反应器内，在此范围内的较高上流速度可能引起沉降性较差的部分颗粒污泥洗出，但一般不致引起严重问题。

在反应器启动时，若以絮状污泥接种则反应器的上流速度大约为 0.5m/h（对溶解性废水），启动过程中这一速度可逐渐增大。

有以下两个公式可以计算反应器容积：

$$V = AH = tQ \tag{3-22}$$

$$V = \frac{\rho Q}{R_V} \tag{3-23}$$

式中　V——反应器有效容积，m^3；

　　　A——反应器横截面积，m^2；

　　　H——反应器有效高度，m；

　　　t——容许的最大水力停留时间，h 或 d；

　　　Q——进液流量，m^3/h 或 m^3/d；

　　　R_V——反应器容积负荷，$kgCOD/(m^3 \cdot d)$；

　　　ρ——进液浓度，$kgCOD/(m^3 \cdot d)$。

一般讲，废水浓度较低时，反应器容积计算主要取决于水力保留时间，而在较高浓度下，反应器容积取决于其容积负荷的大小。前者按式（3-22）计算，后者按式（3-23）计算。

从 $V = tQ$ 知，在低浓废水处理时，反应器的容积主要取决于水力保留时间而与其负荷大小无关。式中 t 的大小与反应器内污泥的类型（颗粒污泥或絮状污泥）和三相分离器的分离效果有关。

由 $AH = tQ$ 知，

$$\frac{Q}{A} = \frac{H}{t} \tag{3-24}$$

式中，$\frac{Q}{A}$ 即上流速度，记作 u，则有

$$u = \frac{H}{t} \quad \text{或} \quad H = tu \tag{3-25}$$

由式（3-25）可知，反应器内的液体上流速度是由反应器高度和水力停留时间决定的，或者换言之，反应器的最大设计高度（在低浓废水处理时）受到上流速度的制约。

在处理完全溶解的废水时，反应器可采用 10m 或高于 10m 的高度，这样不但占地少

而且布水系统简便、投资少。对含不溶物的废水,反应器高度要小些,例如稀的生活废水,反应器高度可取 3~5m;而对于 COD 浓度超过 3000mg/L 的生活废水,可采用 5 ~7m 的反应器高度。

浓度较高的废水处理中,反应器容积取决于反应器的负荷大小与进液浓度,见式 (3-23)。

对于工业废水来说,一般情况下支配反应器容积的因素是其容积负荷(以可降解 COD 计),而这个容积负荷又由污泥活性(包含了温度因素)、所要求的处理效率、污染物的性质与组成、进液布水系统的合理性以及所要求的保险系数决定。

对于采用絮状污泥的 UASB 反应器,其容许的上流速度为 0.5m/h,可允许在 2~4h 的短时间内达到 0.8m/h 的峰值,但是如果絮状污泥较稠而沉降性能相当好,其上流速度可提高约 50%。

b EGSB 反应器

EGSB 反应器与 UASB 反应器的主要区别是其采用高得多的上流速度,即其上流速度在 5~10m/h 范围。因此,EGSB 反应器相对更高、更节省占地面积。由于上流速度大,只有沉降性能很好的颗粒污泥才可保留在反应器内,同时颗粒污泥床的相当一部分处于膨胀的状态。在床的上部,一部分污泥甚至可能处于流化态。因此在 EGSB 反应器内,污泥与废水间的接触非常好,EGSB 内物质向颗粒污泥内的传质明显优于混合强度较低的 UASB 反应器。它的一个可能的缺点是污泥在反应器内的保留量会有轻微减少,但是由于良好的混合与传质作用,实际上反应器内所有活的细菌,包括颗粒污泥内部的细菌都能得到来自废水的有机物。换言之,在 EGSB 内更多细菌参与了水处理过程。因此 EGSB 所能取得的最大负荷高于 UASB,特别是对低浓度的含 VFA 的废水和在较低的室温下处理废水时。同样,在很低的废水浓度下,反应器体积和高度取决于废水停留时间和操作温度。

另外,EGSB 反应器除去悬浮物的效果不如 UASB,因为强烈的搅拌作用,污泥床不再有过滤功能,且高的上流速度易于将轻的固体物质冲出反应器。悬浮物在 EGSB 内的除去主要是吸附所起的作用。

B 进液系统

进液的布水系统是厌氧反应器很关键的部分,它对于形成污泥与进液间充分的接触、最大限度地利用反应器内的污泥是十分重要的。布水系统应当能够防止进液通过污泥床时形成沟流和死角。经验表明,对于产气量小于 $1m^3/(m^3 \cdot d)$ 的 4~6m 高的反应器,容易形成沟流。产气量越小,沟流的危险越大,因为产气可以引起污泥床产生自发的搅拌作用。

UASB 与 EGSB 反应器的进液系统均采用从底部均匀分布的进水口(布水点)进液的方式,因此布水点的数量与分布无疑是重要的。例如,采用布水横管一般为 2~4 根,其上沿一侧的水平方向开有直径 10~15mm 的布水孔,为使每个孔的洒水服务面积相等,靠近池中心孔间距较大,越靠近池边孔间距越小。

除了布水点数目外,出水口喷嘴的设计、出口瞬时最小与最大流速(有的可达每秒数米)和连续或间歇的进料方式对布水也有较大影响。布水管可以是由配水装置经分配后直接由各支管进入底部各出水点(见图 3-26),也可以是带有穿孔的、置于反应器底部的横管。

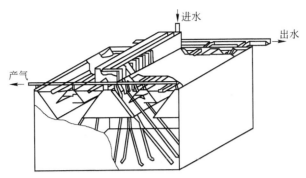

图 3-26　荷兰 Paques 公司在哥伦比亚建造的 64m³ 的 UASB 反应器进液系统

C　三相分离器

为了在反应器内保留尽可能多的污泥，设置三相分离器是十分必要的。所谓"三相"即指气、液、固体，在国外文献上更多称为气-固分离器（Gas-Solids Separator，或简称GSS）。从原理上说三相分离器是相当简单的，但是它对 UASB 反应器的能力与处理效率有重要的影响。

图 3-27 为反应器各部位气、液、固流速示意图，根据不同情况下各流速的设计值，可以很方便地计算出一些关键部位的尺寸。例如用式（3-26）可以计算出三相分离器集气室之间开口（也即沉降区开口）的面积：

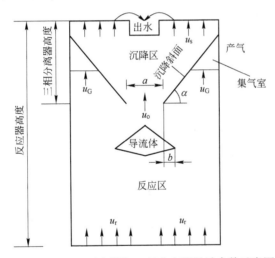

图 3-27　UASB 反应器与三相分离器设计参数示意图

u_r—反应区内液体的上流速度；u_s—沉降区液体的上流速度；u_o—在沉降区开口处液体的上流速度；

u_G—气体在气液界面的上流速度；a—降区开口宽度；b—导流体（或导流板）

超出开口边缘的宽度；α—沉降斜面与水平方向的夹角

$$\sum_{i=1}^{n} S_i = \frac{Q}{u_o} \tag{3-26}$$

式中　$\sum_{i=1}^{n} S_i$——开口总面积之和，若令各开口面积相等为 S，开口个数为 n，则 $\sum_{i=1}^{n} S_i = nS$；

Q——每小时废水流量，m^3/h；

u_0——废水开口的流速，m/h。

D　水封高度的计算

控制三相分离器的集气室中气液两相界面高度是重要的。集气室气液表面可能形成浮渣或浮沫，而这些浮渣或浮沫会妨碍气泡的释放。在液面太高或波动时，有时浮渣或浮沫会引起出气管的堵塞或使气体部分进入沉降室。这种现象在含脂肪或蛋白质废水处理时或产气量太小时会趋于严重。消除浮渣或浮沫除可采用吸管排渣、安装喷嘴、产气回流等措施外，在设计上还要保证气液界面稳定的高度，这一高度通过水封来控制。水封的原理如图 3-28 所示。

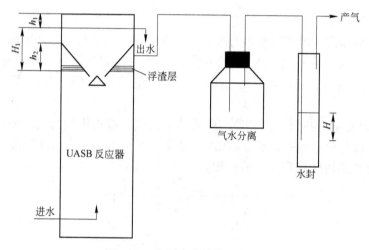

图 3-28　水封高度计算示意图

水封高度 H 计算如下：

$$H = H_1 - H_{阻} = (h_1 + h_2) - H_{阻} \tag{3-27}$$

式中　H_1——集气室气液界面至沉降区上液面的高度；

　　　h_1——集气室顶部至沉降区上液面高度；

　　　h_2——集气室气液界面至集气室顶部高度；

　　　$H_{阻}$——主要包括由反应器至储气罐全部管路管件阻力引起的压头损失和储气罐内的压头。

E　反应器形状、污泥排放和出水循环

反应器形状可以是圆柱形也可以是矩形的。早期的反应器以圆柱形为多，由于建造方便，近年大型 UASB 反应器多采用矩形结构。

反应器的设计必须有剩余污泥排放口。一般认为剩余污泥排放口设置在反应器中部为好。也有的反应器将剩余污泥排放口设在反应器底部或在三相分离器下方大约半米的地方。为了了解反应器内的污泥总量及其浓度分布，可在反应器不同高度设置若干取样口（如 5 个或 6 个取样口）。

为了稀释高浓度的废水，反应器可以采用出水循环。出水循环也可以节约用以中和废水的化学药品、降低废水毒性以及改善废水与污泥的混合。特别是对含高浓度脂肪或类脂的废水，通过出水循环改善混合是很重要的。初次启动时，出水的循环使进水稀释至5g/L以下，这对启动和颗粒污泥的形成是极有利的。

　　F　材料与防腐

　　生产性反应器的使用经验证明腐蚀问题是厌氧反应器设计中应注意的问题，早期即20世纪70年代末、80年代初建立的所有UASB反应器在使用5~6年后都出现了严重腐蚀。最严重的腐蚀出现在反应器上部，此处H_2S被空气氧化为硫酸或硫酸盐，这使局部pH值下降，无论水泥或钢材在此处都会被损害。在水平面以下，溶解的CO_2也产生腐蚀，水泥中的CaO会因为碳酸的存在而溶解。同样，CO_2也可能使沉降斜面发生腐蚀。

　　为了防止这类腐蚀，应当使用耐腐材料，如不锈钢、塑料或采用防腐涂层。但实践证明使用抗海水腐蚀的铝合金材料制造的沉降面板也能因腐蚀而严重穿孔；带涂层的钢材经多年使用发现有严重的腐蚀问题。因此目前一些公司采用带有聚丙烯涂层的水泥作为反应器主体，使用塑料外表覆盖以防腐蚀浸渍过的硬木作为沉降器材料。一个新的发展是使用以塑料增强的多层胶合板，例如用作出水堰板。此外，铁水泥也是一种有潜力的防腐材料。

3.4　生物脱氮除磷技术

3.4.1　废水生物脱氮技术

3.4.1.1　概述

　　传统的废水生物处理工艺多以含碳有机物和悬浮固体为主要处理目标，而对废水中的氮、磷等植物营养物质的去除率则比较低。农业径流、大量未经处理或未经适当处理的含有大量氨氮的各种废水的排放，在一定条件下可使水中的溶解氧耗尽，影响鱼类和其他水生动植物的生存。氨与氮的过量排放已造成了越来越严重的水体富营养化问题。此外，水中存在过多的氨氮会对金属产生腐蚀作用，降低给水处理中的消毒效果。

　　废水生物脱氮技术是20世纪70年代中美国和南非等国的水处理专家们在对化学、催化和生物处理方法研究的基础上，提出的一种经济有效的处理技术。污水未经适当处理或未处理就排放所造成的富营养化问题，在我国已到了较为严重的地步，许多湖泊水体已不能发挥其正常功能而严重影响了工农业和渔业生产。为此，我国自20世纪80年代以来，也开始了污水脱氮除磷的研究工作，并取得了一定的进展。

3.4.1.2　废水生物脱氮

　　废水的生物脱氮处理的过程，实际上是将氮在自然界中循环的基本原理应用于废水生物处理，并借助于不同微生物的共同协调作用以及合理的人为运行控制，将生物去氮过程中转化产生及原废水中存在的氨氮转化为氮气而从废水中脱除的过程。在废水的生物脱氮处理过程中，首先在好氧条件下，通过好氧硝化菌的作用，将废水中的氨氮氧化为亚硝酸盐氮或硝酸盐氮；然后在缺氧条件下，利用反硝化菌（脱氮菌）将亚硝酸盐和硝酸盐还原为氮气从水中逸出。因而，废水的生物脱氮通常包括氨氮的硝化、亚硝酸盐氮及硝酸盐氮的反硝化两个阶段；当废水中的氮以亚硝酸盐氮和硝酸盐氮的形态存在时，仅需要反硝化

（脱氮）一个阶段。

废水的生物脱氮是在硝化和反硝化菌参与的反应过程中，将氨氮最终转化为氮气而将其从废水中去除的。硝化和反硝化反应过程中参与的微生物种类不同，转化基质不同，所需的反应条件也不相同。

（1）硝化反应过程。硝化反应是将氨氮转化为硝酸盐的过程。它包括两个基本反应步骤：由亚硝酸菌参与的将氨氮转化为亚硝酸盐的反应；由硝酸菌参与的将亚硝酸盐转化为硝酸盐的反应。亚硝酸菌和硝酸菌都是化能自养菌，它们利用 CO_2、CO_3^{2-} 和 HCO_3^- 等作为碳源，通过与 NH_3、NH_4^+ 或 NO_2^- 的氧化还原反应获得能量。硝化反应过程需在好氧条件下进行，并以氧作为电子受体。其反应过程可用下式表示：

$$亚硝化反应 \quad NH_4^+ + O_2 + HCO_3^- \longrightarrow NO_2^- + H_2O + H_2CO_3$$

$$硝化反应 \quad NO_2^- + NH_4^+ + H_2CO_3 + HCO_3^- + O_2 \longrightarrow NO_3^- + H_2O$$

$$总反应 \quad H_2CO_3 + O_2 + HCO_3^- \longrightarrow NO_3^- + H_2O + H_2CO_3$$

通过对上述反应过程的物料衡算可知，在硝化反应过程中，将 1g 氨氮氧化为硝酸盐氮需耗氧 4.57g（其中亚硝化反应需耗氧 3.43g，硝化反应需耗氧 1.14g），同时约需耗 7.07g 重碳酸盐（以 $CaCO_3$ 计）碱度。亚硝酸菌和硝酸菌分别增殖 0.146g 和 0.019g。

亚硝化菌和硝化菌的特性基本相似，但亚硝化菌的生长速度较快、世代期较短、较易适应水质水量的变化和其他不利环境条件。水质水量的变化或出现不利环境条件时较易影响硝化菌的生长，因而当硝化菌的生长受到抑制时，易在硝化过程中发生 NO_2^- 的积累问题。

（2）反硝化反应过程。反硝化反应是在缺氧的条件下，反硝化菌将硝化过程中产生的硝酸盐或亚硝酸盐还原成 N_2 的过程。反硝化过程中，反硝化菌需要有机碳源（如甲醇）作电子供体，利用 NO_3^- 中的氧进行缺氧呼吸。其反应过程可表示如下：

$$NO_3^- + CH_3OH + H_2CO_3 \longrightarrow N_2 \uparrow + H_2O + HCO_3^-$$

$$NO_2^- + CH_3OH + H_2CO_3 \longrightarrow N_2 \uparrow + H_2O + HCO_3^-$$

对上述反应式通过物料平衡计算后可知，反硝化过程中每还原 1g NO_3^- 可提供 2.6g 的氧，消耗 2.47g 甲醇（约为 3.7g COD），同时产生 3.57g 左右的重碳酸盐碱度（以 $CaCO_3$ 计）和 0.45g 新细胞。反硝化过程中，每转化 1g NO_3^- 约需要 3.0g 的 BOD_5。

3.4.1.3　废水生物脱氮工艺

根据生物脱氮中硝化和反硝化的机理可知，要使废水中的氮最终转化为氮气而从废水中逸出去除，须先通过好氧硝化作用将氨氮转化为硝态氮，然后在缺氧条件下进行反硝化脱氮。因而，作为生物脱氮工艺，逻辑上应是采用先硝化、后反硝化的工艺流程，并据此提出了合并式和分布式处理工艺系统。废水生物脱氮工艺从碳源的来源来分，可分为外碳源工艺和内碳源工艺；从硝化和反硝化过程在工艺流程中的位置来分，可分为传统工艺和前置反硝化工艺；从处理工艺中微生物的存在状态来分，可分为悬浮生长型和附着生长型。

（1）传统工艺。图 3-29~图 3-32 所示为几种传统的生物脱氮工艺流程。传统工艺多为先曝气（或硝化）后脱氮。此类工艺容易造成后阶段反硝化缺少碳源，需要添加碳源，造成运行成本增加，而且脱氮效率不高。

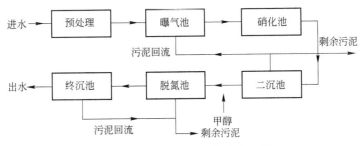

图 3-29 传统的三级生物脱氮工艺

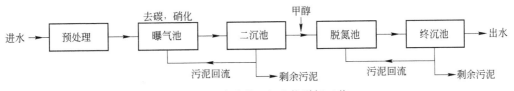

图 3-30 改进的三级生物脱氮工艺

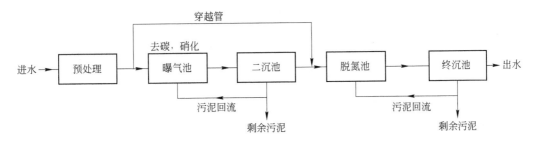

图 3-31 内源碳生物脱氮工艺

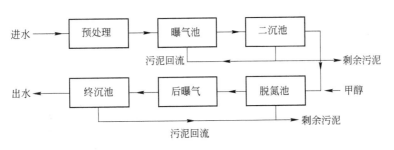

图 3-32 有后曝气的生物脱氮工艺

由于传统废水生物处理工艺以含碳有机物和悬浮固体为主要处理目标，可通过微生物同化去除污水中的氮素量很少，通常只有 10%~30%，因此对生活污水和含氮的工业废水采用常规的活性污泥法处理，出水中仍含有大量的氮素。这些传统硝化反硝化工艺在废水脱氮方面起到了一定的作用，但仍存在着很多问题。

1) 硝化菌群繁殖速度慢，且硝化菌世代时间长，难以维持较高生物浓度，因此造成水力停留时间长、有机负荷低，增加了基建投资和运行费用。

2) 传统工艺中的反硝化过程需要一定量的有机物，而废水中的 COD 经过曝气后有一大部分被去除，因此反硝化时往往需要另加碳源，增加运行费用。

3）为中和硝化过程中产生的酸度，需要加碱中和，增加脱氮处理成本。

4）氨氮完全硝化需要大量的氧，动力费用增加。

5）抗冲击能力弱，高浓度氨氮和亚硝酸盐进水会抑制硝化菌的生长。

6）系统为维持较高生物浓度及获得良好的脱氮效果，必须同时进行污泥回流和硝化液回流，增加动力消耗及运行费用。

7）运行控制相对较为复杂（回流比、加碳量、加碱量）。

（2）改良脱氮工艺。

1）A/O 工艺。A/O 工艺是一种前置反硝化工艺，流程如图 3-33 所示。

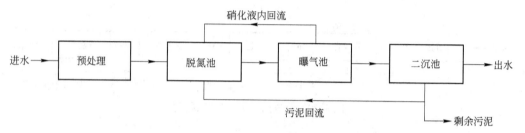

图 3-33　A/O 生物脱氮工艺

与传统的生物脱氮工艺相比，A/O 工艺则具有流程简短、工程造价低的优点，其主要工艺特征是将脱氮池设置在硝化过程的前部，使脱氮过程一方面能直接利用进水中的有机碳源而省去外碳源；另一方面则通过硝化池混合液的回流而使其中的 NO_3^- 在脱氮池中进行反硝化。此工艺中内回流比的控制是较为重要的。

根据原污水的水质、处理要求和混合液及污泥回流方式的不同，A/O 脱氮工艺可有不同的布置形式，如图 3-34 所示。

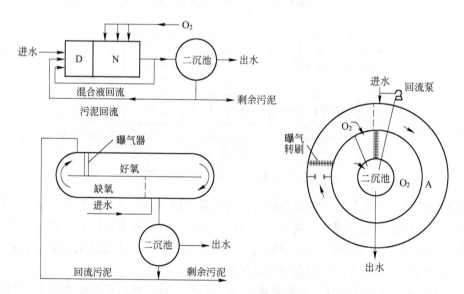

图 3-34　A/O 脱氮工艺不同的布置形式

A/O 工艺可以借助反硝化过程中产生的碱度实现对硝化过程中对碱度消耗的内部补充作用。

A/O 工艺主要参数为：

水力停留时间，硝化反应不低于 6h；反硝化不低于 2h；内循环大于 200%，取 200% ~ 500% 较好。MLSS 大于 3000mg/L；污泥泥龄 30d 以上；N/MLSS 负荷率不大于 0.03gN/（gMLSS·d）；污泥回流比 50% ~ 100%；进水总氮浓度应小于 30mg/L，否则脱氮率就会下降。

2）同步硝化和反硝化工艺。同步硝化和反硝化工艺如图 3-35 所示。在运行过程中，硝化和反硝化分别在同一个处理构筑物的不同区域中进行，这样可省去 A/O 工艺中硝化段出水混合液的回流，而且废水在处理构筑物中循环流动，交替地经历好氧和缺氧区。同时，在工艺设计上，将进水点设在反硝化区，这样也不必向系统投加外碳源。

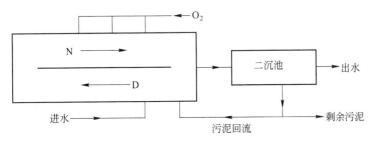

图 3-35 同步硝化和反硝化工艺

3）Bardenpho 工艺。Bardenpho 工艺是一种由硝化段和反硝化段相互交替组成的工艺，是在 A/O 工艺中的好氧池后串联了一个缺氧池和一个曝气池。如图 3-36 所示。

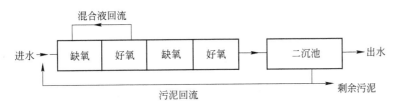

图 3-36 Bardenpho 脱氮工艺

4）UCT 工艺。UCT 工艺是在 A^2/O 工艺的基础上通过调整，使沉淀池污泥回流到缺氧池的基础上形成的。该工艺增加了缺氧池混合液的回流。由于缺氧池混合液中含有较多的溶解性有机物，而溶解盐很少，为厌氧段内进行的发酵提供了最优条件，同时亦有效地阻止了处理系统中 NO_3^- 进入厌氧池从而影响除磷效果。工艺流程见图 3-37。

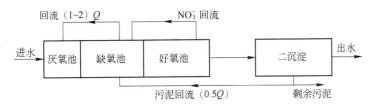

图 3-37 UCT 工艺流程图

5）其他具有脱氮功能的处理工艺。其他具有脱氮功能的处理工艺有改进的 AB 工艺、膜法生物脱氮工艺、TETRA 深床脱氮工艺、SBR 工艺、Carrosel 2000 型氧化沟工艺。

3.4.1.4　生物脱氮新技术

在生物脱氮理论取得新突破的基础上，废水生物脱氮技术也取得了快速的发展。以亚硝酸型硝化反硝化技术和厌氧氨氧化技术为标志的诸多新型生物脱氮技术先后问世。生物脱氮新技术详见表3-2。

表3-2　生物脱氮的新技术一览表

序号	名　　称	新工艺	相对传统脱氮工艺的优势
1	亚硝酸型反硝化技术	SHARON 工艺、OLAND 工艺	减小反应容积，节省基建投资，减小氧的供应量、碳源量等
2	同时硝化反硝化技术	—	缩短反应时间，节省基建投资；无需外加碳源，节省运行费用
3	厌氧氨氧化技术	SHARON-ANOMMOX 工艺、CANON 工艺、OLAND 工艺	无需外加碳源，减少供氧能耗及中和化学试剂，从而节省运行费用；减少 CO_2 排放量
4	好氧反硝化技术	—	有效降低工程建设费用
5	电极生物膜反硝化技术	—	有助于提高系统的脱氮效率

3.4.1.5　废水生物脱氮的运行控制要点

（1）溶解氧的控制。硝化反应：DO 2～3mg/L，当 DO 浓度低于 0.5～0.7mg/L，氨转化为硝态氮和亚硝态氮的硝化反应将受到抑制。反硝化反应：DO 浓度为 0.2～0.5 mg/L 时，可获得良好的反硝化效果，而当 DO 浓度超过 0.5～1.0mg/L 时，反硝化效果将受到影响。

（2）温度的控制。硝化反应的最适温度为 30～35℃。当温度低于 5℃ 时，硝化反应几乎停止。

反硝化反应可在温度范围为 15～30℃ 之间进行。温度低于 10℃ 时，反硝化速率明显下降；当温度低于 3℃ 时，反硝化反应停止。当温度高于 30℃ 时，反硝化速率也开始下降。

（3）pH 值的控制。在脱氮处理过程中，硝化要消耗废水中的碱度而使 pH 值下降；而在反硝化过程中，由于产生一定的碱度，可使 pH 值有所上升。亚硝酸菌和硝酸菌的适宜 pH 值分别是 7.0～8.5 和 6.0～7.5，当 pH 值高于 9.6 或低于 6.0 时硝化反应停止。而反硝化菌的适宜 pH 值为 7.0～8.5。当 pH 值高于 8.5 或低于 6.0 时，反硝化速率明显降低。此外，pH 值还影响反硝化最终产物，pH 值超过 7.3 时最终产物为氮气，低于 7.3 时最终产物为 N_2O。

（4）碳氮比（C/N）。反硝化反应的一般要求是 $BOD_5/TKN>4$，$COD/TKN>8$。碳源投加量计算：

$$c_{CH_3OH} = 2.47c_{NO_3^--N} + 1.53c_{NO_2^--N} + 0.87DO$$

反硝化的碳源可分为三类：易于生物降解的溶解性有机物（甲醇、乙酸、乳酸、葡萄糖）、慢速生物降解的有机物（蔗糖、啤酒、淀粉、蛋白质）、细胞物质（生物污泥消化液）。

（5）泥龄的控制。必须使微生物在反应器中的停留时间大于硝化和反硝化菌的最小世代期。一般，泥龄应控制在 3～5d，有的可高达 10～15d。

（6）混合液回流比的控制。一般来说，前置反硝化工艺系统对氨氮的去除率（η）表示为：

$$\eta = \frac{R + r}{1 + R + r} \tag{3-28}$$

此类工艺中混合液回流比越大，氮的去除效率越高。但回流比不能取得过高。一般情况下，对低氨氮浓度的废水，回流比在200%～300%较经济，但对于活性污泥系统取值可达800%，而对于流化床，为使载体流化需更高的循环比。

（7）氧化还原电位（ORP）。厌氧段ORP一般在−200～−160mV之间，好氧段ORP一般在+180mV左右，缺氧段ORP一般在−110～−50mV之间。

（8）抑制性物质。某些有机物和一些重金属、氰化物、硫及衍生物等有毒有害物质在达到一定浓度时会抑制硝化反应的正常进行。和硝化反应比较，抑制性物质对反硝化反应影响较小。

3.4.1.6　废水生物脱氮的设计

（1）缺氧池容积的确定。缺氧池容积 V_A 可用下式确定：

$$V_A = \frac{1}{K_{DN}X_V}\left[Q(N_{Ti} - N_{Te}) - 0.12X_W \right] \tag{3-29}$$

式中　Q——进水流量，m^3/h；

　　N_{Ti}——进水中总凯氏氮的浓度，mg/L；

　　N_{Te}——出水中总氮的浓度，mg/L；

　　K_{DN}——反硝化速率常数，$gNO_3^--N/(gVSS \cdot h)$；

　　X_V——混合液悬浮固体浓度，mg/L；

　0.12——VSS中氮的质量分数；

　　X_W——VSS的质量。

（2）好氧池容积的确定。好氧池容积 V_O 可用下式确定：

$$V_O = \frac{QY\theta_{CO}(S_o - S_e)}{X_V(1 + \theta_{CO}K_d)} \tag{3-30}$$

式中　Q——进水流量，m^3/d；

　　θ_{CO}——好氧区设计污泥龄，d；

　　S_o——进水中BOD_5的浓度，mg/L；

　　S_e——出水中BOD_5的浓度，mg/L；

　　K_d——硝化速率常数，$gNH_3-N/(gVSS \cdot h)$；

　　X_V——混合液悬浮固体浓度，mg/L。

（3）需氧量的计算。A/O处理系统的需氧量可用下式计算：

$$O_2 = Q\left(\frac{L_a - L_b}{1 - e^{-kt}}\right) - 1.42Q_Wf_V + 4.57Q(N_{re} - N_{ke}) - 0.56Q_W \tag{3-31}$$

式中　L_a——进水中BOD_5的浓度，mg/L；

　　L_b——出水中BOD_5的浓度，mg/L；

　　k——BOD_5降解速率常数，$gBOD_5/(gVSS \cdot d)$；

t——曝气时间，d；

Q_W——排出生物反应池系统的微生物量，kg/d；

f_V——混合液悬浮固体挥发比；

N_{re}——进水中总氮浓度，mg/L；

N_{ke}——出水中总凯氏氮的浓度，mg/L。

（4）主要工艺设计参数。改良型生物脱氮工艺的设计参数见表 3-3。

表 3-3 主要工艺设计参数

参 数	取值范围	参 数	取值范围
水力停留时间/h	缺氧段 0.5~1.0，好氧段 2.5~6	MLSS/mg·L⁻¹	2000~5000
污泥龄/d	3~15	混合液回流比/%	200~500
污泥负荷/kgBOD₅·(kgMLSS·d)⁻¹	0.10~0.70	污泥回流比/%	50~100

3.4.2 生物脱磷处理技术

生物除磷是利用聚磷菌在好氧条件下过量地超出其生理需要地从外部摄取磷，并将其以聚合形态储藏在菌体内，形成高磷污泥，排出系统，达到从废水中除磷目的的过程。

3.4.2.1 生物除磷原理

为了重复利用污泥，需要厌氧放磷，使污泥在返回好氧池后充分吸磷。

（1）好氧环境中的摄磷机理。聚磷菌氧化分解有机物（富营养条件）或水解体内的聚 β-烃基丁酸（PHB）（在贫营养环境），同时从环境中吸取磷酸合成 ATP，获得能量以生长和繁殖；而且，聚磷菌有这样的功能：在能源物质丰富的条件下，可以吸收大量的磷以聚磷酸盐的形式储存能量。

（2）厌氧环境中的放磷机理。在厌氧条件下，聚磷菌将电子和低分子碳源合成 PHB 等储存性颗粒（因为没有可用的电子受体如 O_2、NO_3^-）。碳源和电子来自其他异养菌：水解有机物、发酵生成简单有机分子（主要是乙酸和乳酸）。合成 PHB 的能量来源于聚磷的分解。

3.4.2.2 生物除磷影响因素

（1）溶解氧。放磷反应时要求严格厌氧。但是在吸磷时，反应器内要求保持充足的氧。

（2）有机物浓度及可利用性。碳源的性质对吸、放磷及其速率影响极大，低分子易降解有机物诱导磷释放的能力强，磷的释放充分，吸磷量也大。

（3）污泥龄。污泥龄影响污泥排放量及污泥含磷量。污泥龄越长，污泥含磷量越低，去除单位质量的磷需要同时耗用更多的 BOD。污泥龄较低时，除磷率较高。脱氮除磷系统应处理好泥龄和除磷效率的矛盾。

（4）pH 值。与常规生物处理 pH=6~8 相同，生物除磷系统合适的 pH 值为中性和微碱性，不合适时应调节。

（5）温度。在适宜温度 5~30℃范围内，效果较好。温度较低时应适当延长厌氧区的停留时间或投加外源挥发性脂肪酸。

（6）其他。影响系统除磷效果的还有污泥沉降性能和剩余污泥处置方法等。

3.4.2.3　生物除磷工艺

（1）Phostrip 除磷工艺。Phostrip 工艺即侧流除磷工艺，通常所说的生物除磷工艺往往是指 Phostrip 工艺。其工艺流程见图 3-38。

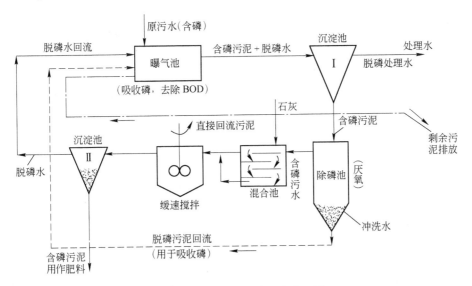

图 3-38　Phostrip 除磷工艺流程图

废水经过曝气池处理去除 BOD_5 和 COD_{Cr}，同时活性污泥过量摄取磷后，混合液再进入二沉池，实现含磷污泥与水的分离。含磷污泥一部分回流到曝气池，另一部分分流至厌氧除磷池。在厌氧除磷池中，污泥在好氧条件时过量摄取的磷得到充分释放，然后回流到曝气池中。由除磷池流出的富磷上清液进入化学沉淀池，投加石灰形成 $Ca_3(PO_4)_2$ 不溶物沉淀，在通过排放含磷污泥去除磷。含磷污泥的磷含量可占污泥干重的 6% 左右，可作为农用肥料。

Phostrip 工艺将生物除磷法与化学除磷法结合在一起，除磷效果较好且稳定，出水总磷浓度可以小于 1mg/L，而且操作灵活，受外界条件影响小。现有常规活性污泥法很容易改造成 Phostrip 工艺，只需在污泥回流管线上增加小规模的处理单元即可，而且在改造过程中不用中断污水处理系统的正常运转。

（2）A_p/O 工艺。A_p/O 工艺是由厌氧区和好氧区组成的同时去除污水中有机物及磷的处理系统，如图 3-39 所示。为了使微生物在好氧池中易于吸收磷，溶解氧应维持在 2mg/L

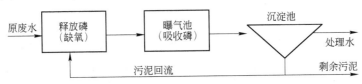

图 3-39　A_p/O 工艺流程图

以上，pH 值应控制在 7~8 之间。磷的去除率还取决于进水中易降解 COD 含量，一般用 BOD_5 与磷浓度之比表示。据报道，如果比值大于 10：1，出水终磷浓度可降至 1mg/L 左右。由于微生物吸收磷是可逆的过程，过长的曝气时间及污泥在沉淀池中长时间停留都有可能造成磷的释放。

3.4.3　同步脱氮除磷处理技术

随着水体富营养化问题的日渐突出，污水综合排放标准日趋严格，污水处理技术逐渐从以单纯去除有机物为目的的阶段进入既要去除有机物又要脱氮除磷的深度处理阶段。生物脱氮除磷技术是经济、高效的脱氮除磷技术，在污水处理领域已得到广泛的应用。

3.4.3.1　反硝化除磷机理

生物脱氮除磷主要是利用反硝化达到除磷的目的。生物脱氮除磷是在厌氧/缺氧环境交替运行的条件下，富集一类兼有反硝化作用和除磷作用的兼性厌氧微生物，该微生物能利用氧气或硝酸根作为电子受体，通过它们的代谢作用同时完成过量吸磷和反硝化过程而达到除磷脱氮的目的。

反硝化除磷菌作为兼性厌氧细菌可以通过厌氧/缺氧条件的驯化培养大量富集；在缺氧条件下能产生分别或同时利用氧气，亚硝酸盐、硝酸盐作为电子受体的 DPB（反硝化除磷细菌），并且通过胞内 PHB 和糖原质的生物代谢作用来过量吸收磷，其代谢作用与传统 PAO（聚磷菌）相似。DPB 体内包含 3 类内聚物：PHB、糖原和聚磷颗粒。首先在厌氧条件下，DPB 通过厌氧释放磷获取能量体内合成 PHB；在缺氧条件下 DPB 可利用 3 种物质作为电子受体完成磷的摄取，同时完成反硝化过程，PHB 消耗和聚磷颗粒的生长同时进行。糖原在这个过程中维持细胞内的氧化还原平衡；在厌氧段糖原消耗用于有机物的降解和磷的释放，在缺氧段又重新生成，从而调节细胞内物质和能量平衡。

3.4.3.2　反硝化脱氮除磷工艺

从生物脱氮除磷的机理分析来看，生物脱氮除磷工艺基本上包括厌氧、缺氧、好氧三种状态。脱氮除磷组合工艺是前人在不断深入研究脱氮工艺中意外发现的。从早期的 SBR 工艺到后来的 Dephanox 工艺，反硝化除磷已经成为人们关注的热点。从工艺研究角度，反硝化除磷工艺主要分为两大类：一类是单污泥系统，代表工艺是单污泥 SBR 及改进工艺、好氧颗粒污泥工艺和 UCT 改进工艺（BCFS）；另一类是双污泥系统，代表工艺是 A^2/N 和 Dephanox 工艺。

（1）单污泥 SBR 及其改进工艺。反硝化除磷最早采用的工艺就是 SBR 工艺。后来为了满足反硝化除磷的富集条件出现了大量改进的 SBR 工艺。通过调整 SBR 的运行方式使 DPB 的培养简单易操作，同时以 SBR 为基础的 AOA（厌氧/好氧/缺氧）、AIA、SAAR 工艺为反硝化除磷的工艺发展奠定了基础。

为了更好地发挥 SBR 的运行优势，富集大量的 DPB，有人引入生物膜概念以 SBR 运行方式进行操作和运行，获得更好的脱氮除磷效果，此改进工艺称为 SBBR 工艺。Akihiko Terada 等人采用 SBBR 工艺，利用中空纤维膜富集反硝化除磷菌，使 DPB 在悬浮污泥中大量富集。在反应器内运行方式是先厌氧反应再好氧反应（此为一个反应周期），通过长时间运行，TOC、TN 和 TP 的去除率分别达到 99%、96% 和 90%。另外一种 SBBR 工艺是类似生物接触氧化的生物膜工艺,由于生物膜存在厌氧、缺氧和好氧层,本身具有内部反硝化除磷菌生长的条件,因而更能有利于 DPB 的生长和固定。Lee J 等人利用"缺氧+BAF"工艺培养反硝化除磷菌,完成了温度小于 15℃ 的低浓度废水的脱氮除磷研究。生物膜工艺的研究为固化反硝化除磷菌提供了一种途径,从而更易于应用于工程实践。

(2) A^2/O 脱氮除磷工艺(见图 3-40)。A^2/O 系统如果主要用于除磷,则混合液不需回流,而只需污泥回流。回流污泥中的聚磷菌在厌氧池可吸收消解一部分有机物,同时释放出大量磷,然后混合液流入好氧池,污水中的有机物在其中得到氧化分解;同时聚磷菌则超量地从污水中吸收磷,在二沉池沉淀后,剩余污泥排放,使污水除磷净化。

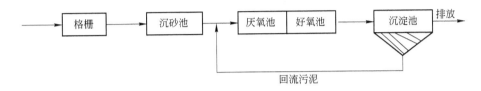

图 3-40 A^2/O 脱氮除磷工艺流程图

A^2/O 脱氮除磷工艺的特点有:

1)工艺流程简单。

2)水力停留时间短,厌氧池 1~2h,好氧池 2~4h,总共为 3~6h,厌氧池/好氧池的水力停留时间之比为 1:(2~3)。

3)磷的去除主要通过二沉池污泥排放,污泥含磷量高,可达 2.5% 以上,作肥料肥效高。

4)沉淀池内污泥停留时间不宜过长,否则聚磷菌会在厌氧状态下产生磷的释放,降低除磷率,所以应及时排污泥和采取污泥回流。

5)厌氧池在前,好氧池在后,有利于抑制丝状菌的生长,混合液的 SVI 小于 100,污泥易沉淀,不易发生污泥膨胀,并减轻好氧池的有机负荷。

6)当污水 BOD_5 浓度不高或含磷量高时,则 P/BOD_5 比值升高,污泥产量降低,使除磷率难于提高。

7)A^2/O 最大缺陷是污水不回流,脱氮效果差,此工艺适合于含磷而 NH_3-N 含量低的污水。

(3) UCT 改良工艺(BCFC 工艺)。BCFS 工艺是荷兰代尔夫特大学 Kluyver 生物技术实验室在帕斯韦尔氧化沟与 UCT 工艺及原理基础上开发的新型脱氮除磷工艺,也是一种单污泥系统。BCFS 工艺由 5 个功能独立的反应器(厌氧池、接触选择池、缺氧池、混合池、好氧池)及 3 个循环系统构成。循环 1 的设置是为了提供释磷条件,因为回流污泥被直接引入到选择池,所以,从好氧池设置内循环 2 到缺氧池十分重要,它起到辅助回流污泥向缺氧池补充硝酸氮的作用。循环 3 的设置是在好氧池与混合池之间建立循环,以增加硝化或同步硝化与反硝化的机会,为获得良好的出水氮浓度创造条件。

(4) A^2/N 工艺及其改进工艺。A^2/N 工艺充分利用了反硝化除磷的理论,将反硝化聚磷菌和硝化菌培养在不同的反应器中,创造最佳的运行条件,是典型的双污泥系统。Kuba T 等人最初利用 A^2/N 双污泥系统对反硝化除磷菌进行了研究,并且通过分析得出 A^2/N 过程可降低对碳源(COD)50% 的需求,同时对氧气的需求也降低 30%,另外产生的污泥量减少了 50%，从而为反硝化除磷工艺的推广应用奠定了基础。

近几年来，人们对 A^2/N 工艺的研究逐渐多了起来，罗固源等人将双污泥系统与 SBR 结合起来形成的 A^2/N-SBR 工艺也是一种典型的双污泥系统。通过设置厌氧和好氧生物膜两 SBR 系统，使得聚磷菌反硝化菌共存于一个活性污泥系统中，硝化菌在另一个污泥系统，从而解决了脱氮除磷的竞争问题，更有利于反硝化除磷菌的富集和优化。

（5）Dephanox 工艺。Bortone G 等人根据 Wanner 理论研究开发的 Dephanox 工艺是典型的双污泥系统。它利用有机基质同时进行脱氮除磷，消除了 PAO 和反硝化菌对有机底物的竞争。其工艺特性：1）在厌氧池后段设沉淀分离，使硝化过程与除磷过程分离从而避免了菌种对碳源的竞争；2）采用后置反硝化工艺（后置缺氧池）减少了硝酸盐的回流；3）后置二次氧化和沉淀系统进一步加强了对磷的去除，从而获得稳定的去磷效果。

3.4.3.3　反硝化除磷技术的影响因素

（1）亚硝酸盐浓度。反硝化聚磷菌能够以低浓度的亚硝酸盐氮作为电子受体，进行缺氧吸磷，如亚硝酸盐氮浓度大于 10mg/L，则会抑制反硝化除磷菌的活性，而且这种抑制作用并不是瞬时的，至少要持续一段时间，其活性才能恢复。在亚硝酸氮浓度大于 30mg/L 时，存在严重的抑制作用。当其浓度低于 25mg/L 时，不会对反硝化条件下磷的吸收产生毒害作用，可以取代氧气、硝酸盐氮作为良好的电子受体，用来进行缺氧段磷的生物摄取。

（2）硝酸盐浓度。在 A^2/O 系统中，A^2/O 工艺中反硝化吸磷量明显高于好氧吸磷量。为了提高缺氧区的吸磷量，必须提供充足的电子受体（即 NO_3^-），否则电子受体不充分，一方面会降低缺氧区的吸磷量，另外会导致缺氧区二次放磷，所以对内循环的控制非常重要。另外，在进水中添加 NO_3^--N，对颗粒污泥的除磷效果有一定的促进作用，说明反硝化聚磷菌利用厌氧段吸收的有机物及内碳源，同样可以进行反硝化除磷，且速度很快，加入的电子受体迅速被利用，体系中没有 NO_3^--N_2 的积累。

（3）pH 值。pH 值对反硝化聚磷菌厌氧释磷影响较大。pH 值增大，则 P/C 值也随之升高。但当 pH 值过高时，P/C 值会有所降低，这主要是由磷酸盐沉淀引起的。缺氧段 pH 值过低，缺氧吸磷菌不能适应，吸磷作用破坏。缺氧段 pH 值为中性或偏碱性的时候，磷的释放与吸收效果稳定，因此缺氧段在偏碱性条件下，反硝化除磷仍能够稳定运行。

（4）污泥龄。污泥龄长短对工艺的反硝化除磷性能影响较大，同时还会影响去除单位氮和磷所需的 COD 数量。污泥龄越长，反硝化除磷对系统除磷的效果越好。

（5）溶解氧。在反硝化除磷工艺中，控制释磷的厌氧条件极为重要，厌氧段的溶解氧含量通常用氧化还原电位来度量。研究表明，ORP（氧化还原电位）值和磷含量之间呈良好的相关关系，能直观地反映 PO_4^{3-}-P 浓度的变化，从而能定量反映聚磷菌的性能特征，因此可把它作为厌氧释磷过程扰动的一个实时指标。当 ORP 值为正值时，聚磷菌不释磷；而当 ORP 值为负值时，绝对值越高，则其释磷能力就越强。

（6）碳源种类和浓度。缺氧反应器内的反硝化吸磷在 COD 为 250～450mg/L 时，吸磷显著。随着 COD 的降低，放磷所需时间减少。

3.5 废水土地处理技术

废水土地处理技术是指利用农田、林地等土壤-微生物-植物构成陆地生态系统对污染物进行综合净化处理的生态工程。它能在处理城镇污水及一些工业废水的同时，通过营养物质和水分的生物化学循环，促进绿色植物生长，实现污水的资源化和无害化。

污水土地处理系统的优点有：

（1）促进污水中植物营养素的循环，污水中的有用物质通过作物的生长而获得再利用；

（2）可利用废劣土地、坑塘洼地处理污水，基建投资省；

（3）使用机电设备少，运行管理简便低廉，节省能源；

（4）绿化大地，增添风景美色，改善地区小气候，促进生态环境的良性循环；

（5）污泥能得到充分利用，二次污染小。

污水土地处理系统如果设计不当也会造成许多不良后果：

（1）污染土壤和地下水，特别是造成重金属污染、有机毒物污染等；

（2）导致农产品质量下降；

（3）散发臭味、蚊蝇滋生，危害人体健康等。

污水土地处理系统由污水的预处理设备、调节储存设备、输配送设备、控制系统与设备、土地净化田和收集利用系统等组成。

3.5.1 污水土地处理系统的工艺类型及其特性

现有比较成熟和被广泛应用的污水土地处理工艺有以下五类。

（1）污水慢速渗滤土地处理系统。污水慢速渗滤（SR）土地处理技术是土地处理技术中经济效益最大、水和营养成分利用率最高的一种类型。慢速渗滤系统是将污水投配到种有作物的土壤表面，污水在流经地表土壤-植物系统时，得到充分净化的一种土地处理工艺类型。

在慢速渗滤系统中，土壤-植物系统的净化功能是其物理化学及生物学过程综合作用的结果，具体为：植物的吸收利用；土壤微生物及土壤酶的降解、转化和生物固定；土壤中有机物质胶体的吸收、络合、沉淀、离子交换、机械截留等物理化学固定作用；土壤中气体的扩散作用及淋溶作用。

（2）污水快速渗滤土地处理系统。污水快速渗滤（RI）土地处理系统是污水土地处理系统的一种基本类型。它是将污水有控制地投配到具有良好渗滤性的土壤表面，污水在向下渗滤过程中由于物理、化学和生物化学等一系列作用而得到净化。

快速渗滤系统的运转周期是一段时间投配污水，称之为淹水期，随之是数天或数周的干化期。该运行处理周期模式可以使渗滤土壤表面好氧条件周期性地再生，同时使截留在土壤表层的悬浮固体充分有效地分解。

（3）污水地表漫流土地处理系统。污水土地漫流（OF）工艺是将污水有控制地投配在生长着茂密植物、具有和缓坡度且土壤渗透性较低的土地表面上，污水呈薄层缓慢而均匀地在土表上流经一段距离后得到净化地一种污水处理方式。

土地漫流系统的净化机理是利用"土壤-植物-水"体系对污染物的巨大容纳、缓冲和降解能力。其中土表的生物膜对污染物有吸附、降解和再生的作用；植物起了均匀布水的作用；阳光既可以提高系统活力，又可以杀灭病原体及促进污染物的分解；大气给了微生物良好的呼吸条件。在以上各方面的良好条件下，土地漫流系统构成了一个"活"的生物反应器，是一个高效低能耗的污水处理系统。

（4）污水人工湿地处理系统。人工湿地（CW）处理的反应机理是土壤中与植物共生的细菌利用空气分解污水中的有机质。当污水流过种有适当植物的湿地时，土壤于植物环境中富含的细菌生长，污水中有机质好氧分解。该系统不仅可以去除污水中的固体和溶解性有机质，也能去除部分氨氮。

（5）污水组合型处理系统。将以上工艺和技术组合使用，可以进一步改善工艺条件和处理效果，提高再生水的利用价值。

表 3-4 列出了上述各种典型处理工艺的设计技术指标。

表 3-4　各种典型处理工艺的设计技术指标

项　目	水力负荷 /$m^3 \cdot d^{-1}$	BOD/mg·L^{-1}		COD/mg·L^{-1}		处理场地分格
		进水	出水	进水	出水	
快速渗滤（RI）	40	150	5	300	30	分格数为 3，正方形边长不大于 200m，场地长宽比为 1：（0.33~0.67）
慢速渗滤（SR）	3.0	150	2	300	20	每格 200m×50m，场地长宽比为 1：（0.38~0.75）
	6.5	150	2	300	20	每格 200m×50m，场地长宽比为 1：（0.4~0.8）
土地漫流（OF）	15~18	150	2	300	20	每格小于 200m×38m，场地长宽比为 1：（0.49~0.83）
人工湿地（CW）	15	150	0	300	45	每格小于 200m×25m，场地长宽比为 1：（0.6~0.83）

3.5.2　土地处理工艺的机理

污水流经土壤得以净化的过程极为复杂，其净化机理是多种作用、多种过程的综合过程。

（1）土壤的物理作用。

1）过滤：污水流经土壤，其中的污染物质及悬浮颗粒被土壤团聚颗粒间的孔隙所截滤，污水得到净化。影响土壤物理过滤效果的因素有：团聚颗粒的大小，颗粒间孔隙的形状和大小，孔隙的分布以及污水中悬浮颗粒的性质、多少与大小等。

2）沉淀：污水中的杂质在土壤团聚颗粒表面上沉淀去除，土层本身相当于一个有巨大比表面积的沉淀池。

3）吸附：在非极性分子间范德华力的作用下，土壤中黏粒能够吸附土壤溶液中的中性分子；污水中的部分重金属离子可因阳离子交换作用而被置换、吸附并生成难溶性的物质被固定在矿物晶格中；土壤中的黏粒、腐殖质和矿物质具有强烈的吸附活性，能吸附污水中多种溶解性污染物。

（2）土壤的化学作用。土壤层是一个能容纳各种物质和催化剂的化学反应器，并始终保持动态平衡。当污水进入土壤层，污染物导致土层中的平衡体系被破坏，则土层内必相应发生一系列的氧化、还原、吸附、离子交换、络合等反应，使进入的污染物质或被氧化、还原，或被吸附、吸收，或变为难溶性的沉淀等，以重新建立新的平衡，在这一过程中，污水得以净化。例如金属离子可与土壤中的无机和有机胶体颗粒生成螯合化合物；有机物与无机物的复合化生成复合物；调整、改变土壤的氧化还原电位，能够生成难溶性硫化物；改变 pH 值，能够生成金属氢氧化物；某些化学反应还能够生成金属磷酸盐等物质，从而沉积于土壤中。

（3）土壤的物理化学作用。土壤中的黏土、腐殖质构成了复杂的胶体颗粒体系，而各种污染物大多也以胶体状态稳定存在于污水中。当污水进入土层，原来两种各自独立的体系便构成新的胶体体系。由于电解质平衡体系的破坏和土壤层中腐殖质等高分子物质的不饱和特性，导致在新的体系中发生一系列的胶体颗粒的脱稳、凝聚、絮凝和相互吸附等物理化学过程，从而使污水得以净化。

（4）土壤的生物作用。在土壤环境中生长着大量的细菌、真菌、酵母菌、原生动物、后生动物、腔肠动物、各种昆虫等，并存在一个丰富的土壤微生物酶系。污水中的有机质及氮和磷等营养素在这个生态系统中，通过微生物的降解和吸收，部分转化为有机质储存在生物体内，从而与水分离。

3.5.3　人工湿地类型

人工湿地是由人为因素形成的湿地，如水田、水库、运河、盐田及鱼塘等。污水人工湿地处理是将污水、污泥有控制地投配到人工建造的湿地上，污水与污泥在沿一定方向流动的过程中，主要利用土壤、人工介质、植物、微生物的物理、化学、生物三重协同作用，对污水、污泥进行处理的一种技术。其作用机理包括吸附、滞留、过滤、氧化还原、沉淀、微生物分解、转化、植物遮蔽、残留物积累、蒸腾水分和养分吸收及各类动物的作用。

（1）地表流人工湿地。地表流湿地与地表漫流土地处理系统非常相似，不同的是在地表流湿地系统中，1）四周筑有一定高度的围墙，维持一定的水层厚度（一般为 10～30cm）；2）湿地中种植挺水型植物（如芦苇等）。

地表流人工湿地处理污水时，向湿地表面布水，水流在湿地表面呈推流式前进，在流动过程中，与土壤、植物及植物根部的生物膜接触，通过物理、化学以及生物反应，污水得到净化，并在终端流出，如图 3-41 所示。

（2）潜流式人工合成湿地。人工湿地的核心技术是潜流式湿地。它一般由两级湿地串联、处理单元（沙层、土层和植被）并联组成。湿地中根据处理污染物的不同而填有不同介质，种植不同种类的净化植物。污水通过基质、植物和微生物的物理、化学和生物的途径共同完成系统的净化，对 BOD、COD、TSS、TP、TN、藻类、石油类等有显著的去除效果；此外该工艺独有的流态和结构形成的良好的硝化与反硝化功能区对 TN、TP、石油类的去除明显优于其他处理方式。主要包括内部构造系统、活性酶体介质系统、植物的培植

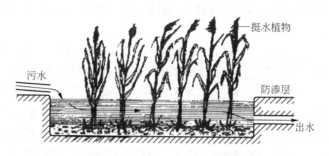

图3-41　地表流人工湿地

与搭配系统、布水与集水系统、防堵塞技术、冬季运行技术。

潜流式人工合成湿地的形式分为垂直流潜流式人工湿地和水平流潜流式人工湿地。它们是利用湿地中不同流态的特点来净化进水。经过潜流式湿地净化后的河水可达到地表水Ⅲ类标准，再通过排水系统排放。

1）垂直流潜流式人工湿地。在垂直潜流系统中，污水由表面纵向流至床底，在纵向流的过程中污水依次经过不同的介质层，达到净化的目的，如图3-42所示。垂直流潜流式湿地具有完整的布水系统和集水系统，其优点是占地面积较其他形式湿地小，处理效率高，整个系统可以完全建在地下，地上可以建成绿地和配合景观规划使用。

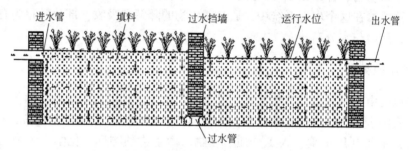

图3-42　垂直流潜流式人工湿地

2）水平流潜流式人工湿地。水平流潜流式人工湿地是潜流式湿地的另一种形式，污水由进水口一端沿水平方向依次流过砂石、介质、植物根系，流向出水口一端，以达到净化目的，如图3-43所示。

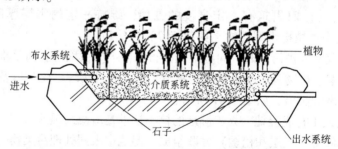

图3-43　水平流潜流式人工湿地

（3）沟渠型人工湿地。沟渠型湿地床包括植物系统、介质系统、收集系统。它主要对雨水等面源污染进行收集处理，通过过滤、吸附、生化达到净化雨水及污水的目的。沟渠型人工湿地是小流域水质治理、保护的有效手段。

3.5.4 湿地系统的净化机理

人工湿地对污水的作用机理十分复杂。一般认为，人工湿地生态系统是通过物理、化学及生物三重协同作用净化污水。物理作用主要是过滤、截留污水中的悬浮物，并积在基质中；化学反应包括化学沉淀、吸附、离子交换、拮抗和氧化还原反应等；生物作用则是指微生物和水生动物在好氧、兼氧及厌氧状态下，通过生物酶将复杂大分子分解成简单分子、小分子等，实现对污染物的降解和去除。

（1）基质净化机理。人工湿地中的基质由土壤、细砂、粗砂、砾石、碎瓦片、粉煤灰、泥炭、页岩、铝矾土、膨润土、沸石等介质中的一种或几种所构成。它是湿地植物的直接支撑者，为植物和微生物提供营养，具有巨大的比表面积，易形成生物膜，污水流经颗粒表面时，污染物通过沉淀、过滤、吸附作用被截留。不同的基质有不同的处理能力。湿地基质的类型、结构和肥力状况直接决定湿地植物的类型、数量和质量，并通过食物链影响湿地动物的类群、生长和发育，最终影响湿地生态系统的物质生产。基质也是湿地微生物、水生动物的生活场所，在基质颗粒的周围形成生物膜，通过提供能源和适宜的厌氧条件加强氮的转化。研究表明，在不考虑植物因素的条件下，经过湿地处理的模拟生活污水的 COD、BOD_5、TSS、总氮、总磷等污染物浓度下降，水质得到改善。研究还表明，选择合适的人工湿地基质材料和厚度，对提高人工湿地净化能力至关重要。

（2）植物净化机理。植物是湿地中最重要的去污成分之一，在人工湿地净化污水的过程中起着重要作用。根据植物对污水净化机理的差别，植物净化作用可分为直接净化作用和间接净化作用。直接净化作用是指植物通过吸收、吸附和富集等作用直接去除污水中污染物。间接净化作用是指植物根、茎输送氧气，增强和维持基质的水力传输，影响水力停留时间，通过根系巨大的表面积创造利于各种微生物生长的微环境。

复习思考题

3-1 废水中主要生长的微生物有哪几类？

3-2 活性污泥法的基本概念和基本流程是什么？

3-3 活性污泥法有哪些主要运行方式？各种运行方式有何特点？

3-4 生物接触氧化法的基本流程及特点是什么？厌氧生物处理的基本原理是什么？

3-5 影响厌氧生物处理的主要因素有哪些？

3-6 提高厌氧处理的效能主要从哪方面考虑？

3-7 如何计算生物脱氮、除磷系统的曝气池容积、曝气池需氧量和剩余污泥量？

3-8 生物脱氮、除磷的环境条件要求和主要影响因素是什么？说明主要生物脱氮除磷工艺特点。

3-9 人工湿地的脱氮除磷的机理是什么？

3-10 污水土地处理系统中的工艺类型有哪些？各有什么特点？

第2篇

大气污染控制工程

4 大气质量与大气污染

4.1 大气的结构、组成及大气环境质量控制标准

4.1.1 大气结构

　　大气是自然环境的重要组成部分，是人类赖以生存的必不可少的物质。在自然地理学上，由于地心引力而随地球旋转的大气称为大气圈，其厚度大约为10000km。由于离地面越远，受地心引力越小，空气越稀薄，地表上空1400km以外的区域已非常稀薄。因此，从污染气象学的角度来讲，大气圈是指从地球表面到地表上空1000~1400km的范围，大气圈的总质量大约为$6×10^{15}$t，约为地球质量的百万分之一。

　　大气的密度、温度和组成随高度变化而变化，由低到高呈现层状结构。如果根据气温在垂直方向的变化情况，大气圈可以分为对流层、平流层、中间层、暖层和散逸层5层，如图4-1所示。

　　(1) 对流层。对流层是大气圈中最接近地面的一层，对流层顶的高度随着纬度和季节的变化而变化，在赤道附近的低纬度地区为16~18km，在两极附近的高纬度地区为6~10km，平均厚度约为12km，并且暖季比冷季要高。对流层的特点如下：

　　1) 由于地球表面陆地和海洋分布不均匀，再加上不同纬度接收的太阳辐射以及地形的差别，所以在对流层中，特别是在对流层的下层中存在着大气的垂直对流和水平对流，空气发生强烈的混合。

　　2) 对流层的空气质量约为大气层总质量的3/4，并且还含有一定量的水蒸气，对人和动植物的生存起着重要的作用。

　　3) 云、雾、雨、雪和雷电等天气现象都发生在对流层，污染物的迁移扩散和转化也主要在这一层进行，特别是在离地面1~2km的近地层。因此，对流层是对人类生产、生活影响最大的一层。

　　4) 对流层的气温随高度的增加而下降，一般情况下，高度平均每升高100m下降0.65℃。

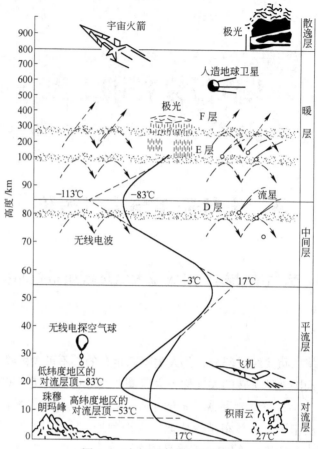

图 4-1 大气垂直方向的分层

（2）平流层。平流层位于对流层之上，层顶距地面 50~55km。根据温度的不同，平流层又可分为两层：从对流层顶到 30~35km，这一层气温几乎不随高度的变化而变化，称为同温层；而同温层上部的气温则随高度的增加而迅速增高，这是因为在这一层存在厚度约为 20km 的臭氧层，臭氧层大量吸收太阳紫外线（波长为 200~300nm）使气温增高。在平流层中，大气一般为平流流动，因此，进入平流层的污染物不易于扩散，污染物在此层的停留时间较长，甚至可达数年之久。此外，进入平流层的污染物如氮氧化物、氯化氢及氟利昂等有机制冷剂还能与臭氧发生光化学反应，致使臭氧浓度降低，严重时会产生"臭氧空洞"，造成地球表面的紫外线增强，对人类以及生态系统造成极大的威胁。

（3）中间层。中间层位于平流层之上，层顶距地面 80~85km。此层有强烈的垂直对流运动，又没有可以吸收紫外线的臭氧，因此这一层的气温随高度增加而迅速下降，层顶温度可降至-83℃~113℃。

（4）暖层。暖层位于中间层上层，层顶距地面约 800km。此层下部基本由分子氮组成，上部由原子氧组成。原子氧可吸收太阳辐射的紫外光，因而该层气体温度随高度增加而迅速上升。暖层中的大量分子在太阳光和宇宙射线的作用下被电离，所以暖层又称为电离层，电离层能反射电磁波，对远距离通讯有很重要的作用。

（5）散逸层。散逸层是大气圈的最外层，层顶界线不明显。该层空气极其稀薄，距离地面越远，气温越高，气体电离度越大，气体离子可散逸到宇宙空间。

当然，大气圈还有其他的分层方法。例如，根据大气中氮气和氧气的组成比例是否有变化，可将大气圈分为均质层和非均质层。从地球表面到 80~85km 之间的氮气和氧气组成比例几乎没有变化，这一层称为均质层；其上的大气层，气体组成随高度而变化，称为非均质层。

4.1.2　大气组成

大气是多种成分组成的混合物，其中氮、氧、氩及氖、氦、氪、氙、氡等稀有气体的含量在地球表面附近几乎是不变的，为恒定组分。恒定组分中氮、氧两种气体所占的比例达到 99.83%。大气中的二氧化碳和水蒸气的含量由于会受到地区、季节、气象以及人们生活、生产活动的影响而发生变化，称为可变组分。通常，二氧化碳的含量在 0.02%~0.04%，水蒸气的含量小于 4%。此外，火山爆发、森林火灾等自然现象或人为因素还会造成大气某种成分（不定组分）的增加或增多。

由恒定组分及可变组分所组成的大气，叫做洁净大气。不含水蒸气的洁净大气称为干洁空气，其组成见表 4-1 和表 4-2。

表 4-1　干洁空气的平均组成

气体名称	相对分子质量	体积百分比/%	质量百分比/%
氮	28.016	78.09	75.55
氧	32.000	20.95	23.13
氩	39.944	0.93	1.27
二氧化碳	44.010	0.03	0.05
合　计	—	100	100

表 4-2　干洁空气中微量气体的平均组成

气体名称	相对分子质量	体积浓度/mL·m^{-3}	质量浓度/mg·m^{-3}
氖	20.183	18	12.9
氦	4.003	5.2	0.74
甲烷	16.04	2.2	1.3
氪	83.80	1	3.0
一氧化碳	44.01	1	1.6
氢	2.016	0.5	0.03
氙	131.30	0.08	0.37
臭氧	48.00	0.01	0.02
氡	222	$0.6×10^{-12}$	
合　计	—	27.99	19.96

4.1.3　大气环境质量控制标准

4.1.3.1　环境空气质量标准

《环境空气质量标准》（GB 3095—2012）是根据《中华人民共和国环境保护法》和

148

《中华人民共和国大气污染防治法》以及国际先进标准而制定，并在全国范围内分时段开始实施的，即 2012 年，京津冀、长三角、珠三角等重点区域以及直辖市和省会城市开始实施；2013 年，113 个环境保护重点城市和国家环保模范城市开始实施；2015 年，所有地级以上城市均实施。2016 年 1 月 1 日，全国开始执行新标准，界时该标准将取代我国 1996 年制定的《大气环境质量标准》（GB 3095—1996）。GB 3095—2012 规定了 SO_2 等 10 种污染物的浓度限值，将空气质量功能区分为两类：一类区为自然保护区、风景名胜区和其他需要特殊保护的区域；二类区为居住区、商业交通居民混合区、文化区、工业区和农村地区。一类区适用一级浓度限值，二类区适用二级浓度限值。各级标准对 10 种污染物的浓度限值见表 4-3。该标准是在全国范围内进行环境空气质量评价的准则和管理的依据。

表 4-3　环境空气质量标准中各项污染物的浓度限值

序号	污染物名称	取值时间	浓度限值		浓度单位
			一级标准	二级标准	
1	二氧化硫（SO_2）	年平均	20	60	$\mu g/m^3$
		24h 平均	50	150	
		1h 平均	150	500	
2	二氧化氮（NO_2）	年平均	40	40	
		24h 平均	80	80	
		1h 平均	200	200	
3	一氧化碳（CO）	24h 平均	4	4	mg/m^3
		日平均	10	10	
4	臭氧（O_3）	日最大 8h 平均	100	160	$\mu g/m^3$
		1h 平均	160	200	
5	颗粒物（粒径小于 10μm）	年平均	40	70	
		24h 平均	50	150	
6	颗粒物（粒径小于 2.5μm）	年平均	15	35	
		24h 平均	35	75	
7	总悬浮颗粒物（TSP）	年平均	80	200	
		24h 平均	120	300	
8	氮氧化物（NO_x）	年平均	50	50	
		24h 平均	100	100	
		1h 平均	250	250	
9	铅（Pb）	年平均	0.5	0.5	
		季平均	1	1	
10	苯并［a］芘（BaP）	年平均	0.001	0.001	
		24h 平均	0.0025	0.0025	

4.1.3.2　排放标准

《中华人民共和国大气污染物综合排放标准》（GB 16297—1996）规定了 33 种大气污

染物的排放限值见表 4-4，同时规定了标准执行过程中的各种要求。该标准适用于现有污染源大气污染物排放管理，以及建设项目的环境影响评价、设计、环境保护设施竣工验收及其投产后的大气污染物排放管理。

表 4-4　现有污染源大气污染物排放限值

序号	污染物	最高允许排放浓度 /mg·m⁻³	最高允许排放速率/kg·h⁻¹				无组织排放监控浓度限值	
			排气筒/m	一级	二级	三级	监控点	浓度/mg·m⁻³
1	二氧化硫	1200（硫、二氧化硫、硫酸和其他含硫化合物生产） 700（硫、二氧化硫、硫酸和其他含硫化合物使用）	15 20 30 40 50 60 70 80 90 100	1.6 2.6 8.8 15 23 33 47 63 82 100	3.0 5.1 17 30 45 64 91 120 160 200	4.1 7.7 26 45 69 98 140 190 240 310	无组织排放源上风向设参照点，下风向设监控点①	0.50（监控点与参照点浓度差值）
2	氮氧化物	1700（硝酸、氮肥和火炸药生产） 420（硝酸使用和其他）	15 20 30 40 50 60 70 80 90 100	0.47 0.77 2.6 4.6 7.0 9.9 14 19 24 31	0.91 1.5 5.1 8.9 14 19 27 37 47 61	1.4 2.3 7.7 14 21 29 41 56 72 92	无组织排放源上风向设参照点，下风向设监控点	0.15（监控点与参照点浓度差值）
3	颗粒物	22（炭黑尘、染料尘）	15 20 30 40	禁排	0.60 1.0 4.0 6.8	0.87 1.5 5.9 10	周界外浓度最高点①	肉眼不可见
		80②（玻璃棉尘、石英粉尘、矿渣棉尘）	15 20 30 40	禁排	2.2 3.7 14 25	3.1 5.3 21 37	无组织排放源上风向设参照点，下风向设监控点	2.0（监控点与参照点浓度差值）
		150（其他）	15 20 30 40 50 60	2.1 3.5 14 24 36 51	4.1 6.9 27 46 70 100	5.9 10 40 69 110 150	无组织排放源上风向设参照点，下风向设监控点	5.0（监控点与参照点浓度差值）

序号	污染物	最高允许排放浓度 /mg·m⁻³	最高允许排放速率/kg·h⁻¹				无组织排放监控浓度限值	
			排气筒/m	一级	二级	三级	监控点	浓度/mg·m⁻³
4	氟化氢	150	15 20 30 40 50 60 70 80	禁 排	0.30 0.51 1.7 3.0 4.5 6.4 9.1 12	0.46 0.77 2.6 4.5 6.9 9.8 14 19	周界外浓度最高点	0.25
5	铬酸雾	0.080	15 20 30 40 50 60	禁 排	0.009 0.015 0.051 0.089 0.14 0.19	0.014 0.023 0.078 0.13 0.21 0.29	周界外浓度最高点	0.0075
6	硫酸雾	1000 (火炸药厂) 70 (其他)	15 20 30 40 50 60 70 80	禁 排	1.8 3.1 10 18 27 39 55 74	2.8 4.6 16 27 41 59 83 110	周界外浓度最高点	1.5
7	氟化物	100 (普钙工业) 11 (其他)	15 20 30 40 50 60 70 80	禁 排	0.12 0.20 0.69 1.2 1.8 2.6 3.6 4.9	0.18 0.31 1.0 1.8 2.7 3.9 5.5 7.5	无组织排放源上风向设参照点，下风向设监控点	20μg/m³ (监控点与参照点浓度差值)
8	氯气①	85	25 30 40 50 60 70 80	禁 排	0.60 1.0 3.4 5.9 9.1 13 18	0.90 1.5 5.2 9.0 14 20 28	周界外浓度最高点	0.50

续表 4-4

序号	污染物	最高允许排放浓度 /mg·m⁻³	最高允许排放速率/kg·h⁻¹				无组织排放监控浓度限值	
			排气筒/m	一级	二级	三级	监控点	浓度/mg·m⁻³
9	铅及其化合物	0.90	15	禁排	0.005	0.007	周界外浓度最高点	0.0075
			20		0.007	0.011		
			30		0.031	0.048		
			40		0.055	0.083		
			50		0.085	0.13		
			60		0.12	0.18		
			70		0.17	0.26		
			80		0.23	0.35		
			90		0.31	0.47		
			100		0.39	0.60		
10	汞及其化合物	0.015	15	禁排	1.8×10^{-3}	2.8×10^{-3}	周界外浓度最高点	0.0015
			20		3.1×10^{-3}	4.6×10^{-3}		
			30		10×10^{-3}	16×10^{-3}		
			40		18×10^{-3}	27×10^{-3}		
			50		27×10^{-3}	41×10^{-3}		
			60		39×10^{-3}	59×10^{-3}		
11	镉及其化合物	1.0	15	禁排	0.060	0.090	周界外浓度最高点	0.050
			20		0.10	0.15		
			30		0.34	0.52		
			40		0.59	0.90		
			50		0.91	1.4		
			60		1.3	2.0		
			70		1.8	2.8		
			80		2.5	3.7		
12	铍及其化合物	0.015	15	禁排	1.3×10^{-3}	2.0×10^{-3}	周界外浓度最高点	0.0010
			20		2.2×10^{-3}	3.3×10^{-3}		
			30		7.3×10^{-3}	11×10^{-3}		
			40		13×10^{-3}	19×10^{-3}		
			50		19×10^{-3}	29×10^{-3}		
			60		27×10^{-3}	41×10^{-3}		
			70		39×10^{-3}	58×10^{-3}		
			80		52×10^{-3}	79×10^{-3}		
13	镍及其化合物	5.0	15	禁排	0.18	0.28	周界外浓度最高点	0.050
			20		0.31	0.46		
			30		1.0	1.6		
			40		1.8	2.7		
			50		2.7	4.1		
			60		3.9	5.9		
			70		5.5	8.2		
			80		7.4	11		

序号	污染物	最高允许排放浓度 /mg·m⁻³	最高允许排放速率/kg·h⁻¹				无组织排放监控浓度限值	
			排气筒/m	一级	二级	三级	监控点	浓度/mg·m⁻³
14	锡及其化合物	10	15	禁排	0.36	0.55	周界外浓度最高点	0.30
			20		0.61	0.93		
			30		2.1	3.1		
			40		3.5	5.4		
			50		5.4	8.2		
			60		7.7	12		
			70		11	17		
			80		15	22		
15	苯	17	15	禁排	0.60	0.90	周界外浓度最高点	0.50
			20		1.0	1.5		
			30		3.3	5.2		
			40		6.0	9.0		
16	甲苯	60	15	禁排	3.6	5.5	周界外浓度最高点	0.30
			20		6.1	9.3		
			30		21	31		
			40		36	54		
17	二甲苯	90	15	禁排	1.2	1.8	周界外浓度最高点	1.5
			20		2.0	3.1		
			30		6.9	10		
			40		12	18		
18	酚类	115	15	禁排	0.12	0.18	周界外浓度最高点	0.10
			20		0.20	0.31		
			30		0.68	1.0		
			40		1.2	1.8		
			50		1.8	2.7		
			60		2.6	3.9		
19	甲醛	30	15	禁排	0.30	0.46	周界外浓度最高点	0.25
			20		0.51	0.77		
			30		1.7	2.6		
			40		3.0	4.5		
			50		4.5	6.9		
			60		6.4	9.8		
20	乙醛	150	15	禁排	0.060	0.090	周界外浓度最高点	0.050
			20		0.10	0.15		
			30		0.34	0.52		
			40		0.59	0.90		
			50		0.91	1.4		
			60		1.3	2.0		

序号	污染物	最高允许排放浓度 /mg·m⁻³	最高允许排放速率/kg·h⁻¹				无组织排放监控浓度限值	
			排气筒/m	一级	二级	三级	监控点	浓度/mg·m⁻³
21	丙烯腈	26	15	禁排	0.91	1.4	周界外浓度最高点	0.75
			20		1.5	2.3		
			30		5.1	7.8		
			40		8.9	13		
			50		14	21		
			60		19	29		
22	丙烯醛	20	15	禁排	0.61	0.92	周界外浓度最高点	0.50
			20		1.0	1.5		
			30		3.4	5.2		
			40		5.9	9.0		
			50		9.1	14		
			60		13	20		
23	氯化氢①	2.3	25	禁排	0.18	0.28	周界外浓度最高点	0.030
			30		0.31	0.46		
			40		1.0	1.6		
			50		1.8	2.7		
			60		2.7	4.1		
			70		3.9	5.9		
			80		5.5	8.3		
24	甲醇	220	15	禁排	6.1	9.2	周界外浓度最高点	15
			20		10	15		
			30		34	52		
			40		59	90		
			50		91	140		
			60		130	200		
25	苯胺类	25	15	禁排	0.61	0.92	周界外浓度最高点	0.50
			20		1.0	1.5		
			30		3.4	5.2		
			40		5.9	9.0		
			50		9.1	14		
			60		13	20		
26	氯苯类	85	15	禁排	0.67	0.92	周界外浓度最高点	0.50
			20		1.0	1.5		
			30		2.9	4.4		
			40		5.0	7.6		
			50		7.7	12		
			60		11	17		
			70		15	23		
			80		21	32		
			90		27	41		
			100		34	52		

续表 4-4

序号	污染物	最高允许排放浓度 /mg·m⁻³	最高允许排放速率/kg·h⁻¹				无组织排放监控浓度限值	
			排气筒/m	一级	二级	三级	监控点	浓度/mg·m⁻³
27	硝基苯类	20	15	禁排	0.060	0.090	周界外浓度最高点	0.050
			20		0.10	0.15		
			30		0.34	0.52		
			40		0.59	0.90		
			50		0.91	1.4		
			60		1.3	2.0		
28	氯乙烯	65	15	禁排	0.91	1.4	周界外浓度最高点	0.75
			20		1.5	2.3		
			30		5.0	7.8		
			40		8.9	13		
			50		14	21		
			60		19	29		
29	苯并[a]芘	0.50×10⁻³ (沥青、碳素制品生产和加工)	15	禁排	0.06×10⁻³	0.09×10⁻³	周界外浓度最高点	0.01 μg/m³
			20		0.10×10⁻³	0.15×10⁻³		
			30		0.34×10⁻³	0.51×10⁻³		
			40		0.59×10⁻³	0.89×10⁻³		
			50		0.90×10⁻³	1.4×10⁻³		
			60		1.3×10⁻³	2.0×10⁻³		
30	光气①	5.0	25	禁排	0.12	0.18	周界外浓度最高点	0.10
			30		0.20	0.31		
			40		0.69	1.0		
			50		1.2	1.8		
31	沥青烟	280 (吹制沥青) / 80 (熔炼、浸涂) / 150 (建筑搅拌)	15	0.11	0.22	0.34	生产设备不得有明显的无组织排放存在	
			20	0.19	0.36	0.55		
			30	0.82	1.6	2.4		
			40	1.4	2.8	4.2		
			50	2.2	4.3	6.6		
			60	3.0	5.9	9.0		
			70	4.5	8.7	13		
			80	6.2	12	18		
32	石棉尘	每立方厘米 2 根纤维或 20mg/m³	15	禁排	0.65	0.98	生产设备不得有明显的无组织排放存在	
			20		1.1	1.7		
			30		4.2	6.4		
			40		7.2	11		
			50		11	17		
33	非甲烷总烃	150 (使用溶剂汽油或其他混合烃类物质)	15	6.3	12	18	周界外浓度最高点	5.0
			20	10	20	30		
			30	35	63	100		
			40	61	120	170		

①一般应于无组织排放源上风向 2~50m 范围内设参照点，排放源下风向 2~50m 范围内设监控点。

②均指含游离二氧化硅 10% 以上的各种尘。

4.1.3.3　环境技术标准

环境技术标准包括：

（1）大气环境基础标准（如名词标准）、方法标准（采样分析标准）、样品标准（监测样品标准）。

（2）大气污染控制技术标准（如原料、燃料使用标准，净化装置选用标准，排气筒高度标准等）。

（3）环保产品质量标准等。

它们都是为保证前述标准的实施而做出的具体技术规定，目的是使生产、设计、管理、监督人员更容易掌握和执行。

4.2　大气污染及其控制基础

4.2.1　大气污染的定义

大气污染是指由于人类活动而排放到空气中的有害气体和颗粒物质累积到超过大气自净能力（稀释、转化、洗净、沉降等作用）所能降低的程度，在一定的持续时间内有害于生物及非生物。按照国际标准组织（ISO）的定义，大气污染是指由于人类活动或自然过程引起某些物质进入大气中，呈现出足够的浓度，达到足够的时间，并因此危害了人体的舒适、健康和福祉或环境的现象。

4.2.2　大气污染物的种类

大气污染按影响范围，可分为局域性污染、地区性污染、广域性污染和全球性污染；按污染物特征，可分为煤烟型污染、石油型污染、混合型污染和特殊性污染；按放射性特性，可分为放射性污染和物理化学污染；按存在状态，可分为气溶胶态污染物和气态污染物。

（1）气溶胶污染物。气溶胶是指由悬浮在气体介质中的固态或液态微小颗粒所组成的气体分散体系。从大气污染控制的角度，气溶胶颗粒按照其来源和物理性质，可分为如下几种。

1）粉尘：指固体物质在破碎、分级、研磨等机械过程或土壤、岩石风化等自然过程形成的悬浮小固体粒子。通常将粒径大于 $10\mu m$ 的悬浮固体粒子称为落尘，它们在空气中能靠重力在较短时间内沉降到地面；将粒径小于 $10\mu m$ 的悬浮固体粒子称为飘尘，它们能长期飘浮在空气中；粒径小于 $1\mu m$ 的粉尘又称为亚微粉尘。

2）飞灰：指由固体燃料燃烧产生的烟气带走的灰分中的较细粒子。

3）烟：通常指燃料燃烧过程产生的不完全燃烧产物，又称炭黑，粒径一般为 $0.01\sim1.0\mu m$。

4）雾：在工程中，雾泛指小液滴状悬浮体，是由液体蒸气的凝结、液体的雾化和化学反应等过程形成的，如水雾、酸雾、碱雾等。在气象中，雾指造成能见度小于 $1km$ 的小水滴悬浮体。

5）化学烟雾：如硫酸烟雾、光化学烟雾。

在我国的环境空气质量标准中，颗粒物通常根据其大小，分为总悬浮颗粒物（TSP）和可吸入颗粒物（PM_{10}）。前者是指悬浮在空气中，空气动力学当量直径不大于$100\mu m$的颗粒物，后者是指空气动力学当量直径不大于$10\mu m$的颗粒物。

（2）气态污染物。气态污染物包括无机物和有机物两类。无机气态污染物有硫化物、含氮化合物、卤化物、碳氧化合物及臭氧、过氧化物等。有机气态污染物则有氮氢化合物、含氧有机物、含氮有机物、含硫有机物、含氯有机物等。挥发性有机物（VOCs）是易挥发的一类含碳有机物的总称，近年来VOCs引起的大气污染已受到广泛的关注。

4.2.3　大气污染物的来源

大气污染源是指向大气中排放各种污染物的生活或生产过程、设备、场所等。其常用分类方法有以下几种：按污染源的形态，可分为固定源（工厂烟囱）和移动源（飞机、轮船、火车等）；按污染源的几何形状，可分为点源（烟囱）、线源（公路，一排烟囱）和面源（居民区、车间无组织排放）；按污染源离地高度，可分为高架源（排气筒有一定高度）和地面源（直接从地面排放）；按污染源排放时间，可分为连续源（连续排放）和间断源（间歇排放）等。

4.2.4　燃烧过程大气污染发生量计算

本节主要介绍燃烧过程中固定源的源强浓度计算。

4.2.4.1　燃烧过程

燃烧是指可燃混合物发生剧烈的化学反应并伴随发热和发光的快速氧化过程，同时使燃料的组成元素转化为相应的氧化物。多数化石燃料完全燃烧的产物是二氧化碳和水蒸气；不完全燃烧过程将产生黑烟、一氧化碳和其他部分氧化产物等大气污染物，若燃料中含有硫和氮，则会生成SO_2和NO_x。

4.2.4.2　燃烧的基本条件

（1）温度。燃料只有达到着火温度，才能与氧化合而发生燃烧。着火温度是指在氧存在的条件下，可燃物开始燃烧所必须达到的最低温度。各种燃料都有自己的着火温度，一般来说，着火温度顺序为"固体燃料>液体燃料>气体燃料"。在燃烧过程中必须保持足够高的温度，如果温度低，则燃烧速度较缓慢，最终将导致熄灭。另外，在燃烧过程中不同温度下生成的燃烧产物也各异。因此，温度不仅对燃烧速度起着重要的作用，同时也影响着燃烧产物的成分和数量。

（2）空气。氧气是燃烧过程必不可缺的要素，即使有燃料，并且温度足够高，但是如果没有氧气也不能燃烧。燃烧过程中的氧通常是通过空气供给的，如果空气供应不足，燃烧就不完全。相反，如果空气量过大，则会降低炉温，增加锅炉排烟损失。因此按燃烧的不同阶段供给相应的空气量是十分必要的。

（3）停留时间。燃料在燃烧室中的停留时间是影响燃烧完全程度的另一个基本因素，燃料在高温区的停留时间应超过燃料燃烧所需要的时间。通常，反应速度随温度的升高而加快，所以在较高温度下燃烧所需要的时间较短。因此，在所要求的燃烧反应速度下，停留时间将决定燃烧室的大小和形状。

（4）空气和燃料混合程度。在燃烧过程中即使选择了适合的空气过剩系数，燃料是否能够充分燃烧还要看空气和燃料是否混合充分。只有当它们充分混合时燃料才能燃烧完全，并且混合越快，燃烧越快。若混合不充分，将导致不完全燃烧产物的产生。空气和燃料混合的程度成为决定燃烧完全和快慢以及黑烟、一氧化碳产生量的一个重要因素。因此，需要采取适当的混合措施对进入的空气加以搅动，使气流形成湍流运动。对于气相的燃烧，湍流可以加速液体燃料的蒸发；对于固体燃料的燃烧，湍流有助于破坏燃烧产物在燃料颗粒表面形成的边界层，从而提高表面反应的氧利用率，使燃烧过程加速。

适当控制进气量与燃料量之比、温度、时间和湍流度，是将大气污染物排放量控制在最低水平下实现有效燃烧所必需的。评价燃烧设备时，必须认真考虑这些因素，通常把温度、时间和湍流称为燃烧结过程的"3T"。

4.2.4.3 燃料燃烧的空气量

（1）理论空气量。燃料燃烧所需要的氧，一般是从空气中获得。单位燃料按照燃烧反应方程式完全燃烧所需要的空气量称为理论空气量，它由燃料的组成决定，可根据燃烧方程式计算求得。建立燃烧化学方程式时，通常假定：

1）空气仅是由氮和氧组成的，其体积比为 79.1/20.9＝3.78；

2）燃料中的固定态氧可用于燃烧；

3）燃料中的硫主要被氧化为 SO_2；

4）热力型 NO_x 的生成量较小，燃料中含氮量也较低，在计算理论空气量时可以忽略；

5）燃料中的氮在燃烧时转化为 N_2 和 NO，一般以 N_2 为主；

6）燃料的化学式为 $C_xH_yS_zO_w$，其中下标 x、y、z、w 分别代表碳、氢、硫和氧的原子数。

由此可得燃料与空气中氧完全燃烧的化学反应方程式：

$$C_xH_yS_zO_w+\left(x+\frac{y}{4}+z-\frac{w}{2}\right)O_2+3.78\left(x+\frac{y}{4}+z-\frac{w}{2}\right)N_2\longrightarrow$$

$$xCO_2+\frac{y}{2}H_2O+zSO_2+3.78\left(x+\frac{y}{4}+z-\frac{w}{2}\right)N_2+Q$$

因此，理论空气量 V_a^o（m^3/kg）为：

$$V_a^o=\frac{22.4\times4.78(x+y/4+z-w/2)}{12x+1.008y+32z+16w}=\frac{107.1(x+y/4+z-w/2)}{12x+1.008y+32z+16w}$$

（2）空气过剩系数。燃料完全燃烧时所需的实际空气量取决于所需的理论空气量和"3T"条件的保证程度。在理想的混合状态下，理论量的空气即可保证完全燃烧，但是在实际的燃烧装置中，"3T"条件不可能达到理想化的程度，因此，为使燃料完全燃烧，就必须供给过量的空气。一般把超过理论空气量而多供给的空气称为过剩空气量，并把实际空气量 V_a 与理论空气量 V_a^o 之比定义为空气过剩系数，空气过剩系数用 α 表示。

4.2.4.4 燃烧产生的污染物

燃料燃烧过程并不像燃烧方程式表示的那么简单，它还有分解、其他物质的氧化、聚合等过程。燃烧烟气主要由悬浮的少量颗粒物、燃烧产物、未燃烧和部分燃烧的燃料、氧化剂以及燃烧惰性气体（主要为 N_2）等组成。燃烧可能释放出的污染物有二氧化碳、一氧化碳、硫的氧化物、氮的氧化物、烟、飞灰、金属及其氧化物、金属盐类、醛、酮和稠环碳氢化合物等，这些都是有害物质，它们的形成与燃烧条件有关。表4-5给出了一座1000MW火电站产生的主要污染物的数量。

表4-5　1000MW火电站产生的主要污染物

污染物 \ 燃料种类	年产生量(×10^6)/kg		
	气①	油②	煤③
颗粒物	0.46	0.73	4.49
SO_x	0.012	52.66	139.00
NO_x	12.08	21.70	20.88
CO	可忽略	0.008	0.21
CH	可忽略	0.67	0.52

① 假定每年燃气 $1.9×10^9 m^3$。

② 假定每年燃油 $1.57×10^9 kg$，油的硫含量为1.6%，灰分为0.05%。

③ 假定每年燃煤 $2.3×10^9 kg$，煤的硫含量为3.5%，硫转化为 SO_x 的比例为85%，煤的灰分为9%。

在我国的能源消费结构中，煤炭是第一能源，占70%左右。燃煤比燃油造成的环境负荷要大得多，因为煤的发热量低，灰分含量高。煤的含硫量虽有可能比重油低，但为获得同样的热量所需的消耗量要大得多，所以产生的 SO_x 反而可能更多。煤的含氮量约比重油高5倍，因而 NO_x 的生成量也高于重油。此外，煤炭燃烧还会带来汞、砷等微量重金属及类金属污染，氟、氯等卤素污染和低水平的放射性污染。

4.2.5　大气污染控制的含义

大气污染控制可从两方面来理解。一方面从立法的角度，大气污染控制指用法律来限制或禁止污染物的扩散。这就需要确定排放受限制物质的种类、控制的程度、有害物质对人体健康的影响、对财产的损害、对美学的危害以及不同污染物质在大气中的相互作用、污染物在大气中的迁移转化规律等。近几年来，这种污染控制的研究范围还在扩大。另一方面，"控制"一词具有防止的意思，即研究用什么方法来防止大气污染发生，除了取消那些使环境生态遭到严重破坏的污染源之外，还可采用哪些手段把污染物排放量降到不致严重污染大气的程度。这些手段通常是利用某种装置来实现的，这就需要进行工程分析，进行防污染设备的研制、设计、建造、安装和运行，以达到预期的效果。

上述两方面的工作都是重要的，研究大气污染物的行为，制定相应的大气质量标准和相关法律，以便进行行政管理和区域规划。但是，要达到这些大气质量标准，使工业持续发展而又不影响大气质量，其主要任务还是研制和应用各种有效的控制装置。

大气污染控制的重点是控制污染源，将重污染工艺改进为少污染或无污染工艺是最理想的方法。但有些生产过程目前还很难实现工艺的改进或更换，所以本篇将着重探讨降低大气污染程度的一些工程问题，主要是讨论向大气排放的各种废气中污染物的去除问题，即所谓的除污过程的原理、装置及设计。

4.2.6　废气排放控制系统

为使废气污染物能达标排放，通常采用如图4-2所示的典型控制系统。用集气罩将污染源产生的污染物收集起来，经颗粒除尘装置和气态污染物净化器，再由风机经烟囱排入大气，在大气中经历扩散稀释过程，最终达到大气质量标准。

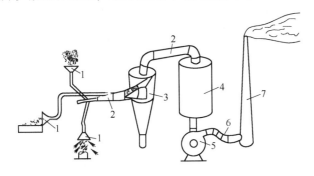

图 4-2　废气排放控制系统示意图

1—集气罩；2—管道；3—颗粒除尘器；4—气态污染物净化器；5—风机；6—烟道；7—烟囱

（1）污染物的捕集。污染物的捕集是指对工艺过程中产生的含污染物的气流进行收集，它是保证生产和生活环境达到环境标准的第一个关键步骤。捕集装置绝大多数呈罩子形状，故常称其为集气罩。集气罩的种类很多，按集气罩与污染源的相对位置、围挡情况及气体流动方式，可以把集气罩分为四类，即密闭集气罩、半密闭集气罩、外部集气罩以及吹吸式集气罩。

（2）颗粒污染物控制。颗粒污染物控制设备主要有四类。

1）机械力除尘器：包括重力沉降室、惯性除尘器和旋风除尘器。

2）过滤式除尘器：包括袋式过滤器和颗粒层过滤器。

3）静电除尘器：包括干式静电除尘器和湿式静电除尘器。

4）湿式除尘器：包括泡沫除尘器、喷雾塔、填料塔、冲击式除尘洗涤器等。

在上述四类除尘器中，机械力除尘的应用最广，它常常被用作高效除尘器如文丘里洗涤器、过滤式除尘器和静电除尘器的前级预除尘器。在许多场合常把一种机械力除尘器与其余三类除尘器中的任意一种配合使用，除尘效率可达95%以上。

（3）气态污染物控制。气态污染物种类繁多，其控制方法可分为分离法和转化法两大类。分离法是利用污染物与废气中其他组分物理性质的差异，使污染物从废气中分离出来，如物理吸收、吸附、冷凝及膜分离等；转化法是使废气中污染物发生某些化学反应，把污染物转化成无害物质或易于分离的物质，如催化转化、燃烧法、生物处理法、电子束法等。

（4）污染物的稀释法控制。所谓稀释法，就是采用烟囱排放污染物，通过大气的输送和扩散作用降低其"落地浓度"，使污染物的地面浓度达到规定的环境质量标准。稀释法控制包括大气扩散和烟囱设计两方面的内容。

虽然废气的排放控制有赖于前面所介绍的各种控制技术和净化装置，但是，对于那些难以除去的有毒物质，要使其降到很低的浓度，净化费用可能是相当高的，所以，以净化脱除为主、辅之烟囱排放稀释的处理方式在经济上是合理的。同时，无论采用什么控制方法和净化装置，其尾气中仍会含有少量有害物质，即使某些尾气中不含有害物质，也可能因为其中几乎没有氧气且对人类呼吸不利，因此必须用烟囱（排气筒）高空稀释排放。所以烟囱是废气排放控制系统的重要组成部分。

烟囱排放本身并不减少排入大气污染物的量，但它能使污染物从局地转移到大范围内扩散，利用大气的自净能力使地面污染物浓度控制在人们可以接受的范围内，所以在工业密度不大的国家和地区，它一直是直接排放废气的常用工业方法。而且，在某些情况下，烟囱可能是控制大气污染最适用、最经济的方法。

4.3　大气环境安全与风险

4.3.1　大气环境安全

大气环境在整个地球生物圈中占有十分重要的地位，它是生物新陈代谢过程中所需氧气的重要来源，是生物 C、N 等重要营养元素的重要来源之一，还是人类进行生产和生活活动的重要场所。进入 21 世纪以来，各类突发事件，如燃烧爆炸事故、地区冲突、恐怖活动等的频繁出现，都对大气环境安全构成了严重威胁，大气环境安全问题引起了世界各国的广泛关注。从全球范围来看，大气环境安全的形势不容乐观，已成为制约人类社会可持续发展的重要因素之一。

大气环境安全问题被视为人类文明进程中的必然产物，随着人类改造自然能力的飞速提高，人类活动对大气环境产生的负面影响也越来越大。

（1）气候变化。工业革命以来，由于人类大量使用石油、煤炭等矿物燃料和农业化肥，改变了大气中"温室气体"的浓度。2001~2007 年间，全球平均气温比 1961~1990 年间的平均气温高 0.44℃，比 1991~2000 年间的平均气温高 0.21℃。据多位科学家预测，未来 50~100 年人类将完全进入一个变暖的世界。由于人类活动的影响，21 世纪温室气体和硫化物气溶胶的浓度增加很快，使未来 100 年全球温度迅速上升，全球平均地表温度将上升 1.4~5.8℃。

近年来，世界各地气候异常事件接连不断的发生。2000 年以来，各地的高温纪录经常被打破，例如 2003 年 8 月 11 日，瑞士格罗诺镇测得 41.5℃，破了当地 139 年来的纪录。2006 年为近百年来第 5 个最暖年。自 2006 年以来，全球出现了大范围的气候异常，包括欧洲最暖的秋天、澳大利亚的严重干旱、非洲大角地区的极端干旱和严重洪涝、菲律宾群岛的暴雨以及北极海冰面积的进一步减小等。在中国，2006 年 8 月 16 日，重庆最高气温达 43℃，2007 年发生百年未遇的暴雨，2008 年年初至春节前夕在中国南方大部分地区乃至北半球的其他一些国家里，出现了罕见的持续低温、雨雪和冰冻等极端天气。这些异常的气象情况，给人类的生存和发展都带来了严峻的威胁和挑战。

（2）臭氧层破坏。众所周知，在距地球表面 25~50km 处的臭氧层，就像地球的一道天然保护屏障，使地球上的万物免遭紫外线的伤害。然而，据世界气象组织报告，自 20 世纪 70 年代以来，全球臭氧总量有逐渐减少的趋势。专家预测，今后几十年内，大气中臭氧总量还将继续减少，即使采取有效的措施，大气臭氧总量也要到 2100 年才能恢复到 1985 年的水平。臭氧层遭到破坏，将导致太阳紫外线辐射增强，对人类的生存环境安全造成较大的威胁。

（3）酸雨。半个世纪以来，全球各国工业不断发展、汽车数量猛增，排放到大气中的二氧化硫、二氧化氮、碳氢化合物急剧增加，导致全球酸雨污染日趋严重。我国酸雨面积已占国土总面积的30%，比沙漠化占国土总面积的27.5%还高出近3个百分点。一些地区的降雨甚至可以说就是稀硫酸、稀硝酸。酸雨给生态环境所带来的影响已越来越受到全世界的关注。

（4）其他威胁。军事训练，武器生产、储存和使用，尤其是军事冲突（特别是核、化学和生物战）也是导致大气环境恶化的重要原因。随着高新技术的不断发展，战争所导致的大气污染将会是地区性乃至全球性的灾难。它不仅会使局部地区气温反常，影响当地人民的健康，还可能对其他地区乃至全球气候和全人类的生存环境产生不同程度的影响。

突发性环境污染事故是在瞬时或短期内排放出大量的剧毒或恶性污染环境的物质，导致人民生命财产的巨大损失并严重危害生态环境的恶性环境污染事故。突发性环境污染事故不同于一般的环境污染，它没有固定的排放方式和排放途径，是突然发生的，对经济、社会和生态环境的破坏性大，对人和生物的危害严重且恶性影响深远。历史上著名的突发性大气污染事件是1984年美国联碳跨国公司在印度中央首府博帕尔开办的一家化肥厂发生异氰酸甲酯泄漏，直接导致2000人死亡，8000人死于慢性中毒，并有近100万居民受到伤害，生态受到重大破坏。

4.3.2 大气环境风险识别

风险源是指对生态、环境产生不利影响的一种或者多种化学的、物理的或者生物的风险来源。目前，大气环境污染问题的研究主要集中于城市和敏感区域，现有的国内外研究多集中于环境风险源对环境产生影响后，采用源解析等方法追踪溯源，进行环境风险源的分析。如果在环境风险源对环境产生影响前进行风险源的识别及其危险程度的评估，将有助于采取有效措施控制环境事故的发展。然而，目前区域大气环境风险源通用的快速、有效的评估方法和手段仍不完善，甚至极其缺乏。

有研究将系统安全工程学中的经典半定量方法——可能性-暴露-后果评估法（LEC法）与管理咨询工程中的经典定量方法——德尔菲法相结合，应用于区域大气环境风险源识别与危险性评估中，构建了快速有效的区域大气环境风险源识别与危险性评估方法，并给出了量化评估的分值标准。LEC评价法是对具有潜在危险性作业环境中的危险源进行半定量的安全评价方法。在系统安全工程中，该方法采用与系统风险率相关的三方面指标值之乘积来评价系统中人员伤亡风险的大小。

在实际生产实践或者评价过程中，采用《建设项目环境风险评价技术导则》（HJ/T 169—2004）中风险识别的方法更易于操作，如生产设施风险识别的范围为主要生产装置、储运系统、公用工程系统、工程环保设施及辅助生产设施等。物质风险识别范围为主要原材料及辅助材料、燃料、中间产品、最终产品以及生产过程中排放的"三废"污染物等。风险类型一般分为火灾、爆炸和泄漏三种。

4.3.3 大气环境风险评价

4.3.3.1 大气环境风险评价的目的

大气环境风险评价的最终目的是确定什么样的风险是社会可接受的，因此也可以说，大气环境风险评价是评判环境风险的概率及其后果的可接受性的过程。判断一种环境风险是否能被接受通常采用比较的方法，即把这个环境风险同已经存在的其他风险以及承担风险所带来的效益和减缓风险所消耗的成本等进行正当的比较。

为了有利于比较环境风险的大小，经常使用环境风险值 R 来表述：

$$R = P \times C \tag{4-1}$$

式中 P——事件发生的概率；

       C——事件发生后果的严重程度。

从式(4-1) 可以看出，有了事件发生的概率和后果的严重程度，就不难计算风险值的大小。风险值函数关系式的确定要具备可比性，否则无法判断风险的大小，也就不能决定风险能否被接受。

在大气环境风险评价中，有以下几种常用的比较方式。

（1）与自然背景风险进行比较：众所周知，不存在没有风险的生活方式或生活地点，但这种自然背景风险值是社会能接受的，有时也将这种风险值称为背景值。有的学者把人类遭受无法控制的自然灾害，如雷击、风暴、地震、火山爆发等对个人的风险值（10^{-6}/a），作为环境风险的背景值，也有的学者将人类遭受水灾、中毒、车祸等意外事故的风险值（10^{-5}/a），认为是社会可接受的风险水平。

（2）与减缓风险措施所需的费用及其效益进行比较：为了减少风险，就需要采取措施付出一定代价。把减缓风险措施的费用与效益进行比较的目的是要找出最有效的、所需费用最低的措施。

（3）与承受风险所带来的好处进行比较：因为承担了风险就应该有效益，一般来说，风险愈大，效益回报就愈高。如建设水坝用于灌溉和发电，那么引发洪水的风险可与增加农作物的产量和发电带来的好处进行比较。

（4）与某些风险评价的标准进行比较，一般包括以下补偿极限标准和人群可接受的风险标准。

1）补偿极限标准：这种补偿极限标准随着减少风险措施投资的增加年事故发生率会下降，但当达到某临界点时，如果继续增加投资，从减少事故损失中得到的补偿甚微，此时的风险度可作为风险评价的标准。

2）人群可接受的风险标准：普通人受自然灾害的危害或从事某种职业造成伤亡的概率是客观存在的，如有毒气体的化学工业，在一年内由于化学品泄漏事故引起 10 个人死亡的概率为 10^{-3}，引起 100 人死亡的概率为 10^{-6}。因此，存在某一概率是社会所能接受的，这样的风险度可作为环境风险的评价标准。对于从事某一单一危险工业的成组人群而言，经常采用的标准是致死人数超过某特定突发死亡数的事件概率。

4.3.3.2 大气环境风险评价的内容与范围

大气环境风险的可接受性，除了取决于人的心理因素外，还取决于风险所涉及的时空范围。因此，环境风险评价的深度和广度要依据可接受件的程度来确定。

A   风险评价的边界

风险评价的边界一般从以下 6 个方面来考虑确定。

（1）根据引起不利的危害事件的类型来确定：危害事件的类型有项目正常运行引起的不利事件、项目非正常状态下的事故、自然灾害等外界因素对工程项目的破坏而引发的危害事件。

（2）根据接受风险的人群来确定：接受风险的人群包括项目工作人员（职业性风险）、一般的公众、特殊敏感人群。

（3）根据工程材料流程的不同阶段来确定：因为有些危险物品除在其自身建筑边界附近会引起风险外，还会因另一些有关的行动引起风险，如原材料阶段、基本生产阶段、深加工阶段、存储阶段、运输阶段、产品使用阶段和废物处理阶段。

（4）根据评价的地理边界来确定：一个建设项目的材料流程可以延伸到距场址很远的地方，甚至跨越国界。因此适当的确定评价的地理边界是很重要的。

（5）根据项目进行的不同阶段来确定：包括规划、施工、调试、运营、保养等阶段。苏联切尔诺贝利核电站事故就是发生在调试阶段。

（6）根据风险存在的可能时间来确定：有些建设项目产生的有毒材料被认为在环境中能无限循环下去。因此，若把评价时间范围局限在使用期内是不合理的，另外，还应注意采用什么样的风险评价指标等。

B　风险评价的深度

根据环境风险的可接受程度和环境风险管理的不同要求，风险评价可以分为微观性、系统性和宏观性风险评价。

（1）微观性风险评价：是针对建设项目产生的一种或几种污染物的风险评价。例如，美国国家环保局经常以化学品致癌表示风险。虽然微观性风险评价有一定局限性，但可以提供许多可靠的数据资料。

（2）系统性风险评价：是考虑一系列行为以及不同阶段的不同风险，一般通过系统性风险评价可以获得较全面的结论。

（3）宏观性风险评价：是在经济、社会领域中进行的风险评价。一个工程建设项目处在某一系统中，它能在某些方面引起风险，而在另一些方面降低风险，采用宏观性风险评价可以较好地解决这一问题，能比较全面地反映风险的可接受性。

C　进行环境风险评价应注意的问题

环境风险是社会发展必然产生的一种现象。环境风险评价是为了了解环境风险并提出降低风险的措施和方法，它实际上是将社会效益、经济效益和环境风险进行比较，寻找出社会经济发展的最佳途径。环境风险评价有如下一些特点：

（1）各种环境风险是相互联系的，降低一种风险可能引起另外一种风险。因此要求评价主体应具有比较风险的能力，要做出是否能接受的判断。

（2）环境风险是与社会效益、经济效益相联系的。通常是风险愈大，效益愈高。降低一种环境风险就意味着降低该风险带来的社会效益和经济效益。必须合理地协调风险与效益的关系。

（3）环境风险评价与不确定性相联系。环境风险本身是由于各种不确定性因素形成的，而识别环境风险、度量环境风险仍然存在着不确定性。环境风险不可能被准确地衡量出来，它只能是一种估计。

（4）环境风险评价与评价主体的风险观相联系。对于同一种环境风险，不同的风险观可以有不同的评价结论。

综上所述，大气环境风险评价的理论、方法及其内容仍需不断的探索和完善。

复习思考题

4-1　试计算干洁空气中氮气、氧气、二氧化碳气体的质量分数。

4-2　大气和空气的意义有何区别？大气污染的定义是什么？

4-3　列举大气中主要的气态污染物及其来源。

4-4　大气环境风险识别的方法有哪些？

4-5　燃料油的元素质量组成为：C 86%、H 14%。在干空气条件下燃烧，烟气分析结果（干烟气）为：O_2 1.5%、CO 600×10^{-6}（体积分数）。试计算燃烧过程的空气过剩系数。

4-6　列举大气和干洁空气的组成。

4-7　不少国家都颁布了燃煤电厂空气污染物的排放限值。根据国际经验和我国的能源环境的实际，试对我国《火电厂大气污染物排放标准》（GB 13223—1996）的修订提出建议。

5　颗粒污染物控制

5.1　除尘技术基础

5.1.1　粉尘粒径

粉尘的粒径及其分布对除尘过程的机制、除尘器的设计及其运行效果都有很大影响，是颗粒污染物控制的主要基础参数。如果颗粒是大小均匀的球体，则可用其直径作为颗粒的代表性尺寸，并称为粒径。但实际上，颗粒不仅大小不同，而且形状各种各样，需按一定的方法确定一个表示颗粒大小的代表性尺寸作为颗粒的粒径。一般粒径分为代表单个颗粒大小的单一粒径和代表由不同大小的颗粒组成的粒子群的平均粒径。

5.1.1.1　单一粒径

球形颗粒的大小是用其直径来表示的。对于非球形颗粒，一般有三种方法定义其粒径，即投影径、几何当量径和物理当量径。

（1）投影径。颗粒在显微镜下所观察到的粒径称为投影径，如图 5-1 所示。投影径有四种表示方法。

1）面积等分径：将颗粒的投影面积二等分的直线长度。等分径与所取的方向有关，通常采用与底边平行的等分线作为粒径。

2）定向径：颗粒投影面上平行切线之间的距离，定向径可取任意方向，通常取与底边平行的线。

3）长径：不考虑方向的最长径。

4）短径：不考虑方向的最短径。

（2）几何当量径。几何当量径是指与颗粒的某一几何量（面积、体积等）相等的球形颗粒的直径，一般也有四种表示方法。

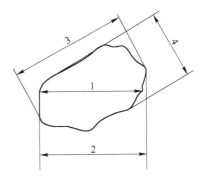

图 5-1　颗粒的投影径
1—面积等分径；2—定向径；
3—长径；4—短径

1）等投影面积径：与颗粒投影面积相同的某一圆面积的直径。

2）等体积径：与颗粒体积相同的某一球形颗粒的直径。

3）等表面积径：与颗粒外表面积相同的某一圆球的直径。

4）颗粒的体积表面积平均径：与颗粒的体积与表面积之比相同的圆球的直径。

（3）物理当量径。物理当量径是取与颗粒的某一物理量相等的球形颗粒的直径。物理当量径有以下几种表示方法。

1）自由沉降径：特定气体中，在重力作用下，密度相同的颗粒因自由沉降所达到的末速度与球形颗粒所达到的末速度相同时球形颗粒的直径。

2）空气动力径：在静止的空气中，颗粒的沉降速度与密度为 1g/cm³ 的圆球的沉降速度相同时的圆球直径。

3）斯托克斯径：在层流区内（对颗粒的雷诺数 $Re<2.0$）的空气动力径。

4）分割粒径：指除尘器能捕集该粒子群 50% 的直径，即分级效率为 50% 的颗粒的直径。这是一种表示除尘器性能的很有代表性的粒径。

由上述可知，同一颗粒在不同定义下所得到的颗粒大小是不同的，其应用也不同，因此在给出和应用粒径分析结果时，应该说明所用的测定方法。

5.1.1.2　平均粒径

对于一个由大小和形状不同的粒子组成的实际粒子群，与一个由均匀的球形粒子组成的假想粒子群相比，如果两者的粒径全长相同，则称此球形粒子的直径为实际粒子群的平均粒径。

5.1.2　粒径分布

粒径分布是指某一粒子群中不同粒径的粒子所占的比例，亦称粒子的发散度。粒径分布以粒子的个数所占的比例表示时，称为个数分布；以粒子的表面积比例表示时，称为表面积分布；以粒子质量比例表示时，称为质量分布。

粒径分布的表示方法包括频数分布、频度分布和筛上累积分布。频数分布是指一个粒径范围之间的粒子质量占粒子群总质量的比例。频度分布是指粒径范围为 1μm 时，粒子质量占粒子群总质量的比例。筛上累积分布是指大于某一粒径的所有粒子质量占粒子群总质量的比例。

5.1.3　除尘装置的捕集效率

除尘装置的捕集效率是反映装置捕集粉尘效果的重要技术指标，它有以下几种表示方法。

（1）总捕集效率。总捕集效率是指在同一时间内，净化装置去除污染物的量与进入装置的污染物量之比。总捕集效率实际上是反映装置净化程度的平均值，亦称为平均捕集效率，通常用 η_T 表示，是评定净化装置性能的重要技术指标。

如图 5-2 所示，设净化装置入口的气体流量为 $Q_0(\mathrm{m^3/s})$，进入装置的污染物流量为 $G_0(\mathrm{g/s})$，污染物浓度为 $\rho_0(\mathrm{g/m^3})$，净化装置出口的相应量为 $Q_e(\mathrm{m^3/s})$、$G_e(\mathrm{g/s})$、$\rho_e(\mathrm{g/m^3})$，净化装置捕集的污染物流量为 $G_c(\mathrm{g/s})$，根据除尘装置效率的定义，有：

$$G_0 = G_e + G_c \qquad (5-1)$$

故总捕集效率可表示成：

$$\eta_T = \frac{G_c}{G_0} \times 100\% = \left(1 - \frac{G_e}{G_0}\right) \times 100\% \qquad (5-2)$$

当污染物浓度很高时，有时将几级净化装置串联使用，设每一级的捕集效率分别为 η_1、η_2、$\eta_3 \cdots$，则总效率可按下式计算：

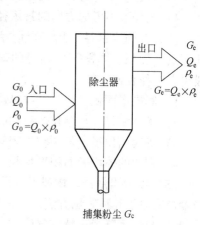

图 5-2　捕集效率的计算

$$\eta_T = 1 - (1 - \eta_1) \times (1 - \eta_2) \times (1 - \eta_3) \times \cdots \tag{5-2}$$

净化器的性能也可以用未被捕集的污染物量占进入净化器污染物总量的比值来表示，并称之为通过率 P。如将净化器的捕集效率由 99.0% 提高到 99.8%，看来只提高了 0.8%，但通过率却由 1.0% 降到 0.2%，即排出污染物的量降低了 80%。因此，通过率是反映排入大气的污染物量的概念，根据通过率很容易计算排入大气中的总污染物的量。

（2）除尘装置的分级捕集效率。为了进一步表明除尘器的分离性能，经常采用分级捕集效率的概念。所谓分级效率，就是在某一粒径（或粒径范围）下的除尘效率。假设进入除尘器粒径为 Δd_p 范围内的粉尘流量为 $\Delta G_0(g/s)$，则粒径为 Δd_p 范围内的颗粒的分级效率为 $\eta_d(\%)$。其数学表达式为：

$$\eta_d = \frac{\Delta G_c}{\Delta G_0} \times 100\% \tag{5-3}$$

5.2 除尘器基础

5.2.1 重力沉降

重力沉降是利用含尘气体中的颗粒受重力作用而自然沉降的原理，将颗粒污染物与气体分离的过程。重力沉降室是所有空气污染控制装置中最简单的一种装置。它一般只能除去 50μm 以上的大颗粒，因此，主要作为高效除尘装置的前处理除尘器。

沉降室的设计计算以如下假定为基础：通过沉降室断面的水平气流速度分布是均匀的，并呈层流状态；在沉降室入口断面上粉尘分布是均匀的；在气流流动方向上，尘粒和气流具有同一速度。

如果水平气流平均速度为 u，则气流通过长度为 L 的沉降室的时间为 $t = L/u$，而沉降速度为 u_s 的尘粒（粒径为 d_p），从顶部降落至底部所需时间为 $t_s = H/u_s$。为使粒径为 d_p 的尘粒在沉降室中全部沉降下来，显然必须保证 $t \geqslant t_s$，即

$$\frac{L}{u} \geqslant \frac{H}{u_s} \tag{5-4}$$

沉降速度 u_s 可根据要求沉降的最小粒径按斯托克斯公式计算，气流速度 u 的一般取值范围为 0.2~2m/s。这样，若沉降室高度已定，由式（5-4）可求出沉降室的最小长度 L；反之，若 L 已定，可求出最大高度 H。沉降室宽度 W 决定于处理气体量 Q，因为

$$Q = WHu < WLu_s \tag{5-5}$$

若用 y 代表粒径为 d_p 的尘粒在 $t(s)$ 内的垂直降落高度，则

$$y = u_s t = L \frac{u_s}{u} \tag{5-6}$$

该沉降室对粒径为 d_p 的尘粒的分级效率为

$$\eta_i = \frac{y}{H} = \frac{Lu_s}{uH} = \frac{LWu_s}{Q} \tag{5-7}$$

对一定结构的沉降室，可按式（5-7）求出不同粒径粉尘的分级效率或作出分级效率曲线。若给出沉降室入口粉尘的筛上累计分布函数值 $R(dP)$，便可计算出沉降室的总沉降

效率

$$\eta = \int_{R=0}^{R=100} \frac{u_s L}{u H} dR \qquad (5\text{-}8)$$

若将沉降速度 u_s 按斯托克斯公式进行计算则有

$$\eta = \frac{L \rho_p g}{18 \mu u H} \int_{R=0}^{R=100} d_p^2 dR \qquad (5\text{-}9)$$

在沉降室尺寸和气流速度 u（或流量 Q）确定后，将沉降速度公式代入动力学当量直径公式中，即可求出该沉降室所能捕集的最小粒径

$$d_{\min} = \sqrt{\frac{18 \mu u H}{g \rho_p L}} = \sqrt{\frac{18 \mu Q}{g \rho_p L W}} \qquad (5\text{-}10)$$

上述沉降室捕集效率 η 和最小捕集粒径 $d_{\min}$ 的计算公式均是在理想条件下对连续流体系的球形粒子计算得到的。实际上，由于气流的运动和分布状况，粒子的形状和浓度分布等的影响，沉降效率要比理论值低。一些实验表明，分级效率 η_i 取值按式（5-7）计算值的一半更接近实际情况，用 36 代替式（5-10）中的 18 计算 $d_{\min}$ 更符合实际。

由上述各计算公式可见，为提高沉降室的捕集效率，可从以下三方面入手：（1）降低室内气流速度 u；（2）降低沉降室高度 H；（3）增长沉降室长度 L。

为提高沉降室捕集效率和容积利用率，从降低高度出发，可采用有多层水平隔板的多层沉降室，沉降室分层越多，效果越好，所以每层高度有小至 25cm 的，但这样做清理积灰较困难，且存在难以使各层隔板间气流均匀分布和处理高温气体时金属隔板容易翘曲等缺点。沉降室内气流速度过低或沉降室温度过大时，会使沉降室体积过于庞大，因而提高沉降室捕集效率需从技术和经济上进行综合比较。

沉降室适用于净化密度大、粒径大的粉尘，特别是磨损性很强的粉尘。经过精心设计，沉降室能有效地捕集 50μm 以上的尘粒。占地面积大、除尘效率低是沉降室的主要缺点，但其因具有结构简单、投资少、维护管理容易及压力损失小（一般为 50~150Pa）等特点，仍得到了一定的应用。

5.2.2　旋风除尘

旋风除尘是利用旋转的含尘气流所产生的离心力，将颗粒污染物从气体中分离出来的过程。旋风除尘器结构简单，占地面积小，投资少，操作维修方便，压力损失中等，动力消耗不大，可用各种材料制造，适用于高温、高压及有腐蚀性气体，并可直接回收干颗粒物。旋风除尘器一般用于捕集 5~15μm 以上的颗粒物，除尘效率可达 80%。旋风除尘器的主要缺点是对粒径小于 5μm 的颗粒捕集效率不高，一般作预除尘用。

5.2.2.1　旋风除尘器的工作原理

A　旋风除尘器内的气流运动

普通旋风除尘器是由进气管、筒体、锥体及排气管等组成，气流运动状况如图 5-3 所示。当含尘气流由进气管进入旋风除尘器时，气流由直线运动变为圆周运动。旋转气流的绝大部分沿器壁在圆筒体内螺旋向下朝锥体流动，通常称此为外旋流。含尘气体在旋转过程中产生离心力，将密度大于气体的颗粒甩向器壁，颗粒一旦与器壁接触，便失去惯性力而靠入口速度的动量和向下的重力沿壁而下落，进入排灰管。旋转下降的外旋气流在到达

锥体时，因锥体截面直径的收缩而向除尘器中心靠拢，其切向速度不断提高，当气流到达锥体下端某一位置时，便以同样的旋转方向在旋风除尘器中轴处由下回转而上，继续做螺旋流动，通常称此为内旋流。最后，净化气体经排气管排出器外，一部分未被捕集的颗粒也随之带出。

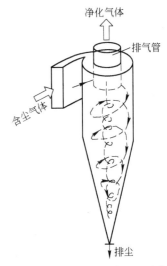

图 5-3　旋风除尘器工作原理示意图

由于实际气体具有黏性，旋转气流与颗粒之间存在着摩擦力，所以外旋流不是单纯的自由旋流，而是准自由旋流。内旋流则类似于刚体的旋转运动，称为强制旋流。此外，有少部分进口气流在排气管附近沿筒体内壁旋转向上，达到顶盖后又继续沿排气管外壁旋转向下，最后在排气管下端附近被上升的内旋流带走，通常把这些分气流称为上涡旋。随着上涡流会有微量的细粉尘被内旋流带出，同时，在锥体下端也会有少量细颗粒被上升的内旋流带出，这是设计旋风除尘器应特别注意的两个问题。

通过对旋风除尘器内气流运动的测定发现，实际气流的运动是很复杂的：除了切向和轴向运动外，还有径向运动，即在外旋流中有少量气体沿径向运动到中心区域，在内旋流中也存在着离心的径向运动到外旋流区。为研究方便，通常把内外旋流气体的运动分解成为三个速度计量，即切向速度 v_T、径向速度 v_r 和轴向速度 v_Z。切向速度是决定气流速度大小的主要速度分量，也是决定气流质点离心力和颗粒捕集效率的主要因素。切向速度 v_T 与旋转半径 r 之间的关系见式（5-11）。

$$v_T \gamma^n = 常数 \tag{5-11}$$

对于外旋流，$n = 0.5 \sim 0.9$，一般可用式（5-12）计算：

$$n = 1 - (1 - 0.67D^{0.14}) \left(\frac{T}{283} \right)^{0.33} \tag{5-12}$$

式中　D——旋风除尘器的直径，m；

　　　T——气体的绝对温度，K。

由式（5-11）和式（5-12）可以看出，切向速度 v_T 随旋转半径的减小而增大。对于内旋流，$n = -1$，公式的常数等于角度 ω。因此，内旋流的切线速度 v_T 是随半径的增大而增大的。

如取内旋流 $n = -1$，外旋流 $n = 0.5$，则内外旋流的典型切向速度分布如图 5-4 所示。由图 5-4 可以看出，在内外旋流交界的圆柱面上，切线速度最大，最大速度的位置即为内旋流的直径 D_i，实验测得 $D_i = (0.6 \sim 1.0) D_e$，D_e 为排气管的直径。由图 5-4 还可以看出，全压和静压在径向变化非常显著，由外壁向轴心逐渐降低，轴心处为负值。

B　旋风除尘器内的颗粒运动及分离过程

旋风除尘器内颗粒的运动轨迹及分离过程可用图 5-5 说明。现考查随气流沿切线方向进入旋风除尘器的 5 个颗粒的运动。设 2、4 号颗粒粒径较大，3、5 号颗粒粒径较小，而 1 号可为不同粒径的颗粒。1 号颗粒几乎是沿直线轨迹随气流进入旋风除尘器的，在 1a 位置上与器壁相碰撞，由于其入射角度非常小，碰撞后沿器壁滑动，受重力下落进入收尘室，达成与气流的分离。1 号颗粒所代表的分离过程称为一次分离，气流中的多数粒子是按这种方式分离的。3 号和 5 号颗粒在与器壁碰撞于 3a、5a 点之后被反弹回来，颗粒在碰撞点将动能传给内壁，由于颗粒很小，它们的速度和离心力都会大大减小。这些小颗粒在径向气流摩擦力的强烈影响下，返回到气流中不再与器壁碰撞，并在 3b 和 5b 处被气流带入出口管逸出（如图 5-5 所示），故 3 号和 5 号小粒子代表那些不能从气流中分离出来的部分颗粒。现在来看 2 号和 4 号颗粒，它们进入后与器壁碰撞于 2a、4a 点，由于入射角较大，不能沿器壁滑动而反弹到气流中，因其粒径较大，2 号颗粒在一次碰撞后所剩的动能足以使它与器壁产

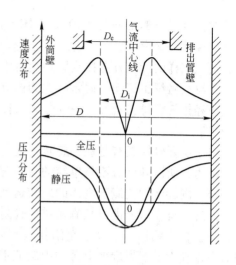

图 5-4　旋风除尘器内气流的切向速度和压力分布

生二次碰撞于 2b 点，在此获得分离，这种分离称为二次分离。4 号颗粒在反弹后于 4b 处可能有三种去向：一是被气流带到 4d 处由出口管排出；二是由 4b 到 4c 发生二次分离；三是由 4b 到 4c′ 到 4c″沿螺旋线运动最后得到分离，这种分离也称为二次分离。

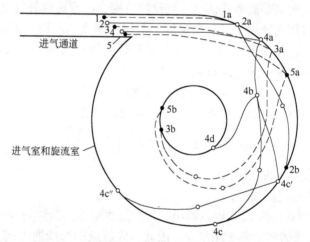

图 5-5　一次分离和二次分离时颗粒的运动轨迹

一次分离发生在圆筒形的进气室内，而且几乎所有入射角小的颗粒只要与器壁碰撞，都可能发生一次分离。二次分离发生在旋涡室内，且只有一定粒径的颗粒才会发生二次分离。入射角较大的小颗粒则很容易被气流从出口管带出。因此，设计气流进口时，应注意减小颗粒的入射角。

5.2.2.2　旋风除尘器的分离性能

A　颗粒的分离直径

旋风除尘器的除尘效率与颗粒的直径有关，颗粒直径越大，除尘效率越高。当直径大到某一值时，除尘效率可达 100%，此时的颗粒直径称为全分离直径 d_{100} 或临界直径。同样，除尘效率为 50% 时，相应的颗粒直径为半分离直径 d_{50} 或切割直径。分离直径越小，

表明除尘器的分离性能越好。在评定旋风除尘器的分离性能时，往往采用半分离直径比全分离直径更方便。

B　捕集效率

在求得 d_{50} 后，可以从经验图表中查得任意粒径颗粒的分级效率。若已知粒子群的粒径分布，则可以计算出除尘器的总效率。

C　影响捕集效率的因素

（1）入口风速。入口流量增大，d_{50} 降低，因而捕集效率提高。但风速过大，粗颗粒将以较大的速度到达器壁而被反弹回内旋流，然后被上升气流带出，影响效率的提高。实践证明，入口风速一般为 12~20m/s，不宜低于 10m/s，以防入口管道积灰。

（2）除尘器尺寸。在其他条件相同时，筒体直径越小，尘粒所受的离心力越大，捕集效率越高。筒体高度变化对捕集效率影响不明显，但适当增加锥体长度，有利于提高捕集效率。此外，减小排气管直径，对提高效率也有一定帮助。

（3）粉尘粒径与密度。大粒子受离心力大，捕集效率高；小粒子密度小，难分离，影响捕集效率。

（4）气体温度。由温度引起的气体密度变化对捕集效率的影响可以忽略不计。但温度升高时，气体黏度将增大，所以温度升高，d_{50} 增大，捕集效率降低。

（5）灰斗的气密性。即使除尘器在正压下工作，锥体底部也可能处于负压状态。若除尘器底部密封不严而漏空气，则会把已经落入灰斗的粉尘重新带走，使效率显著下降。实验证明，当漏气量达除尘器处理气量的 15% 时，捕集效率几乎降为零。

5.2.2.3　旋风除尘器的分类及选型

A　旋风除尘器的分类

（1）按气体流动状况分，旋风除尘器可分为切流返转式和轴流式两种，如图 5-6 所示。

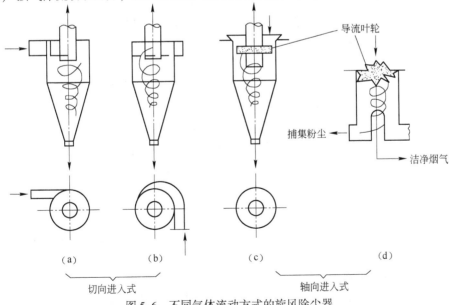

图 5-6　不同气体流动方式的旋风除尘器

(a) 切线型；(b) 蜗壳型；(c) 逆转型；(d) 正交型

　　1）切流返转式旋风除尘器：含尘气体由筒体侧面沿切线方向导入，气流在圆筒部分旋转向下，进入锥体，到达锥体顶端后返转向上，清洁气体经同一端的排气管引出。切流返转式旋风除尘器是旋风除尘器中最常用的形式，其根据不同进入形式又可分为直入式和蜗壳式。

　　2）轴流式旋风除尘器：轴流式是利用导流叶片使气流在除尘器内旋转来除尘的，其除尘效率比切流返转式低，但是处理量大。根据气体在器内的流动方式，轴流式旋风除尘器可分为轴流直流式（清洁气体在另一端排出）和轴流反旋式（清洁气体在同一端的排气管排出）。

　　（2）按结构形式分，旋风除尘器可分为圆筒体、长锥体、旁通式和扩散式等，如图 5-7 所示。

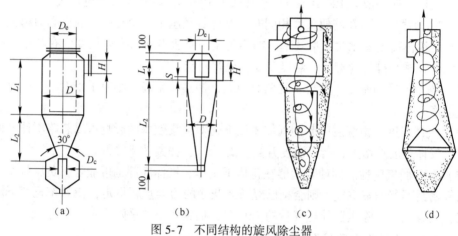

图 5-7　不同结构的旋风除尘器
（a）圆筒体；（b）长锥体；（c）旁通式；（d）扩散式

　　圆筒体是用得最早的一种旋风除尘器，其圆筒高度大于圆锥高度，结构简单，压力损失小，处理气量大，适用于捕集密度和粒度较大的颗粒物。

　　长锥体的特点是圆筒较短，圆锥较长。实验表明，增加圆锥长度可以提高除尘效率，同时有利于已分离的颗粒沿锥壁落入灰斗，但压力损失有所增加。

　　旁通式的特点是排气管插入深度较浅，在圆筒体中有灰尘隔室（或称旁路分离室）并与锥体连通。由于它能捕集上涡流中的较细颗粒，从而提高了总捕集效率，但隔离室易堵塞，因此要求被处理的颗粒物有较好的流动性。

　　扩散式具有倒形锥体，锥底设有反射屏。倒锥体能减少含尘气体由锥体中心短路到排气管，反射屏能有效地防止上升内旋流把沉积的颗粒重新卷起带走，因而提高了除尘效率。扩散式具有结构简单、易加工、投资低及压损中等的优点，特别适用于捕集 5~10μm 以下的颗粒。

　　B　旋风除尘器的选型

　　在对旋风除尘器选型时，一般采用计算法或经验法。计算法的大致步骤如下：

　　（1）由入口含尘浓度和要求的出口浓度（或排放标准）计算出要求达到的除尘效率。

　　（2）选定旋风除尘器的结构形式。

　　（3）根据所选除尘器的分级效率（或分级效率曲线）和净化粉尘的粒径频度分布，计算除尘器能达到的效率。若 $\eta_T \gg \eta$，说明设计满足要求，否则需要重新选择高性能的除尘器或改变运行参数。

（4）确定除尘器的型号规格（即除尘器尺寸），若选用的规格大于实验除尘器的型号规格，则需计算出相似放大的除尘效率，如仍能满足，表明确定的除尘器型号符合要求，否则须按（2）、（3）、（4）步骤重新进行计算。

（5）计算运行条件下的压力损失。

经验法的选型步骤大致为：

（1）计算所要求的除尘效率。

（2）选定除尘器的结构形式。

（3）根据所选除尘器的 $\eta - v_i$ 实验曲线确定入口风速 v_i。

（4）根据处理气量 Q 和入口风速 v_i 计算出所需降尘器的进口面积 A。

（5）由旋风除尘器的类型系数 $k = A/D^2$ 求出除尘器筒体直径 D，然后从手册中查到所需除尘器的型号规格。

5.2.3　静电除尘

静电除尘是利用静电力从气流中分离悬浮粒子（尘粒或液滴）的一种方法。它与前面所述的重力除尘、旋风除尘的根本区别在于其分离的能量通过静电力直接作用于尘粒上，而不是作用在整个气流上，因此分离尘粒所消耗的能量很低。一般处理 $1000m^3/h$ 的含尘气体，所耗电能只有 $0.1 \sim 0.8 kW \cdot h$；气压损失也很小，为 $100 \sim 1000Pa$。由于相对大的静电力作用在粒子上，因此即使对极微小的粒子也能有效地捕集，故除尘效率很高，一般可大于99%。此外，静电除尘还具有处理气量大（处理气量为 $10^5 \sim 10^6 m^3/h$ 是很常见的）、能连续操作、可用于高温和高压场合等优点，所以被广泛应用于冶金、化工、能源、材料、纺织等工业部门。静电除尘的主要缺点是设备庞大，占地面积大，一次性投资费用高，不易实现对高比电阻粉尘的捕集。

5.2.3.1　静电除尘的基本原理

静电除尘器主要由放电电极和集尘电极组成，如图5-8所示。放电电极（电晕极）是一根曲率半径很小的纤细裸露电线，上端与直流电源的一极相连，下端由一吊锤固定。集尘电极是具有一定面积的管或板，它与电源的另一极相连。当在两极间加上一较高电压，放电电极附近的电场强度很大，集尘电极附近的电场强度相对很小，因此两极之间的电场不是匀强电场。静电除尘器的除尘原理如图5-9所示，包括气体电离、粒子荷电、荷电粒子的迁移和沉积、颗粒的清除四个过程。

（1）气体电离。要使气流中的尘粒荷电，必须有大量的离子来源，而这些离子的产生是利用放电电极周围的"电晕"现象使气体电离来实现的。由于宇宙射线、放射线、雷电等原因，空气中总存在极少量的正、负离子。当向阴、阳两极施加电压时，这些离子便向电极移动，形成电流。如图5-10所示，随着电压的增大，电流变化分为三个不同的区域：区域Ⅰ是随着电压的增加，空气

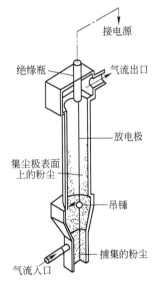

图5-8　管式电除尘器示意图

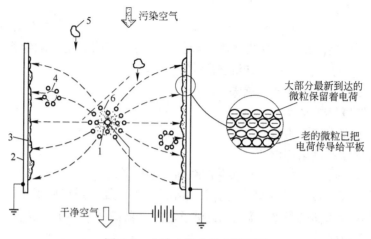

图 5-9　电除尘器的基本原理图

1—电晕极；2—集尘极；3—粉尘层；4—荷电的尘粒；5—未荷电的尘粒；6—电晕区

离子被加速的过程；区域Ⅱ是空气离子全部到达电极的饱和状态；当电压升到 U_0 时，达到了区域Ⅲ，此时，具有足够能量的电子撞击通过极间的中性气体分子，使中性气体分子外层分离出一个电子，从而产生了一个正离子和自由电子，这个电子又将进一步引起碰撞电离，如此重复多次，使电晕极周围产生大量的自由电子和气体离子，这一过程称为"电子雪崩"。在"电子雪崩"过程中，电晕极表面出现青紫色光点，并发出"嘶嘶"声，这种现象叫电晕放电。这些自由电子和

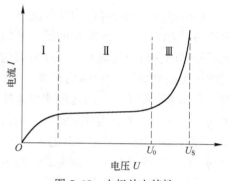

图 5-10　电极放电特性

气体离子在电场力作用下，向极性相反的电极运动，若逐渐升高电压，则电流急剧增加，电晕放电更加强烈。空气被击穿，电晕放电即转为火花放电，此时极间会出现电弧，损坏设备，故在除尘操作中应避免这种现象，应经常保持在电晕放电状态。

在电晕极上加的是负电压，则产生的是负电晕；反之，则产生的是正电晕。由于产生负电晕的电压比产生正电晕的电压低，并且电晕电流大，所以工业用的电除尘器均采用负电晕放电的形式。正电晕虽然功率损耗大，但是产生的臭氧量比负电晕少得多（约为负电晕的1/10），从维护人体健康的角度考虑，用于空气调节的小型电除尘器多采用正电晕放电。

（2）粒子荷电。粒子有两种荷电过程：一种是离子在电场力作用下做定向运动，并与粒子碰撞而使粒子荷电，称为电场荷电；另一种是由离子的扩散而使粒子荷电，称为扩散荷电。扩散荷电主要是依靠离子的无规则热运动，而不是依赖于电场力。

粒径大于 1μm 的颗粒，电场荷电占优势；粒径小于 0.2μm 的颗粒，扩散荷电占优势；粒径为 0.2~1μm 的颗粒，两种荷电都可能存在。

粒子荷电形式也有两种：一种是电子直接撞击颗粒，使粒子荷电；另一种是气体吸附电子而成为负气体离子，此离子再撞击颗粒而使粒子荷电。在电除尘中主要是后一种荷电形式。能吸附电子的气体称为电负性气体，如 O_2、Cl_2、CCl_4、HF、SO_2、SF_8 等。由于粒

子比气体分子少得多，如果没有电负性气体很快吸附电子，则大量的自由电子将直接跑到正极产生火花放电。因此，对负电晕来说，电负性气体的存在、电子的吸附、空间电荷的形成，是维持电晕放电的重要条件。在电负性气体不存在的情况下，就只有采用正电晕放电。

（3）荷电粒子的迁移和沉积。荷电粒子在电场力的作用下，将朝着与其电性相反的集尘极移动。颗粒荷电愈多，所处位置的电场强度愈大，则迁移的速度愈大。当荷电粒子到达集尘极处，颗粒上的电荷便与集尘级上的电荷中和，从而使颗粒恢复中性，此即颗粒的放电过程。实践证明，粒子的比电阻在 $1\times10^4 \sim 5\times10^{10}\ \Omega\cdot cm$ 的范围内，最适宜静电除尘。粒子比电阻小于 $1\times10^4\ \Omega\cdot cm$ 时，因导电性太好，当它们在集尘极放电后，又立即获得与集尘电极电性相同的电荷，从而被集尘电极排斥反跳回气流中，再次被捕获后，又再次跳出，造成二次飞扬使除尘效率降低。图 5-11 中的区域 A 表示低比电阻下的除尘效率变化规律。反之，如果比电阻大于 $5\times10^{10}\ \Omega\cdot cm$，电荷很难从颗粒传到集尘极进行放电中和。在集尘电极表面堆积的荷电颗粒层厚了，就会排斥新来的荷电颗粒，使它们不能在集尘极放电，集尘将会停止。若荷电颗粒层过厚，则在集尘极的颗粒层中形成的电压梯度过大，就会造成颗粒层空隙中的气体电离，

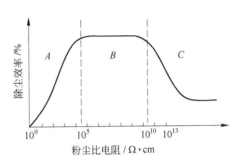

图 5-11　粉尘比电阻对除尘效率的影响

产生电晕放电，称之为反电晕。这样形成的自由电子和离子将被吸向集尘电极，而颗粒带着与集尘极电性相同的电荷则向电晕极运动，使除尘效率大为降低。图 5-11 的区域 C 表明了这种变化规律。

对比电阻较大的粒子可采用改变温度、增大湿度、添加化学药剂或某些气体来改变其比电阻，以改善除尘效率。

（4）颗粒的清除。气流中的颗粒在集尘极上连续沉积，极板上的颗粒层厚度就不断增大，如图 5-12 所示。最靠近集尘极的颗粒已把大部分电荷传导给极板，因而使集尘极与这些颗粒之间的静电引力减弱，颗粒将有脱离极板的趋势。但是由于颗粒层电阻的存在，靠近颗粒层外表面的颗粒没有失去其电荷，它们与极板产生的静电力足以使靠极板的非荷电颗粒被"压"在极板上，因此，必须用振打的方法或其他清灰方式将这些颗粒层强制破坏，使其落入灰斗，并从除尘器中排出。

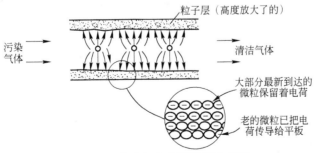

图 5-12　集尘极上的颗粒层示意图

5.2.3.2　静电除尘器分类及结构

A　静电除尘器的分类

按集尘器的形式，静电除尘器可分为圆管形和平板形，如图5-13（a）、（b）所示。管式电除尘器电场强度变化均匀，一般需采用湿式清灰；板式电除尘器电场强度变化不均匀，清灰方便，制作安装比较容易，结构布置较灵活。

按荷电和放电空间的布置，静电除尘器可分为一段式和二段式电除尘器。一段式电除尘器如图5-13（a）、（b）所示，颗粒荷电与放电在同一个电场中进行，现在工业上一般都采用这种形式；二段式电除尘器如图5-13（c）所示，颗粒在第一段荷电，在第二段放电沉积，主要用于空调装置。

按气流方向，静电除尘器可分为卧式和立式两种。前者气流方向平行于地面，如图5-13（b）所示，其占地面积大，但操作方便，目前被广泛采用；后者气流垂直于地面，通常由下而上，如图5-13（a）所示，其占地面积小，捕集细粒易发生再飞扬，一般情况下，圆管形电除尘器均采用立式。

按清灰方式，静电除尘器可分为干式和湿式两种。干式电除尘器如图5-13（b）所示，它采用机械、电磁、压缩空气等方式振打清灰，处理温度可高达350~450℃，有利于回收有较高价值的颗粒物；湿式电除尘器如图5-13（a）所示，它通过喷淋或溢流水等方式清灰，无粉尘再飞扬，效率高，但操作温度低，增加了含尘污水处理的工序。

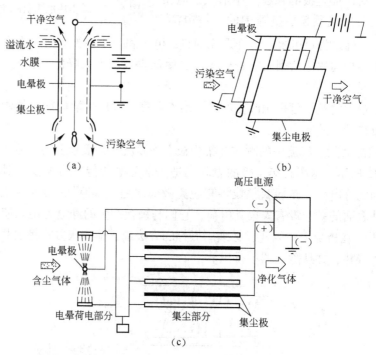

图5-13　电除尘器的类型
（a）圆管形；（b）平板形；（c）双区电除尘器

B　静电除尘器的结构

板式静电除尘器主体结构如图5-14所示，它主要由电晕极、集尘极、清灰装置、气流分布装置和灰斗组成。

（1）电晕极：电晕极要求起始电晕电压低，电晕电流大，机械强度高。图 5-15 是各种形式的电晕极示意图，其中半径小、表面曲率大的电极起始电晕电压低，在相同电场强度下，能够获得较大的电晕电流；半径大、表面曲率小的电极则电晕电流小，但能形成较强的电场。图中的圆形、麻花形、星形电极是全长放电；而芒刺形、锯齿形则是尖端放电，其放电强度更高，起始电晕电压更低。

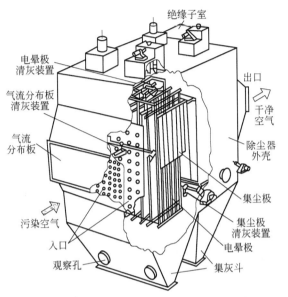

图 5-14　平板形干式电除尘器的主体结构

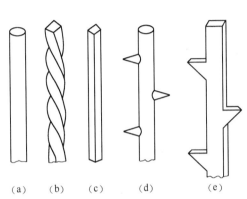

图 5-15　各式电晕极的形式示意图
(a) 圆形；(b) 麻花形；(c) 星形；(d) 芒刺形；(e) 锯齿形

（2）集尘极：集尘极需易于尘粒的沉积，避免尘粒二次飞扬，便于清灰，且有足够的刚度和强度。如图 5-16 所示，平板形易于清灰、简单，但尘粒二次飞扬严重、刚度较差；而图中的 Z 形、C 形、波浪形则有利于尘粒沉积，二次飞扬少且有足够的刚度，因此应用较多。

（3）清灰装置：清灰的主要方式有机械振打、电磁振打、刮板清灰、水膜清灰等。图 5-17（a）是利用绕臂锤振打电极框架的机械清灰方式，也是目前普遍采用的一种清灰方式；图 5-17（b）是利用移动刮板的清灰方式，适用于不易振打清灰的黏性粉尘。

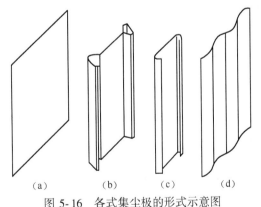

图 5-16　各式集尘极的形式示意图
(a) 平板形；(b) Z 形；(c) C 形；(d) 波浪形

（4）气流分布装置：它是由分布了许多孔洞的隔板构成的，如图 5-18 所示。气流分布装置对除尘器入口高速气流有阻碍作用，能使进入除尘器断面的气流维持均匀的流速。对气流分布装置的基本要求是，能使气流分布均匀且气压损失小。

178

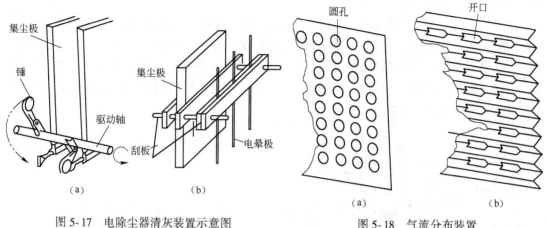

图 5-17　电除尘器清灰装置示意图
（a）机械振打清灰；（b）刮板式清灰

图 5-18　气流分布装置
（a）多孔板；（b）Z 形气流分布板

5.2.4　袋式除尘

袋式除尘是利用棉、毛或人造纤维等加工的滤布捕集尘粒的过程。袋式除尘器具有如下特点：

（1）除尘效率高，特别是对细粉也有很高的捕集效率，一般可达 99% 以上。

（2）适应性强，它能处理不同类型的颗粒污染物（包括电除尘器不易处理的高比电阻粉尘）；根据处理气量可设计成小型袋滤器，也可设计成大型袋房。

（3）操作弹性大，入口气体含尘浓度变化较大时，对除尘效率影响不大。此外除尘效率对气流速度的变化也具有一定稳定性。

（4）结构简单，使用灵活，便于回收干料，不存在污泥处理。

袋式除尘器的应用主要受滤布的耐温、耐腐蚀等操作性能的限制。滤布的使用温度一般应小于 300℃。袋式除尘器不适于去除黏性强和吸湿性强的尘粒，特别是烟气温度不能低于露点温度，否则会在滤布上结露，致使滤袋堵塞，破坏袋式除尘器的正常工作。

5.2.4.1　袋式除尘的原理

A　除尘过程

图 5-19 是一典型的袋式除尘器，室内悬吊着许多滤袋，当含尘气流穿过滤袋时，粉尘便被捕集在滤袋上，净化后的气体从出口排除。工作一段时间后，需开启空气反吹系统，袋内的粉尘即被反吹气流吹入灰斗。

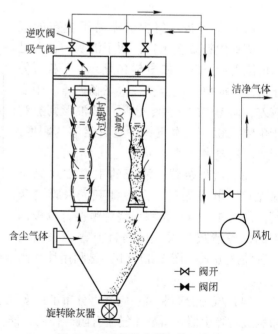

图 5-19　袋式除尘器工作示意图

袋式除尘过程分为两个阶段：首先是含尘气体通过清洁滤布，这时起捕尘作用的主要是纤维，清洁滤布由于孔隙率很大，故除尘效率不高。其后，当捕集的粉尘量不断增加，一部分粉尘嵌入到滤料内部，一部分覆盖在滤料表面形成一层粉尘层，如图 5-20 所示。在这一阶段中，含尘气体的过滤主要依靠粉尘层进行，这时粉尘层起着比滤布更为重要的作用，它使除尘效率大大提高，如图 5-21 所示。从某种意义上来说，袋式除尘器是以颗粒来除去颗粒，随着粉尘层的增厚，除尘效率不断提高，但气体的阻力损失也同时增加，因此粉尘层在积累到一定厚度后，需利用各种清灰方式将这些粉尘排出除尘器。

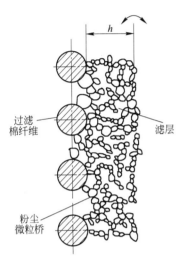

图 5-20 过滤介质和粉尘层示意图

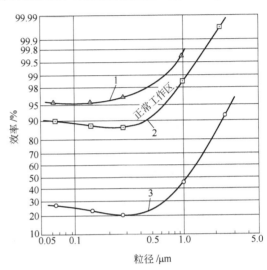

图 5-21 不同状态下滤料的除尘效率示意图
1—积尘的滤料；2—振打后的滤料；3—洁净滤料

B 除尘机理

用作捕集颗粒的滤布，其本身的网孔较大，一般为 20~50μm，表面起绒的滤布约为 5~10μm，但却能除去粒径 1μm 以下的颗粒。下面简单介绍其除尘机理。

（1）筛滤作用：当粉尘粒径大于滤布孔隙或沉积在滤布上的尘粒间孔隙时，粉尘即被截留下来。由于新滤布孔隙远大于粉尘粒径，所以阻留作用很小，但当滤布表面沉积大量粉尘后，阻留作用就显著增大。

（2）惯性碰撞：当含尘气流接近滤布纤维时，气流将绕过纤维，而尘粒由于惯性作用继续直线前进，撞击到纤维上就会被捕集，如图 5-22（a）所示，所有处于粉尘轨迹临界线内的大尘粒均可到达纤维表面而被捕集。这种惯性碰撞作用随粉尘粒径及流速的增大而增强。

（3）扩散和静电作用：小于 1μm 的尘粒，在气流速度很低时，其去除主要是靠扩散和静电作用。如图 5-22（b）所示，小于 1μm 的尘粒在气体分子的撞击下脱离流线，像气体分子一样做布朗运动，如果在运动过程中和纤维接触，即可从气流中分离出来，这种现象称为扩散作用。它随气流速度的降低、纤维和粉尘直径的减小而增强。一般粉尘和滤布都可能带有电荷，当两者所带电荷相反时，粉尘易被吸附在滤布上。反之，若两者带有同性电荷，粉尘将被滤布排斥。因此，如果有外加电场，则可强化静电效应，从而提高除尘效率。

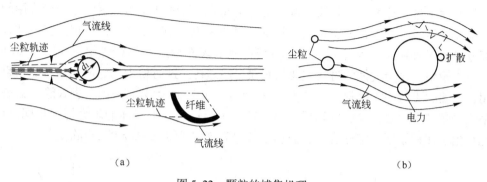

图 5-22　颗粒的捕集机理
（a）惯性碰撞除尘机理；（b）扩散和静电除尘机理

（4）重力沉降：当缓慢运动的含尘气流进入除尘器后，粒径和密度大的尘粒可能因重力作用自然沉降下来。

上述捕集机理，通常是同时有效。根据粉尘性质、袋滤器结构特性及运行条件等实际情况的不同，各种机理的重要性不相同。

5.2.4.2　袋式除尘器的结构形式与分类

袋式除尘器的结构形式多种多样，分类的方法也不同。

（1）按滤袋形状分类。除尘器的滤袋主要有圆袋和扁袋两种。圆袋除尘器结构简单，便于清灰，应用最广；扁袋除尘器单位体积过滤面积大，占地面积小，但清灰、维修较困难，因此应用较少。

（2）按含尘气流进入滤袋的方向分类。按含尘气流进入滤袋的方向，袋式除尘器可分为内滤式和外滤式两种，如图 5-23 所示。内滤式除尘器是指含尘气体首先进入滤袋内部，且粉尘积于滤袋内部，因此便于从滤袋外侧检查和换袋。外滤式除尘器是指含尘气体由滤袋外部流动到滤袋内部，适于用脉冲喷吹等方法清灰。

（3）按进气方式的不同分类。根据进气方式的不同，袋式除尘器可分为下进气和上进气两种方式，如图 5-23 所示。下进气方式是含尘气流由除尘器下部进入除尘器内，这种除尘器结构较简单，但由于气流方向与粉尘沉降的方向相反，清灰后会使细粉尘重新附积在滤袋表面，使清灰效果受影响。上进气方式是含尘气流从除尘器上部进入除尘器

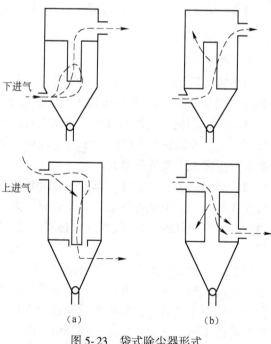

图 5-23　袋式除尘器形式
（a）外滤式；（b）内滤式

内。粉尘沉降方向与气流方向一致，粉尘在袋内迁移距离较下进气式除尘器远，能在滤袋

上形成均匀的粉尘层，过滤性能比较好，但这种除尘器结构较复杂。

（4）按清灰方式分类。常用的清灰方式有机械振动清灰和脉冲清灰。图 5-24 为机械清灰结构示意图，它利用马达带动振打机构产生垂直振动或水平振动。图 5-25 为脉冲清灰结构示意图，清灰时，由滤袋的上部输入压缩空气，通过文氏喉管进入袋内，这股气流速度较快，清灰效果很好，目前国内外多采用这种清灰方式。

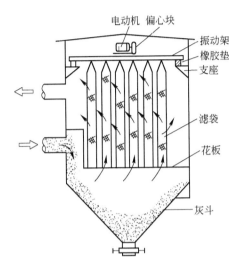

图 5-24　机械清灰袋式除尘器示意图

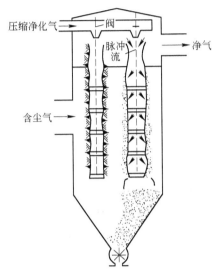

图 5-25　脉冲清灰袋式除尘器示意图

5.2.4.3　袋式除尘器的性能

（1）过滤速度。袋式除尘器的过滤速度是指处理的烟气流量与滤布总面积之比，所以也称为气布比。其公式表示为：

$$v_f = \frac{Q}{60A_f} \qquad (5-13)$$

式中　v_f——过滤速度，m/min；

　　　Q——处理的烟气流量，m^3/h；

　　　A_f——有效滤布总面积，m^2。

过滤速度 v_f 是表示袋式除尘器捕集尘粒的重要技术经济指标。若过滤速度过快，积于滤料上的粉尘层全被压实，阻力急剧增加，使得滤料两侧的压差增加，从而使粉尘渗入滤料内部，甚至透过滤料，导致出口含尘浓度增加。这种情况在布滤料刚完成清灰后表现更为明显（见图 5-26）。v_f 过高还会导致滤料上粉尘层的迅速形成，引起过于频繁的清灰。而在低过滤速度下，阻力低，效率高，但需要较大的设备，占地面积大，一次投资增加。因此，过滤速度 v_f 的选择要综合考虑粉尘的性质、滤料种类、清灰方法等因素来确定。

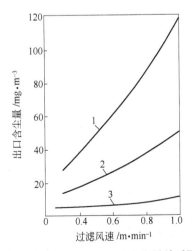

图 5-26　过滤速度与出口含尘量关系图
1—刚清灰后；2—两次清灰之间；3—清灰前

（2）袋式除尘器的除尘效率。丹尼斯与克莱姆研究了玻璃纤维滤布捕集飞灰的过程，提出如下除尘效率 η 计算公式：

$$\eta = 1 - \left\{ \left[P_n + (0.1 - P_n) e^{-am} \right] + \frac{\rho_R}{\rho_0} \right\} \tag{5-14}$$

$$P_n = 1.5 \times 10^{-7} \exp\left[12.7(1 - e^{1.03v_f}) \right] \tag{5-15}$$

$$a = 3.6 \times 10^{-3} \times v_f^{-4} + 0.094 \tag{5-16}$$

式中　P_n——无因次参数；

　　　ρ_R——脱除浓度（常数），mg/m^3，丹尼斯取 $0.5mg/m^3$；

　　　ρ_0——初始浓度，mg/m^3；

　　　m——滤布上粉尘负荷，mg/m^3。

从式（5-14）~式（5-16）可看出，过滤纤维上沉积的粉尘层越厚，粉尘负荷越高，除尘效率就越高。

（3）袋式除尘器的压力损失。迫使气流通过滤袋是需要能量的，这种能量通常用通过滤袋的压力损失表示，这也是个重要的技术经济指标，不仅决定着能量的消耗量，还决定着清灰间隔时间等。

清洁滤布的阻力损失按 $\Delta p_0 = \zeta_0 \mu v_f$ 计算，总压力损失则可按下式计算：

$$\Delta p = \Delta p_0 + \Delta p_d = (\zeta_0 + \zeta_d)\mu v_f = (\zeta_0 + \zeta_d)\mu v_f \tag{5-17}$$

粉尘层平均阻力系数 R 可由下式计算：

$$R = \frac{30(1 - \varepsilon_s)}{d_p^2 \varepsilon_s^2 \rho_s} \tag{5-18}$$

式中　ε_s——粉尘层平均孔隙率，%；

　　　ρ_s——粉尘层平均密度，kg/m^3；

　　　d_p——尘粒比表面平均粒径，m。

5.2.4.4　袋式除尘器的选择与设计

A　滤布的选择

滤布是袋式除尘器的主要部件，其造价一般占设备投资的 10%~15%。滤布的好坏对袋式除尘器的除尘效率、压力损失、操作维修等影响很大。性能良好的滤料应具有以下特点：

（1）容尘量大，清灰后能在滤料上保留一定的永久性粉尘。

（2）透气性好，过滤阻力低。

（3）抗皱折性、耐磨性、耐高温性及耐腐蚀性能好，使用寿命长。

（4）清灰性好，容易清除附着在上面的粉尘。

（5）成本低，滤布的材料可用天然滤料、合成纤维和无机纤维。

滤布有不同的编织法，有平纹、斜纹、缎纹等，其中以斜纹滤布的净化效率和清灰效果最好，且滤布堵塞小，处理风量较高，故应用较普遍。

表 5-1 列出了一些滤料的特性。棉布是最便宜的织物，通常用于低温除尘器；较贵的纤维则常用于高温耐腐蚀的除尘器。滤布在选择时应根据气体和粉尘特性、操作条件及设备投资等情况综合考虑。

表 5-1　用作滤料的一些纤维织物特性

纤维	机械强度	最高使用温度/℃	耐腐蚀			特性	一般应用
			酸	碱	有机溶剂		
棉织物	强	80	差	中	好	低费用	低温粉尘作业
毛料	中	95	中	差	好	低费用	冶炼炉
聚酰胺	强	100	中	好	好	易清灰	低温破碎粉尘作业
聚酯	强	135	好	中	好	易清灰	冶炼炉、化工厂、电弧炉
四氟乙烯	中	260	好	好	好	昂贵	化工厂
玻璃纤维	强	280	中	中	好	耐磨性差	冶炼炉、电弧炉、炭黑厂
诺曼克斯尼龙	强	230	好	中	好	抗湿性差	冶炼炉、电弧炉

B　过滤速度的确定

过滤速度慢，压力损失小，除尘效率高，但处理相同气体量的过滤面积大，设备体积和耗材量大；速度过快，虽然过滤面积小，设备总投资少，但除尘器压力损失大，滤布损伤快，总的运转费用高，且速度过快会使除尘效率降低。故在选择过滤速度时，应根据物料物性及清灰方式进行综合考虑。表 5-2 所列过滤速度可供设计时参考。

表 5-2　袋式除尘器推荐过滤速度　　　　　　　　　　　　　　　　　m/s

粉 尘 种 类	清灰方式		
	振打与逆气流联合	脉冲喷吹	反吹风
炭黑、氧化硅、铅、锌的升华物以及其他在气体中由于冷凝和化学反应而形成的气溶胶，化妆粉，去污粉，奶粉，活性炭，由水泥窑排出的水泥等	0.45~0.5	0.8~2.0	0.33~0.45
铁及铁合金的升华物、锻造尘、氧化铝、由水泥磨排出的水泥、碳化炉升华物、石灰、刚玉、安福粉及其他肥料、塑料、淀粉	0.5~0.75	1.5~2.5	0.45~0.55
滑石粉、煤、喷砂清理尘、飞灰、陶瓷生产的粉尘、炭黑二次加工、颜料、高岭土、石灰石、矿尘、铝土矿、冷却器水泥、搪瓷	0.7~0.8	2.0~3.0	0.6~0.9
石棉、纤维尘、石膏、珠光石、橡胶生产中的粉尘、盐、面粉、研磨工艺中的粉尘	0.3~1.1	2.5~4.5	—
烟草、皮革粉、混合饲料、木材加工中的粉尘、粗植物纤维	0.9~2.0	2.5~6.6	—

5.2.5　湿式除尘

湿式除尘是利用洗涤液（一般是水）与含尘气体充分接触，将尘粒洗涤下来而使气体净化的方法。这种除尘方式的效率高，除尘器结构简单，造价低，占地面积小，操作维修方便，特别适于处理高温、高湿、易燃、易爆的含尘气体。此外，湿式除尘在除尘的同时还能除去部分气态污染物，因此广泛用于工业生产各环节的空气污染控制与气体净化。湿式除尘的缺点是需对洗涤后的含尘污水、污泥进行处理，且当处理净化含有腐蚀性的气态污染物时，洗涤水具有一定的腐蚀性，设备易受腐蚀，需采取防腐措施，比一般干式除尘器的操作费用要高。

5.2.5.1　湿式除尘机理

湿式除尘机理涉及惯性碰撞、扩散效应、黏附、扩散漂移与热漂移、凝聚等，现以液滴对尘粒的捕集为例进行讨论。

（1）惯性碰撞。图 5-27（a）为尘粒与液滴碰撞并捕集的情况，图中黑点表示尘粒，实线是气流流线，虚线是尘粒运动轨迹。气流在运动过程中遇到障碍物（液滴），会改变方向，绕过物体流动，但尘粒由于具有一定惯性将保持原有运动方向，脱离所处的气流流线与液滴碰撞。尘粒的惯性越大，气体流线曲率半径越小，尘粒脱离流线而被液滴捕集的可能性就越大，如图 5-27（b）所示。当尘粒与液滴碰撞时，若尘粒能被该液滴润湿，则将进入液滴内部，如图 5-27（c）所示；若不能被润湿，则黏附在液滴表面，如图 5-27（e）所示，其过程不受界面张力支配。所有接近液滴的尘粒，在直径为 d_0 的面积范围内都将与液滴碰撞，如图 5-27（d）所示。

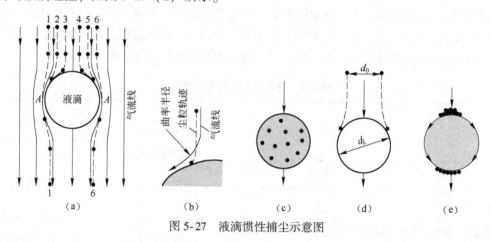

图 5-27　液滴惯性捕尘示意图

（2）扩散。对于粒径在 $0.3\mu m$ 以下的尘粒，扩散是一个很重要的捕集因素。此时，微粒像气体分子一样做不规则的热运动，在运动过程中，尘粒和液滴接触而被捕集，如图 5-27（b）所示。

（3）黏附。当尘粒半径大于粉尘中心到液滴边缘的距离时，粉尘将被黏附在液滴上而被捕集，如图 5-27（a）中的 A 点所示。

（4）扩散漂移与热漂移。若气流中含有饱和蒸汽，当其与较冷的液滴接触时，饱和蒸汽会在较冷的液滴表面上凝结，形成一个向液滴运动的附加气流，这种现象称为扩散漂移和热漂移。附加气流会促使较小尘粒向液滴移动，并沉积在液滴表面而被捕集。

（5）凝聚作用。通过排烟系统排出的烟雾通常含有水蒸气、硫酸酐和气态有机物，当温度降低时，这些凝结成分就会被吸附在粉尘表面，使尘粒彼此凝聚成较大的二次粒子，易于被液滴捕集。

5.2.5.2　气-液界面及除尘器的形式

用液体来洗涤和捕集气体中所含的微小尘粒，大体要在四种气-液界面上进行，即气泡表面、液体喷射表面、液膜表面以及液滴表面。现结合相关湿式除尘器分述如下。

（1）气泡表面。含尘气流通过泡沫式气体净化设备的多孔板时，气体在孔眼处与液体接触并形成气泡，气泡逐渐变大，随后上升穿过液层。气泡在到达液层表面时，由于表面张力作用，并不立即破裂，而是逐渐积累，在液面上形成气泡层。然后，气泡层顶部液膜逐渐变薄，最后破裂释放出气体，同时溅起细小的飞沫。这样多孔板上可分为三个区域：最下层是鼓泡区，主要为液体；中间层是运动的气泡区，主要是气体，液体以气泡膜的形式存在；上层是溅沫区，液体变成了不连续的溅沫，气流中的尘粒主要是在气泡区被捕集。图 5-28 所示为几种常用的泡沫式气体净化设备。

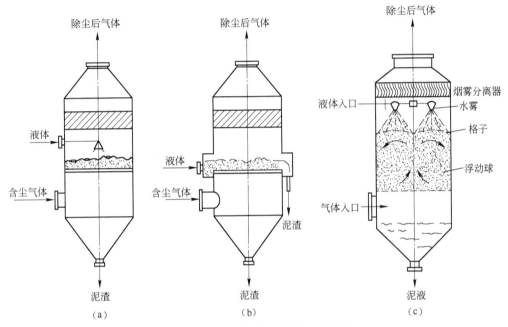

图 5-28　泡沫式气体净化设备示意图

（a）装有漏液板的泡沫式除尘器；（b）装有带溢流堰筛板的泡沫式除尘器；（c）装有球形填料的浮动层洗涤器

（2）液体射流表面。图 5-29（a）所示为一个压力喷嘴形成的射流，喷出的射流经一定距离后破碎为直径范围很广的液滴群，载尘气体平行于射流运动，在射流破碎过程中，气体和液体发生强烈混合。气液混合射流冲击储存器中的液体表面，储存器中的液体随即被部分分裂。利用喷射流产生界面的湿式除尘器主要是引射式文丘里洗涤器，如图 5-29（b）所示。由于尘粒和液滴相对速度较小，故此装置的捕集效率不是很高，但由于液体喷射的抽吸作用，气体不需引风设备。

（3）液膜表面。液体依靠其流动性、润湿性在固体表面铺展开来，形成液膜。液膜的形状和面积主要取决于它们依附的固体表面的形状和面积。固体表面分规则的和无规则的两种。如将填料（拉西环）装入一容器中构成填料塔，填料表面是无规则的，含尘气体从塔底进入，液体在从填料顶部流经填料的过程中，在填料表面形成一层液膜。在填料中，液体和气体往往是平行运动，气体和液体从一个拉西环到下一拉西环时，仅有少数中断现象发生，气流垂直于液流的情况几乎很小，故各种捕尘的作用都不太强，因此，湿式填料塔的除尘效率不太高。

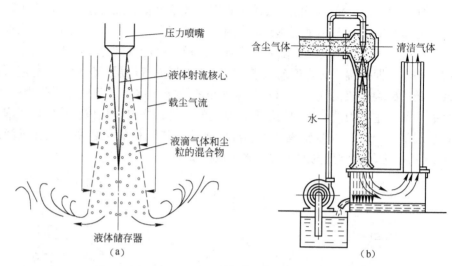

图 5-29　射流表面与引射文丘里洗涤器

(a) 液体射流破碎；(b) 引射式文丘里洗涤器

　　另外，还有与干式旋风除尘器类似的旋风液膜除尘器。它将液体从筒壁的上部切向引入，壁面上便形成一层有规则的、不断下流的液膜。含尘气体由筒体下部切向导入，旋转向上，在离心力作用下，尘粒被甩向筒壁，从而被液膜所捕获。

　　(4) 液滴表面。液滴主要是利用机械力、惯性力以及摩擦力等，使液体分散在大量气体中而形成的。液滴捕集尘粒的机理如图 5-30 所示。

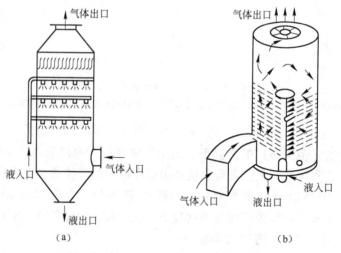

图 5-30　机械力形成液滴的装置示意图

(a) 机械喷雾塔；(b) 中心喷雾旋风洗涤器

　　图 5-30 (a) 为机械喷雾塔，其工作原理是用机械力使液体通过一组多孔喷嘴分散成多液滴群，液滴在塔中靠重力向下运动，含尘气流逆向流过液滴群，使尘粒被液滴捕集。图 5-30 (b) 是中心喷雾旋风洗涤器，中心设一喷雾多孔管，含尘气流由下部切向导入，粗颗粒在离心力作用下被甩向器壁，最终被液膜捕集；细颗粒在中心区与液滴碰撞而被捕集。

图 5-31 表示靠摩擦力来分散液体的原理，高速气流平行于液体表面流入，激起大量细小液滴，气体和液滴通过一个旋涡室来改变流动方向，从而产生了必要的尘粒和液滴的相对运动，成为一种有效的除尘过程。离开旋涡室后，含尘液滴和净化后的气体发生分离。由于受气流速度的限制，被激发的液滴一般较大，影响了除尘效率。文丘里湿式除尘器则是依靠摩擦力来高效分散液体的，如图 5-31（a）所示。大液滴由设置在喉口处的压力喷嘴垂直于气流方向引入，由于喉口处高速气流的摩擦力作用，大颗粒液滴分裂成很多小液滴。液滴的分裂过程包括：1）进入的液体在气流摩擦力的作用下被分裂成很多球面液滴，如图 5-31（a）所示；2）球面液滴在垂直气流的作用下变成椭球面液滴，如图 5-31(b) 所示；3）在含尘气流的继续作用下，椭球面液滴进一步变成降落伞形薄层，如图 5-31（c）所示。由于气流的惯性力，伞形薄层的环形圆曲面将脱离薄层而破碎，并分裂成大量细小的液滴，这个过程不断重复，直到液滴分裂为很多小的含尘液滴为止。

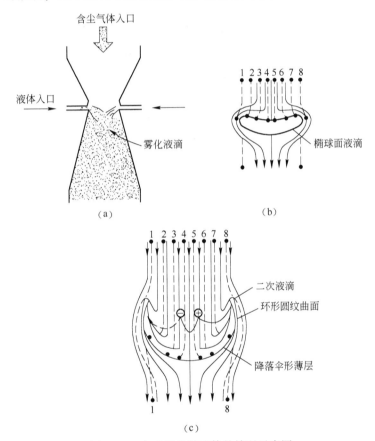

(a)

(b)

(c)

图 5-31　文丘里分散液体的情况示意图

这种靠摩擦力来高效分散液体方式能在有效的容积内形成很好的界面分布，椭球状和伞形薄层状液滴更有利于尘粒的惯性碰撞，且液滴不断破碎，表面不断更新，能达到很高的尘粒捕集效率。

5.2.5.3　湿式除尘器的捕集效率

由于捕集尘粒的交界面形状、大小及位置时时刻刻在变化着，所以很难微观地将其与捕集效率关联起来，但是对于喷雾式和文丘里洗涤器那样的以液滴为主要捕尘机理的洗涤装置，在理论和实验方面有较多的研究。根据输送气体和雾化、喷淋液体所需的功率理论得到的经验公式，能够较好的关联湿式除尘器压力损失和除尘效率之间的关系，被工业界广泛接受。

复习思考题

5-1 试根据离心式旋风除尘器的工作原理推证：离心式旋风除尘器中被捕集粉尘粒子的沉降速度比单纯重力沉降室中粒子的沉降速度大 $\dfrac{u_t}{rg}$。

5-2 重力沉降室的除尘效率与哪些参数有关？

5-3 解释雪崩过程和起始电晕电压。

5-4 对于如下六种常见除尘装置，当气体处理量增大时，哪种除尘器的除尘效率可能升高？
（1）重力除尘器；（2）填料洗涤器；（3）文丘里洗涤器；（4）旋风除尘器；（5）过滤式除尘器；（6）静电除尘器。

5-5 总除尘效率与分级除尘效率之间有什么关系？

5-6 某静电除尘器实测除尘效率为90%，若欲使其除尘效率提高至99%，集尘板面积应增加多少？

5-7 对于如下几种湿式除尘器，哪一种采用的液气比更大？
（1）重力喷雾洗涤器；（2）旋风洗涤器；（3）文丘里洗涤器；（4）填料洗涤器。

6　气态污染物控制

从污染物控制的角度去理解，任何气态污染都可以从源头上进行控制，比如燃烧过程中的脱硫、低的氮氧化物燃烧技术等。从环境工程出发，本章着重介绍末端治理技术。

6.1　硫氧化物污染控制

大气中 SO_2 来源于自然过程和人类活动两方面。自然过程包括火山爆发喷出的 SO_2，沼泽、湿地、大陆架等处释放的 H_2S 进入大气后被氧化而成的 SO_2，含硫有机物被细菌分解及海洋形成的硫酸盐气溶胶在大气中经过一系列变化而产生的 SO_2 等。天然源排放量约占大气中 SO_2 总量 1/3。天然产生的 SO_2 属全球性分布，浓度低，易于被稀释和净化，一般不会严重污染大气，也不会形成酸雨。人为源主要来自化石燃料的燃烧和含硫物质的工业生产过程，以火电、钢铁、有色冶炼、化工、炼油、水泥等工业部门排放量较大。人为源排放量约占大气中 SO_2 总量的 2/3，由于比较集中，是造成大气污染和产生酸雨的重要原因。

SO_2 污染属于低浓度的长期污染，对生态环境是一种慢性、叠加性的长期危害。SO_2 对人体健康的影响主要是通过呼吸道系统进入人体，与呼吸器官作用，引起或加重呼吸器官疾病。对植物而言，SO_2 主要通过叶面气孔进入植物体内，在细胞或细胞液中生成 SO_3^{2-}、HSO_3^- 和 H^+，从而对植物造成危害。SO_2 进入大气后形成的硫酸烟雾和酸雨会造成更大的危害。

6.1.1　燃煤锅炉烟气脱硫技术

燃煤烟气的主要特点是含尘量大，温度较高，SO_2 浓度低，气量大，故燃煤烟气脱硫工艺中含有除尘、调温等预处理过程。吸收净化燃煤烟气应用较多的方法有石灰/石灰石法、氧化镁法、钠碱法等。下面介绍石灰/石灰石法和氧化镁法。

6.1.1.1　石灰/石灰石法

石灰石是最早作为废气脱硫的吸收剂之一，目前应用较普遍的是湿式石灰/石灰石-石膏法、改进的石灰/石灰石法和喷雾干燥法。最初采用的是干式抛弃法，其投资和运行费用最低，但存在脱硫效率低、增加除尘设备的负荷等缺点。近年来重点转向湿式洗涤法和喷雾干燥法。

A　湿式石灰/石灰石-石膏法

湿式石灰/石灰石-石膏法，是采用石灰或石灰浆液脱除烟道气中的二氧化硫并副产石膏的方法。这种方法的优点是采用的吸收剂价格低廉、易得；缺点是易发生设备堵塞或磨损。

a 反应原理

用石灰石或者石灰浆液吸收烟气中的二氧化硫，分为吸收和氧化两个工序：先吸收生成亚硫酸钙，然后再氧化为硫酸钙。

（1）吸收过程。在吸收塔内进行，主要反应如下：

$$Ca(OH)_2 + SO_2 \longrightarrow CaSO_3 \cdot \frac{1}{2}H_2O + \frac{1}{2}H_2O$$

$$CaCO_3 + SO_2 + \frac{1}{2}H_2O \longrightarrow CaSO_3 \cdot \frac{1}{2}H_2O + CO_2$$

$$CaSO_3 \cdot \frac{1}{2}H_2O + SO_2 + \frac{1}{2}H_2O \longrightarrow Ca(HSO_3)_2$$

由于烟道气中含有氧，还会发生如下副反应：

$$CaSO_3 \cdot \frac{1}{2}H_2O + O_2 + H_2O \longrightarrow CaSO_4 \cdot 2H_2O$$

（2）氧化过程。在氧化塔内进行，将生成的亚硫酸钙，用空气氧化为石膏。

$$CaSO_3 \cdot \frac{1}{2}H_2O + O_2 + H_2O \longrightarrow CaSO_4 \cdot 2H_2O$$

$$Ca(HSO_3)_2 + H_2O \longrightarrow CaSO_4 \cdot 2H_2O + SO_2$$

b 工艺过程及操作要点

工业上实际应用的石灰-石膏法烟气脱硫工艺及其流程，多以开发厂家命名。如图 6-1 是三菱重工业石灰-石膏法工艺流程。

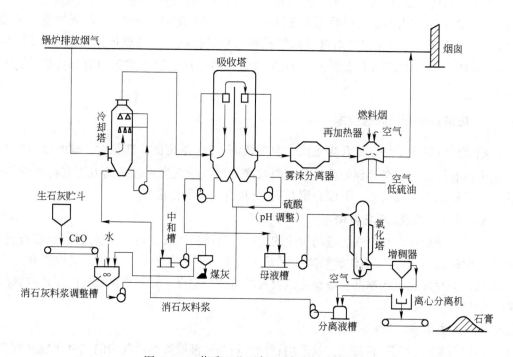

图 6-1 三菱重工业石灰-石膏法工艺流程

烟气进入冷却塔，在冷却塔内用水洗涤、降温（到 60℃左右）、增温并除去 89%~90% 的烟尘，然后进入二级串联吸收塔内，塔内用石灰浆液进行洗涤脱硫。经脱硫并除去雾沫净化的烟气，再经加热器升温至 140℃左右，由烟囱排入大气。

冷却塔采用空塔，液气比为 14L/m³（标态），包括雾沫分离器在内的压力降约为 5065.4Pa。为了防止石膏在吸收塔内沉积，采用低密度的栅条填料塔和高液气比，同时浆液内加入石膏"晶种"。

吸收 SO_2 后的浆液，用硫酸调整 pH 值到 4~4.5 后，在氧化塔内 60~80℃ 条件下，用 $4.9 \times 10^5 Pa$ 的压缩空气进行氧化。自氧化塔出来的尾气因含有微量的 SO_2，送入吸收塔内。氧化后的浆液经增稠、脱水即得产品。滤液除去不溶性杂质后，送往石灰乳槽，洗液返至冷却塔。

该法脱硫率在 90% 以上，可副产含水 5%~10% 的优质石膏。

c　影响吸收效率的主要因素

影响吸收效率的主要因素有：

（1）浆液的 pH 值。pH 值将影响结垢、堵塞和活性钝化。石灰石系统操作时最佳 pH 值为 5.8~6.2，石灰系统操作时最佳 pH 值约为 8。

（2）吸收温度。吸收温度降低时，吸收液面上的 SO_2 平衡分压亦降低，有助于气、液相间传质；但温度较低时，H_2SO_3 和 $Ca(OH)_2$ 或 $Ca(OH)_2$ 之间的反应速度慢。通常认为吸收温度不是一个独立可变的因素。它取决于进气的湿球温度。

（3）石灰石的粒度。石灰石粒度减小，比表面积增加，脱硫率及石灰石的利用率增高。一般控制石灰石的粒度在 48~74μm 之间。

（4）气体-液体-固体流的关系。在气体-液体-固体流中包含着几个相互有关的变数，如洗涤器的持液量、液气比、气液接触时间、气体流速及循环料浆内固体的浓度。在低密度的栅条填料塔中，气体流速宜在 1.6~2.5m/s，液气比宜在 0.8~8.2L/m³（标态）之间。当液气比为 1.4L/m³，气速为 2.4m/s 时，SO_2 总传质速率 K_G 为 1085mol/（m³·h·kPa）。此时，吸收传质过程主要受到气膜阻力控制。

（5）控制溶液过饱和。控制吸收液过饱和可以防止系统结垢。最好的办法是吸收液中加入二水硫酸钙品种，以提供足够的沉积表面，使溶解盐优先沉淀于其上，可以控制溶液过饱和。

（6）吸收剂。石灰或石灰石作吸收剂，各有优缺点：

石灰石较石灰容易制备，且在石灰石的洗涤中亚硫酸钙的氧化速率远大于石灰洗涤；石灰石价廉，处理时较石灰方便而且安全。

石灰较石灰石更易反应，但在石灰消化过程中，易引起硫酸结垢，在石灰浆液中，加入石膏"品种"可以消除结垢。

因此，在应用中倾向于采用石灰石。

d　洗涤吸收器

湿式石灰/石灰石-石膏法中洗涤器的流动构型和物料平衡影响气体-液体-固体流的关系，洗涤器应具有气液相间的相对速度高、持液量大、气液接触面大、压力降小等特点，以提高吸收效率，减少结垢和堵塞。除填料塔外，常用的洗涤器还有道尔型洗涤器、盘式洗涤器和流动床洗涤器等，见表 6-1。

表 6-1　石灰/石灰石法洗涤吸收器及特点

名　称	设 备 结 构	特　点
道尔型洗涤器（冲击式）	气体出口 平衡管 折流板 收集管 气体进口 堰口 泥浆进口 浆位控制器 推出液流	塔藏量及堵塞性能好； 并流操作； 液气比较难确定，石灰（石灰石）的投加量为理论用量的 1.1~1.3 倍； 阻力中等，脱硫效率为 60%~95%
带有玻璃球（弹子）的盘式洗涤器	烟囱 除雾器 弹子床 烟道气，CaO 灰 阶梯式导向叶片 补充水 至水池或澄清池 中间槽	液气比 1~2.6L/m³（标态）； 塔藏量及堵塞性能较好； 石灰（石灰石）的投加量为理论用量的 1.1~1.4 倍； 阻力中等，脱硫效率大于 90%
"乒乓球"型流动床洗涤器	烟囱 除雾器 塑料球体 烟道气 从水池来的回流液 补充 CaCO₃ 中间槽 至水池或澄清池	抗堵塞性能好； 液气比 5~6L/m³（标态）； 石灰（石灰石）的投加量为理论用量的 1.1~1.2 倍； 阻力中等，脱硫效率为 65%~99%

B　改进的石灰石/石灰湿法脱硫

为了克服石灰/石灰石法的结垢和堵塞，提高 SO_2 的脱硫率，开发了加入缓冲剂的石灰/石灰石法。该方法对原有流程不做任何修改，只是加入了缓冲剂。常用的缓冲剂用己二酸、硫酸镁等。

（1）己二酸。己二酸成分是二羧基有机酸 $HOOC(CH_2)_4COOH$，其酸度介于碳酸和亚硫酸之间，在原有的石灰/石灰石流程中加入己二酸，可起到缓冲吸收液 pH 值的作用。

己二酸的缓冲机理是：在洗涤液储罐内，己二酸与石灰/石灰石反应，形成己二酸钙，在吸收器内，己二酸钙与已被吸收的 SO_2（以 H_2SO_3 形式）反应生成 $CaSO_3$，己二酸得以再生，并返回洗涤液储罐，重新与石灰/石灰石反应。己二酸的存在抑制了气液界面上由于 SO_2 溶解而导致 pH 值降低，从而使液面处 SO_2 的浓度提高，大大地加速了液相传质速率，提高了 SO_2 吸收效率。因洗涤液中己二酸钙较易溶解，避免了石灰/石灰石法的结垢和堵塞现象，同时也降低了钙硫比。

在实际应用中，己二酸可在浆液循环回路的任何位置加入，加入量取决于操作条件、pH 值等。其用量为 1t 石灰石加入 1~5kg 己二酸。如 $50×10^4$kW 电站的烟气脱硫系统，日消耗己二酸 0.6~3.0t，石灰石的利用率由 65% 提高到 80%，消除了结垢，减少了固体排放量。

（2）硫酸镁。克服石灰石结垢和提高 SO_2 去除率的另一种方法是添加硫酸镁。加入硫酸镁的目的是为改进溶液的化学性质，使 SO_2 以可溶性盐形式被吸收，并减少系统的能源消耗。

C　喷雾干燥法

喷雾干燥法由美国 Joy 公司和丹麦的 Niro Atomizer 共同开发。国外多称为 Joy/Niro 法。它是 20 世纪 80 年代发展起来的脱硫方法。该方法将吸收剂雾化喷入烟气中，吸收剂为分散相，烟气为分散介质，吸收剂采用石灰乳，雾化分散于烟气中，烟气中 SO_2 即与石灰乳液滴发生反应生成 $CaSO_3 \cdot \frac{1}{2}H_2O$。由于烟气中有氧存在，同时还生成一部分 $CaSO_4 \cdot 2H_2O$。在雾滴与 SO_2 反应的同时，雾滴中的水分被高温烟气干燥，因此生成物是粉状干料，全游离水分一般在 2% 以下。然后用除尘器进行气固分离，即达到烟气脱硫的目的。脱硫率可达 70%~90%。脱硫率的大小与吸收剂的利用率有关，将两者综合考虑，一般控制吸收剂的用量为理论用量的 1.5~2.0 倍。

喷雾干燥法的工艺流程如图 6-2 所示。吸收液的雾化、SO_2 的吸收及烟气的干燥都在喷雾干燥器内完成。由于 SO_2 与吸收剂的反应主要发生在液滴上，因而吸收剂的雾化状况，烟气同雾滴的接触状况和作用时间对 SO_2 的脱除和吸收剂的利用率有影响。增大液气比，则吸收剂喷出雾滴多，有利于气-液间的良好接触，但却使水分蒸发量增大，造成烟气中水分增加，在滤袋中冷凝；再者，液气比的增大，则意味着吸收剂利用率降低。反之，

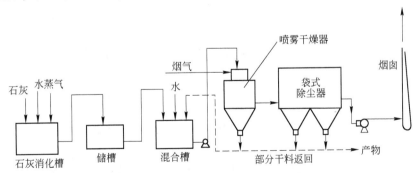

图 6-2　喷雾干燥法工艺流程图

若减小液气比，即减少吸收剂的用量，就可能达不到要求的脱硫率。因此，在操作上要根据烟气中 SO_2 浓度和烟气温度调节好喷入的吸收剂量。

喷雾干燥法界于湿法和干法之间，和湿式石灰石/石灰法相比具有如下优点：

（1）流程简单，设备少，省去了一整套处理装置；

（2）运行可靠，生产过程中不发生结垢和堵塞现象；

（3）只要排气温度适宜，不产生腐蚀；

（4）能量消耗低，投资及运行费用小；

（5）对烟气量和烟气中 SO_2 浓度的适应性大。

6.1.1.2 金属氧化物法

一些金属如 Mn、Zn、Fe、Cu 等的氧化物可作为 SO_2 的吸收剂。金属氧化物吸收 SO_2 可采用干法或湿法。干法脱硫属于传统工艺，脱硫率较低，目前各国致力于研究如何增加其活性、提高效率。湿法脱硫多采用浆液吸收，吸收 SO_2 后的含亚硫酸盐-亚硫酸氢盐的浆液，在较高温度下易分解，可再生出浓 SO_2 气体，便于加工为硫的各种产品。常见的金属氧化物法有氧化镁法、氧化锌法、氧化锰法等。氧化镁法多用来冷化电厂的锅炉烟气；氧化锌法适合锌冶炼企业的烟气脱硫；氧化锰法可用无使用价值的低品位软锰矿为原料净化炼钢尾气中的 SO_2，并得到副产品锰矿。

下面以氧化镁法为例介绍金属氧化物吸收流程。氧化镁法由美国化学基础公司开发，又叫开米柯-氧化镁法。这种方法脱硫率可达 90% 以上，国外应用较多。

A 原理

本法采用氧化镁浆液作吸收剂，吸收烟气中的 SO_2 后，吸收液可再生循环使用，同时副产高浓度 SO_2 气体，用于制硫酸或固体硫黄。氢氧化镁在吸收塔内与烟气中的二氧化硫接触反应生成含结晶水的亚硫酸镁和硫酸镁，随后将这些生成物脱水和干燥，再进行煅烧，使之发生分解。为了还原硫酸镁，还需向煅烧炉中添加少量焦炭，这样煅烧炉内的亚硫酸镁和硫酸镁就分解成高浓度的二氧化硫气体和氯化镁。氧化镁水合后成为氢氧化镁循环使用，高浓度 SO_2 气体作为副产品加以回收利用。

（1）吸收工序：

$$Mg(OH)_2 + SO_2 + 5H_2O \longrightarrow MgSO_3 \cdot 6H_2O$$

$$MgSO_3 + SO_2 + H_2O \longrightarrow Mg(HSO_3)_2$$

$$Mg(HSO_3)_2 + Mg(OH)_2 + 10H_2O \longrightarrow 2MgSO_3 \cdot 6H_2O$$

副反应：

$$Mg(HSO_3)_2 + \frac{1}{2}H_2O + 6H_2O \longrightarrow MgSO_4 \cdot 7H_2O + SO_2$$

$$MgSO_3 + \frac{1}{2}O_2 + 7H_2O \longrightarrow MgSO_4 \cdot 7H_2O$$

$$Mg(OH)_2 + SO_3 + 6H_2O \longrightarrow MgSO_4 \cdot 7H_2O$$

（2）干燥工序：

$$MgSO_3 \cdot 6H_2O \longrightarrow MgSO_3 + 6H_2O(s)$$

$$MgSO_4 \cdot 7H_2O \longrightarrow MgSO_4 + 7H_2O(s)$$

（3）分解工序：

$$MgSO_3 \longrightarrow MgO + SO_2(s)$$

$$MgSO_4 + \frac{1}{2}C \longrightarrow MgO + SO_2(s) + \frac{1}{2}CO_2(s)$$

B 工艺流程

图 6-3 为 MgO 浆液脱除烟气 SO_2 的流程示意图。流程中的洗涤设备采用开米柯式文丘里洗涤器。吸收后的浆液先进行离心脱水，干燥后再经回转窑加热煅烧（煅烧温度 800～1100℃），可得到氧化镁和 SO_2 气体。煅烧生成的气体的组分为：SO_2 为 10%～13%，O_2 为 3%～5%，CO<0.2%，CO_2<13%，其余为 N_2。回转窑所得 MgO 进入 MgO 浆液槽，重新水合后循环使用。系统中所需补充的 MgO 为 5%～20%。

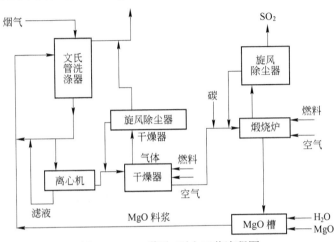

图 6-3 MgO 浆洗-再生工艺流程图

6.1.2 吸收法脱硫技术

生产工艺含硫尾气与锅炉烟气比较，主要特点是 SO_2 浓度较高、粉尘等杂质较少，故含硫尾气经处理后均可回收硫资源，并且能得到纯度较高的产品。处理硫酸厂尾气，冶炼烟气，钢厂尾气及造纸、纺织、食品工业尾气等典型生产工艺含硫尾气，常用的吸收法有钠吸收法、氨-酸法、碱式硫酸铝-石膏法、氧化锌法、氧化镁法、稀硫酸法等，详见表 6-2。实际应用中，应根据原料来源、产品销路、环境效益、经济效益来选择含硫尾气的处理方法。

表 6-2 主要吸收法烟气脱硫方法及特征

烟气脱硫方法分类	脱硫剂	脱硫方法	中间阶段	最终产物
石灰石/石灰法	$CaCO_3$	直接喷射法	无	石膏
	CaO	湿式石灰石/石灰-石膏法	氧化	石膏
	$Ca(OH)_2$	石灰-亚硫酸钙法	无	亚硫酸钙
		喷雾干燥法	无	石膏等
氨法	NH_3、铵盐	氨-酸法	酸化	浓 SO_2 硫胺
		氨-亚硫酸钙法	无	亚硫酸铵
		氨-硫铵法	氧化	硫胺

续表 6-2

烟气脱硫方法分类	脱硫剂	脱硫方法	中间阶段	最终产物
钠碱法	Na_2CO_3	亚硫酸钠循环法	热再生	浓 SO_2
	NaOH	亚硫酸钠法	无	亚硫酸钠
	$NaSO_4$	钠盐-酸分解法	酸化	浓 SO_2 冰晶石
		钠盐-石膏法	石灰副反应	石膏
		碳酸内干喷法	还原/再生	硫
			无	亚硫酸钠
铝　法	碱式硫酸铝	碱式硫酸铝-石膏法	石灰副反应	石膏
		碱式硫酸铝-二氧化硫法	热再生	浓 SO_2
金属氧化物法	金属氧化物	氧化镁法	热再生	浓 SO_2
		氧化锌法	热再生	浓 SO_2 氧化锌
		氧化锰法	电解	金属锰
酸溶液法	酸溶液	稀硫酸法	液相氧化 石灰副反应	石膏

6.1.2.1　碱式硫酸铝法治理钢厂尾气

早在 20 世纪 30 年代英国 ICI 公司就用碱式硫酸铝溶液吸收 SO_2，后来日本同和矿业公司经改进开发了碱式硫酸铝-石膏法，又称同和法。本法用碱性硫酸铝溶液吸收废气中的 SO_2，然后将吸收液氧化，用石灰石再生为碱性硫酸铝循环使用，并副产石膏。

A　原理

（1）吸收剂的制备。碱式硫酸铝水溶液的制备可用粉末硫酸铝即 $Al_2(SO_4)_3 \cdot (16 \sim 18)H_2O$ 溶于水，添加石灰石或石灰粉中和，沉淀出石膏，除去一部分硫酸根，即得到所需碱度的碱式硫酸铝。

（2）吸收。碱式硫酸铝溶液吸收 SO_2 的反应式为：

$$Al_2(SO_4)_3 \cdot Al_2O_3 + 3SO_2 \longrightarrow Al_2(SO_4)_3 \cdot Al_2(SO_3)_3$$

在这里，碱度越高，吸收率越高，但铝沉淀率随碱度增加而加大，当碱度达 60% 以上时，会生成絮状物，将妨碍吸收操作。碱度常常控制在 20% ~ 30% 范围内。

铝含量对吸收效率也有影响：铝含量越高，吸收效率越高。考虑溶液中的铝损失，铝含量控制在 15 ~ 22g/L。

温度对吸收效率的影响较显著，温度愈低吸收效率愈高。

（3）氧化。利用压缩空气在氧化塔内发生下面的化学反应氧化：

$$Al_2(SO_4)_3 \cdot Al_2(SO_3)_3 + \frac{3}{2}O_2 \longrightarrow 2Al_2(SO_4)_3$$

氧化塔需要的空气量为理论量的 2 倍，为加快氧化速度常加入少量催化剂，如 $MnSO_4$，其加入量为 1 ~ 2g/L。

（4）中和。以石灰石作为中和剂，在中和塔中发生如下反应：

$$2Al_2(SO_4)_3 + 3CaCO_3 + 6H_2O \longrightarrow Al_2(SO_4)_3 \cdot Al_2O_3 + CaSO_4 \cdot 2H_2O$$

吸收液吸收 SO_2 后，经氧化中和及固液分离后，固体以石膏形式作为副产品排出系统，滤液返回吸收系统循环使用。

　　B　工艺流程、操作要点及设备

　　a　工艺流程

　　碱式硫酸铝-石膏法工艺流程见图6-4。吸收SO₂后的吸收液送入氧化塔，塔底鼓入压缩空气，使$Al_2(SO_3)_3$氧化。氧化后的吸收液大部分返回吸收塔循环使用，只引出小部分至中和槽，加入石灰石再生，并副产石膏。

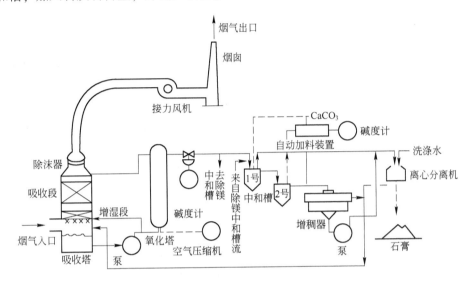

图6-4　碱式硫酸铝-石膏法工艺流程图

　　b　操作要点及设备

　　(1) 吸收操作：控制吸收液的含铝量在15~22g/L、碱度在10%~20%范围内波动，当烟气中SO₂浓度波动大时，碱度可以高些。吸收塔中液气比在增湿段取3，在吸收段取10。

　　(2) 氧化催化剂：氧化时用的催化剂是Mn^{2+}，一般用$MnSO_4$0.2~0.4g/L即可；但实际生产中，由于Mn^{2+}浓度随着时间延长而降低，故要经常补充，其含量在1~2g/L为宜。

　　(3) 中和后吸收剂的碱度：中和后吸收剂碱度为15%~25%；比中和前约高15%，分别通过碱度计自动调节。

　　(4) 氧化塔：氧化塔为空塔，塔底装有特殊设计的装置，气液同时经此进入塔内，空气变成细小的气泡分散于溶液中。常见的塔底有三种形式：1) 塔底设置多孔板，鼓入空气，借多孔板分散气流鼓泡。这种塔的缺点是塔底容易结垢，须经常清理。2) 塔底设置空气喷嘴，利用喷嘴分散气流鼓泡。这种鼓泡方式不太均匀。3) 塔底设置高速（3000 r/min）笼式搅拌器，用机械方法增加两相的接触面。这种塔的缺点是成本高，塔底的搅拌器主轴密封困难。

　　碱式硫酸铝法的优点是：处理效率高；液气比较小；氧化塔的空气利用率较高；设备材料较易解决。

　　南京钢厂应用本法处理硫酸尾气，平均数据为：入口烟气中SO₂浓度6970mg/m³，出口浓度303mg/m³。

6.1.2.2　氨-酸法

用氨作为 SO_2 的吸收剂，与用其他碱类相比，主要优点是：脱硫费用低，可副产化肥（氮肥）。但氨易挥发，吸收剂的耗量较大。

氨吸收法，按吸收液再生方法可分为氨-酸法、氨-亚硫酸铵法等。氨-酸法是将吸收 SO_2 后的吸收液用酸分解，可副产二氧化硫气体和化肥。氨-亚硫酸铵法是将吸收 SO_2 后的吸收液直接加工成亚硫酸铵产品。

氨-酸法 20 世纪 30 年代用于生产，具有工艺成熟、设备简单、操作方便、可副产化肥等优点。目前我国化工系统广泛应用此法处理硫酸尾气，如南京化学工业公司氮肥厂、上海硫酸厂、大连化工厂等。该法需消耗大量的氨和硫酸，对不具备这些原料的冶金、电厂等部门，应用有一定困难。

氨-酸法最常见的是采用 H_2SO_4 分解吸收液，可得硫酸铵溶液，或加工成固体硫酸铵作为肥料出售，这种肥料，仅铵有肥效，硫酸根在土壤中无用，其游离态在非碱性土壤中还有害处，因而发展了也能得到 SO_2 及相应的副产品的其他酸分解吸收液，如硝酸酸化得硝酸铵、磷酸酸化得磷酸二氢铵等。下面以硫酸分解为例加以介绍。

氨-酸法可分为吸收、分解及中和三个主要工序。

A　吸收、分解的工艺原理

（1）吸收。含有二氧化硫的尾气与氨水溶液接触，二氧化硫即被吸收，反应式如下：

$$2NH_4OH+SO_2 \longrightarrow (NH_4)_2SO_3+H_2O$$
$$(NH_4)_2SO_3+SO_2+H_2O \longrightarrow 2NH_4HSO_3$$
$$NH_4OH+SO_2 \longrightarrow NH_4HSO_3$$

实际上，进行 SO_2 吸收的是循环的 $(NH_4)_2SO_3$-NH_4HSO_3 水溶液，随着吸收过程的进行，循环液中 NH_4HSO_3 增多，吸收能力下降，需补充氨使部分 NH_4HSO_3 转变为 $(NH_4)_2SO_3$：

$$NH_4HSO_3+NH_3 \longrightarrow (NH_4)_2SO_3$$

若烟气中有 O_2 和 SO_2 存在，可能发生如下副反应：

$$(NH_4)_2SO_3+\frac{1}{2}O_2 \longrightarrow (NH_4)_2SO_4$$

$$NH_4HSO_3+\frac{1}{2}O_2 \longrightarrow NH_4HSO_4$$

$$2NH_4OH+SO_3 \longrightarrow (NH_4)_2SO_4+H_2O$$

以氨溶液吸收 SO_2 时，传质过程主要受气相阻力所控制，其传质系数取决于吸收液的化学组成、温度及气流速度，而溶液的喷淋密度仅有微弱的影响。随着气流速度的增大、吸收液中碱度的增高及吸收温度的降低，传质系数增大。

（2）分解。含有亚硫酸氢铵和硫酸铵循环吸收液，当其达到一定的浓度（密度 1.17 ~ 1.18 g/cm^3）时，可自循环系统中导出一部分，送到分解塔中用浓硫酸进行分解，得到二氧化硫气体和硫酸铵溶液。分解反应如下：

$$2NH_4HSO_3+H_2SO_4 \longrightarrow (NH_4)_2SO_4+2SO_2(s)+2H_2O$$
$$(NH_4)_2SO_3+H_2SO_4 \longrightarrow (NH_4)_2SO_4+SO_2(s)+H_2O$$

提高硫酸浓度可加速反应的进行，因此，一般采用93%或98%的硫酸进行分解。为了提高分解效率，硫酸用量应达到理论量的1.15倍，分解后的酸性溶液需用氨进行中和。

B　工艺流程和主要设备

氨-酸法的工艺流程如图6-5所示。

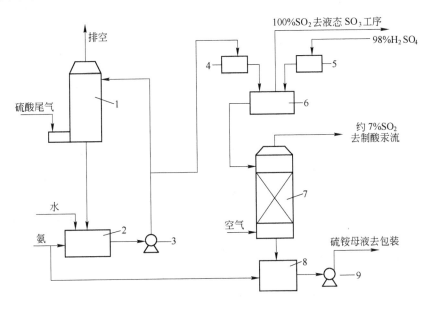

图6-5　氨-酸法回收 SO_2 工艺流程图

1—吸收塔；2—循环槽；3—循环泵；4—母液高位槽；5—硫酸高位槽；
6—混合槽；7—分解塔；8—中和槽；9—硫铵母液泵

含 SO_2 的烟气由吸收塔1下部进入，含氨母液或氨水由循环泵3打至塔顶喷淋，与从塔底进入的尾气逆流相遇。吸收了 SO_2 的母液由塔底流入循环槽2中，并在此补充氨水和水，以维持循环原有的浓度，使吸收液得到部分再生，保持（ NH_4 ）$_2SO_3$ 与 NH_4HSO_3 比值稳定。吸收 SO_2 后的烟气经除沫器除沫后由高烟囱排放。当循环吸收塔中亚硫酸氢铵含量达到一定值（S/C = 0.9）时，可引出一部分送至母液高位槽4，再送至混合槽6，同时从硫酸高位槽5引硫酸至混合槽6，在混合槽内经折流板作用均匀混合后，再从分解塔顶部进入分解塔7。在混合槽内，母液与硫酸作用可分解出100% SO_2 气体，送至液体 SO_2 工序。在分解塔内，母液在硫酸作用下继续分解并放出 SO_2 气体，由底部通入空气将 SO_2 气体吹出，这部分气体约含7% SO_2 ，可送往制酸系统。

经分解塔分解的母液呈酸性，进入中和槽8后，通入氨水中和，中和后的母液呈中性，密度约为1.28g/ cm^3 ，用母液泵9送到蒸发结晶工序，制造固体硫酸铵。若不设蒸发结晶工序，则中和后的母液直接出售。

上述流程为一段氨吸收法，其特点是单塔吸收，高酸度（分解液酸度40~50滴度）空气解吸分解，操作简单，不消耗蒸气，但是，氨、酸消耗量大，分解放出的 SO_2 中85%为纯 SO_2 ，SO_2 吸收率只有88%。

若进一步提高 SO_2 吸收率，需降低吸收液面上面 SO_2 的平衡分压，即选择低浓度、高碱度（S/C低）的吸收液，但这会使氨、酸等的消耗增加，而且副产的硫酸铵母液浓度也较低。这是单塔吸收存在的吸收率与消耗指标之间的矛盾。为了解决这一矛盾，吸收系统宜采用两段吸收方法。

两段氨吸收法的特点是，第一吸收段的循环吸收液浓度高一些，碱度低一些，使引出的母液含有较多的 NH_4HSO_3。从而降低分解时的酸耗，并提供较浓的硫铵母液副产品；第二吸收段采用的循环吸收液，浓度低一些，碱度高一些，以保证较高的 SO_2 吸收效率。因此，第一吸收段叫产品段，第二吸收段叫除害段。在实际生产过程中，为了减轻除害段的负荷，保证一定的吸收率、避免排放尾气中有大量的铵雾，两段母液的碱度都应维持在中等或较低水平。

C　吸收液浓度的选择

对循环吸收液浓度的选择应满足下列要求：

（1）要保证较高的 SO_2 吸收率，使排空尾气中 SO_2 浓度符合排放标准。

（2）要制备出高浓度的 NH_4HSO_3 溶液，以便在分解、脱吸、中和时耗用尽可能少的硫酸和氨，得到尽可能多的 SO_2。

（3）为了制备出高浓度的 NH_4HSO_3 吸收液，要求选取的吸收液应维持尽量高的浓度和尽量低的碱度。但是，吸收液的浓度受尾气 SO_2 浓度等因素制约。据理论计算，各种尾气 SO_2 浓度在吸收液碱度为10滴度、吸收温度为25℃时，能达到的最大浓度，只要处理尾气中 SO_2 的浓度大于0.1%，就可以制取总亚盐大于470g/L的高浓度吸收液。

综上所述，要使吸收液满足以上条件，吸收液必须有适当的组成和一定的碱度。对于两段氨法，第一吸收段循环母液浓度应选取高一些，但也不可过高，浓度过高，一方面使吸收效率下降，另一方面分解中和后硫铵母液在常温下容易结晶析出，对于总亚盐为550g/L的循环液，碱度以15滴度为宜，一般可制得浓度为580g/L左右的硫铵母液，在35℃以上不会产生结晶；第二吸收段循环吸收母液浓度应该选取低一些，但要考虑到第二吸收段向第一吸收段串液时的水平衡和母液碱度对产生白烟（铵雾）的影响，当其母液浓度为100g/L时，则碱度只能为10滴度，否则，将引起排空尾气中铵雾含量增加，使白烟变浓，造成二次污染。

D　"白烟"的防治

在吸收塔排放的尾气中，有时出现白烟，它主要是由铵雾（包括亚硫酸铵雾和硫酸铵雾）及硫酸雾引起的。

吸收液面上存在的 NH_3 蒸气是形成铵雾的根源，NH_3 蒸气分压随着吸收液碱度和温度的升高而升高。为了防止由铵雾生成白烟，吸收液的碱度不能大于15滴度。

气相中 SO_2 的存在，不仅是形成硫酸铵雾的条件，也是形成硫酸雾的根源，特别是硫酸尾气，更易产生白烟。为了消除冒白烟的现象，NH_3 吸收塔的吸收率要维持在99%以上，即要求尾气中 NH_3 含量在 $0.13g/m^3$ 以下。

6.1.3　吸附法脱硫技术

吸附法治理烟气中的 SO_2，常用的吸附剂是活性炭、分子筛、硅胶等。下面介绍活性炭吸附法。

6.1.3.1　活性炭吸附脱硫概述

活性炭脱硫最早出现在19世纪下半叶，到了20世纪70年代后期，已有数种工艺在日本、德国、美国得到了工业应用。其代表方法有日立法、住友法、鲁奇法、BF 法及 Re-inluft 法等。目前它已由电厂应用扩展到石油化工、硫酸及肥料工业等领域。

活性炭吸附法脱硫能否得到应用的关键是解决副产物稀硫酸的应用市场及提高活性炭的吸附性能。

活性炭脱硫的主要特点如下：

(1) 过程比较简单，再生过程中副反应很少；

(2) 吸附容量有限，常须在低气速（0.3～1.2m/s）下运行，因而吸附器体积较大；

(3) 活性炭易被废气中的 O_2 氧化而导致损耗；

(4) 长期使用后活性炭会产生磨损，并因微孔堵塞丧失活性。

6.1.3.2　活性炭吸附法的原理

(1) 脱硫。活性炭的脱硫反应过程由两个步骤构成：1) SO_2、O_2 通过扩散传质从排烟中到达炭表面，穿过界面后继续向微孔通道内扩散。直至为内表面活性催化点吸附；2) 被吸附的 SO_2 进一步催化氧化成 SO_3，再经水合稀释形成一定浓度的硫酸储存于炭孔中。

(2) 再生。采用洗涤再生法，通过洗涤活性炭床层使炭孔内的酸液不断排出炭层，从而恢复炭的催化活性。因为脱硫过程在炭内形成的稀硫酸几乎全部以离子态形式存在，而活性炭有吸附选择性能，对这些离子化物质的吸着力非常薄弱，所以可以通过洗涤造成浓度差扩散使炭得到再生。

6.1.3.3　活性炭脱硫工艺流程

常见的工艺流程有固定床吸附流程和移动床流程。这里对移动床流程进行说明。

图 6-6 是活性炭移动床吸附脱除烟气中 SO_2 的流程示意图。烟气进入吸附塔与活性炭错流接触，SO_2 被活性炭吸附而脱除，净化气经烟囱排入大气。吸附了 SO_2 的活性炭被送入脱附塔，先在废气流换热器内预热至 300℃，再与 300℃的过热水蒸气接触，活性炭上的硫酸被还原成 SO_2 放出。脱硫后的活性炭与冷空气进行热交换而被冷却至 150℃后，送至空气处理槽，与预热过的空气接触，进一步脱除 SO_2。从脱附塔产生的 SO_2、CO_2 和水蒸气经过热交换除去水汽后，送入硫酸厂。此法脱硫率为 86.7%。

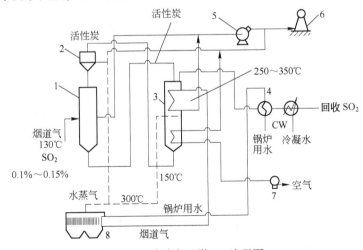

图 6-6　移动床吸附 SO_2 流程图

1—吸附塔；2—空气处理槽；3—脱附塔；4—换热器；5，7—风机；6—烟囱；8—锅炉

6.1.4 催化净化技术

SO_2 的催化净化可分为催化还原和催化氧化两类。催化还原法是用 H_2S 或 CO 将 SO_2 直接还原为硫：

$$SO_2+2H_2S \longrightarrow 2H_2O+3S$$

$$SO_2+2CO \longrightarrow 2CO_2+S$$

但由于催化剂中毒和二次污染（H_2S 和 CO）问题较难解决，目前催化还原法尚未达到实用阶段。现在应用较普遍的是催化氧化法，其按反应组分在催化过程中的状态，可分为液相催化氧化法和气相催化氧化法。下面就以液相催化氧化法做简单介绍。

液相催化氧化法是用水或稀 H_2SO_4，吸收废气中的 SO_2，再利用溶液中的 Fe^{3+} 或 Mn^{2+} 等将其直接氧化成硫酸：

$$SO_2+O_2+2H_2O \longrightarrow 2H_2SO_4$$

千代田法烟气脱硫即是利用这一原理实现的。该法首先将废气由鼓风机送入除尘器，除去灰尘，同时增湿冷却至 60℃ 左右，然后送入装有含 Fe^{3+} 催化剂的稀硫酸（浓度为 2%~3%）吸收塔脱硫，废气经除雾器后排空。由于烟气和吸收液氧气含量少，SO_2 在吸收塔里不能充分氧化，多数只转化为亚硫酸，因而含亚硫酸的稀硫酸还应被送入氧化塔，在 Fe^{3+} 的作用下，用 O_2 将 H_2SO_3 全部氧化成 H_2SO_4，所得稀硫酸自氧化塔顶出来送入吸收塔循环吸收。当稀 H_2SO_4 浓度达 5% 时，分流出一部分稀 H_2SO_4 送入结晶槽与石灰石反应生成石膏，母液经沉降槽返回吸收塔循环使用。

该法工艺简单，运行可靠，并可副产石膏，但其液气比大，设备庞大，且稀 H_2SO_4 腐蚀性强，需用钛、钼等特殊钢材，因而设备投资大。

6.2 氮氧化物污染控制

6.2.1 还原法脱硝技术

气相还原法脱硝技术根据是否采用催化剂可分为非催化和催化两类，根据还原剂是否与烟气中 O_2 发生反应又可分为非选择性和选择性两类。

6.2.1.1 选择性非催化还原法

研究发现，在 950~1050℃ 这一狭窄的温度范围内，无催化剂存在下，NH_3、尿素等氨基还原剂可选择性地还原烟气中的 NO_x，据此发展了选择性非催化还原法（SNCR）。在上述温度范围内，NH_3 或尿素还原 NO_x 的反应为：

$$4NH_3+6NO \longrightarrow 5N_2+6H_2O$$

$$CO(NH_2)_2+2NO+0.5O_2 \longrightarrow 2N_2+CO+2H_2O$$

当温度更高时，NH_3 会被 O_2 氧化为 NO：

$$4NH_3+5O_2 \longrightarrow 4NO+6H_2O$$

实践证明，低于 900℃ 时，NH_3 的反应不完全，会造成所谓的"氨穿透"；而温度过高，NH_3 氧化为 NO_x 的量增加，导致 NO_x 排放浓度增高。所以，SNCR 法的温度控制至关重要。

SNCR 法的喷氨点应选择在锅炉炉膛上部相应温度的位置，为保证与烟气良好混合，一般将 NH_3 多点分散注入。通常，喷入的尿素溶液中尿素的质量分数为 50%。

大多数 SNCR 过程都会有部分 NO_x 被还原为 N_2O，用 NH_3 还原时约有低于 4% 的 NO_x 被还原为 N_2O，而用尿素时则可达 7% 以上。

美国埃克森公司开发的 SNCR 法的 $NH_3/NO_x = 1.5 \sim 2.0$。

SNCR 法投资少，费用低，但适用温度范围窄，须有良好的混合及适宜的反应时间和空间。当要求高脱硝率时，NH_3/NO_x 摩尔比需增大，会造成 NH_3 泄漏量增加。

6.2.1.2　非选择性催化还原法

非选择性催化还原法（SCR）所用的还原剂有合成氨释放气、焦炉气、天然气、炼油厂尾气和气化石油气等，总称燃料气，其中起还原作用的主要成分是 H_2、CO、CH_4 和其他低分子碳氢化合物。在 $500 \sim 700℃$ 和催化剂作用下，还原剂首先将废气中红棕色的 NO_2 还原为无色的 NO（称为脱色反应），同时伴随着 O_2 被燃烧，放出大量热；接着，还原剂将 NO 还原为 N_2（称为消除反应）。以 CH_4 为例，反应为：

$$CH_4 + 2O_2 \longrightarrow CO_2 + 2H_2O$$

$$CH_4 + 4NO \longrightarrow CO_2 + 2N_2 + 2H_2O$$

其他还原剂的反应类同。常将 0.5% 左右的贵金属 Pt 或 Pd 载于氧化铝载体上或球形（蜂窝）陶瓷载体上作催化剂，也可将 Pt 或 Pd 镀在镍基合金网上，再制成空心圆柱置于反应器中。由于反应放出大量热，故反应器后必须安装废热锅炉回收热量。该法可分为一段流程和二段流程。若燃料气与废气中 O_2 完全燃烧时，温度超过氧化铝载体能承受的最高温度 815℃，必须采用二段流程。二段流程设备复杂、投资大，应尽量采用一段流程。

6.2.1.3　选择性催化还原法（SCR）

A　反应原理

在较低温度和催化剂作用下，NH_3 或碳氢化合物等还原剂能有选择性地将烟气中 NO_x 还原为 N_2，因而还原剂用量少。NH_3 选择性还原 NO_x 的主要反应如下：

$$8NH_3 + 6NO_2 \longrightarrow 7N_2 + 12H_2O, \quad \Delta_r H_m^{\ominus} = +2735.4kJ$$

$$4NH_3 + 4NO + O_2 \longrightarrow 4N_2 + 6H_2O, \quad \Delta_r H_m^{\ominus} = +1627.48kJ$$

$$4NH_3 + 6NO \longrightarrow 5N_2 + 6H_2O, \quad \Delta_r H_m^{\ominus} = +1809.8kJ$$

副反应：

$$4NH_3 + 3O_2 \longrightarrow 2N_2 + 6H_2O, \quad \Delta_r H_m^{\ominus} = +1267.1kJ$$

$$2NH_3 \longrightarrow N_2 + 3H_2, \quad \Delta_r H_m^{\ominus} = -91.9kJ$$

$$4NH_3 + 5O_2 \longrightarrow 4NO + 6H_2O, \quad \Delta_r H_m^{\ominus} = +907.3kJ$$

实验证明，在气相中无 O_2 的条件下，上述转化反应也能进行，但 NO 的转化率较低；当气相中 O_2 含量（体积分数）从 0 增加到 1.5% 时，NO 转化率大幅度上升；当 O_2 含量（体积分数）超过 2.0% 后，NO 转化率几乎不再变化。

NH_3 分解的反应和 NH_3 氧化为 NO 的反应都在 350℃ 以上才进行，450℃ 以上才激烈起来。350℃ 以下仅有 NH_3 氧化为 N_2 的副反应发生。

B　处理过程

目前，国外用于处理烟气中 NO_x 的 SCR 反应器大多置于锅炉之后、空气预热器之前，置于电除尘器之后的较少。

置于锅炉之后、空气预热器之前的布置流程如图 6-7 所示。它的优点是待处理气体进入反应器的温度达 $350\sim450℃$，多数催化剂在此温度范围内有足够的活性，烟气不需另外加热就可获得高的脱硝效果；而且，目前在此温度下才能解决 SO_2 毒化催化剂的问题。其存在的问题是：

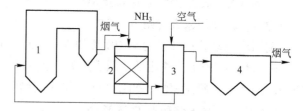

图 6-7　反应器置于空气预热器前的 SCR 系统
1—锅炉；2—SCR 反应器；3—空气预热器；4—电除尘器

（1）烟气未经除尘直接通过催化剂床层，催化剂受高浓度烟尘的冲刷，磨损严重，寿命缩短；

（2）飞灰中杂质会使催化剂污染或中毒；

（3）若烟温过高会使催化剂烧结、失活；

（4）较高温度使副反应激烈进行，NH_3 耗增加，脱硝率降低。

研究表明，尽管许多金属氧化物催化剂在无 SO_2 条件下，都有很高的 SCR 活性，但它们易被烟气中 SO_2 毒化而失活、因而未能得到工业应用。目前只有 V_2O_5/TiO_2 和 V_2O_5-WO_3/TiO_2 等少数催化剂，因具有良好的抗 SO_2 毒化性能而被用于烟气脱硝。

一方面，具有 SCR 活性的金属氧化物催化剂对 SO_2 均有不同程度的催化氧化作用，生成的 SO_3 与水反应生成硫酸，硫酸进一步与金属氧化物（活性组分或载体）形成硫酸继而使催化剂失活。另一方面，硫酸与还原剂 NH_3 生成含硫铵盐（如 NH_4HSO_4、$(NH_4)_2S_2O_7$），逐渐堵塞催化剂微孔也使催化剂失活。对 V_2O_5/TiO_2 和 V_2O_5-WO_3/TiO_2 催化剂而言，活性组分 V_2O_5 和 WO_3 不与硫酸反应生成相应的盐，而载体 TiO_2 与 SO_4^{2-} 的相互作用较弱，尽管部分 TiO_2 也可能硫酸化，但在反应温度下是可逆的。含硫铵盐所引起的催化剂毒化常发生在较低反应温度下。在较高温度下，由于生成的含硫铵盐被分解，SO_2 对催化剂的毒化作用甚微，因此，尽管 V_2O_5/TiO_2 和 V_2O_5-WO_3/TiO_2 催化剂在较低温度下（$200\sim300℃$）亦有很高的 SCR 活性，但它们在实际应用过程中必须在 $350℃$ 以上操作，这是目前大多数烟气脱硝反应器置于空气预热器之前的主要原因。

SCR 反应器置于电除尘器之后的优点是催化剂基本上不受烟尘的影响，若反应器置于湿法烟气脱硫系统之后，SO_2 的毒化作用也可消除或大为减轻，但由于烟温较低，一般需用气/气换热器或采用燃料气燃烧的办法将烟气温度提高到催化还原所必需的温度。

C　净化工艺

以 SCR 法处理硝酸尾气中 NO_x 为例，来介绍这类不含烟尘和 SO_2 的 NO_x 废气 SCR 过程。

（1）工艺流程。硝酸生产工艺不同时，用 SCR 法处理尾气的流程也不完全相同。

起初，我国有关硝酸厂都将几套综合法硝酸机组的尾气集中，在透平膨胀机之后安装一套公用的 SCR 系统进行处理，其流程如图 6-8 所示。这种流程需燃烧器并消耗一定量燃料气以使尾气达到催化反应所需的温度。20 世纪 90 年代，为降低能耗和运行费用，有的工厂将综合法硝酸尾气的集中处理工艺改为类似全中压法的单机组处理工艺，SCR 系统安装在透平膨胀机之前，采用低温 81084 型催化剂，从而不再消耗燃料气。

全中压法硝酸尾气的 SCR 系统一般设在透平膨胀机之前，如图 6-9 所示。此流程利用生产工艺中的高温氧化氮气体将硝酸层气预热到反应温度，不需燃烧炉和燃料气。

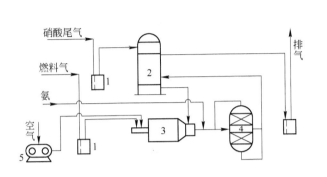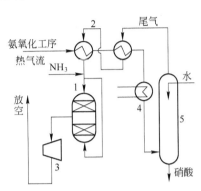

图 6-8　综合法尾气治理工艺流程图
1—水封；2—热交换器；3—燃烧炉；
4—反应器；5—罗茨风机

图 6-9　全中压法尾气治理工艺流程图
1—反应器；2—换热器；3—透平膨胀机；
4—冷却器；5—硝酸吸收塔

（2）催化剂。当不考虑 SO_2 毒化作用时，Cu、Fe、V、Cr、Mn 等许多非贵金属氧化物都有较高的 SCR 活性。我国已在工业上应用或经中试的用于 NO_x 废气处理的主要催化剂及其性能列于表 6-3 中。表中 75014 型和 8209 型均属 Cu、Cr 系催化剂，均以 Al_2O_3 为载体，前者 $Cu_2Cr_2O_5$ 的质量分数为 25%，后者 $Cu_2Cr_2O_5$ 的质量分数为 10%。81084 型为 V、Mn 催化剂，活性组分 V_2O_5 和 MnO_2 的质量分数约为 18%，载体 TiO_2-SiO_2 的质量分数约为 78%，其余为助催化剂。8103 型以 Cu 盐为活性组分，以 γ-Al_2O_3 为载体。这些催化剂的活性和稳定性好，寿命长。

表 6-3　国内几种 NO_x 催化剂的性能

型　号	75014	8209	81084	8013
形状	圆柱体	球粒	圆柱体	球粒
粒度($\times 10^3$)/μm	$\phi 5 \times (7\sim8)$	$\phi 3\sim6$	$\phi 4.5 \times (6\sim8)$	$\phi 5\sim6$
比表面积/$m^2 \cdot g^{-1}$	150	150		180~200
平均微孔径/nm		3.9		
堆密度/$kg \cdot m^{-3}$	0.87~0.97		0.82~0.85	0.9
机械强度	侧压 6~8kg/颗 正压 40~50kg/颗	总压 2~3 kg/颗	侧压 8.7kg/cm	总压 5.5 kg/颗
反应温度范围	250~350	230~330	190~220	190~230
反应器进气温度	220~240	210~220	160~180	160~180
NH_3/NO_x摩尔比	1.0~1.4	1.4~1.6	1~1.02	1~1.02
空间速度/h^{-1}	5000~7000	10000~14000	5000~7000	1000
转化率/%	≥90	<95	≥95	≥95

（3）影响因素。影响 SCR 效果的因素包括催化剂活性、空间速度、NH_3/NO_x 摩尔比和反应温度等。催化剂的活性不同，反应温度和净化效果有差异。空间速度过大，气固接触时间短，反应不充分，效率下降；反之，空间速度过小，催化剂和设备不能充分利用，不经济。NH_3/NO_x 摩尔比过小，反应不完全，效率低；当 NH_3/NO_x 摩尔比增加到一定值后，效率不再增加，过量的 NH_3 会造成二次污染和 NH_3 耗增加。反应温度对 Cu、Cr 催化剂的影响示于图 6-10。由图可见，温度过低、过高都是不利的。当温度超过 350℃ 时，副反应增加，效率下降。

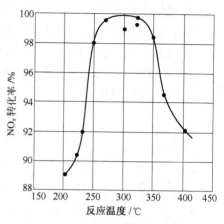

图 6-10　反应温度对 NO_x 转化率影响

（4）主要技术经济指标。国内几个工厂硝酸尾气处理的技术经济指标见表 6-4。

表 6-4　国内几个工厂硝酸尾气处理的技术经济指标

项　　目	某化工厂		某化肥厂 1	某化肥厂 2	某化肥厂 3
废气来源	综合法	全中压法	综合法	全中压法	全中压法
处理气量/$m^3 \cdot h^{-1}$	60000	40000	122000	40000	12400
废气中 NO_x 的体积分数/%	≤0.4	<0.2	0.3~0.35	0.15~0.3	0.216
催化剂型号	81084	75014	75014	8209	8209
反应温度/℃	250~260	260~270	215~288	210~250	260~270
空间速度/h^{-1}	5000	5000	17000	10000~13500	10000~16000
NH_3/NO_x 摩尔比	1~1.02	1~1.2	1.1~1.4	0.8~1.8	1.2~1.4
净化后 NO_x 的体积分数（$\times 10^{-6}$）	<200	<400	<500	<400	<200
NO_x 净化率/%	>95	>80	76~95	80~95	≥90
每吨酸耗氨/kg	7.4	<6	14~17	5~6	7~8
每吨酸耗燃料气/m^3	0	0	—	0	0

6.2.2　吸收法脱硝技术

6.2.2.1　稀硝酸吸收法

NO 在稀硝酸中的溶解度比水中大得多，故可用稀硝酸吸收 NO_x 废气。

NO 在 12%（体积分数）以上硝酸中的溶解度比在水中大 100 倍以上。

实践证明，用作吸收剂的硝酸中 N_2O_4 含量（体积分数）从 0.04% 增加到 0.06% 时，吸收率从 87% 降到 67%，故吸收剂硝酸需先用空气吹出其中溶解的 NO_x 成为"漂白硝酸"。这种方法更适用于硝酸尾气的处理。在尾气吸收塔吸收 NO_x 后的硝酸经加热后进入漂白塔，用二次空气漂白。漂白后的硝酸冷却到 20℃ 送尾气吸收塔循环使用。漂白塔出来的 NO_x 返回硝酸吸收塔回收硝酸。

硝酸吸收 NO_x 以物理吸收为主，低温高压有利于吸收，加热减压有利于解吸。实践中，温度为 $10\sim20℃$ 时，效率可达 80% 以上；38℃时效率仅 20%。吸收剂硝酸的含量（体积分数）以 15%～30% 效率较高。

在其他条件相同时，吸收压力（表压）从 1.86×10^5Pa 降至 0.098×10^5Pa 时，吸收率从 77.5% 降到 4.3%，因此，提高吸收压力十分重要。由于我国硝酸生产系统本身压力不高，加上该法液气比大，能耗高，故尽管此法早在我国完成了中试，但一直未单独用于硝酸尾气处理。

6.2.2.2　碱液吸收法

A　原理

碱性溶液和 NO_2 反应生成硝酸盐和亚硝酸盐，和 N_2O_3（$NO+NO_2$）反应生成亚硝酸盐，反应为

$$2NO_2+2NaOH \longrightarrow NaNO_3+NaNO_2+H_2O$$
$$NO+NO_2+2NaOH \longrightarrow 2NaNO_2+H_2O$$
$$2NO_2+Na_2CO_3 \longrightarrow NaNO_3+NaNO_2+CO_2$$
$$NO+NO_2+Na_2CO_3 \longrightarrow 2NaNO_2+CO_2$$

以上各式中，Na^+ 可用 K^+、Ca^{2+}、Mg^{2+}、NH^+ 代替。当用氨水吸收 NO_x 时，挥发的 NH_3 在气相与 NO_x 和水蒸气按如下反应生成铵盐：

$$2NH_3+NO+NO_2+H_2O \longrightarrow 2NH_4NO_2$$
$$NH_3+2NO_2+H_2O \longrightarrow NH_4NO_2+NH_4NO_3$$

这些气相生成的铵盐是 $0.1\sim10\mu m$ 的气溶胶微粒，它们不易被水或碱液捕集，逃逸的铵盐形成白烟。吸收液中生成的 NH_4NO_2 不稳定，特别是当 NH_4NO_2 含量较高、反应热致使温度升高或溶液 pH 值不合适时，会发生剧烈分解，甚至爆炸，因而限制了氨水吸收法的应用。

碱液吸收法的实质是酸碱中和反应，因为吸收过程中，NO_2 将首先溶于水生成 HNO_3 和 HNO_2；气相中的 NO 和 NO_2 将先按反应 $NO+NO_2 \Longrightarrow N_2O_3$ 生成 N_2O_3；溶于水而生成 HNO_2，继而 HNO_3 和 HNO_2 与碱发生中和反应。对于不可逆的酸碱中和反应，决定吸收效率的关键是吸收速度而不是化学平衡。

研究表明，对于 NO_2 体积分数在 0.1% 以下的低浓度气体，碱液吸收速度与 NO_2 体积分数的平方成正比。对于 NO_x 含量较高的气体，吸收等分子的 NO 和 NO_2 比单独吸收 NO_2 具有更大的吸收速度，这是 $NO+NO_2$ 生成的 N_2O_3 溶解度较大的缘故。

通常将 NO_2 与 NO_x 的比值称为氮氧化物的氧化度。实验表明，氧化度为 50%～60% 或 $NO_2/NO_x=1\sim1.3$ 时，吸收速度最大，因而吸收效率也最高。由于 NO 不能单独被碱吸收，故碱液吸收法不宜处理燃烧烟气和 NO 比例很大的 NO_x 废气。

B　工艺及操作

考虑到价格、来源、不易堵塞和吸收效率等原因，工业上以 NaOH，特别是 Na_2CO_3 应用较多，但 Na_2CO_3 的效果不如 NaOH。原因是 Na_2CO_3 吸收时放出的 CO_2 影响 NO_2，特别是 N_2O_3 的溶解；而且当吸收液中 Na_2CO_3 含量降低到 1.5%（质量分数）以下时，吸收率急剧下降，而 NaOH 无此效应。

实际应用中，一般用30%（质量分数）以下的NaOH或10%~15%（质量分数）的Na_2CO_3溶液，在2~3个填料塔或筛板塔内串联吸收。吸收率随废气的氧化度、设备和操作条件而异，一般在60%~90%。

碱液吸收法的优点是能将NO_x回收为有销路的硝酸盐和亚硝酸盐，有一定经济效益，工艺流程和设备也较简单；缺点是一般情况下效率不高。

C　改进

为克服碱吸收效率不高的缺点，除强化吸收操作、改进吸收设备和吸收条件外，更重要的是有效控制废气中NO_x的氧化度。提高氧化度的方法有：

（1）采用高含量的NO_2调节，例如在用碱液吸收法处理硝酸尾气时，可将进硝酸吸收塔之前的少量高含量NO_x气体引至碱吸收塔的入口和适当位置。

（2）先用稀硝酸吸收尾气中一部分NO，以提高尾气中NO_x的氧化度。

（3）对废气中NO进行氧化。

6.2.3　吸附法脱硝技术

6.2.3.1　活性炭吸附法

活性炭对低浓度NO_x有很高的吸附能力，其吸附量超过分子筛和硅胶。由于活性炭在300℃以上和存在氧的条件下有可能自燃，因此给高温烟气的吸附和用热空气再生带来困难。

法国氮素公司开发的用活性炭处理硝酸尾气的COFAZ法工艺流程硝酸尾气从上部进入吸附器并经过活性炭层，同时水或稀硝酸经流量控制阀由喷头均匀喷入活性炭层。尾气中NO_x被吸附，其中NO被催化氧化为NO_2，进而与水反应生成稀硝酸和NO。净化后的气体会同吸附器底部的硝酸一起进入气液分离器，分离液体后尾气经尾气预热器和透平机回收能量后放空。分离器底部出来的硝酸一部分经流量控制阀由塔顶进入硝酸吸收塔，另一部分与工艺水掺和后回吸附器。分离器中的液位用液位控制阀自动控制。

COFAZ法系统简单，体积小，费用省，尾气中80%以上的NO_2被脱除并回收为硝酸产品。

6.2.3.2　分子筛吸附法

国外已有该法的工业装置用于处理硝酸尾气，可将尾气中NO_x的体积分数由$(1.5~3.0)\times10^{-9}$降到5.0×10^{-7}，从尾气中回收的硝酸量可达工厂总产量的2.5%~3.0%。

用作吸附剂的分子筛有氢型丝光沸石、氢型皂沸石、脱铝丝光沸石、13X型分子筛等。

丝光沸石是一种硅铝比大于10~13的铝硅酸盐，其化学组成为$Na_2O\cdot Al_2O_3\cdot 10SiO_2\cdot 6H_2O$，耐热、耐酸性能好，天然蕴藏量较多。未经处理的天然沸石矿对NO_x的吸附能力很低，经改型处理后，由于去除了大部分的可溶物，扩大和疏通了孔道，增加了孔容积，从而提高了对NO_x的吸附容量。在用酸溶解其中可溶物时，Na^+被H^+取代，即得氢型丝光沸石。

丝光沸石脱水后，空间十分丰富，比表面积较大，一般为500~1000m²/g；晶穴内有很强的静电场和极性，对低浓度NO_x有较高的吸附能力。当NO_x尾气通过吸附剂床层时，

由于水及 NO_2 分子的极性较强，被选择性吸附在主孔道表面上，生成硝酸并放出 NO。

$$3NO_2+H_2O \longrightarrow 2HNO_3+NO$$

放出的 NO 连同尾气中的 NO 与 O_2 在分子筛内表面上被催化氧化为 NO_2 并被吸附。经过一定床层高度后，尾气中 NO_x 和水均被吸附。当用热空气或水蒸气解吸时，解吸出的 NO_x 和硝酸随热空气或水蒸气带出。

水分子直径为 0.26nm，极性强，比 NO_x 更容易被沸石吸附，从而降低了对 NO_x 的吸附能力；水被吸附时要放出大量吸附热，使床层温度升高；解吸时，其解吸热又远高于它的汽化热，需消耗更多的热能。因此，吸附前需用液氨将 NO_x 尾气冷却到 10℃ 左右，分离除去尾气中 80% 以上的水分。

分子筛吸附法的净化效率高，可回收 NO_x 为硝酸产品，缺点是装置占地面积大，特别是 NO_x 尾气和解吸空气需要脱水，导致能耗高，操作复杂，因此，尽管我国进行过单台吸附器沸石装量为 2t 规模的中试，但一直未能工业应用。

复习思考题

6-1 目前有哪些类型的脱硫塔？其优缺点各是什么？

6-2 查阅文献，分析目前脱硫技术的发展方向。

6-3 选择脱硫技术有哪些原则，应考虑哪些主要指标？

6-4 分析比较不同氮氧化物排放控制技术的优缺点。

6-5 什么情况适合采用吸附法净化烟气中的氮氧化物？

6-6 主要的低氮氧化物燃烧技术有哪些？

第3篇

固体废物污染控制工程及其他污染防治技术

7 固体废物概述

7.1 固体废物的涵义、分类及危害

7.1.1 固体废物的涵义

固体废物是指在生产、生活和其他活动中产生的丧失原有利用价值而被抛弃或者放弃的固态、半固态和置于容器中的气态的物品、物质以及法律和行政法规规定纳入固体废物管理的物品、物质。各类生产活动中产生的固体废物俗称废渣;生活过程中产生的固体废物则称为垃圾。

固体废物实际上只是针对原过程而言。在任何生产或生活过程中,对原料、商品或消费品,往往仅利用了其中某些有效成分,而产生的大多数固体废物中,仍含有对其他生产或生活过程有用的成分。经过一定的技术环节,这些固体废物可以转变为有关行业的生产原料,或可以直接再利用。可见,固体废物的概念随时空的变迁而变化,具有一定的相对性。提倡资源的社会再循环,目的是充分利用资源,增加社会与经济效益,减少废物的排放与处置数量,以利社会发展。

7.1.2 固体废物的来源与分类

固体废物主要来自于工业、农业和居民生活。工业固体废物包括冶炼化工渣、燃煤灰渣、废矿石及金属等;农业固体废物包括稻、麦、玉米秸秆,根茎,落叶,畜禽粪便,死禽死畜及农药、化肥的废弃包装等;生活垃圾包括厨余物、废纸、废塑料、废织物、废金属、废玻璃、废陶瓷以及废旧家具、废电器、庭院废物等。习惯上,我们将生活垃圾、农业废料等毒性较低的固体废物称为一般固体废物,把其他毒性大、危害深的固体废物称为危险固体废物。危险固体废物除了医院手术切除物、一次性注射器等医疗废物外,还包括含有各种危险化学物的工业废渣。

在《中华人民共和国固体废物污染环境防治法》中,固体废物被分为工业固体废物(废渣)与城市垃圾两类。含有毒有害成分的工业固体废物,由于其对环境与人类具有特别的危害性,单独将其分列出一个"危险废物"小类。表7-1列出了各类固体废物的来源

与主要成分。

表 7-1　各类固体废物的来源与主要成分

类别	废物来源	主要成分
工业固体废物	金属矿山、选冶	废矿石、尾矿、金属、废木料、砖石等
	能源、煤炭	废矿石、煤炭、矸石、木料、金属、粉煤灰、绝缘材料等
	黑色冶金	金属、矿渣、模具、边角料、陶瓷、橡胶、塑料、烟灰、绝缘材料等
	化学工业	金属填料、陶瓷、沥青、化学药剂、油毡、石棉、烟灰、涂料等
	石油化学	催化剂、沥青、还原剂、橡胶、塑料、炼渣、纤维素等
	有色冶金	化学药剂、废渣、赤泥、炉渣、烟灰、金属等
	机械、交通运输	涂料、木料、金属、橡胶、塑料、陶瓷、轮胎边角料等
	轻工业	木质素、木料、金属填料、化学药剂、橡胶、塑料、纸类等
	建筑材料	金属、砖瓦、灰石、陶瓷、橡胶、塑料、石膏、石棉、纤维等
	纺织工业	棉、毛、纤维、棉纱、金属、橡胶、塑料等
	仪器仪表	绝缘材料、金属、陶瓷、玻璃、木料、塑料、化学药剂、研磨料等
	食品加工	油脂、果蔬、五谷、蛋类、金属、陶瓷、塑料、玻璃、纸类、烟草等
	军工、核工业	化学药剂、一般非危险废物
城市垃圾	居民生活	食品废物、废纸、纺织品、废木材、塑料、玻璃、金属、陶瓷、煤渣、庭院废物、废家用电器、建筑垃圾、家用杂物、粪便等
	事业单位	废纸、建筑垃圾、塑料、玻璃、橡胶、炉渣、废金属类、园林垃圾、办公废品等
	机关、商业	废汽车、电器、建筑垃圾、废金属类、废轮胎、办公废品等
危险废物	核工业	含放射性废渣、同位素实验废物、核电站废物、含放射性劳保用品等
	科研部门	包括具有危险性各类废药剂及被危险品污染的各种固体废物

7.1.3　固体废物对人类环境的危害

固体废物污染与大气污染、水污染的不同之处在于固体废物自身便是污染物，所以固体废物污染主要指固体废物进入水体、大气等环境，造成环境污染后，直接或间接对人类以及环境要素产生的影响和危害。如果对固体废物做合理的处置，使其不污染环境，也就不称其为固体废物污染了。因此我国的立法没有将与固体废物污染防治有关的法律称为"固体废物污染防治法"，而是称为"固体废物污染环境防治法"。固体废物污染对环境与人体的危害性，概括起来主要有以下几点。

（1）占据大量土地、污染土壤环境。固体废物要占用大量的土地，并且对土地造成严重污染。据估计，每堆积 1×10^4 t 渣约占地 $667 m^2$。随着时间的不断向前推移，固体废物堆存量会逐年增多，加剧我国耕地短缺的矛盾。固体废物渗滤液所含的有害物质会改变土壤结构，影响土壤中微生物的活动，妨碍植物根系生长，或在植物体内积蓄，通过食物链影响人体健康。

（2）污染水体环境。投入水体的固体废物不仅会污染水质，而且还会直接影响和危害水生生物的生存和水资源的利用；堆积的固体废物通过雨水浸淋、自身的分解及渗滤液污染江河湖泊以及地下水。

（3）污染大气环境。固体废物的大量堆放，无机固体废物会因化学反应而产生二氧化硫等有害气体，有机固体废物则会因发酵而释放大量可燃、有毒有害的气体。且固体废物存储时，粉尘会随风飞扬，污染大气。例如粉煤灰、尾矿堆场在遇到 4 级以上的风力时，可剥离 $1 \sim 1.5cm$，粉尘飞扬高度可达 $20 \sim 50m$。许多固体废物在进行堆存分解或焚化的过程中，会不同程度地产生毒气和臭气而直接危害人体健康。

（4）危害人体健康。固体废物会寄生或滋生各种有害生物，如鼠、蚊、苍蝇等，导致病菌传播，引起疾病流行，直接对人体健康造成危害。固体废物的大量堆存，长期不予清理，还会导致腐烂，产生病菌，通过大气传播于人体，对人的生命健康构成巨大威胁。

7.2　固体废物的管理

7.2.1　相关固体废物管理法规

（1）世界各国相关法规。世界各国的固体废物管理法规都经历了一个漫长的、从简单到完善的过程。美国 1965 年制定的《固体废物处置法》是第一个关于固体废物的专业性法规。1976 年该法被修改为《资源保护及回收法》（RCRA），并分别于 1980 年和 1984 年经美国国会加以修订。该法强调设计和运行必须确保有害废物得到妥善管理，同时对非有害废物的资源化也做出了较全面的规定。根据 RCRA 的要求，美国 EPA 又颁布了《有害固体废物修正案》（HSWA），其内容共包括九大部分及大量附录，每一部分都与 RCRA 的有关章节相对应，因此可认为是 RCRA 的实施细则。日本关于固体废物管理的法规主要是 1970 年颁布并经多次修改的《废弃物处理及清扫法》，目前已成为包括固体废物资源化、减量化、无害化以及危险废物管理在内的相当完善的法规体系。此外，日本还于 1991 年颁布了《促进再生资源利用法》，对促进固体废物的减量化和资源化起到了重要作用。德国制定有相当多的各种环境保护法规，管理更加完善。

（2）我国相关法规。我国固体废物管理工作起步较晚，环境立法工作始于 20 世纪 70 年代末期。1979 年颁布的《中华人民共和国环境保护法》，是我国环境保护的基本法，对我国环境保护起着重要的指导作用。此后相继颁发了很多法规，其中主要是关于废水和废气的排放标准、水质标准及有关放射性废物标准。除 1982 年颁布的《农用污泥中污染物控制标准》外，还有《海洋环境保护法》和《水污染防治法》中也包括有关防治固体废物污染和其他危害的规定。1997 年颁布并于 2004 年 12 月 29 日修订的《中华人民共和国固体废物污染环境防治法》，明确地规定了固体废物防治的监督管理、固体废物特别是危险废物的防治、固体废物污染环境责任者应负的法律责任等，但由于各项行业相关的配套措施尚未完善，各工矿部门对固体废物处理仍需要一个适应的过程。因此，根据我国对固体废物的管理现状，借鉴国外的经验，应继续完善固体废物法及其相关配套措施、加大执法力度等。

7.2.2　"三化"原则和全过程管理原则

（1）"三化"原则。"三化"原则是指对固体废物的污染防治采用减量化、资源化、无害化的指导思想和基本战略。

1）减量化。减量化是指采取措施，减少固体废物的产生量，最大限度地合理开发资源和能源，这是治理固体废物污染环境的首先要求和措施。就我国而言，应当改变粗放经营的发展模式，鼓励和支持开展清洁生产，开发和推广先进的技术和设备。就产生和排放固体废物的单位和个人而言，法律要求其合理地选择和利用原材料、能源和其他资源，采用可使废物产生量最少的生产工艺和设备。

2）资源化。资源化是指对已产生的固体废物进行回收加工、循环利用或其他再利用等，即通常所称的废物综合利用，使废物经过综合利用后直接变成为产品或转化为可供再利用的二次原料，实现资源化。资源化不但可以减轻固废的危害，还可以减少浪费，获得经济效益。

3）无害化。无害化是指对已产生但又无法或暂时无法进行综合利用的固体废物进行对环境无害或低危害的安全处理、处置，包括尽可能地减少其种类、降低危险废物的有害浓度、减轻和消除其危险特征等，以此防止、减少或减轻固体废物的危害。

（2）全过程管理原则。由于固体废物本身往往是污染的"源头"，故需对其"产生—收集—运输—综合利用—处理—储存—处置"实行全过程管理。解决固体废物产生的基本对策是"避免产生（Clean）、综合利用（Cycle）、妥善处置（Control）"的"3C"原则。根据这个原则，固体废物从产生到处置的全过程可分为 5 个阶段进行控制，即清洁生产工艺减少产生—系统内的回收利用—系统外的回收利用—无害化、稳定化处理—固体废物的最终处置。

7.2.3　固体废物管理制度

（1）分类管理制度，对城市生活垃圾、工业固体废物和危险废物分别管理，并规定主管部门和处置原则。

（2）工业固体废物和危险废物申报登记制度，使主管部门掌握工业固体废物和危险废物的种类、产生量、流向以及对环境的影响等情况。

（3）固体废物污染环境影响评价制度及其防治设施的"三同时"制度，这是环境保护的基本制度。

（4）排污收费制度，这是我国环境保护的基本制度，对那些在按照规定和环境保护标准建成工业固体废物储存或者处置的设施、场所，或者经改造这些设施、场所达到环境保护标准之前产生的工业固体废物，依照国家法律和有关规定按标准交纳费用的制度。

（5）限期治理制度，用来解决重点污染源污染环境问题。

（6）进口废物审批制度，可以有效地遏止"洋垃圾入境"，防止境外固体废物对我国的污染。

（7）危险废物行政代执行制度，是一种行政强制执行措施。

（8）危险废物经营单位许可证制度，有助于我国危险废物管理和技术水平的提高，保证危险废物的严格控制，防止危险废物污染环境的事故发生。

（9）危险废物转移联单制度，用来保证危险废物的运输安全，以及防止危险废物的非法转移和非法处置，保证危险废物的安全监控，防止危险废物污染事故的发生。

7.2.4　我国的固体废物管理标准

我国的固体废物管理标准基本由国家环境保护部和建设部在各自的管理范围内制定，主要包括四类管理标准。

（1）方法标准。方法标准主要包括固体废物样品采样、处理及分析方法的标准，如《固体废物浸出毒性测定方法》、《固体废物浸出毒性浸出方法》、《工业固体废物采样制样技术规范》、《固体废物检测技术规范》、《生活垃圾分拣技术规范》、《城市生活垃圾采样和物理分析方法》、《生活垃圾填埋场环境检测技术标准》等。

（2）综合利用标准。为推进固体废物的"资源化"，并避免在废物"资源化"过程中产生二次污染，国家环境保护部制定了一系列有关固体废物综合利用的规范和标准，如电镀污泥、磷石膏等废物综合利用的规范和技术规定。

（3）分类标准。分类标准主要包括《国家危险废物名录》、《危险废物鉴别标准》、《城市垃圾产生源分类及垃圾排放》以及《进口废物环境保护控制标准（试行）》等。

（4）污染控制标准。污染控制标准是固体废物管理标准中最重要的标准，是环境影响评价制度、"三同时"制度、限期治理和排污收费等一系列管理制度的基础。它可分为废物处置控制标准和设施控制标准两类。

7.3　危险废物的鉴别与环境风险评价

危险废物又称为"有害废物"、"有毒废渣"等。针对危险废物，发达国家虽然已经制定了各种法规和制度，但关于危险废物的定义，各国、各组织有自己的提法，还没有在国际上形成统一的意见。根据《中华人民共和国固体废物污染防治法》的规定，危险废物是指列入《国家危险废物名录》或者根据国家规定的危险废物鉴别标准和鉴别方法认定的具有危险特性的废物。

7.3.1　危险废物的鉴别

危险废物的鉴别是危险废物环境管理的重要环节。鉴于危险废物具有易燃性、反应性、腐蚀性、浸出毒性、传染性等特性，一旦进入环境极易造成严重的环境污染事故，因此，必须有严格的危险废物鉴别程序、方法和制度，从危险废物的产生源头开始就鉴别出来，与其他废物分类管理，按照"从摇篮到坟墓"的全过程控制管理危险废物。

根据各国的实践和有关文献，目前危险废物的鉴别方法包括名录/定义鉴别法、特性鉴别法和试验鉴别法3种。

（1）名录/定义鉴别法。名录/定义鉴别法是指国家或地区的固体废物环境管理行政机构把已知的危险废物汇总列表，制定危险废物名录，凡是该名录中所列的废物均是危险废物。这种鉴别方法简单明了，直观易懂。目前世界上很多国家都不同程度地采用了这种鉴别方法，如美国、中国等。但是，由于危险废物来源广泛，成分复杂，多数情况下几种废物混杂在一起，仅仅依靠危险废物名录进行鉴别也存在较大困难。

（2）特性鉴别法。危险废物的特性鉴别法是指按照废物的属性是否具有易燃易爆性、毒性、传染性、放射性、反应性和腐蚀性等特性对其进行鉴别，从而判定该废物是否属于危险废物的方法。除了具有传染性、放射性等特性的少数危险废物类别可以直接由其特性进行鉴别以外，其他多数属性通常并不能直接判别，而是需要结合试验测定才能做出最终鉴别。例如，医疗废物具有传染性，可以直接鉴别，不需要再进行其他程序和方法做鉴别。然而，对于毒性和腐蚀性等属性而言，通常需要经过试验测定与相应的指标值做比较之后才能判别。

危险废物的特性鉴别必须对需要鉴别废物的所有特性进行鉴别。换言之，如果对某一废物进行鉴别以判定其是否属于危险废物的话，就需要对该废物是否具有腐蚀性、反应性、毒性、易燃易爆性、传染性等危险特性依次进行鉴别或判定。如果该废物不具备任何上述危险特性，则该废物不属于危险废物；如果该废物具有上述危险特性中的任意一种或几种属性，如反应性，则可鉴别为该类危险废物或多种特性混合的危险废物。

（3）试验鉴别法。试验鉴别法是指通过一定的试验程序和方法来鉴别某种废物的组成以判定其是否属于危险废物的方法。事实上，很多情况下仅仅依靠名录/定义鉴别法和特性鉴别法还不能完全判别某种废物是否属于危险废物，特别是对具有毒性和腐蚀性等特性的废物。危险废物的毒性包括浸出毒性和急性毒性，两种特性分别通过不同的试验方法进行鉴别。例如美国发展了 Toxicity Characteristic Leaching Procedure（TCLP）来鉴别浸出毒性，而急性毒性则通过生物实验来鉴别。中国目前已经颁布了《危险废物鉴别标准》（GB 5085）。该标准共有 7 部分，包括腐蚀性鉴别、急性毒性初筛、浸出毒性鉴别、易燃性鉴别、反应性鉴别、毒性物质含量鉴别及通则。

7.3.2　危险废物的环境风险评价

由于环境问题的日益突出，污染状况出现后的治理研究已经不再适应环境管理的要求，决策者迫切需要在危险废物进入环境之前了解它所可能带来的风险，以此实施有效的管理，从而减少其进入环境后的污染危害。因此，有必要将风险评价技术引入到危险废物的管理中去。

7.3.2.1　环境风险评价指标体系

建立风险评价指标体系的目的是为危险废物的风险评价提供科学的分析依据。根据所关注的有害物质危害风险性，通过运用数学方法如德尔菲法、因素成对比较法、层次分析法等，确定各指标的权重。建立评价指标体系时，所选的指标主要涉及有害物质的理化特性、环境持久性、高生物蓄积性、毒性、环境监测中的检出频次、迁移及归趋行为以及环境背景浓度等。以目前国内对风险评价指标体系的研究为主要参考依据，选择理化特性、环境曝露行为及环境毒理学等 3 个方面共 14 项指标建立环境风险评价指标体系，如图 7-1 所示。

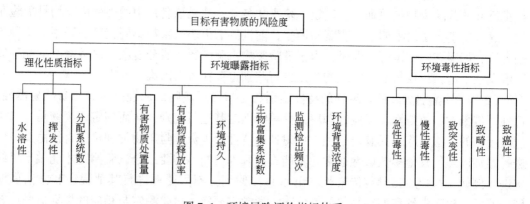

图 7-1　环境风险评价指标体系

7.3.2.2　危险废物风险评价一般程序

风险是危险概率及后果的综合量度期望值。危险废物风险评价是对所关注的危险对象潜在危险的定性和定量分析，估计危险污染物进入环境后对环境所造成危害的可能性及程度，并描述在未来一段时期内随机事件的危险可能性。危险废物风险评价的一般程序如图7-2所示。

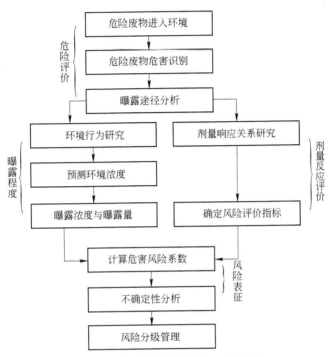

图 7-2　危险废物风险评价一般程序

从图 7-2 可知，危险废物风险评价程序主要包括如下几个紧密相连的步骤：

（1）收集有关危险废物性质和环境性质的基础数据，识别危险废物可能产生的危害；

（2）分析可能受到危害的生物包括人类的曝露途径；

（3）利用各种迁移转化模型，对环境介质中危险废物浓度进行预测，得到各环境介质中的浓度分布；

（4）进行人体曝露评价；

（5）根据毒理学或流行病学研究，确定评价指标，进行风险表征；

（6）分析评价过程中的各种不确定性因素；

（7）按照得出的指标值结果对危险废物进行分级管理。

对危险废物进行风险评价同样也是对危险废物进行风险识别、风险估计以及风险决策和管理的过程。

7.3.2.3　危险废物风险评价方法

危险废物风险评价中，一般采用事件树分析、故障树分析和类比法确定危险事故发生的概率。

（1）事件树分析法。事件树分析法是一种逻辑的演绎法，着眼于事件的起因，分析起因事件可能导致的各种事件序列的结果，从而定性、定量地评价系统的特性。用事件树分析法可以分析出事故及其后继事件与最终结果的概率分布，也可用于分析污染事故排放后通过环境介质造成的安全风险的过程。

（2）故障树分析法。故障树分析法是一种从上事件开始，按演绎分析法逐级地找出所有直接发生原因事件，按它们的逻辑关系，用逻辑门连接上、下层事件并做成故障树。按照已编制的故障树，求出最小割级。最小割级越多，系统越危险。利用最小割级，可以评估系统的潜在风险率。

（3）类比法。类比法即在危险废物风险评价中，为评价对象寻找另一个合适的类比对象，通过这两个对象的某些相同或相似的性质，推断它们在其他性质上也有可能相同或相似。

复习思考题

7-1　名词解释：固体废物、无害化、减量化、资源化、危险固体废物。

7-2　固体废物按其来源如何分类？

7-3　固体废物对环境有何危害？

7-4　依据"全过程管理原则"，固体废物从产生到处置的过程可分为哪几个阶段？

7-5　我国固体废物管理标准有哪些？

7-6　危险废物的鉴别方法有哪些？

7-7　危险废物的环境风险评价指标有哪些？环境风险评价采用的一般程序是什么？风险评价方法有哪些？

8 固体废物预处理技术

8.1 固体废物的收集、运输及储存

8.1.1 城市垃圾的收集、运输及储存

生活垃圾收运是垃圾处理系统中的一个重要环节，其费用占整个垃圾处理系统的 60%~80%。生活垃圾收运的原则是：在满足环境卫生要求的同时，收运费用最低，并考虑后续处理阶段，使垃圾处理系统的总费用最低。因此，科学合理地制订收运计划是非常关键的。生活垃圾收运并非单一阶段操作过程，通常包括三个阶段。第一阶段是从垃圾发生源到垃圾桶的过程，即搬运与储存（简称运储）；第二阶段是垃圾的清除（简称清运），通常指垃圾的近距离运输，清运车辆沿一定路线收集清除储存设施（容器）中的垃圾，并运至垃圾转运站，有时也可就近直接送至垃圾处理处置场；第三阶段为转运，特指垃圾的远距离运输，即在转运站将垃圾转载至大容量运输工具上，运往远处的处理处置场。

8.1.1.1 生活垃圾的收集、搬运及储存

生活垃圾的收集方式可分为分类收集和混合收集两种。20 世纪 70 年代末，发达国家就从垃圾保护法规的角度要求居民对自己家庭产生的生活垃圾进行分类。在生活垃圾的源头进行分类收集，是生活垃圾收集最理想和能耗最小的收集方法。但我国目前还是以混合收集方式为主。

在生活垃圾收集之后，要对收集的生活垃圾进行搬运。生活垃圾的搬运过程分为自行搬运和收集人员搬运两种。自行搬运就是由居民自行将其产生的生活垃圾从产生地点搬运到生活垃圾的公共存储地点、集装点或垃圾收集车内。收集人员搬运则是由专门的生活垃圾收集人员将居民产生的生活垃圾从居民的家门口搬运到集装点或垃圾收集车内。这种方法对居民来说十分方便，但居民要为生活垃圾的搬运支付一定的费用。

对于生活垃圾的储存，通常可以分为公共储存、街道储存、单位储存、家庭储存等储存方式。这些储存方式影响市容、易产生臭气、滋生蚊蝇，因此，我国许多城市已实行垃圾袋装化，袋装后的垃圾投放到垃圾箱或放置规定的地点，由垃圾收集人员进行收集和清运。

8.1.1.2 生活垃圾的清运

清运系统要完成的工作包括：对各产生源储存垃圾的集中和集装、清运车辆从清运点到终点间的往返行驶与卸料。生活垃圾清运操作方法通常分为移动容器操作和固定容器操作两种。移动容器操作法是将某集装点装满垃圾的容器连同容器一起运往转运站、加工站或处置场，把容器中的生活垃圾卸空后再把空容器送回原处。移动容器操作法的两种搬运

模式，即搬运容器模式和下一个集装点（交换容器模式）如图 8-1 所示。固定容器操作法是垃圾车到各容器集装点装载垃圾，容器倒空后在原地不动，车辆装满垃圾后运往转运站、加工站或处置场（见图 8-2）。

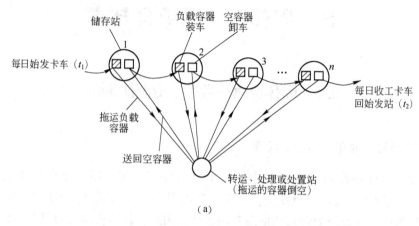

（a）

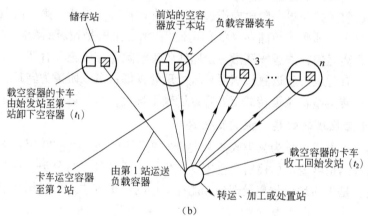

（b）

图 8-1　移动容器操作的两种运行模式

（a）搬运容器模式；（b）交换容器模式

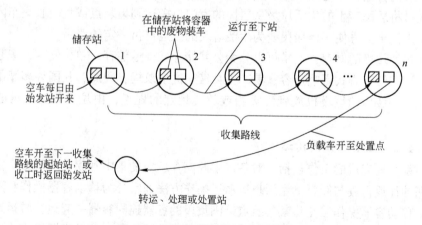

图 8-2　固定容器操作的运行模式

8.1.1.3 生活垃圾的转运和中转站设置

城市垃圾转运是垃圾管理系统中的过渡环节。转运站（即中转站）就是实现转运过程的建筑设施与设备。如果城市生活垃圾的收集地点距离生活垃圾的处理和处置场地比较近，用垃圾收集车直接将收集的生活垃圾运送到生活垃圾处理或处置场地进行处理或处置是最简单和最经济的方法。随着我国城市对环境卫生要求的不断提高，城市生活垃圾的处理设施和处置场地距离居民居住区和商业区越来越远。这就要求把在商业区和居民区收集的生活垃圾运送到距离城市商业区和居民区较远的生活垃圾处理设施或处置场地，生活垃圾的运输距离属于远距离运输。

当生活垃圾的处理设施或处置场地距离生活垃圾的收集线路较远时，设置中转站是否是最佳的选择，主要考虑如下两个经济因素：一是采用大容量运输车长距离运输代替收集车短距离运输是否有利于垃圾运输总成本的降低；二是中转站、大容量运输车、专用设备的投资对生活垃圾运输总成本的影响。综合考虑上述两个因素后，根据下述常见的三种运输方式来确定设置中转站的必要性。

常见的三种生活垃圾运输方式是移动容器式收集运输、固定容器式收集运输和设置中转站运输。生活垃圾可以通过公路、铁路、水路进行清运。

8.1.2 危险废物的收集、运输及储存

危险废物与一般废物相比，如果在其收集、运输和储存过程中管理不善，它可能对人类和环境造成严重的危害。因此，危险废物在收集、运输和储存过程中，比一般废物的收集、运输和储存具有更加严格的要求。

8.1.2.1 危险废物的收集

危险废物收集是指危险废物经营单位将分散的危险废物进行集中的活动。危险废物的收集有两种情况，一是由产生者负责的危险废物产生源内的收集，另一种是由运输者负责的在一定区域内对危险废物产生源的收集。

危险废物的存放应根据废物特性选择按照有关标准和法规设计制造的专用容器、包装物及包装行为。危险废物容器的包装应当安全可靠，并且必须经过周密检查，严防在搬移、装载或清运途中出现渗漏、溢出、抛散或挥发等情况，以免引发相应的环境污染问题。

8.1.2.2 危险废物的储存

危险废物的产生者对暂存的桶装或袋装危险废物，可由自己直接送到危险废物收集中心或回收站，也可以通过地方主管部门配备的专用运输车辆按规定的路线运往指定的地点储存或做进一步处理。收集站一般由砖砌的防火墙及铺设有混凝土地面的若干库房式构筑物组成，储存废物的库房内应保证空气流通，以防止具有毒性和爆炸性的气体集聚而发生危险。入库的危险废物应详细登记其类型、名称、数量等有关信息，并按照危险废物的不同特征分别妥善保管。

危险废物转运站的位置选择在交通路网便利的场所或其附近，由设有隔离带或埋在地下液态危险废物储罐、油分离系统及盛有废物的桶或罐等库房群组成。危险废物转运站内的工作人员应严格执行危险废物的交接手续，按时将所存放的危险废物如数装入运往危险

废物处理场的运输车，由运输车的工作人员确保运输途中的安全。

8.1.2.3　危险废物的清运

危险废物同样可以通过公路、铁路、水路进行清运。实际上，出于安全、经济、方便等方面的考虑，人们常常选取公路和铁路清运作为危险废物的主要清运方式。此方式的运输工具为专用公路槽车或铁路槽车。槽车设有特制防腐衬里，以防运输过程中发生腐蚀泄漏。

8.2　固体废物的压实、破碎

8.2.1　压实

通过外力加压于松散的固体废物，以缩小其体积，使固体废物变得密实的操作简称为压实，又称为压缩。如若采用高压压实，除减少空隙外，在分子之间可能产生晶格的破坏使物质变性。

经过压实处理，一方面可增大密度、减小固体废物体积以便于装卸和运输，确保运输安全与卫生，降低运输成本；另一方面可制取高密度惰性块料，便于储存、填埋或作为建筑材料使用。

8.2.1.1　压实的原理

大多数固体废物是由不同颗粒与颗粒间的孔隙组成的集合体。自然堆放时，表观体积是废物颗粒有效体积与孔隙占有的体积之和，即

$$V_m = V_s + V_v \tag{8-1}$$

式中　V_m——固体废物的表观体积；

　　　V_s——固体颗粒体积（包括水分）；

　　　V_v——孔隙体积。

进行压实操作时，随压力强度的增大，孔隙体积减小，表观体积也随之减小，而密度增大。

固体废物的干密度用 ρ_d 表示，可用下式计算：

$$\rho_d = \frac{W_s}{V_m} = \frac{W_m - W_w}{V_m} \tag{8-2}$$

式中　W_s——固体废物颗粒重；

　　　W_m——固体废物总重，包括水分重；

　　　W_w——固体废物中水分重。

孔隙比：　　　　　　　　　　$e = V_v / V_s$

孔隙率：　　　　　　　　　　$n = V_v / V_m$

固体废物经过压实处理后体积减小的程度叫压缩比，可用公式表示：

$$R = V_i / V_j \tag{8-3}$$

式中　R——固体废物体积压缩比；

　　　V_i——废物压缩前的原始体积；

　　　V_j——废物压缩后的最终体积。

一般固体废物压实后的压缩比为 3~5，若破碎后再压实其压缩比可达 5~10 倍。固体废物的压缩比取决于废物的种类及施加的压力。压实的实质可看作是消耗一定的压力能，提高废物密度的过程。当固体废物受到外界压力时，各颗粒间相互挤压、变形或破碎，从而达到重新组合的效果。适于压实处理的主要是压缩性能大而复原性小的物质。木材、金属、玻璃、塑料块等本身已经很密实的固体或焦油、污泥等半固体废物不宜作压实处理。

8.2.1.2 压实设备

压实设备分为固定型与移动型两种。定点使用的压实器称为固定式压实器，如用于收集或转运站装车的压实器属于此类。带有行驶轮或在轨道上行驶的压实器称为移动型压实器，常用于废物处置场所。下面介绍几种常用的压实器。

（1）水平压实器。图 8-3 所示为带水平压头的水平压实器。它靠做水平往复运动的压头将废物压到矩形或方形的钢制容器中，适用于压实城市垃圾。使用时先将垃圾加入装料室，启动具有压面的水平压头，使垃圾致密化和定型化，然后将坯块推出。推出过程中，坯块表面的杂乱废物受破碎杆作用而被破碎，不致妨碍坯块移出。

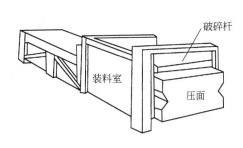

图 8-3 水平压实器

（2）三向垂直压实器。图 8-4 所示为三向垂直压实器，适合于压实松散金属废物。它具有三个互相垂直的压头，依次启动 1、2、3 三个压头，逐渐使固体废物的空间体积缩小，密度增大，最终达到一定的尺寸（一般在 200~1000mm 之间）。三向垂直压实器一般用作金属类废物压实器。

（3）回转式压实器。图 8-5 所示为回转式压实器。它具有两个压头和一个旋动式压头，适于体积小质量小的废物。废物装入容器单元后，先按水平压头 1 的方向压缩，然后驱动旋动式压头 2，使废物致密化，最后按水平压头 3 将废物压至一定尺寸排出。

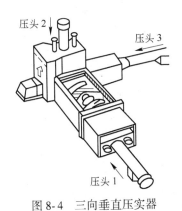

图 8-4 三向垂直压实器   图 8-5 回转式压实器

（4）移动式压实器。带有行驶轮或可在轨道上行驶的压实器称为移动式压实器。它包括在填埋现场使用的轮胎式或履带式压土机、钢轮式布料压实机以及其他专门设计的压实机具。

8.2.2 破碎

破碎是指在外力作用下破坏固体废物质点间的内聚力使大块的固体废物分裂为小块的

过程。它的作用包括减小固体废物的颗粒尺寸、降低空隙率、增大废物密度，有利于后续处理与资源化利用。

处理固体废物的破碎机通常有颚式、锤式、剪切式、冲击式、辊式破碎机和粉磨机。下面介绍城市垃圾处理工程中常用的三种典型破碎机械。

（1）颚式破碎机。颚式破碎机属于挤压形破碎机械，其主要部件为固定颚板、可动颚板和连接于传动轴的偏心转动轮。颚式破碎机根据可动颚板的运动特性分为简单摆动型（见图8-6）、复杂摆动型（见图8-7）。

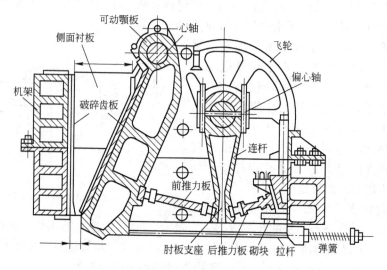

图 8-6　简单摆动型颚式破碎机

简单摆动型破碎机的可动颚板不与偏心轮轴相连，在偏心轮的驱动下做简单往复运动，进入两板间的垃圾被挤压而破碎。复式摆动型的可动颚板与偏心轮挂于同一传动轴上，因此既有往复摆动，又有上下摆动，垃圾因挤压与磨搓作用而被破碎。这种机械适于破碎中等硬度的脆性物料。其优点是结构简单、不易堵塞、维修方便；缺点是生产效率低、破碎粒度不均。

（2）锤式破碎机。锤式破碎机属于冲击磨切型破碎机械，其主体破碎部件包括多排重锤和破碎板。图8-8是锤式破碎机的工作原理示意图。锤式破碎机是利用冲击摩擦和剪切作用对固体废物进行破碎的。锤头以铰链方式装在各圆盘之间的销轴上，可以在销轴上摆动。电动机带动主轴、圆盘、销轴及锤头（合成转子）高速旋转。由快速旋转的重锤冲击与破碎板间的

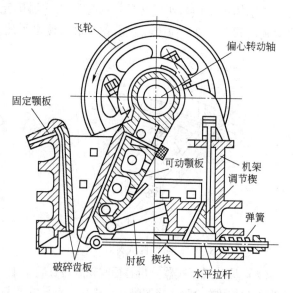

图 8-7　复杂摆动型颚式破碎机

磨切作用，破碎由进料口流入的垃圾，通过下面的筛板排除破碎物料。这种破碎机主要应用于中等硬度且腐蚀性弱的固体废物。其优点是破碎颗粒较均匀；缺点主要是噪声大，安装需采取防振、隔音措施。

（3）剪切式破碎机。剪切式破碎机通过固定刀和可动刀之间的啮合作用，将固体废物切开或割裂成适宜的形状和尺寸。它特别适合破碎低二氧化硅含量的松散物料。根据活动刀刃的运动方式，剪切式破碎机可分为往复式与回转式两种，广泛使用的主要有 Von roll型往复剪切式破碎机（见图8-9）、旋转剪切式破碎机（见图8-10）等。

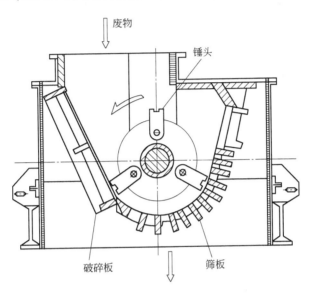

图 8-8　锤式破碎机的工作原理示意图

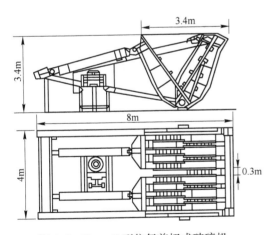

图 8-9　Von roll 型往复剪切式破碎机

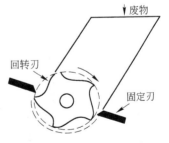

图 8-10　旋转剪切式破碎机

8.3　固体废物的分选

固体废物的分选是将固体废物中可回收利用的或不利于后续处理、处置工艺要求的物料分离出来。固体废物的分选技术方法可概括为人工分选和机械分选。其中机械分选包括筛选（分）、重力分选、磁力分选、电力分选、光电分选、摩擦及弹性分选、浮选。

8.3.1 筛分

筛分是利用筛子将物料中小于筛孔的细粒物料透过筛面，而大于筛孔的粗粒物料留在筛面上，完成粗、细粒物料分离的过程。

8.3.1.1 筛分效率

筛分效率是指实际得到的筛下产品重量与入筛废物中所含小于筛孔尺寸的细粒物料重量之比，用百分数表示，即

$$E = \frac{Q_1}{Q\alpha} \times 100\% \tag{8-4}$$

式中 E——筛分效率，%；

     Q——入筛固体废物重量；

     Q_1——筛下产品重量；

     α——入筛固体废物中小于筛孔的细粒含量，%。

8.3.1.2 影响筛分效率的因素

（1）固体废物性质的影响：包括物料的粒度状态、含水率和含泥量及颗粒形状，其中固体废物的粒度组成对筛分效率影响较大。

（2）筛分设备性能的影响：主要是筛面结构的影响，包括筛网类型及筛网的有效面积、筛面倾角筛分设备防堵挂、缠绕及使物料沿筛面均匀分布的性能。

（3）筛分操作条件的影响：包括连续均匀给料、及时清理与维修筛面等。

8.3.1.3 筛分设备类型及应用

在固体废物处理中，最常用的筛分设备是固定筛、滚筒筛、惯性振动筛、共振筛等。

（1）固定筛。固定筛的筛面由许多平行排列的筛条组成，筛面固定不动，筛子可以水平安装或倾斜安装，物料靠自身重力做下落运动。固定筛由于构造简单、不耗用动力、设备费用低和维修方便，在固体废物处理中应用广泛。固定筛又可分为格筛和棒条筛，如图8-11所示。格筛一般安装在粗碎机之前，以保证入料块度适宜。棒条筛主要用于粗碎和中碎之前，该筛适用于筛分粒度大于50mm的粗粒废物。

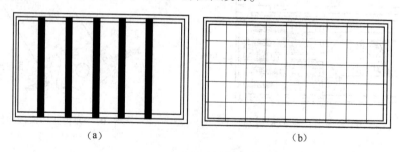

图8-11   固定筛结构示意图
(a) 棒条筛；(b) 格筛

（2）滚筒筛。滚筒筛亦叫转筒筛。筛面为带孔的圆柱形筛体，在传动装置带动下，筛

筒绕轴缓缓旋转，如图8-12所示。为使废物在筒内沿轴线方向前进，筛筒的轴线应倾斜3°～5°安装。

（3）惯性振动筛。惯性振动筛是通过由不平衡物体（如配重轮）的旋转所产生的离心惯性力使筛箱产生振动的一种筛子，其构造及工作原理如图 8-13 所示。惯性振动筛适用于细粒废物（0.1～0.15mm）的筛分，也可用于潮湿及黏性废物的筛分。

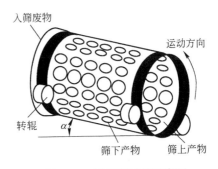

图 8-12　滚筒筛结构示意图

（4）共振筛。共振筛是利用连杆上装有弹簧的曲柄连杆机构驱动，使筛子在共振状态下进行筛分的，其原理与结构示意如图8-14所示。共振筛具有处理能力大、筛分效率高、耗电少、结构紧凑、功率消耗较小的特点，但同时也有制造工艺复杂、机体笨重、橡胶弹簧易老化的缺点。

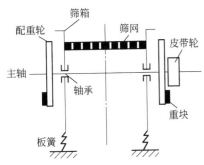

图 8-13　惯性振动筛的构造及工作原理

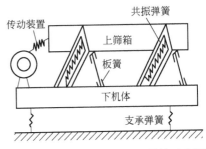

图 8-14　共振筛的原理与结构示意图

8.3.2　重力分选

重力分选简称重选，是利用不同物质颗粒间的密度差异，在运动介质中受到不同大小的重力、介质动力和机械力的作用，使颗粒群产生松散分层和迁移分离，从而得到不同密度产品的分选过程。按介质不同，固体废物的重力分选可分为风力分选、重介质分选、跳汰分选和摇床分选等。

（1）重介质分选。通常将密度大于水的介质称为重介质。在重介质中使固体废物中的颗粒群按密度分开的方法称为重介质分选。图8-15为重介质分选机的原理和结构示意图。为使分选过程有效地进行，选择的重介质密度（ρ_C）需介于固体废物中轻物料密度（ρ_L）

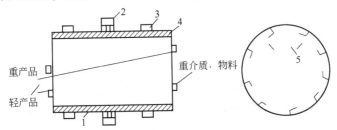

图 8-15　重介质分选机的原理和结构示意图
1—圆筒形转鼓；2—大齿轮；3—辊轮；4—扬板；5—溜槽

和重物料密度（ρ_W）之间，即 $\rho_L < \rho_C < \rho_W$。目前常用的是鼓形重介质分选机。该设备外形是一圆筒形转鼓，由四个辊轮支撑，通过圆筒腰间的大齿轮由传动装置带动旋转。

（2）跳汰分选。跳汰分选是在垂直变速介质的作用下，按密度分选固体的一种方法。跳汰分选的一个脉冲循环包括两个过程：床面先是浮起，然后被压紧。磨细的混合废物中的不同密度的粒子群，在垂直脉冲运动介质中依据密度的大小分层，大密度的颗粒群（重质组分）位于下层，小密度的颗粒群位于上层以此达到物料的分离。在分选操作下，原料不断地送进跳汰装置，轻重组分连续分离并被淘汰掉，即形成了不间断的跳汰过程。常用的跳汰设备有隔膜跳汰机、无活塞跳汰机。

（3）风力分选。风力分选简称风选，又称气流分选，是以空气为分选介质，在气流作用下，使固体废物颗粒按密度和粒度大小进行分离的过程。风力分选过程是以各种固体颗粒在空气中的沉降规律为基础的。风力分选设备有水平气流风选分选机（见图 8-16）、垂直气流风选分选机（见图 8-17）。

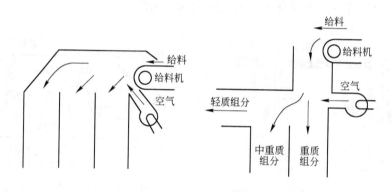

图 8-16　水平气流分选机的构造和工作原理

（4）摇床分选。摇床分选是在一个倾斜的床面上，借助床面的不对称往复运动和薄层斜面水流的综合作用，使细粒固体废物按密度差异在床面上呈扇形分布而进行分选的一种方法。在摇床分选设备中最常用的是平面摇床。平面摇床主要由床面、床头和传动机构组成。摇床分选过程是由给水槽给入冲洗水，布满横向倾斜的床面，并形成均匀的斜面薄层水流。当固体废物颗粒给入往复摇动的床面时，颗粒群在重力、水流冲力、床层摇动产生的惯性力以及摩擦力等综合作用下，按密度差异产生松散分层。

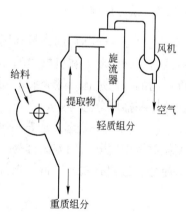

图 8-17　立式风力分选机
工作原理示意图

8.3.3　磁力分选

固体废物的磁力分选（简称磁选）是借助磁选设备产生的磁场使铁磁物质组分分离的一种方法。在固体废物的处理系统中，磁选主要用作回收或富集黑色金属，或是在某些工艺中用以排除物料中的铁质物质。磁选有两种类型：一种是传统的磁选法，另一种是磁流体分选法。

固体废物可依磁性分为强磁性、中磁性、弱磁性和非磁性等组分。这些不同磁性的组分通过磁场时，磁性较强的颗粒受到磁场吸引力（$F_磁$）的作用就会被吸附到产生磁场的磁选设备上，而磁性弱和非磁性颗粒就会被输送设备带走或受到诸如重力、流动阻力、摩擦力、静电力和惯性力等机械力（$F_机$）的作用掉落到预定的区域内，从而完成磁选过程。磁选是在磁选机中进行的，其原理如图 8-18 所示。

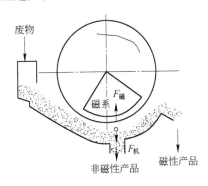

图 8-18　磁选过程示意图

目前，在废物处理系统中，最常用的磁选设备就是滚筒式磁选机和悬挂带式磁选机。

（1）滚筒式磁选机。滚筒式磁选机由磁力滚筒和输送带组成，当皮带上的混合垃圾通过磁力滚筒时，非磁性物质在重力及惯性力的作用下，被抛落到滚筒的前方，而铁磁性物质则在磁力作用下被吸附到皮带上，并随皮带一起继续向前运动。

（2）悬挂带式磁选机。物料放置在输送带上，输送带以与书面垂直的方向缓慢向前运动。在输送带的上方，悬挂一大型固定磁铁，并配有一传送带。在传送带不停地转动过程中，由于磁力的作用，输送带上的铁磁物质就会被吸附到位于磁铁下部磁性区段的传送带上，并随传送带一起向一端移动。当传送带离开磁性区时，铁磁物质就会在重力的作用下脱落下来，从而实现铁磁物质的分离。

8.3.4　电力分选

电力分选简称电选，它是利用固体废物中各种组分在高压电场中电性的差异实现分选的一种方法。

8.3.4.1　电选原理

电选分离过程是在电选设备中完成的，其原理如图 8-19 所示。首先，在电选设备中提供电晕-静电复合电场。固体废物一经给入即随旋转的辊筒进入电晕电场。当废物颗粒随辊筒旋转离开电晕场区而进入到静电场区时，对导体颗粒而言将继续放掉剩余的少量负电荷，进而从辊筒上得到正电荷而被辊筒排斥，在电力、离心力和重力分力的综合作用下，很快偏离辊筒而落下。而非导体因具有较多的负电荷而被辊筒吸引带到辊筒后方；半导体颗粒的运动情形介于导体和非导体之间，故在两者之间的区域落下。

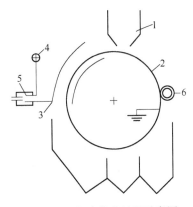

图 8-19　电选分离过程示意图

1—给料；2—辊筒电极；3—电晕电极；
4—偏向电极；5—高压绝缘子；6—毛刷

8.3.4.2　电选设备

（1）静电分选机。含有铝和玻璃的废物通过电振给料器均匀地给到带电辊筒上。铝为良导体从辊筒电极获得相同符号的大量电荷，因而被辊筒电极排斥落入铝收集槽内。玻璃为非导体，与带电辊筒接触被极化，在靠近辊筒一端产生相反的束缚电荷，被辊筒吸住，随辊筒带至后面被毛刷强制刷落进入玻璃收集槽，从而实现铝与玻璃的分离。

（2）YD-4 型高压电选机。该机特点是具有较宽的电晕电场区、特殊的下料装置和防积灰漏电措施。整机密封性能好，采用双筒并列式，结构合理、紧凑，处理能力大，效率高，可作为粉煤灰专用设备。

8.3.5　浮选

浮选是在固体废物与水调制的料浆中加入浮选药剂，并通入空气形成无数细小气泡，使欲选物质颗粒黏附在气泡上，随气泡上浮于料浆表面成为泡沫层，然后刮出回收；不浮的颗粒仍留在料浆内，通过适当处理后废弃。

固体废物浮选主要是利用欲选物质对水润湿程度的差异而对其进行分离的过程。有些物质表面的疏水性较强，容易黏附在气泡上，而另一类物质表面亲水，不易黏附在气泡上。物质表面的亲水、疏水性能，可以通过浮选药剂的作用而加强。因此，在浮选工艺中正确选择、使用浮选药剂是调整物质可浮选的主要外因条件。

8.3.5.1　浮选药剂

根据在浮选过程中的作用不同，浮选药剂分为捕收剂、起泡剂和调整剂三大类。

（1）捕收剂。能够选择性地吸附在欲选物质颗粒表面上，使其疏水性增强，提高可浮性，并牢固地黏附在气泡上而上浮。常用的捕收剂有异极性捕收剂和非极性油类捕收剂两类。异极性捕收剂的分子结构包含两个基团极性基和非极性基，极性基活泼能够与物质颗粒表面发生作用，使捕收剂吸附在物质颗粒表面，非极性基起疏水作用。典型的异极性捕收剂有黄药、油酸等。黄药是工业上的名称，学名为黄原酸盐，按其化学组成称为烃基二硫代碳酸盐。从煤矸石中回收黄铁矿时，常用黄药作捕收剂。非极性油类捕收剂主要包括脂肪烷烃（C_nH_{2n+2}）和环烷烃（C_nH_{2n}）。最常用非极性油类捕收剂有煤油、柴油、燃料油等。

（2）起泡剂。起泡剂是一种表面活性物质，主要作用在水-气界面上，使其界面张力降低，促使空气在料浆中弥散，形成小气泡，防止气泡兼并，增大分选界面，提高气泡与颗粒的黏附和上浮过程中的稳定性，以保证气泡上浮形成泡沫层。常用的起泡剂有松油、松醇油、脂肪醇等。

（3）调整剂。调整剂的作用主要是调整其他药剂（主要是捕收剂）与物质颗粒表面之间的作用。促进捕收剂与欲选物质颗粒的作用的称为活化剂；抑制非目的颗粒可浮性的称为抑制剂；调整介质 pH 值的称为 pH 值调整剂；促进料浆中目的细粒团聚与絮凝的称为絮凝剂；促使料浆中非目的细粒成分散状态的称为分散剂。

8.3.5.2　浮选设备

目前国内外浮选设备类型很多，使用最多的是机械搅拌式浮选机。大型浮选机每两个槽为一组，第一个槽称为吸入槽，第二个槽称为直流槽。小型浮选机多是 4~6 个槽为一组，每排可以配置 2~20 个槽。每组有一个中间室和料浆面调节装置。

8.3.5.3　浮选工艺过程及应用

浮选工艺过程主要包括调浆、调药、调泡三个程序。

调浆主要是废物的破碎、磨碎等，目的是得到粒度适宜、基本上单体解离的颗粒。调药包括提高药效、合理添加、混合用药、料浆中药剂浓度调节与控制等。将有用物质浮入泡沫产品，而无用或回收经济价值不大的物质仍留在料浆内，这种浮选法称为正浮选。将无用物质浮入泡沫产物中，将有用物质留在料浆中的，这种浮选法称为反浮选。

浮选是固体废物资源化的一种重要技术，我国已应用于从粉煤灰中回收炭、从煤矸石中回收硫铁矿、从焚烧炉渣中回收金属等。浮选法的主要缺点有：有些工业固体废物浮选前需要破碎到一定的细度，浮选时要消耗一定数量的浮选药剂且易造成二次污染，还需要一些辅助工序如浓缩、过滤、脱水、干燥等。

8.4　危险废物的稳定化/固化处理

稳定化/固化处理是处理重金属废物和其他非金属危险废物的重要手段，在区域性集中管理系统中占有重要的地位。

8.4.1　稳定化/固化处理概念

固化是指在危险废物中添加固化剂，使其转变为不可流动的固体或形成紧密固体的过程。固化的产物是结构完整的整块密实固体，这种固体可以方便的尺寸大小进行运输，而无需任何辅助容器。

稳定化是指将有毒有害污染物转变为低溶解性、低迁移性及低毒性物质的过程。稳定化一般可分为化学稳定化和物理稳定化。化学稳定化是通过化学反应使有毒物质变成不溶性化合物，使之在稳定的晶格内固定不动；物理稳定化是将污泥或半固体物质与一种疏松物料（如粉煤灰）混合生成一种粗颗粒，有土壤状坚实度的固体，这种固体可以用运输机械送至处置场。

包容化技术是用稳定剂/固化剂凝聚，将有毒物质或危险废物颗粒包容或覆盖的技术。

固化和稳定化技术在处理危险废物时通常无法截然分开，固化的过程会有稳定化的作用发生，稳定化的过程往往也具有固化的作用。而在固化和稳定化处理过程中，往往也发生包容化的作用。

8.4.2　稳定化/固化处理方法

根据固化基材及固化过程，目前常用的稳定化/固化方法主要包括水泥固化、石灰固化、塑性材料固化、有机聚合物固化、自胶结固化、熔融固化（玻璃固化）、陶瓷固化。

（1）水泥固化。水泥是一种无机胶结材料，经过水化反应后可以生成坚硬的水泥固化体，所以在废物处理时最常用的是水泥固化技术。

水泥的品种很多，如普通硅酸盐水泥、矿渣硅酸盐水泥矾土水泥、沸石水泥等都可以作为废物固化处理的基材。其中最常用的普通硅酸盐水泥，也称为波特兰水泥，是用石灰石或土以及其他硅酸盐物质混合在水泥窑中高温下煅烧，然后研磨成粉末状而成的。它是钙、硅、铝及铁的氧化物的混合物，其主要成分是硅酸二钙和硅酸三钙。在用水泥固化时，是将废物与水泥混合起来，水化以后的水泥形成与岩石性能相近的、整体的钙铝硅酸盐的坚硬晶体结构。这种水化以后的产物，被称为混凝土。废物被掺入水泥的基质中，在一定条件下，经过物理的、化学的作用进一步减小它们在废物-水泥基质中的迁移率。

　　以水泥为基础的稳定化/固化技术已经用来处置电镀污泥。这种污泥包含各种金属，如镉、铬、铜、铅、镍、锌。水泥也用来处理复杂的污泥，如多氯联苯、油和油泥、含有氯乙烯和二氯乙烷的废物、多种树脂、被稳定化/固化的塑料、石棉、硫化物以及其他物料。以水泥为基本材料的固化技术最适用于无机类型的废物，尤其是含有重金属污染物的废物。水泥所具有的高 pH 值，使得几乎所有的重金属形成不溶性的氢氧化物或碳酸盐而被固定在固化体中。

　　（2）石灰固化。石灰固化是指以石灰、垃圾焚烧飞灰、水泥窑灰以及熔矿炉炉渣等具有波索来反应的物质为固化基材而进行的危险废物固化（稳定化）的操作。在适当的催化环境下进行波索来反应，将污泥中的重金属成分吸附于所产生的胶体结晶中。但因波索来反应不似水泥水合作用，石灰系固化处理所能提供的结构强度不如水泥固化，因而较少单独使用。

　　（3）沥青固化。沥青固化是将作为固化剂的沥青类材料，与危险废物在一定的温度下均匀混合，产生皂化反应，使有害物质包容在沥青中形成固化体，从而得到稳定。由于沥青属于憎水物质，完整的沥青固化体具有优良的防水性能。沥青还具有良好的赫结性和化学稳定性，而且对于大多数酸和碱有较高的耐腐蚀性，所以长期以来被用做低水平放射性废物的主要固化材料之一。它一般被用来处理放射性蒸发残液、废水化学处理产生的污泥、焚烧炉产生的灰分以及毒性较高的电镀污泥和砷渣等危险废物。

复习思考题

8-1　名词解释：压实、筛分、破碎、重力分选、磁选、电力分选、筛分效率、固化、稳定化。

8-2　生活垃圾的收运包括哪几个阶段？

8-3　危险废物的收运应注意哪些事项？

8-4　简述固体废物压实的原理。常用的压实设备有哪几种？

8-5　试述固体废物破碎的目的。典型的破碎设备有哪几种？

8-6　何谓筛分效率？其影响因素有哪些？

8-7　按介质不同，固体废物的重力分选分为哪几种？简述各自的工作原理。

8-8　试述磁力分选的原理。常用磁选设备有哪几种？

8-9　试述电力分选的原理。常用电选设备有哪几种？

8-10　浮选剂可分为哪几种？试述各自的作用。

8-11　浮选工艺过程主要包括哪几个程序？

8-12　根据固化基材及固化过程，目前常用的稳定化/固化方法主要包括哪几种？

9　固体废物资源化处理技术

9.1　固体废物的焚烧

垃圾焚烧技术作为一种以燃烧为手段的垃圾处理方法，其应用可以追溯至人类文明的早期，如刀耕火种时期的烧荒即可视为焚烧应用的一例。随着城市建设的发展和城市规模的扩大，城市人口数量骤增，生活垃圾产量也快速递增，使原有的垃圾填埋场日益饱和或已经饱和，而新的垃圾填埋场地又难以寻找。采取垃圾焚烧方法，可使生活垃圾减容85%以上，最大限度地延长现有垃圾填埋场的使用寿命。此外，随着人们生活水平的提高，生活垃圾中可燃物、易燃物的含量大幅度增长，提高了生活垃圾的热值，为应用和发展生活垃圾焚烧技术提供了先决条件。例如：日本城市生活垃圾的低位热值就已经由20世纪60年代的3344~4196kJ/kg提高到目前的6270~7160kJ/kg，采用垃圾焚烧方法可以制取更多的蒸汽和电能，获得比较理想的经济效益。

一般固体燃料的燃烧目标主要是热能利用，而生活垃圾的焚烧目标主要是无害化处理，追求的是生活垃圾在垃圾焚烧炉中的充分燃烧。

焚烧处理就是将固体废物进行高温分解和深度氧化的处理过程。焚烧处理的目的是尽可能焚毁废物，使被焚烧的物质变为无害和最大限度的减容，并尽量减少新的污染物质产生，避免造成二次污染。

焚烧处理的优点是减量效果好（焚烧后的残渣体积减小90%以上，重量减少80%以上），处理彻底，污染小。

垃圾焚烧处理的关键点是选择洁净的焚烧工艺和技术。因为专家统计数据表明，我国过去建设的很多垃圾焚烧项目技术落后，烟气排放超标，其中二噁英污染85%是来自城市生活垃圾焚烧。

9.1.1　固体废物的焚烧过程

物料从送入焚烧炉起，到形成烟气和固态残渣的整个过程总称为焚烧过程。焚烧过程包括三个阶段：干燥加热阶段、燃烧阶段、燃尽阶段。

（1）干燥加热阶段。对机械送料的运动式炉排炉，从物料送入焚烧炉起，到物料开始析出挥发分和着火这一段时间，都认为是干燥阶段。

（2）燃烧阶段。在干燥阶段基本完成后，如果炉内温度足够高，且又有足够的氧化剂，物料就会很顺利地进入真正的焚烧阶段——燃烧阶段。燃烧阶段包括了三个同时发生的化学反应模式。

1）强氧化反应：物料的燃烧包括物料与氧发生的强氧化反应过程。

2）热解：热解是在缺氧或无氧条件下，利用热能破坏含碳高分子化合物元素间的化学键，使含碳化合物破坏或者进行化学重组的过程。

3）原子基团碰撞：在物料燃烧过程中，还伴有火焰的出现。燃烧火焰实质上是高温下富含原子基团的气流造成的。原子基团电子能量的跃迁、分子的旋转和振动等产生量子辐射、红外热辐射、可见光和紫外线等，从而导致火焰的出现。

（3）燃尽阶段。物料在主燃烧阶段发生强烈的发热发光氧化反应之后，开始进入燃尽阶段。此时参与反应的物质的量大大减少了，而反应生成的惰性物质、气态的 CO_2 和 H_2O 及固态的灰渣则增加了。

固体废物焚烧过程如图 9-1 所示。

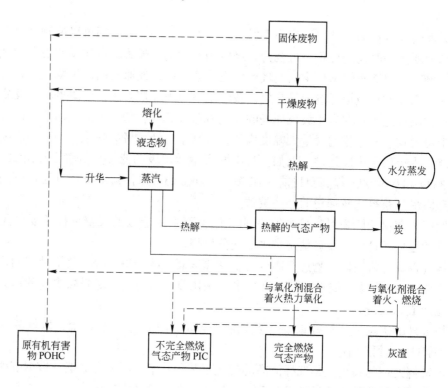

图 9-1　固体废物焚烧过程示意图

9.1.2　固体废物的焚烧系统

一个固体废物焚烧厂包括诸多系统（设备），主要有原料储存及进料系统、焚烧系统、灰渣收集与处理系统、烟气处理系统等。这些系统各自独立，又相互关联成为统一整体。

（1）原料储存系统。原料储存系统主要是指固体废料的堆场或料仓，储存 2～3 天的处理量，以保证焚烧炉的连续运转。

（2）进料系统。进料系统的主要作用是向焚烧炉定量给料，同时将垃圾池中的垃圾与焚烧炉的高温火焰和高温烟气隔开、密闭，以防止焚烧炉火焰通过进料口向垃圾池垃圾反扑和高温烟气反窜。目前应用较广的进料方法有炉排进料、螺旋给料、推料器给料等几种形式。

（3）焚烧炉系统。焚烧炉系统是整个工艺的核心系统，主要包括炉床及燃烧室。每个炉体仅一个燃烧室。炉床多为机械可移动式炉排构造，可让垃圾在炉床上翻转及燃烧。燃烧室一般在炉床正上方，燃烧废气可在其内停留数秒钟，由炉床下方往上喷入的一次空气可与炉床上的垃圾层充分混合，由炉床正上方喷入的二次空气可以提高废气的搅拌时间。

（4）灰渣收集与处理系统。由焚烧炉体产生的底灰及废气处理单元所产生的飞灰，有些常采用合并收集方式，有些则采用分开收集方式。国外一些焚烧厂先将飞灰进一步固化或熔融后，再合并底灰送到灰渣填埋场处置，以防止沾在飞灰上的重金属或有机性毒物产生二次污染。

（5）废气处理系统。从炉体产生的废气在排放前必须先行处理到排放标准。早期常使用静电集尘器去除悬浮颗粒，再用湿式洗涤塔去除酸性气体（如 HCl、SO_2、HF 等）。近年来则采用干式或半干式洗烟塔去除酸性气体，配合袋式除尘器去除悬浮微粒及其他重金属等物质。

9.1.3 焚烧过程污染物的产生与防治

焚烧过程（特别是有害废物的焚烧）会产生大量的酸性气体和未完全燃烧的有机组分及炉渣，如不适当处理，将造成二次污染。焚烧最主要的二次污染是大气污染，即某些有机组分和煤烟的污染。

9.1.3.1 二噁英的产生及防治

二噁英是两个氧键联结两个苯环的有机氯化合物，即在两个苯环上，有 8 个氢原子易被氯取代，生成多氯二苯二噁英（PCDD），其中毒性最大的是 2，3，7，8-四氯二苯二噁英（TCDD），其毒性比氰化物大一千倍。

废物焚烧过程中，二噁英类物质的产生途径主要有三种：

第一种是在生活垃圾中含有含二噁英类物质，当焚烧不完全时这些物质会进入焚烧烟气。

第二种是废物中含有 C、H、O、N、S、Cl 等元素，在焚烧过程中可能形成部分不完全燃烧的碳氢化合物（C_xH_y），当燃烧状况不良时，这些碳氢化合物可能与废物或废气中的氯化物结合成二噁英类物质。

第三种可能的途径炉外低温生成。由于完全燃烧并不容易达成，二噁英类物质前驱物质随废气自燃烧室排出后，在特定的温度范围（250~400℃，300℃ 时最显著）和催化剂（如烟尘中的铜等过渡金属物质）存在的条件下催化反应生成二噁英类物质。

根据二噁英类物质生成的机理和可能途径，通常控制二噁英类物质可采用以下四种措施：一是控制来源，避免含二噁英类物质及含氯成分高的物质进入垃圾中；二是减少炉内形成，为此，在燃烧室设计时应采取适当的炉体热负荷，以保持足够的燃烧温度及气体停留时间、燃烧段与后燃烧段不同燃烧空气量及预热温度的要求，确保固体废物及烟气中有机气体，包括二噁英类物质前驱体的有效焚毁率；三是减少烟气在 250~400℃ 温度段的停留时间，以避免或减少二噁英类物质的炉外生成；四是对烟气进行有效的净化处理，以去除可能存在的微量二噁英类物质。

9.1.3.2 恶臭的产生与防治

恶臭主要是燃烧不完造成的，恶臭物质主要是不完全燃烧的有机物，多为有机硫化物或氮化物；恶臭的防治主要是要增强燃烧效果，包括添加辅助燃料提高燃烧温度（>1000℃）和利用催化剂在150~400℃燃烧；利用水或酸、碱吸收；用活性炭、分子筛等吸附剂吸附处理；利用含微生物的土粒、干鸡粪等多孔物分解处理。

9.1.3.3　黑烟的产生与防治

黑烟的主要成分也是有机物，并且，根据对煤烟元素的分析，H 为 3.2%，因此认为黑烟的主要成分是聚合多环芳烃，分子式为 $C_{40}H_{16}$。

（1）黑烟的形成。关于黑烟的形成机理，许多学者提出了许多假说，其中最具代表性的是托马斯（Thomas）学说。Thomas 学说认为，黑烟是由碳氢燃料的脱氢，聚合或缩合而生成的。并且，碳氢化合物的发烟倾向与组分中 C/H 比有关，C/H 比小则发烟倾向小。

（2）黑烟的防治。黑烟的防治第一是防。燃烧是高温分解和深度氧化的过程，彻底的燃烧是不应该产生煤烟的，但其前提是必须具备高温和氧气充足两个条件。在实际的操作中，这两个条件事实上是很难满足的，因此"防"就是要尽量满足这两个条件。采取以下措施，可使黑烟降至最低：提高燃烧温度（但受到炉体耐温度，固废热值等的限制）；二次通风，补充氧气（会适当降低炉温，但可加辅助燃料升温）；物料和空气充分接触（增大 Re，提高相对速度）；增大燃烧室（延长停留时间）。治则属于大气治理的范畴了。

9.2　固体废物的热解

9.2.1　热解的原理和特点

热解指在缺氧或无氧条件下，使可燃性固体废物在高温下分解，最终成为可燃气、油、固形炭的过程。固体废物热解过程是一个复杂的化学反应过程，包含大分子的键断裂、异构化和小分子的聚合等反应，最后生成各种较小的分子。热解在工业上也称干馏。它是将有机物在无氧或缺氧状态下加热，使之分解为：

（1）以氢气、一氧化碳、甲烷等低分子碳氢化合物为主的可燃性气体；

（2）在常温下为液态的包括乙酸、丙酮、甲醇等化合物在内的燃料油；

（3）纯碳与玻璃、金属、土砂等混合形成炭黑的化学分解过程。

一般认为，有机物的热解过程首先是从脱水开始的：

其次是脱甲基：

第一个反应的生成水与第二个反应产物的架桥部分的次甲基反应：

$$—CH_2— \ +H_2O \xrightarrow{\triangle} CO+2H_2$$

$$—CH_2—+—O— \xrightarrow{\triangle} CO+H_2$$

进一步提高温度，上述反应中生成的芳环化合物再进行裂解、脱氢、缩合、氢化等反应：

（1） $C_2H_6 \xrightarrow{\triangle} C_2H_4 + H_2$

$\quad\quad C_2H_4 \xrightarrow{\triangle} CH_4 + C$

（2）

（3）

（4）

热解过程可以用通式表示如下：

$$\text{有机固体废物} \longrightarrow (H_2、CH_4、CO、CO_2) \text{ 气体} +$$
$$(\text{有机酸、芳烃、焦油})\text{有机液体} + \text{炭黑} + \text{炉渣}$$

例如，纤维素热解为：

$$3(C_6H_{10}O_5) \longrightarrow 8H_2O + C_6H_8O + 2CO + 2CO_2 + CH_4 + H_2 + 7C$$

热解法和焚烧法是两个完全不同的过程：

（1）焚烧是需氧氧化反应过程，热解是无氧或缺氧反应过程。

（2）焚烧的产物主要是二氧化碳和水；而热解的产物主要是可燃的低分子化合物，气态的有氢气、甲烷、一氧化碳，液态的有甲醇、丙酮、醋酸、乙醛等有机物及焦油、溶剂油等，固态的主要是焦炭或炭黑。

（3）焚烧是一个放热过程，而热解需要吸收大量热量。

（4）焚烧产生的热能，量大的可用于发电，量小的只可供加热水或产生蒸汽，适于就近利用；而热解的产物是燃料油及燃料气，便于储藏和远距离输送。

9.2.2 热解的方式

由于供热方式、产品状态、热解炉结构等方面的不同，热解方式各异。

（1）按供热方式可分成内部加热和外部加热。外部加热是从外部供给热解所需要的能量。内部加热是供给适量空气使可燃物部分燃烧，提供热解所需的热能。外部供热效率低，不及内部加热好，故采用内部加热的方式较多。

（2）按热分解与燃烧反应是否在同一设备中进行可分成单塔式和双塔式。

（3）按热解过程是否生成炉渣可分成造渣型和非造渣型。

（4）按热解产物的状态可分成气化方式、液化方式和碳化方式。

（5）按热解炉的结构分成固定层式、移动层式或回转式。

9.2.3 热解的主要影响因素

影响热解的因素主要包括热解温度、加热速率、保温时间、物料性质、反应器类型以及供气供氧等。每个参数都会对热解反应过程和热解产物产生影响。

（1）热解温度。温度变化对产品产量、成分比例有较大的影响。在较低温度下，有机废物大分子裂解成较多的中小分子，油类含量相对较多。随着温度的升高，除大分子裂解外，许多中间产物也发生二次裂解，C_5 以下分子及 H_2 成分增多，气体产量成正比增长，而各种酸、焦油、炭渣产量相对减少。城市生活垃圾热分解产物比例与温度的关系如图 9-2 所示。

（2）加热速率。通过加热温度和加热速率的结合，可控制热解产物中各组分的生成比例。在低温–低速加热条件下，有机物分子有足够的时间在其最薄弱的接点处分解，重新结合为热稳定性固体，从而难以进一步分解，反而使产物中固体含量增加；而在高温–高速加热条件下，有机物分子结构发生全面裂解，产生大范围的低分子有机物，热解产物中气体的组分增加。

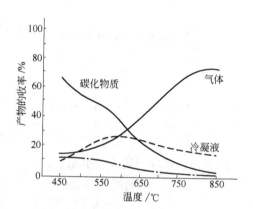

图 9-2　热解产物和温度的关系

（3）保温时间。物料在反应器中的保温时间决定了物料分解转化率。为了充分利用原料中的有机质，尽量脱出其中的挥发分，应延长物料在反应器中的保温时间。物料的保温时间与热解过程的处理量成反比例关系。保温时间长，热解充分，处理量少；保温时间短，则热解不完全，处理量大。

（4）物料性质。物料的性质如有机物成分、含水率和尺寸大小等对热解过程有重要影响。有机物成分比例大、热值高的物料，其可热解性相对就好、产品热值高、可回收性好、残渣也少。物料的含水率低，加热到工作温度所需时间短，干燥和热解过程的能耗就小。较小的颗粒尺寸有利于促进热量传递、保证热解过程的顺利进行；尺寸过大时，情况则相反。

（5）反应器类型。反应器是热解反应进行的场所，是整个热解过程的关键。不同反应器有不同的燃烧床条件和物流方式。一般来说，固定燃烧床处理量大，而流态化燃烧床温度可控制性好。气体与物料逆流行进有利于延长物料在反应器内的滞留时间，从而可提高有机物的转化率；气体与物料顺流行进可促进热传导，加快热解过程。

（6）供气供氧。空气或氧作为热解反应中的氧化剂，使物料发生部分燃烧，提供热能以保证热解反应的进行。因此，供给适量的空气或氧是非常重要的，也是需要严格控制的。由于空气中含有较多的 N_2，供给空气时产生的可燃气体的热值较低。供给纯氧可提高可燃气体的热值，但生产成本也会相应增加。

9.2.4 热解设备

美国、日本结合本国的城市垃圾的特点，开发了许多热解工艺：移动床熔融炉方式、回转窑方式、流化床方式、多段炉方式及 Flush Pyrolysis 方式等。在上述热解方式中，代表性系统有新日铁系统、Purox 系统、Landgard 系统和 Occidental 系统。

（1）新日铁系统。新日铁系统是一种热解和熔融为一体的复合处理工艺，通过控制炉温及供氧条件，使垃圾在同一炉内完成干燥、热解、燃烧和熔融。炉内干燥段温度约为300℃，热解段温度为 300~1000℃，熔融段温度为 1700~1800℃。其工艺流程见图 9-3。

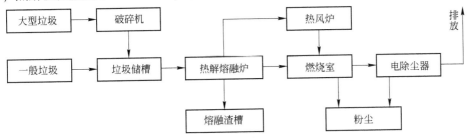

图 9-3　新日铁方式垃圾热解熔融处理工艺流程

系统工作时，垃圾由炉顶投料口加入炉内。投料口采用双重密封结构，以防止空气和热解气的漏入和逸出。炉体采用竖式结构，进入炉内的垃圾依自重在炉内由上而下移动，与上升的高温气体进行换热，在下移的干燥段脱去水分。控制的缺氧状态下有机物在热解段进行热解，生成燃气和灰渣。灰渣中的炭黑在燃烧段与下部通入的空气进行燃烧；随着温度的提高，燃烧后的剩余残渣在熔融段形成玻璃体和铁，体积大大减少，重金属等有害物质被固化在固相中，因而可直接填埋或用作建材。热解得到的可燃气体的热值为 6276~10460kJ/m³，一般用于二次燃烧产生热能发电。

（2）Purox 系统。Purox 系统又称 U 比纯氧高温热分解法，是由美国联合碳化公司开发的城市垃圾热解工艺，于 1974 年在西弗吉尼亚州建成了处理能力为 190t/d 的生产装置。该系统工艺流程如图 9-4 所示。

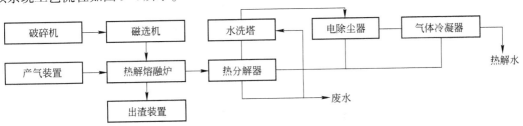

图 9-4　垃圾热解处理 Purox 工艺流程

Purox 系统也采用竖式热解熔融炉，其工作原理与新日铁方式类似。纯氧由炉底送入燃烧区，参与垃圾的燃烧。燃烧时产生的高温烟气与向下移动的垃圾在炉体中部相互作用，有机物在还原态热解。熔融渣由热解熔融炉底部连续排出，经水冷后形成坚硬的颗粒状物质。热解气以 90℃的温度从炉顶排出，经洗涤去除其中的灰分和焦油后回收利用。净化后的热解气中含有约 75%（体积分数）的 CO 和 H_2，其体积之比约为 2:1，其他气体组分（包括 CO_2、CH_4、N_2 和其他低分子碳氢化合物）约占 25%。气体的热值约为11168kJ/m³。

该工艺最突出的优点是不需要对垃圾进行破碎和分选加工，简化了预处理工序。

（3）Landgard 系统。该系统采用的是回转窑处理方式。图 9-5 为 Monsanto 公司开发的 Landgard 热解系统原理图。

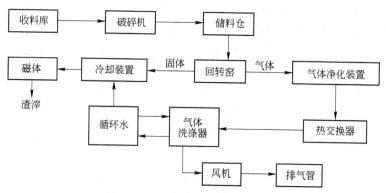

图 9-5　Landgard 热解系统原理图

系统工作时，从运输车上卸下的废物首先被送入破碎机，破碎后进入储料仓。垃圾经锤式破碎机破碎至 10cm 以下，加工处理后的废料从储料仓被连续送入回转窑进行热解。窑内气体与固体的运动方向刚好相反，废物被燃烧气体加热分解产生可燃气体。固体废物逐渐移向回转窑高温端，燃烧后的渣滓从炉内排出并进入分离室，在那里按黑色金属、玻璃体和炭进行分类。热解产生的气体在后燃室完全燃烧，或者与油、煤或天然气一起用作锅炉燃料。

热值的大小与垃圾的成分有关，热解产生的气体在后燃室完全燃烧，进入废热锅炉可产生 4762.3kPa 的蒸气用于发电。采用 Landgard 工艺流程，1kg 垃圾约产生可燃气体 1.5m^3，其热值为 4600~5000kJ/m^3。

Landgard 热解工艺前处理简单，对垃圾组成的适应性强，装置构造简单，操作可靠性高。

（4）Occidental 系统。美国 Occidental Research Corporation（ORC）开发了以有机物液化为目标的热解技术——Occidental 系统，并于 1977 年在 San Diego 建成了处理能力为 200t/d 的生产性设施。

整套工艺分为垃圾预处理和热解系统两大部分，其工艺流程如图 9-6 所示。在该系统中，首先经一次破碎将垃圾破碎至 76mm 以下，通过磁选分离出铁；然后通过风力分选将垃圾分为重组分（无机物）和轻组分（有机物）；再通过二次破碎使有机物粒径小于 3mm；再由空气跳汰机分离出其中的玻璃等无机物，作为热解原料。

热解设备为不锈钢筒式反应器，有机原料通过空气输送至炉内，与加热至 760℃ 的炭黑混合在一起，在通过反应器的过程中实现热解。热解气-固混合体首先经旋风分离器分离出炭黑颗粒，在炭黑燃烧器燃烧加温后送至热解反应器时用作有机物热解的热源。热解气体经 80℃ 急冷分离出的燃料油进入油罐，未液化的残余气体一部分用作垃圾输送载体，其余部分用作加热炭黑和送料载气的热源。产生的热解油中含有较多的固体颗粒，经旋风分离后，储存于油罐中。

由于热解油中的碳、氢含量较低，而氧含量较高的缘故，采用该工艺得到的热解油的平均热值为 24401kJ/kg，低于普通燃料油的热值（424001kJ/kg）；并且炭黑产生量约占垃

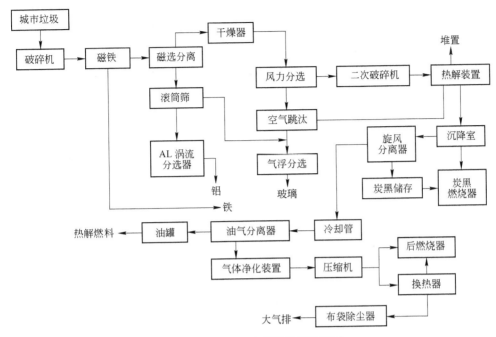

图 9-6 Occidental 系统工艺流程图

圾总质量的 20%，占总热值的 30%，因此系统的效益不能得到充分的发挥。

（5）Garret 系统。该系统是由美国 Garret 研究和发展公司开发的热分解系统。其工艺流程如图 9-7 所示。垃圾从储料坑被抓斗吊至皮带运输机，由前破碎机破碎至粒度约 50mm，经风力分选干燥脱水，再经筛分去除不燃组分。不燃组分送到磁选及浮选工段，分选后可得到纯度为 99.7% 的玻璃，可回收 70% 的玻璃和金属。由风力分选获得的轻组分，经二次破碎（细破碎）成粒度约 0.36mm，通过气流送入外加热式的管式热解炉，炉温约 500℃，有机物在送入的瞬时即分解，产品经旋风分离器除去炭粒，最终经冷凝分离后得到油品。

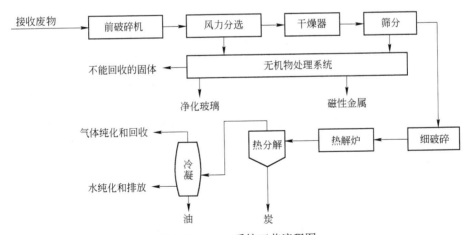

图 9-7 Garret 系统工艺流程图

由于是间接加热得到的油、气，所以其发热量都较高，其中油的热值为 31800kJ/L，气的热值为 18600kJ/L。1t 垃圾可得到油 136L、铁 60kg、炭 70kg（热值为 20900kJ/kg）。

虽然得到的热值较高，但是此法由于前处理工艺复杂、破碎过程动力消耗大、运转费用高，因此难以长期稳定运行。

（6）流化床系统。流化床热解系统的工艺流程如图 9-8 所示。首先将垃圾粒度破碎至 50mm 以下，由定量输送带经螺杆进料器加入热解炉内，与作为热载体的石英砂充分混合，在热解生成气和助燃空气的作用下形成流态化并进行充分地热交换，进入热解炉的有机物在大约 500℃时发生热解，热解产生的炭黑此时部分燃烧以补充热量。

分离出的热解气一部分用于燃烧，另一部分用于补充有机物热解所需热量。当热解气不足时，由热解油提供所需的那部分热量。

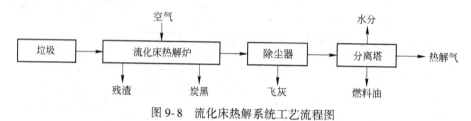

图 9-8　流化床热解系统工艺流程图

9.3　固体废物的堆肥化

9.3.1　堆肥化的基本原理

堆肥化是在一定的人工控制条件下，依靠自然界中广泛分布的细菌、放线菌、真菌等微生物，人为地促进可生物降解的有机物向稳定的小分子物质和腐殖质生化转化的微生物学过程，其实质是一种发酵过程。根据发酵过程中微生物对氧的需求关系，堆肥化又可分为好氧与厌氧两种堆肥方式。通常所说的堆肥化一般是指好氧堆肥，这是因为厌氧微生物对有机物分解速率缓慢，处理效率低，容易产生恶臭，其工艺条件也较难控制。

9.3.1.1　好氧堆肥化反应机理

好氧堆肥是在有氧条件下，依靠好氧微生物的作用把有机固体废物腐殖化的过程。在堆肥化过程中，首先是有机固体废物中的可溶性物质透过微生物的细胞壁和细胞膜被微生物直接吸收；其次是不溶的胶体有机物质先吸附在微生物体外，依靠微生物分泌的胞外酶分解为可溶性物质，再渗入细胞。微生物通过自身的生命代谢活动，进行分解代谢（氧化还原过程）和合成代谢（生物合成过程），把一部分被吸收的有机物氧化成简单的无机物，并放出生物生长、活动所需要的能量，把另一部分有机物转化合成新的细胞物质，使微生物生长繁殖，产生更多的生物体。图 9-9 简要地说明了这一过程。

（1）有机物的氧化。

1）不含氮的有机物（$C_xH_yO_z$）。

$$C_xH_yO_z + \left(x+\frac{1}{2}y-\frac{1}{2}z\right) O_2 \longrightarrow xCO_2 + \frac{1}{2}yH_2O + 能量$$

2）含氮的有机物（$C_sH_tN_uO_v \cdot aH_2O$）。

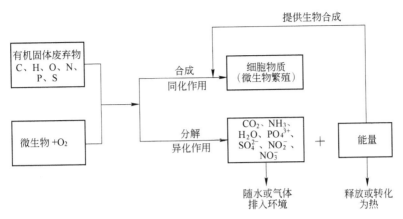

图 9-9 好氧堆肥原理过程

$$C_sH_tN_uO_v \cdot aH_2O + bO_2 \longrightarrow C_wH_xN_yO_z \cdot cH_2O(堆肥) + dH_2O(气) + eH_2O(液) + fCO_2 + gNH_3 + 能量$$

（2）细胞质的合成（包括有机物的氧化以 NH_3 为氮源）。

$$n(C_xH_yO_z) + NH_3 + \left(nx + \frac{ny}{4} - \frac{nz}{2} - 5x\right)O_2 \longrightarrow C_5H_7NO_2(细胞质) + (nx-5)CO_2 + \frac{1}{2}(ny-4)H_2O + 能量$$

（3）细胞质的氧化。

$$C_5H_7NO_2（细胞质）+ 5O_2 \longrightarrow 5CO_2 + 2H_2O + NH_3 + 能量$$

9.3.1.2 好氧堆肥化过程

（1）中温阶段（产热或起始阶段）。堆制初期，15~45℃，嗜温性微生物利用堆肥中可溶性有机物进行旺盛繁殖，温度不断上升。此阶段以中温、需氧型微生物为主，一些无芽孢细菌，真菌和放线菌也在此阶段繁殖生长。在目前的堆肥化设备中，此阶段一般在12h 以内。

（2）高温阶段。45℃以上，以嗜热性微生物为主，复杂的有机物如半纤维素、纤维素和蛋白质等开始被强烈分解。50℃左右主要是嗜热性真菌和放线菌；60℃时，几乎仅为嗜热性放线菌和细菌在活动；70℃以上大多数嗜热性微生物不适应，大批死亡、休眠。大多数微生物在 45~65℃范围内最活跃，所以最佳温度一般为 55℃，最易分解有机物，病原菌和寄生虫大多数可被杀死。

（3）腐熟阶段（降温阶段）。在内源呼吸后期，只剩下部分较难分解的有机物和新形成的腐殖质，此时微生物的活性下降，发热量减少，温度下降。嗜温性微生物又占优势，腐殖质不断增多且稳定化，堆肥进入腐熟阶段，需氧量和含水量降低。降温后，需氧量大大减少，含水率也降低，堆肥物孔隙增大，氧扩散能力增强。此时只需自然通风，最终使堆肥稳定，完成堆肥过程。

9.3.2 堆肥过程中的影响因素

堆肥过程中，应该综合考虑以下各个参数，力求达到最佳的堆肥条件。

（1）含水率。堆肥原料的含水率对发酵过程的影响很大。水的主要作用包括两点：一是溶解有机物，参与微生物新陈代谢；二是调节堆体温度。综合堆肥化各种因素得到的适宜含水率范围为 45%~60%（质量比），55% 左右最为理想。堆肥原料中有机物含量低时，含水率可取低值。当含水率超过 65%，水就会充满物料颗粒间的空隙，使空气含量减少，堆肥将由好氧向厌氧转化，温度也急剧下降，其结果是形成发臭的中间产物（硫化氢、硫醇、氨等）和因硫化物而导致堆料腐败发黑。故高水分物料应通过前处理进行调节。

（2）碳氮比（C/N）。C/N 影响有机物被微生物分解的速度。微生物自身的 C/N 为 4~30，故有机物的 C/N 最好也在此数值范围内，当 C/N 在 10~25 之间时，有机物的分解速度最大。当采用高碳氮比原料（如秸秆）垃圾进行堆肥时，需添加低 C/N 废物或加入氮肥，以调整 C/N 到 30 以下。

发酵后 C/N 一般会减小 10~20，甚至更多，如果成品堆肥的 C/N 过高，往土中施肥时，农作物可利用的氮会过少而导致微生物陷于氮饥饿状态，直接或间接影响和阻碍农作物的生长发育。故应以成品堆肥 C/N 为 10~20 作标准来确定和调整原料的 C/N，一般认为城市固体废物堆肥原料，最佳 C/N 在（20~35）：1。

（3）pH 值。在消化过程中 pH 值随着时间和温度的变化而变化，因此它是揭示堆肥分解过程的一个极好的标志。pH 值太高或太低都会影响堆肥的效率，中性或者弱碱性最容易使生物有效地发挥作用，一般认为 pH 值在 7.5~8.5 时，可获得最大堆肥速率。

对固体废物堆肥化一般不必调整 pH 值，因为微生物可在大的 pH 值范围内繁殖。但 pH 值过高时（如超过 8.5），氮会形成氨而造成堆肥中的氮损失，因此当用石灰含量高的真空滤饼及加压脱水滤饼作原料时，需先在露天堆积一段时间或掺入其他堆肥以降低 pH 值。

（4）供氧量。对于好氧堆肥而言，氧气是微生物赖以生存的条件，供氧不足会造成大量微生物的死亡，减慢分解速度。但是提供过量冷空气则会带走热量，降低堆体温度，尤其不利于高温菌氧化过程，因此，供氧量要适当。通常实际所需空气量应为理论空气量的 2~10 倍。物料间的空隙率对于供氧非常重要，可视物料的组成性质而定。

（5）颗粒度。堆肥化所需要的氧气是通过堆肥原料颗粒空隙供给的。空隙率及空隙的大小取决于颗粒大小及结构强度，像纸张、动植物、纤维织物等遇水受压时密度会提高，颗粒间空隙大大缩小，不利于通风供氧。因此，对堆肥原料颗粒尺寸应有一定要求。物料颗粒的平均适宜粒度为 12~60mm，最佳粒径随垃圾物理特性而变化，其中纸张、纸板等破碎粒度尺寸要在 3.8~5.0cm 之间；材质比较坚硬的废物颗粒度要求在 0.5~1.0cm 之间；以厨房食品垃圾为主的废物，其破碎尺寸要求大一些，以免碎成浆状物料，妨碍好氧发酵。此外，决定垃圾粒径大小时，还应从经济方面考虑，因为破碎得越细小，动力消耗越大，处理垃圾的费用就会增加。

（6）碳磷比（C/P）。磷的含量对发酵有很大影响。有时，在垃圾发酵时添加污泥，其原因之一就是污泥含有丰富的磷。堆肥料适宜的 C/P 为 75~150。

（7）有机质含量。这一因素影响堆料温度与通风供氧要求。如有机质含量过低，分解产生的热量将不足以维持堆肥所需要的温度，影响无害化处理，且产生的堆肥成品由于肥效低而影响其使用价值；如果有机质含量过高，则给通风供氧带来困难，有可能产生厌氧状态。研究表明堆料最适合的有机含量为 20%~80%。

（8）温度。温度是影响微生物活动和堆肥工艺过程的重要因素。堆肥中微生物分解有机物释放出的热量是堆料温度上升的热源。温度过低，分解反应速度慢，也达不到热灭活无害化要求。嗜热菌发酵最适宜温度是 50~60℃。由于高温分解比中温分解速度快，且又可将虫卵、病原菌、寄生虫、孢子等杀灭，所以使用较广。但温度过高也不利，例如当温度超过70℃时，放线菌等有益细菌（存活于植物根部周围，能使植物受到良好的影响而茁壮成长）将全部被杀死，且孢子进入形成阶段，并呈不活动状态，因而分解速度相应变慢，所以适宜的堆肥化温度为55~60℃。堆肥化过程中温度的控制十分必要，在实际生产中往往通过温度-通风反馈系统来完成温度的自动控制。

9.3.3　好氧堆肥工艺

现代化的堆肥生产工艺通常由前处理、主发酵（亦称一次发酵或初级发酵）、后发酵（亦称二次发酵或次级发酵）、后处理、脱臭与储存等工序组成。

（1）前处理。以城市生活垃圾为堆肥原料时，前处理包括破碎、分选、筛分等工序；以家畜粪便、污泥等为堆肥原料时，前处理的主要任务是调整水分和碳氮比，或者添加菌种和酶制剂，以促进发酵过程正常或快速进行。降低水分、增加透气性、调整碳氮比的主要方法是添加有机调理剂和膨胀剂。

（2）主发酵（一次发酵）。主发酵是微生物分解有机物实现垃圾无害化的初级阶段。通过翻堆可强制通风向堆积层或发酵装置内堆肥物质供给氧气。由于在原料和土壤中存在着微生物作用，在发酵初期，首先是微生物吸取有机碳、氮等营养成分，分解易分解的有机物，产生 CO_2 和 H_2，同时产生热量，使堆温上升。在这一阶段，物质的合成、分解作用主要依靠生长繁殖最适温度为30~40℃的嗜中温菌进行的。随着温度的逐渐升高，最适宜温度为45~60℃的嗜高温菌逐渐取代了嗜中温菌，使其在60~70℃或更高温度下进行高效率的分解。一般将好氧堆肥化的中温与高温两个阶段的微生物代谢过程称为一次发酵或主发酵，它是指从发酵初期开始的温度升高，经中温、高温然后到达温度开始下降的整个过程，一般需要4~12d。

（3）后发酵（二次发酵）。后发酵阶段将主发酵尚未分解的易分解和较难分解的有机物进一步分解，使之变成腐殖酸、氨基酸等较稳定的有机物，得到完全成熟的堆肥制品，也称为熟化阶段。堆肥过程的腐熟阶段，发酵时间通常在20~30d以上。

（4）后处理。后处理包括去除杂质和进行必要的破碎处理。经过后发酵后的物料，几乎所有的有机物都变细碎和变形，数量也减少了，但是在前处理工序后可能还残存有塑料、玻璃、金属、小石块等杂物，需要进行去除。

（5）脱臭。在堆肥化过程中，由于堆肥物料局部或某段时间内的厌氧发酵，每个工序系统都有臭气产生，主要是氨、硫化氢、甲基硫醇、胺类等，必须进行脱臭处理。常用的脱臭方法有化学除臭剂除臭，水、酸、碱溶液等吸收法，臭气氧化法，活性炭、沸石、熟堆肥等吸附法等。其中经济有效的方法是熟堆肥氧化吸附除臭法，当臭气通过该装置时，恶臭成分被熟化后的堆肥吸附，进而被其中的好氧微生物分解而脱臭。

（6）储存。堆肥一般在春秋两季使用，夏冬两季生产的堆肥只能储存，所以要建立可储存6个月生产量的库房。储存时可直接堆存在二次发酵仓中或袋装，要求干燥而透气。

9.3.4　堆肥产品的质量标准

城市垃圾成分复杂，可能含有各种有害物质，为防止堆肥产品对生态环境造成损害与污染，必须制定堆肥产品质量标准。我国制定的城市垃圾堆肥质量要求包括堆肥无害化指标、堆肥技术指标和堆肥质量分级，部分指标见表 9-1~表 9-3。

表 9-1 堆肥无害化指标

序号	项 目	单 位	标准限值		
			农作物用堆肥	园林用堆肥	其他用堆肥
1	总镉（以 Cd 计）	mg/kg	≤3	≤10	≤39
2	总汞（以 Hg 计）	mg/kg	≤5	≤5	≤17
3	总铅（以 Pb 计）	mg/kg	≤100	≤350	≤500
4	总铬（以 Cr 计）	mg/kg	≤150	≤300	≤1200
5	总砷（以 As 计）	mg/kg	≤30	≤75	≤75
6	蛔虫卵死亡率	%	≥95		
7	粪大肠菌值		$10^{-1} \sim 10^{-2}$		

表 9-2 堆肥理化性质指标

序号	项目	单位	标 准 限 值		
			农作物用堆肥	园林用堆肥	其他用堆肥
1	杂物（干基）	%	5mm 以上小石块等不大于 5 2mm 以上玻璃等不大于 0.5	5mm 以上小石块等不大于 5 2mm 以上玻璃等不大于 1	
2	粒度	mm	≤12	≤22	≤50
3	含水率	%	≤25	25~35	≤40
4	外观		茶褐色或黑褐色粒状、松散、无异臭味		
5	pH 值		5.5~8.5		

表 9-3 堆肥产品的营养物质含量

序 号	项 目	单 位	标准限值	
			农作物用堆肥	园林用堆肥
1	有机质	%	≥12	≥8
2	总氮	%	≥0.5	≥0.4
3	总磷	%	≥0.3	≥0.2
4	总钾	%	≥1.0	≥0.8

9.4 固体废物的厌氧发酵

9.4.1 厌氧发酵的原理

发酵在微生物生理学中的定义是：在没有外加氧化剂的条件下，被分解的有机物作为还原剂被氧化，而其他有机物作为氧化剂被还原的生物学过程。现代工业则把利用微生物生产菌体、酶或各种代谢产物的过程（不论这些过程是在厌氧条件或有氧条件下发生的）

都称为发酵（或消化）。

由于厌氧发酵的原料来源复杂，参加反应的微生物种类繁多，因此厌氧发酵过程中物质的代谢、转化和各种菌群的作用等非常复杂。目前，对厌氧发酵的生化过程有三种见解，即两阶段理论、三阶段理论和四阶段理论。依据三阶段理论，厌氧消化反应分三阶段进行（见图9-10）。

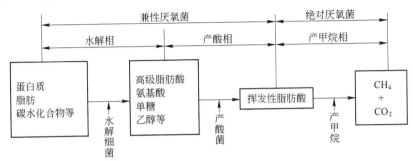

图9-10　有机物的厌氧发酵过程（三段理论）

废物的厌氧消化过程，是在大量厌氧微生物的共同作用下，将废物中的有机组分转化为稳定的最终产物。第一组微生物负责将碳水化合物、蛋白质与脂肪等大分子化合物水解与发酵转化成单糖、氨基酸、脂肪酸、甘油等小分子有机物。第二组厌氧微生物将第一组微生物的分解产物转化成更简单的有机酸，最常见的就是乙酸。这种兼性厌氧菌和绝对厌氧菌组成的第二组微生物称做产酸菌。第三组微生物把氢和乙酸进一步转化为甲烷和二氧化碳。这些细菌就是产甲烷菌，是绝对厌氧菌。在垃圾填埋场和厌氧消化器中许多产甲烷菌与反刍动物胃里和水体沉积物中的产甲烷菌相类似。对于厌氧消化反应而言，能利用氢和乙酸合成甲烷的产甲烷菌是产甲烷菌中最重要的一种。由于产甲烷菌的生长速率很低，所以产甲烷阶段是厌氧消化反应速率的控制因素。甲烷和二氧化碳的产生代表着废物稳定化的开始。当填埋场中的甲烷产生完毕，表示其中的废物已得到稳定。

9.4.2　厌氧发酵的影响因素

发酵细菌所进行的生化反应受两方面因素的制约：一方面是基质的组成及浓度，另一方面是代谢产物的种类及其后续生化反应的进行情况。基质浓度大时，一般均能加快生化反应的速率。基质组成不同时，有时会影响物质的流向，形成不同的代谢产物。

（1）温度。温度是影响产气量的重要因素，在一定温度范围内，温度越高产气量就越高，高温可加速细菌的代谢使分解速度加快。高温发酵对杀灭病原微生物效果较佳。

（2）营养。厌氧微生物除要求一定比例的 C、N、P 基质外，还对铁、镍、钴等微量元素具有要求。垃圾中一般都具有厌氧降解反应所需要的营养元素。大量的报道和实验表明厌氧发酵的碳氮比以 20~30 为宜。

（3）添加剂和有毒物质。在发酵液中添加少量有益的化学物质，有助于促进厌氧发酵，提高产气量和原料利用率。分别在发酵液中添加少量的硫酸锌、磷矿粉、炼钢渣、碳酸钙、炉灰等均可不同程度地提高产气量、甲烷含量以及有机物质的分解率，其中以添加磷矿粉的效果为最佳。

（4）酸碱度。甲烷菌对 pH 值的适应范围为 6.8~7.5 之间。碱度过低时，可通过投加石灰或含氮物料的办法进行调节。

（5）搅拌。搅拌是促进厌氧发酵所不可缺少的手段。有效的搅拌可以增加物料与微生物接触的机会；使系统内的物料和温度均匀分布；防止局部出现酸积累；使生物反应生成的硫化氢、甲烷等对厌氧菌活动有阻害的气体迅速排出；使产生的浮渣被充分破碎。对于流体或半流体的基质，可采取泵循环、机械搅拌、气体搅拌等三种搅拌方式。

（6）厌氧条件。产酸阶段的不产甲烷细菌，大多数是厌氧菌，需要在厌氧的条件下作用。产甲烷细菌是专性厌氧菌，也不需要氧，氧对产甲烷细菌有毒害作用，生长在有氧的环境中，甲烷菌受到抑制，但并不死亡。因此，厌氧发酵需要严格的厌氧环境，必需创造厌氧的环境条件。

9.4.3　厌氧发酵工艺

人们在自然界中早就观察到厌氧微生物分解有机物产生沼气的现象，而且有目的地利用这种气体已有相当长的历史，但是人类主动地把厌氧消化产沼过程用于保护环境和获得能源却只是近百年来的事。如今，人们已开发出多种沼气发酵工艺技术，其应用领域也越来越广。五十多年前，美国首次将沼气发酵技术应用于城市生活垃圾的处理中，现在它已成为越来越受到人们关注的课题之一。具体地的讲，沼气发酵工艺包括从发酵原料到生产沼气的整个过程所采用的技术和方法。它主要含有原料的收集和预处理、接种物的选择和富集、沼气发酵装置形状选择、启动和日常运行管理、副产品沼渣和沼液的处置等技术措施。

沼气发酵工艺从不同的角度可以划分为不同的类型。

（1）根据发酵温度可分为高温发酵、中温发酵和常温发酵。

1）高温发酵。高温发酵是指发酵温度在 $50 \sim 60℃$ 之间的沼气发酵。其特点是微生物特别活跃，有机物分解消化快，产气率高（一般每天每立方米料液在 $2.0m^3$ 以上），滞留期短。高温发酵工艺主要适用于处理温度较高的有机废物和废水，如酒厂的酒糟废液、豆腐厂废水等。对于有特殊要求的有机废物，例如杀灭人粪中的寄生虫卵和病菌，也可采用该工艺。

2）中温发酵。中温发酵是指发酵温度维持在 $30 \sim 35℃$ 的沼气发酵。此发酵工艺有机物消化速度较快，产气率较高（一般每天每立方米料液在 $1m^3$ 以上）。与高温发酵相比，中温发酵所需的热量要少得多。从能量回收的角度，中温发酵被认为是一种较理想的发酵工艺类型。目前世界各国的大、中型沼气工程普遍采用此工艺。

3）常温发酵。常温发酵是指在自然温度下进行的沼气发酵。该工艺的发酵温度不受人为控制，基本上是随气温变化而不断变化，通常夏季产气率较高，冬季产气率较低。这种工艺的优点是沼气池结构相对简单，造价较低。

（2）根据发酵工艺系统中相互连通的沼气池的数量的多少，可分为单级发酵、两级发酵和多级发酵。

1）单级发酵。单级发酵只有一个沼气池（或发酵装置），其沼气发酵过程只在一个发酵池内进行。此发酵操作较方便，造价低。

2）两级和多级发酵。为了提高有机物的消化率和去除率，开发了两级和多级沼气发酵工艺。这种发酵类型的特点是发酵在两或两个以上的互相连通的发酵池内进行。原料先在第一个发酵池滞留一定时间分解、产气，然后料液从第一个发酵进入第二个或其余的发酵池继续发酵产气。该发酵工艺滞留期长，有机物分解彻底，但投资较高。

（3）根据投料运转方式可分为连续发酵、半连续发酵、批量发酵、两步发酵。

1）连续发酵。连续发酵工艺是从投料启动后，经过一段时间的发酵产气，每天或随时连续定量地添加发酵原料和排出旧料，其发酵过程能够长期连续进行。此发酵工艺易于控制，能保持稳定的有机物消化速度和产气率，适于处理来源稳定的城市污水、工业废水和大中型畜牧场的粪便等。

2）半连续发酵。半连续发酵工艺的特点是：启动时一次性投入较多的发酵原料，当产气量趋于下降时，开始定期添加新料和排出旧料，以维持比较稳定的产气率。我国广大农村由于原料特点和农村用肥集中等原因，主要是采用这种发酵工艺。

3）两步发酵。两步发酵工艺是根据沼气发酵过程分为产酸和产甲烷两个阶段原理而开发的。其基本特点是沼气发酵过程中的产酸和产甲烷过程分别在不同的装置中进行，并分别给予最适条件，实行分步的严格控制，以实现沼气发酵过程的最优化，因此单位产气率及沼气中的甲烷含量较高。

9.4.4　沼气与沼渣的综合利用

9.4.4.1　沼气的利用

沼气于1657年为世人所了解，是中热值的可燃气体，有着广泛的用途。其利用方式主要有以下几种：用作热源、用作动力源、作为压缩气体利用、与城市燃气混合利用。据研究，沼气的发热量为37660kJ/m³，当含有CO_2时，其发热量为20920~25100kJ/m³。平均1kg有机物的纯沼气产生量为200~300L，而1000m³的沼气发热量相当于600m³的天然气。

（1）沼气作生活燃料。1m³的沼气可以满足四五口人一日的家庭烧水做饭。利用沼气作生活燃料，不仅清洁卫生、使用方便，而且热效率高，可节约时间，一般烧一次饭只需半个小时，用0.3m³的沼气。1m³的沼气能供一盏沼气灯照明5~6h，相当于60~100W的电灯光亮度。特别适合于偏远地区、电力不足的地方。一般来说沼气工程规模小的地方，可将制取的沼气供家属宿舍、食堂等燃用。

（2）沼气作运输工具的动力燃料。沼气是一种很好的动力燃料，1m³沼气的热量相当于0.5kg汽油、0.6kg柴油或1kg原煤。沼气可以直接用来发动各种内燃机，如汽油机、柴油机、煤气机等。沼气作为汽车动力时，通常是将沼气高压装入氧气瓶，一车数瓶备用。由于热值较低，故启动较慢，但尾气无黑烟，对空气的污染小。

（3）沼气用来发电。沼气用作内燃发动机的燃料，通过燃烧膨胀做功产生原动力使发动机带动发电机进行发电。沼气发电的简要流程为：

$$沼气\longrightarrow 净化装置\longrightarrow 储气罐\longrightarrow 内燃发动机\longrightarrow 发电机\longrightarrow 供电$$

由于沼气中含有硫化氢，对金属设备有较大的腐蚀作用，因此要求设备要耐腐蚀。在沼气进入内燃机之前，可先将沼气进行简单净化，主要去除硫化氢，同时吸收部分二氧化碳，以提高沼气中甲烷的含量。

（4）沼气作化工原料。沼气经过净化，可得到很纯净的甲烷。甲烷是一种重要的化工原料，在高温、高压或有催化剂的作用下，能进行很多反应。在光照条件下，甲烷分子中的氢原子能逐步被卤素原子所取代，生成一氯甲烷、二氯甲烷、三氯甲烷和四氯化碳的混合物。这四种产物都是重要的有机化工原料。一氯甲烷是制取有机硅的原料；二氯甲烷是塑料和醋酸纤维的溶剂；三氯甲烷是合成氟化物的原料；四氯化碳是溶剂又是灭火剂，也是制造尼龙的原料。

沼气的另一种主要成分二氧化碳也是重要的化工原料。沼气在利用之前，如将二氧化碳分离出来，可以提高沼气的燃烧性能，还能用二氧化碳制造一种叫"干冰"的冷凝剂或制取碳酸氢铵肥料。

9.4.4.2　沼渣和沼液的利用

在厌氧条件下，各种农业废物和人畜粪便等有机物质经过沼气发酵后，除碳、氮组成沼气外，其他有利于农作物的元素氯、磷、钾几乎没有损失。这种发酵余物是一种优质的有机肥，通常称为沼气肥，包括沼液和沼渣。

（1）沼液的利用。沼液是一种速效肥料，适于菜田或有灌溉条件的旱田作追肥使用。长期施用沼液可促进土壤团粒结构的形成，使土壤疏松，增强土壤保肥保水能力，改善土壤理化性状，使土壤有机质、全氯、全磷及有效磷等养分均有不同程度的提高，因此，对农作物有明显的增肥效果。

用沼液进行根外追肥，或进行叶面喷施，其营养成分可直接被作物茎叶吸收，参与光合作用，从而增加产量，提高品质，同时增强抗病和防冻能力，对防治作物病虫害很有益。若将沼液和农药配合使用，会大大超过单施农药的治虫效果。

（2）沼渣的利用。沼渣含有较全面的养分和丰富的有机物，是一种缓速并具有改良土壤功效的优质肥料。连年施用沼渣的试验表明，使用沼渣的土壤，有机质与氮磷含量比未施沼渣的土壤均有所增加，而土壤密度下降，孔隙度增加，土壤的理化性状得到改善，保水保肥能力增强。

农村通过沼气发酵，将农作物秸秆、人畜粪便等有机废料转变成廉价优质的能源和高效无害的有机肥，这就使有机废物转化为有益于人类的生物能源。沼气及其发酵余物的广泛应用，不仅能保护和增殖自然资源，加速物质循环与能量转化，发展无废料、无公害农业，而且能为人类提供清洁的食品，为农业提供优良的生态环境，从而促进农业的可持续发展。

复习思考题

9-1　名词解释：焚烧、热解、堆肥。

9-2　简述固体废物的焚烧过程。

9-3　一个固体废物焚烧厂主要包括哪些系统？

9-4　在垃圾焚烧处理过程中，如何控制二噁英类物质对大气环境的污染？

9-5　试讨论焚烧炉中气流的走向和废物性质的关系。

9-6　焚烧与热解的异同点是什么？

9-7　影响热解的主要参数有哪些？

9-8　试述几种生活垃圾的热解工艺和特点。

9-9　好氧堆肥技术与厌氧发酵技术的异同点是什么？

9-10　好氧堆肥过程的控制参数有哪些？

9-11　简述厌氧发酵的基本原理。

9-12　厌氧发酵过程的影响因素有哪些？

9-13　厌氧发酵有哪些工艺？

9-14　沼气有哪些用途？

10   固体废物处置技术

对固体废物实行污染控制的目标是尽量减少或避免其产生，并对已经产生的废物实行资源化、减量化和无害化管理。但是，就目前世界各国的技术水平来看，无论采用哪一种先进的污染控制技术，都不可能对固体废物实现百分之百的回收利用，最终必将产生一部分无法进一步处理或利用的废物。为了防治日益增多的多种固体废物对环境和人类健康造成危害，需要给这些废物提供一条最终出路，即解决固体废物的处置问题。

固体废物的处置可分为海洋处置和陆地处置两大类。

海洋处置主要分为海洋倾倒与远洋焚烧两种方法。海洋倾倒是将固体废物直接投入海洋的一种处置方法。它的根据是海洋是一个庞大的废物接受体，对污染物质能有极大的稀释能力。远洋焚烧是利用焚烧船将固体废物进行船上焚烧的处置方法。废物焚烧后产生的废气通过净化装置与冷凝器，冷凝液排入海中，气体排入大气，残渣倾入海洋。这种技术适于处置易燃性废物，如含氯的有机废物。

陆地处置的方法有多种，包括土地填埋、土地耕作、深井灌注等。土地填埋是从传统的堆放和填地处置发展起来的一项处置技术，它是目前处置固体废物的主要方法，按处理对象不同可分为卫生填埋和安全填埋。

10.1   卫生土地填埋处置技术

卫生土地填埋是处置一般固体废物，且不会对公众健康及环境安全造成危害的一种方法，主要用来处置城市垃圾。目前，土地填埋是进行固体废物最终处置的较为理想的方法之一。经过长期的改良，废物填埋已演变成一种系统而成熟的科学工程方法，即现代（卫生）填埋法。该法是利用工程手段，采取有效技术措施，防止渗滤液及有害气体对水体、大气和土壤环境的污染，使整个填埋作业及废物稳定过程对公共卫生安全及环境均无危害的一种土地处置废物方法。

填埋场有许多种类，以下从不同的角度对填埋场进行分类：根据结构不同，分为衰竭型和封闭型填埋场；按不同的填埋地形特征，可分为山谷型、坑洼型和平原型填埋场；根据填埋场中废物的降解机理，可分为好氧型、准好氧型和厌氧型填埋场等。目前我国普遍采用的是厌氧型填埋场。它的优点是结构简单，操作方便，施工费用低，同时还可回收甲烷气体。

10.1.1   卫生土地填埋场的选址

一个固体废物填埋场场址的选择和最终确定是一个复杂而漫长的过程，必须以场地详细调查、工程设计和费用研究、环境影响评价为基础。大多数城市和地区在实施固体废物管理计划时，最困难的任务是选择一个合适的填埋场场址，它制约了填埋场工程安全和投资程度。

10.1.1.1　填埋场选址准则

填埋场选址总原则是：以合理的技术、经济方案，尽量少的投资，达到最理想的经济效益，实现保护环境的目的。

（1）生活垃圾填埋场的选址应符合区域性环境规划、环境卫生设施建设规划和当地的城市规划。

（2）生活垃圾填埋场场址不应选在城市工农业发展规划区、农业保护区、自然保护区、风景名胜区、文物（考古）保护区、生活饮用水水源保护区、供水远景规划区、矿产资源储备区、军事要地、国家保密地区和其他需要特别保护的区域内。

（3）生活垃圾填埋场选址的标高应位于重现期不小于 50 年一遇的洪水位之上，并建设在长远规划中的水库等人工蓄水设施的淹没区和保护区之外。

（4）生活垃圾填埋场场址的选择应避开下列区域：破坏性地震及活动构造区，活动中的坍塌、滑坡和隆起地带，活动中的断裂带，石灰岩溶洞发育带，废弃矿区的活动塌陷区，活动沙丘区，海啸及涌浪影响区，湿地，尚未稳定的冲积扇及冲沟地区，泥炭以及其他可能危及填埋场安全的区域。

（5）生活垃圾填埋场场址的位置及与周围人群的距离应依据环境影响评价结论确定，并经地方环境保护行政主管部门批准。

10.1.1.2　选址方法及程序

根据以上选址原则，填埋场场址的科学确定应遵循以下几个步骤。

（1）收集资料：充分收集当地地形、地貌、土壤条件、区域地质、工程地质以及气象等多方面的资料，根据有效的运输距离确定选址区域，与当地有关主管部门（国土、规划、环保部门等）讨论可能的场址名单，进而排除掉那些不适宜建场的场址，提出初选场址名单（3~5 个）。

（2）野外勘探：对场址进行踏勘，并通过对场地自然环境、地质-水文地质、交通运输、覆土来源、人口分布、社会经济条件等的分析对比，分别列出每个可选地点的优缺点，确定两个以上的备选场址。

（3）在对备选场址进行初步勘探的基础上，对其进行技术、经济和环境方面的综合比较，提出首选方案，完成选址报告，提交政府主管部门决策。

根据这一报告，有关决策部门在专家论证的基础上，最终确定填埋场场址，依据场地综合地质条件评价技术报告进行场地的详细勘察和设计与施工。

10.1.2　卫生土地填埋场的防渗

填埋场防渗是现代填埋场区别于简易填埋场和堆放场的重要标志之一，也是选址、设计、施工、运行管理和终场维护中至关重要的内容。其主要目的是阻止渗滤液和填埋气体外泄污染周围的土壤和地下水，同时还要防止外来水，包括地下水、地表水和降水等大量进入填埋场，增大渗滤液产生量。

10.1.2.1　防渗方式

按照填埋场防渗设施铺设时间的不同，防渗方式可分为场区防渗和终场防渗。后者是指当填埋场的填埋容量使用完毕后，对整个填埋场进行的最终覆盖，故亦称其为终场覆盖；前者是填埋场运行作业前施作的主体工程之一。

根据防渗设施设置方向的不同，防渗方式又可分为水平防渗、垂直防渗。

水平防渗指防渗层向水平方向铺设，防止渗滤液向周围及垂直方向渗透而污染土壤和地下水，其主要有压实新土、人工合成材料衬垫等。

垂直防渗指防渗层竖向布置，防止废物渗滤液横向渗透迁移，污染周围土壤和地下水，其主要有帷幕灌浆、防渗墙和HDPE膜垂直帷幕防渗。

10.1.2.2 防渗材料

大量资料表明，大多数国家和地区对填埋场衬里材料的防渗性能要求基本一致。我国《城市生活垃圾卫生填埋技术规范》（CJJ 17—2004）中规定，天然黏土类防渗衬里的场底及四壁衬里厚度不应小于2m，渗透系数小于 10^{-7} cm/s；改良土衬里的防渗性能应达到黏土类防渗性能。在建造防渗层系统时，可采用天然或人工材料，这两种材料可以单独使用也可以联合使用。

（1）天然防渗材料。天然防渗材料主要有黏土、亚黏土、膨润土等。天然防渗材料由于渗透性低且较为经济，过去曾被视为填埋场唯一可供选择的防渗材料，目前仍为一些国家或地区所广泛采用。其主要优点是造价低廉，施工简单。

（2）改良型衬里。指标性能不达标的亚黏土、亚沙土等天然地质材料通过人工添加物质改善其性质，以达到防渗要求的衬里。人工改性的添加剂分为有机、无机两种。无机添加剂相对费用较低、效果好，比较适合发展中国家推广应用。

常用的两种改良型衬里包括黏土-膨润土改良型衬里和黏土-石灰、水泥改良型衬里，分述如下：

1）黏土-膨润土改良型衬里。在天然黏土中添加适量膨润土矿物（如3%~15%），使改良后的黏土达到防渗材料的要求。已有的实践表明，膨润土因具有吸水膨胀特性和阳离子交换容量，添加在黏土中，可以减少黏土的孔隙、降低其渗透性、增强衬里吸附污染物的能力，同时还可以大幅度提高衬里的力学强度，因此，在填埋场防渗工程中具有广阔的推广前景。

2）黏土-石灰、水泥改良型衬里。在天然黏土中添加适量的石灰、水泥以达到改善黏土性质的目的，从而大大提高黏土的吸附能力和酸碱缓冲能力。掺和添加剂再经压实，黏土的孔隙明显减小，抗渗能力增强。改良后黏土的渗透系数可以达到 10^{-9} cm/s，完全符合填埋场衬里对防渗性能的要求。

（3）人工合成膜防渗。严格地说，除非黏土的渗透性极低且厚度足够大，否则黏土型防渗衬里并不能完全阻止渗滤液向地下渗透，而且优质黏土的形成有一定的地质要求，不是每个场址都具有这种得天独厚的条件。因此，开发出可以替代甚至优于黏土型衬里的人工合成有机材料是十分必要的。人工衬里材料通常要满足以下要求：

1）渗透系数小于 $1×10^{-9}$ cm/s；

2）具有适宜的强度和厚度，可铺设在稳定的基础之上；

3）具有足够的抗拉强度，能够经得起填埋体的压力和填埋机械与设备的压力；

4）必须与渗滤液相容，不因与渗滤液的接触而使其结构完整性和渗透性发生变化；

5）抗臭氧、紫外线、土壤细菌及真菌的侵蚀；

6）厚薄均匀，无薄点、气泡及裂痕；

7）具有适当的耐候性，能承受急剧的冷热变化；

8）有一定的抗尖锐物质的刺破、刺划和磨损的能力；

9）便于施工及维护。

10.1.3　渗滤液的产生及控制

10.1.3.1　渗滤液的产生与水质特征

渗滤液是指废物在填埋或堆放过程中因其有机物分解产生的水，或废物中的游离水、降水、径流及地下水渗入而淋滤废物形成的成分复杂的高浓度有机物废水。一般垃圾渗滤液的性质和成分见表 10-1。

表 10-1　垃圾渗滤液的性质和成分

类　别	变化范围	类　别	变化范围	类　别	变化范围
颜色	黄~黑灰色	有机酸/mg · L^{-1}	46~24600	Pb/mg · L^{-1}	0.069~1.53
嗅	恶臭	TP/mg · L^{-1}	0.86~71.9	Cu/mg · L^{-1}	0.1~1.43
总残渣/mg · L^{-1}	2362~35703	NH_3-N/mg · L^{-1}	20~7400	Zn/mg · L^{-1}	0.2~3.48
电导率/μS · cm^{-1}	10~10^4	NO_2-N/mg · L^{-1}	0.59~19.26	Fe/mg · L^{-1}	6.92~66.8
氧化还原电位/mV	320~800	SO_4^{2-}/mg · L^{-1}	9~736	Hg/mg · L^{-1}	0~0.032
pH	5.5~8.5	Cl^-/mg · L^{-1}	189~3262	Cr/mg · L^{-1}	0.01~2.61
COD_{Cr}/mg · L^{-1}	189~54412	As/mg · L^{-1}	0.1~0.5	Mn/mg · L^{-1}	0.47~3.85
BOD_5/mg · L^{-1}	116~19000	Cd/mg · L^{-1}	0~0.13		

渗滤液具有以下水质特征：

（1）水量变化大。渗滤液的产生受众多因素的影响，不仅水量变化大，而且其变化呈明显的非周期性。

（2）水质变化大。就渗滤液的性质而言，属于高浓度有机废水，但实际上它含有多种有机和无机及有毒有害成分，因而其水质是相当复杂的。

（3）有机污染物浓度高，特别是 5 年内的“年轻”填埋场的渗滤液。

（4）氨氮含量高，在中晚期填埋场渗滤液中尤其严重。

（5）磷含量普遍偏低，尤其是溶解性的磷酸盐含量更低。

（6）色度高，以淡茶色、暗褐色或黑色为主，具较浓的腐败臭味。

10.1.3.2　渗滤液的处理

渗滤液由于水量水质波动大、组分复杂和污染强度高等特点，其处理一直是填埋场运行管理最突出的难题，也是制约卫生填埋场进一步推广应用的重要因素之一。要解决渗滤液的达标处理问题，既要保证技术的可行，又得考虑经济的合理和环境的承载能力。只有在技术、经济和环境均可行的基础上确定出的渗滤液处理方案，才是科学而合理的。

归纳起来，目前渗滤液的处理方法有两种，即合并处理和单独处理。

（1）合并处理。合并处理指的是将渗滤液直接或预处理后引入填埋场就近的城市生活污水处理厂进行处理。该方案利用了污水处理厂对渗滤液的缓冲、稀释和调节营养等作用，可以节省填埋场投资和运行费用，最具经济性。一般情况下，由于污水管道的纳污标准远远低于渗滤液原水的污染物指标，因此渗滤液需要先在现场进行预处理，降低渗滤液的 COD、BOD 和氨氮等，以避免对污水处理厂的冲击。现场预处理宜采用生物处理为主的工艺，最好采用生物脱氮工艺。

（2）单独处理。

1）渗滤液回灌处理。渗滤液回灌是一种较为有效的处理方案。首先通过回灌可提高垃圾层的含水率（由 20%~25% 提高到 60%~70%），增加垃圾的湿度，增强垃圾中微生物的活性，加快产甲烷的速率、垃圾中污染物的溶出及有机物的分解。其次，通过渗滤液回灌，不仅可降低渗滤液的污染物浓度，还可因回灌过程中水分挥发等作用而减少渗滤液的产生量，对水量和水质起稳定化的作用，有利于废水处理系统的运行，节省费用。

2）渗滤液的生物处理。渗滤液属于高浓度有机废水。生物法是渗滤液处理中最常用的一种方法，可以采用活性污泥法、氧化塘、氧化沟、生物转盘及接触氧化等好氧和厌氧生物处理技术进行处理。它由于运行处理费用相对较低，有机物被微生物降解主要生成二氧化碳、水、甲烷以及微生物的生物体等对环境影响较小的物质（甲烷气体可作为能量回收），不会出现化学污泥造成二次污染的问题，所以被世界各国广泛采用。

3）渗滤液的物化处理。物化处理包括混凝沉淀、活性炭吸附、膜分离和化学氧化法等。物化处理是对生物处理和回灌处理的必要而有益的补充，可以去除渗滤液中有毒有害重金属离子及氨氮，为渗滤液达标排放和生物处理系统有效运行创造良好的条件。但是其操作较复杂，运行费用较高。

10.1.4 填埋场气体的组成、影响、收集与利用

10.1.4.1 填埋场气体的组成和性质

填埋场气体主要是填埋垃圾中可生物降解有机物在微生物作用下的产物，其中主要含有氨、二氧化碳、一氧化碳、氢、硫化氢、甲烷、氯和氧等，此外，还含有很少量的微量气体。填埋气体的典型特征为：温度达 43~49℃，相对密度为 1.02~1.06，为水蒸气所饱和，高位热热值为 15630~19537kJ/m³。填埋场气体的典型组分及百分含量见表 10-2。

表 10-2 填埋场气体的典型组成　　　　　　　　　　　　　　　　　　%

组　分	体积分数（干基）	组　分	体积分数（干基）
甲烷	45~60	氨气	0.1~1.0
二氧化碳	40~60	氢气	0~0.2
氮气	2~5	一氧化碳	0~0.2
氧气	0.1~1.0	微量气体	0.01~0.6
硫化氢	0~1.0		

当然，填埋气产量因垃圾成分、填埋区容积、填埋深度、填埋场密封程度、集气设施、垃圾体温度和大气温度等因素不同而异。一般来说，垃圾组分中的有机物含量越多、填埋区容积越大、填埋深度越深、填埋场密封程度越好、集气设施设计越合理，气体产量越高；当垃圾含水量略超过垃圾干基质量时，气体产量较高；垃圾体的温度在 30℃ 以上时，产气量较大；大气温度可以影响垃圾体温度，从而影响产气量。

10.1.4.2　填埋场气体对环境的影响

如果不采用适当的方式进行填埋气收集，填埋气则会在填埋场中累积并透过覆土层和侧壁向场外释放，可能造成以下危害：

（1）爆炸和火灾。甲烷是一种无色、无味、相对密度较低的气体，在其向大气逸散过程中，容易在低洼处或建筑物内聚集。在有氧的条件下，甲烷的爆炸极限是 5%～15%，最强烈的爆炸发生在 9.5% 左右。

（2）对水环境的影响。填埋气迁移进入地下水中，其中的二氧化碳极易溶解于地下水，导致地下水 pH 值下降，硬度与矿化度升高。

（3）对土壤环境的影响。填埋气进入土壤后，其中的甲烷会阻止空气进入，使土壤缺氧，抑制植物的生长。

（4）对大气环境的影响。填埋气中的甲烷是一种温室气体，其对温室效应的贡献相当于相同质量的二氧化碳的 21 倍。垃圾填埋场还会产生氨、硫化氢等恶臭气体和其他挥发性有害气体。

10.1.4.3　填埋场气体的收集

为了减少填埋场气体进入环境对人类和环境产生危害，必须对填埋场气体进行控制。目前对填埋场释放气体的控制手段主要有被动型和主动型两种。

（1）被动型控制。被动型气体控制通过填埋场内部产生气体的压力和浓度梯度，而非泵等耗能设备将气体导排入大气或控制系统。通过由透气性较好的砾石等材料构筑的气体导排通道，填埋场内产生的气体被直接导入大气、燃烧装置或气体利用设备。当填埋场顶部、周边、底部防透气性能较好时，被动型气体收集系统也有较高的收集效率。但总的说来，被动型气体控制效率较低，只解决了部分环境问题，如减少爆炸的危险、防止气体无组织释放而损坏防渗层等，尚不能满足对气体进行充分回收和利用的要求。

（2）主动型控制。主动型气体控制通过泵等耗能设备创造压力梯度来收集气体，收集的气体可进行利用，也可直接燃烧。其收集系统又可分为垂直井和水平沟系统。垂直井系统一般在填埋场大部分或全部填埋完成以后，再进行钻孔和安装；而水平沟系统在填埋过程中即进行分层安装。主动型气体控制系统的关键是根据收集井、收集沟的影响范围确定系统的布设，保证填埋场内各部分气体尽可能完全地被回收。对于有合适条件（填埋垃圾中可降解有机物的含量在 50% 以上、产气量大、产气速率稳定）的填埋场，应该鼓励采取主动收集利用填埋场气体的方法。世界各国也正逐步采用主动型来代替被动型气体控制系统。

10.1.4.4　填埋场气体的利用

常用的填埋场气体利用方式有以下几种：用作锅炉燃料、用作民用或工业燃气、用作汽车燃料、用于发电。填埋气体，即沼气用作内燃发动机的燃料，通过燃烧膨胀做功产生原动力使发动机带动发电机进行发电。

10.2　安全土地填埋处置技术

安全土地填埋是一种改进的卫生土地填埋方法，也称为化学土地填埋和安全化学土地填埋。安全上地填埋主要用来处置有害废物，因此，对场地的建造技术要求更为严格。通常技术要求必须设置防渗层，且其渗透系数不得大于 10^{-8} cm/s；一般要求最底层应高于地下水位，并应设置渗滤液收集、处理和检测系统；一般由若干个填埋单元构成，单元之间采用工程措施相互隔离，通常隔离层由天然黏土构成，以有效地限制有害组分纵向和水平方向等迁移。典型的安全填埋场剖面如图 10-1 所示。

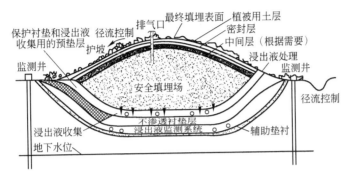

图 10-1　安全填埋场剖面图

为了防止有害物质释出以减少对环境的污染，土地填埋场地的设计、建造及操作必须符合有关的标准。

10.2.1　安全土地填埋场的设计

安全土地填埋场地的规划设计原则如下：
（1）处置系统是一种辅助性设施，不应妨碍正常的生产；
（2）处置场的容量应足够大，至少能容纳一个工厂所产生的全部废物，并应考虑到将来场地的发展和利用；
（3）要有容量波动和平衡措施，以适应生产和工艺变化所造成的废物性质和数量的变化；
（4）系统能满足全天候操作要求；
（5）处置场地所在地区的地址结构合理，环境适宜，可长期使用；
（6）处置系统符合所有现行法律和制度上的规定，以及有害废物土地填埋处置标准。

10.2.2　安全土地填埋场的选址

场地的选择通常要遵循两个原则，即新的处置设施要与新的工厂连在一起；新的或扩建的处置设施要与已经运转的工厂连在一起。对新建工厂来说，处置场地的选择要同全厂厂址选择一起考虑。

影响场地选择的因素很多，主要应从工程学、环境学、经济学以及法律和社会学等 4 个方面来考虑，具体要求见表 10-3。

10.2.3　安全土地填埋场的防渗层结构

根据《危险废物填埋污染控制标准》（GB 18598—2001），安全填埋场防渗层的结构设计根据现场条件分别采用天然材料衬层、复合衬层或双人工衬层等类型，其结构示意见图 10-2。

表 10-3   场地选择要求

因素	要 求	因素	要 求
工程	(1) 尽可能靠近生产厂； (2) 容量足够大； (3) 进路是全天候公路； (4) 尽可能利用天然地形； (5) 避开地震区、断层区、熔岩洞及矿藏区； (6) 地下水位应在不透水层 3m 以下，土壤渗透率不大于 10^{-7}cm/s	环境	(1) 在 100 年一遇洪泛区之外； (2) 避开地下蓄水层； (3) 降水量低、蒸发速率高； (4) 避开居民区和风景区； (5) 避开动植物保护区； (6) 避开文物古迹； (7) 减少运输和设备运转噪声
经济	(1) 容易征得土地； (2) 场地及道路施工容易； (3) 运转距离短	法律和社会	(1) 符合有关法律规定； (2) 必须取得地方主管部门的允许； (3) 注意公众舆论和社会影响

（1）如果天然基础层饱和渗透系数小于 $1.0×10^{-7}$cm/s，且厚度大于 5m，可以选用天然材料衬层。

（2）如果天然基础层饱和渗透系数小于 $1.0×10^{-6}$cm/s，可以选用复合衬层。

（3）如果天然基础层饱和渗透系数大于 $1.0×10^{-6}$cm/s，则必须选用双人工衬层。

10.2.4 安全土地填埋场的封场

填埋场的最终覆盖层为多层结构，应包括下列部分：

（1）底层（兼作导气层）。底层厚度不应小于 20cm，倾斜度不小于 2%，由透气性好的颗粒物质组成。

（2）防渗层。天然材料防渗层厚度不应小于 50cm，渗透系数不大于 10^{-7}cm/s；若采用复合防渗层，人工合成材料层厚度不应小于 1.0mm，天然材料层厚度不应小于 30cm。其他设计要求与衬层相同。

（3）排水层及排水管网。排水层和排水系统的要求与底部渗滤液集排水系统相同，设计时采用的暴雨强度不应小于 50 年。

（4）保护层。保护层厚度不应小于 20cm，由粗砾性坚硬鹅卵石组成。

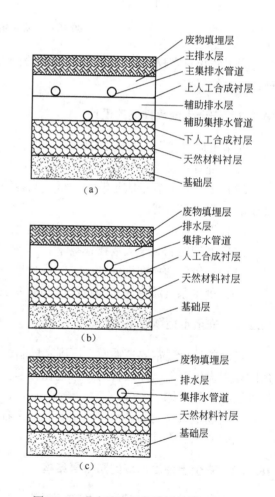

图 10-2 安全填埋场防渗层结构示意图
（a）双人工衬层；（b）复合衬层；（c）天然材料衬层

（5）植被恢复层。植被层厚度一般不应小于60cm，其土质应有利于植物生长和场地恢复；同时植被层的坡度不应超过33%。在坡度超过10%的地方，须建造水平台阶；坡度小于20%时，标高每升高3m，建造一个台阶；坡度大于20%时，标高每升高2m，建造一个台阶。台阶应有足够的宽度和坡度，要能经受暴雨的冲刷。

10.2.5　安全土地填埋场的环境监测

监测系统的设立主要为了保证以下几点：填埋废物的成分与安全填埋场的设计填埋物一致；废物成分没有从填埋场中渗漏出去；填埋场区地下水未受到填埋废物污染；如果安全填埋场的植被收割不会对食物链造成危害。

监测内容包括入场废物例行监测、地表水监测、气体监测、土壤相和植被监测、最终覆盖层的稳定性监测等。

复习思考题

10-1　生活垃圾卫生填埋的定义是什么？

10-2　简述卫生填埋场选址的原则。

10-3　填埋场防渗的目的是什么？

10-4　填埋场的防渗结构有哪些？

10-5　试述渗滤液的产生及其水质特征。

10-6　渗滤液的处理方法有哪些？

10-7　填埋气体对环境的影响有哪些，如何对填埋气进行控制？

10-8　简述安全土地填埋场选址的原则。

10-9　安全土地填埋场的环境监测内容包括哪些？

11　噪声、电磁辐射、放射性与其他污染防治技术

在人类生存的环境中，各种物质都在时刻不停地运动，物质的运动是以物质能量的交换和转化的方式表现出来的，并构成了以人类的生存与发展为中心的物理环境。物理环境中的声、光、电、热等都是人类生存和发展所必需的，在环境中原本就一直存在，它们本身对人无害，但当其在环境中的含量过高或过低时便会造成环境物理性污染。

环境物理性污染与生物性污染和化学性污染不同。物理性污染一般只会造成环境物理性质的暂时变化，只要污染源停止，污染就会随即消失，不会残留任何污染物质，而且物理性污染是局部的、多发性的，区域性或全球性的污染比较少见。

11.1　噪声污染与防治技术

11.1.1　噪声的基本概念

11.1.1.1　噪声及噪声污染

声音是人们相互交换信息的重要媒介，有了声音，人们才能用语言交流，才能正常的工作和生活，才能进行一切社会活动。但从另一方面讲，有些声音却会影响人们的工作和休息，甚至损害人们的健康。自然界中各种声音因其存在场所、产生机理和发生时间的不同，对人类的作用各异。判断一个声音是否属于噪声可从不同的角度进行。从物理学观点讲，声源无规律振动所产生的不同频率、不同声强的声音的杂乱组合称为噪声；从医学观点讲，超过60dB以上的声音就是噪声，有可能引起器官损伤；从心理学观点讲，使人产生不舒服的感觉的声音为噪声；从环境保护的角度讲，凡是干扰人们的正常活动的声音，即不被人所需要的声音均为噪声。《中华人民共和国环境噪声污染防治法》中把所产生的环境噪声超过国家规定的环境噪声排放标准，并干扰他人正常生活、工作和学习的现象称为环境噪声污染。

噪声污染对人的危害是间接的、慢性的，一般不会直接致命或致病。而且噪声从其定义来看具有一定的主观性，除了声音本身的物理特性之外，还与接受对象、发生时间以及场合有关，所以被某些人认为是噪声的声音，却可能被另一些人喜爱。从这个角度来说，任何声音都可以成为噪声。

11.1.1.2　噪声的物理量度

表示噪声强弱的客观物理量度主要有声压、声强、声功率以及它们的"级"。噪声频率的高低反映了噪声音调高低的程度。

（1）声压与声压级。当声波在空气中传播时，引起空气质点的振动，空间各处空气时

而变疏，时而变密，使得大气瞬时压力产生变化。这种在弹性介质中由于声波的存在而引起的压力增值就称为声压，用 p 表示，单位为帕（Pa）。人耳的听觉范围声压的变化很大，可从 $2×10^{-5}$ Pa 到 20Pa。用声压的绝对值表示声音的强弱很不方便，所以人们采用声压的对数比来表示声音的大小，引入"级"的概念来表示声音的强弱，称为声压级 L_p，单位为分贝（dB）。

$$L_p = 20\lg \frac{p}{p_0} \tag{11-1}$$

式中　p_0——基准声压，$p_0 = 2×10^{-5}$ Pa；

　　　p——声压有效值，Pa。

人耳的听阈声压级为 0dB，痛阈声压级为 120dB。

（2）声强与声强级。声强是指在垂直于声波传播方向上单位时间内通过单位面积的声能，用 I 表示，单位为瓦/米^2（W/m^2）。声强级 L_I（dB）定义为声强和基准声强之比的常用对数的 10 倍，即

$$L_I = 10\lg \frac{I}{I_0} \tag{11-2}$$

式中　I_0——基准声强，$I_0 = 10^{-12}$ W/m^2；

　　　I——声强，W/m^2。

（3）声功率与声功率级。单位时间内声源辐射出来的总声能简称为声功率，用 W 表示。声功率是表示声源特点的物理量，单位为瓦特（W）。同样，声功率级 L_W（dB）定义为声功率和基准声功率之比的常用对数的 10 倍，即

$$L_W = 10\lg \frac{W}{W_0} \tag{11-3}$$

式中　W_0——基准声强功率，$W_0 = 10^{-12}$ W；

　　　W——声源声功率，W。

11.1.1.3　声级的计算

在实际噪声测量中，噪声源往往不止一个，即使只有一个噪声源，通常也包括不同的频段噪声级之间的合成与分解，所以经常需要进行声音的叠加或分解，即分贝的计算。声压级、声强级和声功率级都是通过对数运算得来的，所以两列及以上噪声的叠加要依据能量叠加法则进行声级的运算。

A　声级的合成

对于 n 个噪声源来说，设每个噪声源的声压级（或声强级）为 L_1，L_2，$\cdots$，L_n，则合成的总声级 L（dB）为：

$$L = 10\lg \left(\sum_{i=1}^{n} 10^{L_i/10} \right) \tag{11-4}$$

当声源数量很多时，用计算法求合成声压级是很麻烦的，因此工程上常用查表法来求合成后的总声级。假设两个不同的声级 L_1 和 L_2 合成（$L_1 > L_2$），则总声级 L 等于较大的声压级（L_1）加上一个修正值 ΔL，而这个修正值 ΔL 是两个声压级差值的函数（见表11-1），即

$$L = L_1 + \Delta L \tag{11-5}$$

在做分贝相加时，先根据 L_1 与 L_2 的差值查表得出 ΔL，再由上式求出合成声级 L。

表 11-1　修正值（ΔL）与声级数值差值（$L_1 - L_2$）的关系　　　dB

$L_1 - L_2$	0	1	2	3	4	5	6	7	8	9	10
ΔL	3	2.5	2.1	1.8	1.5	1.2	1	0.8	0.6	0.5	0.4

可见，若声压级相同的两列噪声叠加，总声压级比单个声源的声压级仅增加 3dB。若两列噪声的声压级相差 10dB 以上，则在它们的合声场中，分贝值较低的那列噪声对总声场几乎没有贡献，因此合声场的声压级就等于分贝数值高的那列噪声的声压级。声压级的叠加与叠加次序无关，最后总声级是不变的。

B　声级的分解

若已知两列噪声的合成声级为 L，其中一列噪声的声级为 L_1，要求另一列噪声声级 L_2 就要用到声级的分解公式：

$$L_2 = 10\lg(10^{L/10} - 10^{L_1/10}) \tag{11-6}$$

同样的，声级的分解也可以用查表的方法来解决。两列声级相减时，只需将分贝数值较大的声压级减去一个修正值 ΔL_1 即可，该修正值 ΔL_1 也是两个声压级差值（$L - L_1$）的函数（见表 11-2），即

$$L_2 = L - \Delta L_1 \tag{11-7}$$

表 11-2　修正值（ΔL_1）与声级数值差值（$L - L_1$）的关系　　　dB

$L - L_1$	1	2	3	4	5	6	7	8	9	10
ΔL_1	6.90	4.40	3.00	2.30	1.70	1.25	0.95	0.75	0.60	0.45

【例 11-1】　假设某车间安装了两台机器，测得两台机器单独运转时的声压级分别为 $L_1 = 85\text{dB}$、$L_2 = 88\text{dB}$，当机器没有运行时，测得车间内的本底噪声 $L_0 = 80\text{dB}$，求两台机器同时开动时的合成噪声级。

解：在本底噪声存在的情况下，机器单独运转时测得的声压级实际上是机器本身的噪声与车间环境本底噪声的合声压级，因此先利用声级相减求出除去本底噪声后两台机器本身的噪声大小 L_1' 和 L_2'。

$L_1 - L_0 = 85 - 80 = 5\text{dB}$，$L_2 - L_0 = 88 - 80 = 8\text{dB}$，查表 11-2 得到 $\Delta L_{11} = 1.70\text{dB}$，$\Delta L_{12} = 0.75\text{dB}$。

$$L_1' = L_1 - \Delta L_{11} = 85 - 1.70 = 83.30\text{dB}$$
$$L_2' = L_2 - \Delta L_{12} = 88 - 0.75 = 87.25\text{dB}$$

再利用声级的合成得到在本底噪声存在的情况下两台机器一起运转时的合声级。$L_2' - L_1' = 87.25 - 83.30 = 3.95\text{dB}$，查表 11-1 得到 ΔL 为 1.5dB，则两台机器同时运转时机器本身的噪声合声级为：

$$L' = L_2' + \Delta L' = 87.25 + 1.5 = 88.75\text{dB}$$

再与本底噪声合成，$L' - L_0 = 88.75 - 80 = 8.75\text{dB}$，查表 11-1 得到修正值 $\Delta L = 0.5\text{dB}$，所以该车间两台机器同时运转时的合成噪声级为

$$L = L' + \Delta L = 88.75 + 0.5 = 89.25\text{dB}$$

11.1.2　噪声的分类及危害

11.1.2.1　噪声的分类

噪声的种类很多,按污染源不同,可以分为工业噪声、交通噪声、建筑施工噪声和社会生活噪声。

(1) 工业噪声。工业噪声是指工业企业在生产活动中使用固定生产设备或辅助设备所产生的噪声,如运转中的鼓风机、电动机、空气压缩机等,这些机器往往是产生多种频段噪声的综合性的稳定噪声源。工业噪声不但严重影响着现场作业工人的身心健康,还能传播到附近生活区,影响居民的正常生活。

(2) 交通噪声。交通噪声是指各种交通运输工具如汽车、飞机、火车、轮船等在行驶中的振动和鸣笛时产生的噪声。交通噪声具有流动性和不稳定性,对生活在交通干道两侧以及港口、机场附近的居民影响最大。

(3) 建筑施工噪声。建筑施工噪声是指各种建筑机械如打桩机、水泥搅拌机、挖掘机、推土机等在工作时所产生的噪声。建筑施工噪声往往对施工现场附近居民的生活和心理损害很大。

(4) 社会生活噪声。商业、娱乐和运动场所以及各类游行庆祝活动的喧闹,繁华街道上人群的喧哗,家用电器产生的噪声,宠物的吠叫声等都属于社会生活噪声。

11.1.2.2　噪声的危害

噪声不仅对人的身体健康有损害,还对人的心理有影响,干扰人正常的生活、学习和休息。强噪声对建筑物和仪器设备也有影响。归纳起来,噪声的危害主要表现在以下几个方面:

(1) 损伤听力。噪声对人体最直接的危害就是对听力的损害。噪声对听力的影响是以人耳曝露在噪声环境前后的听觉灵敏度变化来衡量的。人耳接受噪声刺激后回到安静的环境会发现听觉不如以前敏感,再过一段时间,听力又恢复正常,这种现象称为暂时性听力阈移,也称作听觉疲劳。长期在强噪声的作用下工作,听觉疲劳得不到必要的恢复,就会导致内耳器官发生器质性病变,成为永久性听力疲劳,也称作噪声性耳聋。突然曝露在极强噪声 (140~160dB) 作用下,听觉器官产生急性外伤,如鼓膜破裂等,双耳可能完全失聪,造成爆震性耳聋。

(2) 诱发其他疾病。长期曝露在高噪声环境中,心血管系统疾病发病率明显增高,会出现血压增高或降低、心跳增快、心律不齐等症状,还会导致大脑皮质的兴奋和抑制失调,引起头痛、头晕、耳鸣、失眠、记忆力衰退等症状,出现神经衰弱综合征。噪声还会影响胎儿和儿童的身体和智力发育。

(3) 对心理的影响。噪声的心理效应表现为使人产生讨厌和烦躁的情绪,从而精神不集中,影响工作效率,妨碍休息和睡眠。当噪声分散了人们的注意力时,还会掩盖交谈和危险信号,从而容易引发安全事故。

(4) 对建筑物和设备的危害。在特强噪声的长期作用下,机械结构或固体材料会产生声疲劳以致出现裂痕或断裂,使仪器产生故障、工作失效。噪声强度达到140dB 时,对建筑物的结构有破坏作用,达到160dB 以上时会破坏玻璃门窗。

11. 1. 3　噪声的测量与评价

噪声对人的生理和心理的影响和损害很大，为了有效地控制噪声污染，必须通过噪声的测量弄清污染和危害的程度以及它们的特征，以便制定正确有效的控制措施。

11. 1. 3. 1　噪声测量的常用仪器

噪声测量的常用仪器有声级计、频谱分析仪、自动记录仪、噪声声级分析仪、磁带记录仪、快速傅里叶分析仪等。

（1）声级计。声级计是噪声测量中最基本、最常用的仪器。它由传声器、放大器、衰弱器、计权网络、检波器和读数显示装置组成，适用于环境噪声、机器噪声等各种噪声的测量。它的工作原理是由传声器把声音转换成电信号，由放大器将电信号传导到计权网络进行频率计权或经由滤波器进行滤波处理，然后再由衰减器或放大器调整信号并输送到检波器转换为数字信号输出在显示屏上。

（2）频谱分析仪。频谱是指声音的频率与声压、声功率、声强之间的关系。频谱分析仪由测量放大器和滤波器两部分组成。在声级计上加装滤波器也可以实现对频率分析的功能。

（3）自动记录仪。自动记录仪常与频谱分析仪联用，它会随着输入信号的大小在坐标记录纸上记录下相应幅度的线条。

（4）噪声声级分析仪。噪声声级分析仪是一种可以直接在现场分析噪声声级随时间分布的仪器，可使用交、直流电源，且易于携带，不仅可以测现场噪声数据，还能同时对数据进行分析和处理，迅速得到各种噪声评价值，常用于公共噪声、航空噪声、道路交通噪声等的统计分布测量。

11. 1. 3. 2　噪声的主观量度

（1）响度级。人耳对声音的感觉不仅与声压有关，也和频率有关。人耳对高频的声音敏感，对低频的声音则反应迟钝，所以声压级相同而频率不同的声音听起来可能不一样响。为了适应人耳的这种听觉特性，对噪声做出主观的评价，我们用响度级来衡量。响度级是表示声音响亮程度的量，它以 1000Hz 的纯音为基音，把声压级和频率统一起来，既考虑声音的物理效应又考虑声音对听觉的生理效应，是人们对噪声的主观评价量。响度级用 L_n 表示，单位为"方（phon）"。

（2）人耳等响曲线。英国科学家 Robirson 和 Dadson 利用与基准声音比较的方法，经过大量听觉试验得到了整个可听范围内声音的响度级，绘制出了等响曲线（见图 11-1）。等响曲线中每一条曲线都代表着声压级和频率不同但响度级却一样的声音。在声压级较低时，人耳对频率为 3000~4000Hz 的高频声音特别敏感，对低频声音不敏感，对 8000Hz 以上的特高频声也不敏感。当声压级高于 100dB 时，等响曲线趋于平坦，这说明当声音强到一定程度后，声音的响度只取决于它的声压级而与频率关系不大。

（3）A声级和等效连续A声级。为了模拟人耳对声音的响度频率特性，在声级计的放大线路中设置计权网络，使得接收到的噪声在低频时有较大衰减，高频时不衰减甚至稍有放大，这样测得的结果称为 A 计权声级，简称 A 声级，记作 dB（A）。A 声级能够较好地反映人耳对噪声的主观感觉，且与噪声引起的听力损伤程度的相关性也很好，所以在噪

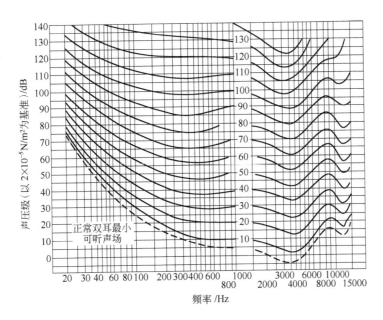

图 11-1 人耳等响曲线

声卫生标准中普遍采用 A 计权声级。

对某一段时间内非连续暴露的若干个不同 A 声级值的噪声,用能量平均的方法以一个 A 声级值来等效的表示该时段内噪声的大小,称为等效连续 A 声级,简称等效 A 声级 L_{eq}。

$$L_{eq} = 10\lg\left(\frac{1}{n}\sum_{i=1}^{n} 10^{L_{Ai}/10}\right) \tag{11-8}$$

式中 L_{Ai}——第 i 段 A 声级测定值,dB(A)。

11.1.3.3 噪声的测量

(1)城市区域环境噪声的测量。为掌握城市区域环境噪声污染及其状况,比较噪声污染的变化情况,比较城市或区域间噪声水平,必须进行区域环境噪声测量。一般性的区域噪声测量在时间上分为昼间和夜间两部分,测量每小时的等效声级,24 小时连续监测。测点应选在居住或工作建筑物外,离建筑物的距离不小于 1m,传声器距地面的垂直距离不小于 1.2m。测点的分布采用网格法,即把所测区域按要求划分成规格相同的网格,一般为 500m×500m,总数应多于 100 个,测点一般应设在每个网格的中心。

(2)工业企业和厂界噪声的测量。测量车间噪声时,若车间内各处声级相差不大于 3dB,则只需在车间内选择 1~3 个测点;若相差大,则可将车间分成几个区域,每个区域选择 1~3 个测点进行测量,测点高度以人耳的高度为准。

测量厂界噪声时,应围绕厂界布点,测点应定在厂界外 1m、高 1.2m 以上的噪声敏感处。具体的测量方法按照《工业企业厂界环境噪声排放标准》(GB 12348—2008)执行。

(3)交通噪声的测量。交通噪声的测点应选在两个路口之间并与路口相距 50m 以上的交通线上,于马路边人行道上离马路沿 20cm 处。在规定的时间段内每隔 5s 读一个瞬时 A 声级,连续读取 200 个数据,再计算出连续等效 A 声级,同时记录下车流量。

11.1.3.4 环境噪声标准和法规

为了防治噪声污染,创造一个舒适的声环境,我国针对不同行业、不同领域、不同时间的噪声曝露制定了一系列的噪声标准和规范。

（1）环境噪声污染防治法。《中华人民共和国环境噪声污染防治法》于1996年10月颁布。该法中明确提出任何单位和个人都有保护声环境的义务，明确规定违反其中各条规定所应受的处罚及所应承担的法律责任，并规定噪声污染的防治设施与主体工程必须同时设计、同时施工、同时投产使用。该法是制定各种噪声标准的基础。

（2）噪声标准。噪声标准大致可以分为环境噪声限值标准、产品噪声限值标准、听力和健康保护标准三大类。

为了保护劳动者的健康与安全，《工业企业噪声卫生标准》于1980年1月1日开始试行，规定了工业企业的生产车间和作业场所的噪声限值（见表11-3）。该标准可保护95%以上的工人长期工作不致耳聋，绝大多数工人不会因噪声引起心血管疾病和神经系统疾病。

表 11-3　车间内部允许噪声级

项　　目	数　　值			
每个工作日噪声曝露时间/h	8	4	2	1
新建、改建、扩建企业的允许噪声级/dB（A）	85	88	91	94
现有企业的允许噪声级/dB（A）	90	93	96	99
最高噪声级/dB（A）	<115			

为控制城市区域环境噪声危害，《声环境质量标准》（GB 3096—2008）应用于我国城乡五类声环境功能区的声环境质量评价和管理，各类功能区声环境限值见表11-4。此外，夜间频繁出现的噪声（如风机、排气噪声），其峰值不得超过标准值10dB（A），夜间偶然出现的突发噪声（如短促鸣笛声），其峰值不得超过标注限值15dB（A）。

表 11-4　五类声功能区噪声限值　　　　　　　　　　　　　　　dB（A）

类　别	适用区域	昼　间	夜　间
0	特殊住宅区	50	40
1	居民文教区	55	45
2	混合商业区	60	50
3	工业集中区	65	55
4a 类	公路等干线道路两侧	70	55
4 b 类	铁路干线道路两侧	70	55（背景噪声） 60（列车通过）

《工业企业厂界环境噪声排放标准》（GB 12348—2008）规定了工业企业和固定设备厂界环境噪声排放限值和测量方法，适用于工业企业噪声排放的管理、评价及控制。机关、事业单位、团体等对外环境排放噪声的单位也按此标准执行。

此外，对于声源类产品，如机械设备、家用电器和交通工具等，国家标准总局还公布了一系列产品噪声限值标准和各种噪声源的测量方法，如《家用和类似用途电器噪声限值》（GB 19606—2004）、《中小功率柴油机器噪声限值》（GB 14097—1999）、《汽车加速行驶车外噪声限值及测量方法》（GB 1495—2002）等。

11.1.4 噪声控制技术

噪声是一种声波。噪声污染是由噪声源产生，再通过传播介质对人产生影响。所以噪声控制包括降低噪声源的噪声、控制噪声的传播途径和个人防护几个方面，对它们既要分别研究又要作为一个系统综合考虑。在噪声传播途径上采用吸声、隔声、消声等技术，是工程上常用的依据声学和振动原理来控制噪声的措施。

11.1.4.1 噪声控制的一般方法

（1）声源控制。控制声源是控制噪声污染的最根本最有效的途径。运转的机器设备和各种交通运输工具是主要的噪声源，控制它们的噪声有两条途径：一是改进结构，提高各个部件的加工精度和装配质量，采用合理的操作方法等，降低声源的噪声发射功率；二是对振动设备采用阻尼隔振、减振等措施来控制噪声的辐射。因此开发新材料、新技术、新工艺，推广使用低噪声设备，是控制噪声污染的长远战略。

（2）控制噪声的传播途径。对噪声传播途径控制的主要措施有：

1）在城市建设中合理布局，按照不同的功能区规划，使居住区尽量远离噪声源。

2）在车流量大并且人口密集的交通干道两侧，建立隔声屏障，或利用天然屏障（土坡、山丘）以及其他隔声材料和隔声结构来阻挡噪声的传播。

3）利用声波的吸收、反射、干涉等特性，采用局部声学技术，将传播中的噪声声能转变为物体的内能。

（3）个人防护。在工厂或工地工作的人可以佩带护耳器，如耳塞、耳罩、头盔等，以减小噪声的影响，或者采用轮班作业制度以减少个人在噪声环境中的曝露时间。

11.1.4.2 吸声降噪

当声波入射到物体表面时，部分入射声能被物体表面吸收而转化为其他能量，这种现象叫做吸声降噪，简称吸声。能够吸收较高声能的材料或结构称为吸声材料或吸声结构。

A 吸声原理

多孔材料内部具有无数细微孔隙，孔隙间彼此贯通且与外界环境相通，声波入射到材料表面时，一部分被反射，一部分则通过材料表面的孔隙开口进入材料内部传播。声波进入孔隙后与孔壁摩擦，由于黏滞性和热传导效应，声能被转变为热能耗散，从而达到了"吸收"声能的效果。

共振吸声结构的吸声原理和多孔吸声材料的原理不同，它是通过结构共振而使声能转变为振动能再转变为热能耗散掉。共振吸声结构对低频的声波吸收效果较好。

表示材料吸声特性的参数叫做吸声系数，常用 α 表示，其数学表达式为：

$$\alpha = \frac{E}{E_0} \tag{11-9}$$

式中 E——被吸收的声能，J；

E_0——入射总声能，J。

α 值一般在 0~1 范围内变化，α 值越大材料的吸声效果越好。吸声系数的大小除了和材料本身性质、入射声的频率以及入射角度有关以外，还与材料的安装方式如材料背后有无空气层、空气层的厚度以及材料的固定方式等有关。

B　多孔吸声材料

多孔吸声材料是应用最普遍的吸声材料，一般分为纤维型、颗粒型和泡沫型三种。常见的纤维型多孔吸声材料有玻璃棉、岩棉、植物纤维等；泡沫型材料有泡沫塑料、泡沫混凝土等；颗粒型材料有微孔吸声砖、膨胀珍珠岩等，见表11-5。

表 11-5　各种多孔吸声材料及其使用情况

基本类型		常用材料举例	使　用　情　况
纤维型	有机纤维	动物纤维、毛毡	价格昂贵，使用较少
		植物纤维：麻绒、海草、椰子丝	来源丰富，价格便宜，防火防潮性能差
	无机纤维	玻璃纤维：中粗棉、超细棉、玻璃棉毡	吸声性能好，保温隔热不自燃，防潮防霉，应用广泛
		矿渣棉：散棉、矿棉毡	吸声性能好，松散不易固定，施工扎手
	纤维材料制品	软质木纤维板、矿棉吸声板、岩棉吸声板、玻璃棉吸声板、木丝板、蔗渣板等	装配式施工，多用于室内吸声装饰
颗粒型	砌块	矿渣吸声砖、膨胀珍珠岩吸声砖、陶土吸声砖	多用于砌筑截面较大的隔声装置
	板材	珍珠岩吸声装饰板	轻质，不燃，保温隔热，强度偏低
泡沫型	泡沫塑料	聚氨酯泡沫塑料、脲醛泡沫塑料	吸声性能不稳定，吸声系数须提前实测
	其他	泡沫玻璃	强度高，防水，不燃，耐腐蚀，价格昂贵，使用较少
		加气混凝土	内部微孔不贯通，吸声性能差

为了充分发挥多孔吸声材料的吸声性能，结合生产、安装和使用的需要，多孔吸声材料常常被制成各种吸声制品和结构，如吸声板、空间吸声体、吸声尖劈等。

（1）吸声板。大多数多孔吸声材料表面疏松，整体强度性能差，因此在实际使用过程中往往需要在表面覆盖上一层护面材料。带护面板的吸声板由刚性骨架、多孔材料层和护面层组成。骨架一般用角铁、木架或薄钢片制成。护面层常用金属丝网、钢板网、穿孔塑料板等，为了不影响吸声效果，护面板的穿孔率一般不小于20%。吸声板既能克服多孔材料易脱落老化的缺点，防止机械损伤，又能起到装饰作用，而且安装、清洁简便。

（2）空间吸声体。空间吸声体由框架、吸声材料和护面结构制成，悬吊在空间的特定位置上。它通常有平板形、圆柱形、球形、圆锥形等（见图11-2），其中以平板矩形最常用。空间吸声体悬挂在声场中，能从各个方向吸收声波，有效吸声面积比它的投影面积大得多，只要较小的悬挂面积（约为顶面面积的40%）就能达到顶面满铺吸声材料的减噪效果，当面积比为35%时，吸声效率最高。空间吸声体吸声系数高，加工制作简单，拆装灵活，适用于噪声高且混响声大的室内场所，降噪效果可达10dB左右，分散悬挂时对中高频吸声效果可提高40%~50%。

（3）吸声尖劈。吸声尖劈是一种楔形吸声结构，由金属钢架内填充多孔吸声材料构成。它的吸声性能十分优良，低频特性极好，常用于有特殊要求的声学环境，如消声室等。吸声尖劈的吸声原理是当声波入射到波浪外形的楔形槽壁上时，一部分声波进入吸声材料而被吸收，一部分被反射到槽壁对面的吸声材料上被吸收，如此循环往复，使得吸声

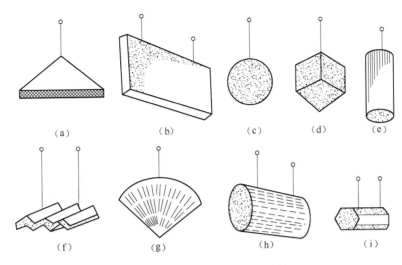

图 11-2　各种形状的空间吸声体

效率远高于平面材料。吸声尖劈对 50Hz 以上的声波吸声系数高达 99%。

C　共振吸声结构

共振吸声结构常用于对低频噪声的吸收，消除噪声中的离散成分。常见的共振吸声结构有薄板共振吸声结构、穿孔板共振吸声结构和微穿孔板吸声结构等。

（1）薄板共振吸声结构。将薄板固定在边框上，并将边框架与刚性面板牢固地结合在一起，就构成了薄板共振吸声结构，见图 11-3。薄板共振吸声结构就相当于弹簧和质量块系统，薄板相当于质量块，板后空气层相当于弹簧，当声波入射到薄板上时，会引起板面振动，使薄板发生弯曲变形。板和固定支架之间的摩擦以及薄板本身的内阻尼使部分

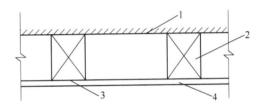

图 11-3　薄板共振吸声结构示意图
1—墙体或天花板；2—龙骨框架；3—阻尼材料；4—薄板

声能转化为热能损耗。当入射声波的频率和薄板吸声结构的固有频率一致时就会产生共振，此时板的形变最大，声能衰减量最多。薄板共振吸声结构的吸声带较窄，可在其边缘上加一些能增加结构阻尼的材料如毛毡、海绵等来加宽吸声频带，也可以采用不同单元大小的薄板或不同腔深的吸声结构来满足不同频段噪声的吸收。

（2）穿孔板共振吸声结构。穿孔板共振吸声结构是在薄板上穿以一定孔径的小孔，并在板后留有一定厚度的空腔，如图 11-4 所示。薄板的材料可以选用钢板、铝板、胶合板、塑料板等。在工程上通常先对噪声进行频谱分析，找到共振频率，并根据材料和现场条件等，选定孔径、腔深、穿孔率、孔距等，一般选取板厚 1.5~10mm，孔径 2~10mm，穿孔率 1%~10%，腔深 50~250mm。

（3）微穿孔板吸声结构。针对穿孔板吸声结构吸声频带较窄的缺点，我国科学家研制出了微穿孔板吸声结构。它是利用板厚 1mm 以下、孔径 1mm 以下、穿孔率为 1%~5% 的薄金属微穿孔板与板后空腔组成的吸声结构。其由于板薄、孔小、声阻比比穿孔板大得多

且质量又小，所以在吸声系数和带宽方面都优于穿孔板。为了使吸声频带向低频方向扩展，还可以把它做成双层微穿孔板结构。微穿孔板吸声结构装饰性强，易清洗，适用于高温、高湿、有腐蚀性气体的特殊场所，但是其加工较复杂，造价比较高。

11.1.4.3　隔声

日常生活中，如果外界噪声很大，干扰了室内的正常生活，我们可以把门窗关上来降低这种干扰。这种利用门、窗、墙或板材等构件将噪声源和接收者相隔离，或把需要安静的场所封闭在一个小空间内，从而达到保护接收者目的的方法叫隔声。具有隔声能力的屏蔽物称为隔声构件或隔声结构，如隔声门、隔声墙、隔声窗、隔声屏障、隔声罩等。隔声方法特别适合那些减噪量要求大，且容许将声源与接收者分在两个空间的场合。

A　原理

空气隔声的原理如图 11-5 所示，声波在空气中传播的过程中，碰到匀质屏蔽物时，由于两分界面特性阻抗的改变，使得一部分声能被屏蔽物反射回去，一部分声能被屏蔽物吸收，还有部分声能透过屏蔽物传播到另一侧的空间中去，所以选择设置合适的屏蔽物就可以使大部分声能不传播出去，从而降低噪声的传播。

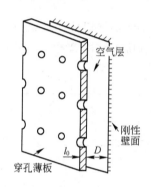

图 11-4　穿孔板吸声结构示意图

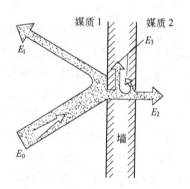

图 11-5　隔声原理示意图
E_0—入射声能；E_1—反射声能；
E_2—透射声能；E_3—吸收声能

隔声构件本身隔声能力大小用隔声量（R）表示，或称为传声损失，单位 dB。隔声量是反映隔声构件性能的指标，其表达式为：

$$R = 10\lg \frac{I}{I_t} = 20\lg \frac{p}{p_t} \qquad (11\text{-}10)$$

式中　I_t——透射声的声强，W/m^2；

　　　p_t——透射声的声压，Pa；

　　　I——入射声的声强，W/m^2；

　　　p——入射声的声压，Pa。

隔声构件的隔声量越大，隔声性能越好。影响隔声构件隔声性能的因素主要包括三个方面：隔声材料的品种、密度、弹性、阻尼等因素，构件的几何尺寸、安装条件以及密封状况，噪声源的频率特性、声场分布以及声波的入射角度。

B 单层密实均匀构件的隔声

用作隔声的材料要求密实厚重，如砖墙、钢筋混凝土、钢板、木板等。单层密实均匀构件的隔声性能取决于构件单位面积的质量，又称为面密度，单位 kg/m²。当声波传播至构件表面时，激励构件发生振动。构件面密度越大，则惯性阻力越大，越难以激发振动，所以声波越难透射，隔声效果越好，这被称作"质量定律"。此外，隔声材料的隔声性能还与材料的刚性以及阻尼有关。以边缘固定、均匀密实的长方形单层隔墙为例，其隔声量的频率特性曲线如图 11-6 所示。

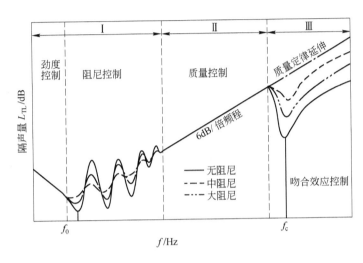

图 11-6 单层隔墙隔声量的频率特性曲线

随着频率的增加，单层隔墙隔声特性呈现四个区域：劲度（刚度）控制区、阻尼控制区、质量控制区和吻合效应区。当入射声波频率很低时，隔声量主要由墙体的刚度决定。随着频率的增加，进入了隔墙的共振频率及谐波的控制频区，在这一区域，隔声量下降，第一共振频率处隔声量最小，随频率上升出现共振的现象越来越弱，直到消失。增加结构阻尼可以抑制其共振幅度和共振区上限，提高隔声量并缩小共振区范围，因此该区也称阻尼控制区。当频率超出阻尼控制区后即进入质量控制区，隔声量由墙的质量决定，符合质量定律，且随频率升高线性增加。当频率升高到一定值后，墙板隔声量反而下降，出现隔声低谷，这种现象称为吻合效应。

C 双层密实均匀构件的隔声

单层密实均匀构件的隔声量受质量定律支配，但工程中增加构件厚度就增加了更多的材料成本并占用较多的空间，所以在隔声量要求较高的场合，单层构件不适用，宜采用双层或多层密实均匀构件。

双层或多层构件是在两层板式构件中间隔着一定厚度的空气层或多孔吸声材料的复合结构，空气层或多孔材料对第一层构件的振动具有弹性缓冲作用和吸收作用，使声能得到一定衰减之后再传到第二层，这样就能突破质量定律，提高构件整体的隔声量。适当的增加两层结构之间的距离，在两板间填充吸声材料，并尽量减少两板间的刚性连接都能提高双层或多层密实均匀构件的隔声量。

D　隔声罩和隔声间

隔声罩是一种密闭刚性壳体结构，它是对噪声源加以控制，对产生噪声的机械设备予以整体或部分封闭，减小噪声对周围环境造成的影响。隔声罩按声源机械操作、维护以及通风冷却要求可分为固定密封全隔声罩、活动密封型隔声罩和局部敞开型隔声罩等几类。隔声罩体积小，用料少，隔声效果好，是目前控制机械噪声的重要方法之一。但是隔声罩设计时要注意解决好通风散热、连接处隔振、方便检修和操作及监视等问题。

隔声罩由板状隔声构件组成，工程中一般用厚度为 1.5~3mm 的钢板为面板，涂覆一定厚度的阻尼层，用穿孔率大于 20% 的穿孔板做内板壁，中间填充用纤维布包裹的多孔吸声材料，一般可以达到 20~40dB 的隔声量，常用来降低风机、电动机、空压机、球磨机等机械噪声。

如果车间里产生噪声的机器很多，每台机器产生的噪声又相差不大，这种情况则适宜建造隔声间，供工作人员在其中操作、控制或休息，免受噪声影响。隔声间又称隔声室，与隔声罩的区别是：隔声罩是将产生噪声的机器放在隔声围护结构里面，使传播出来的噪声减弱；隔声间是指用隔声围护结构建造一个相对安静的小环境，作业人员在里面，防止外面的噪声传进来。隔声间常用于声源数量多且复杂的强噪声车间，如压缩机站、水泵房、汽轮发电机车间等。建造隔声间时要注意必要的热工条件，保持清洁的空气通风，并注意门窗等隔声薄弱环节的设计。

E　隔声屏

隔声屏是用来阻挡声源和接收者之间直达声的障板或帘幕状结构，兼具有隔声和吸声双重作用，是简单而有效的降噪结构。隔声屏一般用砖、砌块、木板、钢板、塑料板、玻璃等厚重材料制成，面向声源的一侧辅以吸声材料。隔声屏的设计多数为经验式的，高频声波长短，容易被阻挡，在屏后形成声影区，低频声波长长，在屏的周围容易产生绕射。所以，隔声屏的隔声效果取决于入射声波频率的高低、屏障尺寸的大小，一般频率越高效果越好。

隔声屏常用于露天大型噪声源，如交通噪声的防噪，在高架路、高速公路以及城市轨道交通两侧设置隔声屏障，尤其当道路通过医院、学校、居民区等特定区域时，一般均设有隔声屏以保护这些地区内人们免受噪声打扰。同时，由于隔声屏灵活，拆装方便，对于某些不适合直接用全封闭隔声罩降噪的机械设备以及室内减噪量要求不大的情况下，也可以用隔声屏。

11.1.4.4　消声

消声器是安装在机械设备的进、排气管道或通风管道上，既能允许气流通过，又能有效阻止空气动力性噪声的装置。消声器可使设备本身发出的噪声和管道中的空气动力噪声都得到降低，改善劳动条件和生活环境。评价消声器性能的指标有两种：插入损失和传递损失。插入损失即系统中接入消声器前后，在系统外某点测得声压级的差值。传递损失是指消声器入口处和出口处声功率级的差值，也叫做消声量。

目前应用的消声器种类繁多。根据消声原理不同，消声器一般可分为阻性消声器、抗性消声器、阻抗复合式消声器、微穿孔板消声器、喷注耗散型消声器。

（1）阻性消声器。阻性消声器是依靠管内壁上吸声材料的作用，使得沿管道传播的噪声衰减，从而达到消声的目的。阻性消声器是一种吸收型消声器，其消声原理类似于多孔吸声材料。为了保证气体的流通量，可根据需要的消声量来确定消声器的通道结构和截面形状，通常有直管式、蜂窝式、折板式、弯头式等，见图11-7。阻性消声器结构简单，对中高频噪声控制效果好，但不适合在高温高湿的环境中使用，也不适用于卫生条件要求较高的场合，如食品厂和制药厂等。

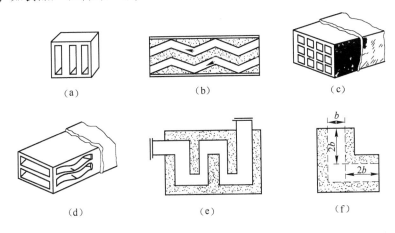

图 11-7 几种类型的阻性消声器
(a) 片式；(b) 折板式；(c) 蜂窝式；(d) 声流式；(e) 室式；(f) 弯头式

一般来说，阻性消声器的长度越大，内饰面吸声面积越大，吸声系数越高，消声效率就越好，能在较宽的中高频范围内消声。但是，当通道面积较大时，高频声波会以声束的形式沿通道中央穿过，很少甚至不与管壁上的吸声材料接触，消声量反而会急剧下降。所以在设计消声器时，对于小风量的细管道可以选直管式消声器；而对于大尺寸通道，采用蜂窝式、折板式等形式消声器可显著提高高频消声效果，但对低频声波效果不明显，且由于气流的冲击，可能产生再生噪声，同时由于通道过多或出现弯曲，会明显增加气流阻力，降低消声器的空气动力性。因此，选择阻性消声器时应综合考虑以上几个方面。

（2）抗性消声器。抗性消声器与阻性消声器的根本不同之处在于不用多孔吸声材料吸声，而是通过旁接共振腔或利用管道截面的突变而使部分声波产生反射和衍射，不能继续沿管道传播而消声。抗性消声器可分为共振式、扩张式和组合式等几种，见图11-8。

当噪声呈明显低中频脉动特性时，可选用扩张室消声器，但扩张段的截面积不宜过大。因为同阻性消声器一样，过大的截面积会使得进入扩张室的声波集中为声波束从中部穿过，导致扩张室不能充分发挥作用，一般控制扩张比在4~15之间。可以通过内插管或者串联不同长度扩张室等方法改善扩张室消声器的消声频率特性。

共振腔消声器是由一段开有若干小孔的管道和管外一个密闭的空腔所组成。小孔和空腔组成一个弹性振动系统，小孔孔颈中具有一定质量的空气柱，在声波的作用下空气柱像活塞一样做往复运动，与孔壁摩擦，使得声能转变为热能。当气流产生的声波频率和共振腔本身的固有频率一致时便会发生共振，空气柱运动速度加快，在共振频率附近取得最大的消声量。

（3）阻抗复合式消声器。由于阻性消声器和抗性消声器的频率特性不同，若把它

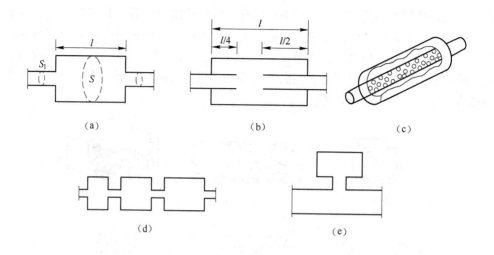

图 11-8　抗性消声器

(a) 单节扩张室式消声器；(b) 带插入管的扩张室；(c) 同心式消声器；
(d) 多节扩张室式消声器；(e) 旁支式消声器

们组合起来，则可以在比较宽的频率范围内都有较高的消声量，这种消声器叫阻抗复合式消声器。工程中很多噪声都是宽频带的，所以消声器产品有相当数量是阻抗复合式的。常见的阻抗复合式消声器形式见图 11-9。阻抗复合式消声器理论上可以认为是

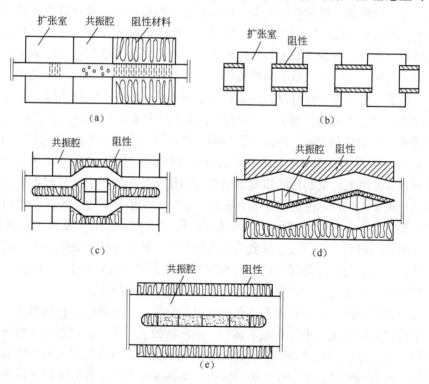

图 11-9　几种阻抗复合式消声器

(a) 组-抗-共消声器；(b) 组-扩消声器；(c), (d), (e) 组-共消声器

阻性与抗性消声作用在同一频带上的叠加，但是由于声波在实际传播过程中有反射、绕射、折射、干涉等特性，所以事实上消声量并不是简单的叠加关系，最可靠的办法是进行实测。

(4) 微穿孔板消声器。微穿孔板消声器是一种不用多孔吸声材料而同时具有阻性和共振消声器特点的消声器，具有较宽的消声频率范围。此类消声器所用的微穿孔板板厚1mm，孔径小于1mm，穿孔率在1%~3%范围内，通常有单层和双层微穿孔板两种，双层微穿孔板比单层的吸声性能更好。微穿孔板消声器有耐高温和高湿、不怕油雾、不怕气流冲击、阻力损失小、再生噪声低等优点，适用于高速气流的场合，广泛应用于大型燃气轮机和内燃机的进排气管道、柴油机的排气管道、通风空调系统和高温高压蒸汽放空口等处。

(5) 喷注耗散型消声器。气体从喷嘴高速喷射时会产生强烈的空气动力性噪声，这类噪声声级高、频带宽、传播远。为了降低排气喷流噪声，工程上一般先节流降压，再用喷注耗散型消声器处理，常用的有小孔喷注消声器、节流降压消声器、多孔扩散消声器等。以下详细介绍小孔喷注消声器（见图11-10）。

小孔喷注消声器的原理不是声音发出后把它消除，而是从发声机理上使干扰噪声减小。它的结构很简单，用许多相隔一定距离的小孔代替原有的直径较大的喷口，孔径一般为1~3mm，总开孔面积大于原排气口面积的1.5~2倍。由于喷注噪声峰值频率与喷口

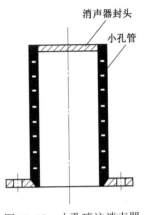

图11-10　小孔喷注消声器

直径成反比，喷口直径小，噪声峰值频率高，当直径足够小时，噪声峰值将位于人耳不敏感的特高频段，因此人所感觉到的噪声降低了，从而有了消声的效果。小孔喷注消声器主要适用于降低压力较低而流速较高的排气放空噪声，消声量一般为20dB左右。它具有体积小、结构简单、经济耐用等优点。

11.1.4.5　有源消声

传统的噪声控制方法如声源处降噪、传播过程中降噪以及保护接收者都属于噪声的被动控制，它们在低频段的降噪效果往往不明显。为了积极主动地消除噪声，随着信号处理技术的发展，"有源消声"已经成为一种可实施的热门技术，它在低频控制方面具有独特的优越性。有源消声的原理非常简单，主要是利用声波在传播过程中互相干涉的现象。所有的声音都由一定的频谱组成，如果可以找到一种声音，其频谱与所要消除的噪声频谱完全吻合，只是相位正好相反，两者相互叠加干涉后就可以完全消除噪声。工程上具体实施时，先探测我们所不需要的噪声场，通过电子线路分析和一系列运算处理后将原噪声的相位倒过来，产生与噪声声场幅值相等但相位相反的二次声场去抵消噪声声场，达到降噪的目的。

有源消声控制技术在低频段的降噪效果、软件可行性和成本等方面相对于其他噪声控制技术有显著的优势，已经成为噪声控制领域的新研究热点。

11.2　电磁辐射污染与防治技术

11.2.1　电磁辐射污染及其危害

交互变化的电场和磁场会产生电磁波，电磁波向空中发射或汇集的现象称为电磁辐射。如果采用适当的方式和强度，电磁辐射可以造福人类，如无线通信、广播电视信号的发射以及其在工业、科研、医疗系统的应用。但由于电子技术的广泛应用，移动电话、无线电广播以及微波技术的迅速发展和普及，射频设备功率的成倍提高以及高压输电等，地面上空的电磁辐射大幅度增加，已经直接危害到人体的健康，当电磁辐射强度超过人体所能承受或仪器所能容许的限度时，就会产生电磁污染或称为射频辐射污染。

影响人类生活的电磁污染源可分为天然污染源和人为污染源两种。天然电磁污染是由某些自然现象引起的，如雷电、火山喷发、地震和太阳黑子活动引起的磁暴等。人为电磁辐射污染主要是指各种人工系统、电气和电子设备产生的电磁辐射，如脉冲放电、高频交变电磁场、射频电磁场等。其中射频电磁场是由频率在每秒钟十万次以上的交流电产生的，主要存在于无线电、电视和各种射频设备的工作过程，它的辐射源频率范围宽，影响区域大，对近场工作人员危害也大，因此已经成为电磁污染环境的主要因素。

电磁辐射污染的传播途径主要有空间辐射、导线传播或二者同时存在的复合传播。

电磁辐射污染的危害主要体现在以下三个方面。

（1）危害人体健康。各种家用电器、电子设备、移动通信设备等电器装置只要处于操作使用状态，它的周围就会存在电磁辐射。电磁辐射对人体危害的程度随波长而异，波长越短对人体的作用越强，微波的作用最为突出。电磁辐射对人体产生不良影响的程度还与电磁辐射强度、接触时间、防护措施等因素有关。研究表明，电磁波的频率超过 10 万赫兹时，就会对人体构成潜在威胁。

生物体内有导电体液，能与电磁场相互作用，产生电磁场生物效应，假如长期暴露在超过安全的辐射剂量下，生物体细胞就会被大面积杀伤或杀死。电磁场生物效应分为热效应和非热效应。热效应是高频电磁波直接对生物体细胞产生加热作用使得机体升温，若热量过多导致生物体不能良好散热，就会引发各种疾病。非热效应主要是由于电磁辐射长期作用而导致生物体某些体征的改变，影响和破坏生物体原有的电流和磁场，使生物体原有的电磁场发生变异，干扰生物体的生物钟，造成自主神经失调。长期在非致热强度电磁辐射下工作的人会出现乏力、记忆力衰退、脱发、月经紊乱等现象。非热效应还会影响心血管系统，影响人体的循环系统、免疫功能和生殖代谢功能。电磁辐射对人体健康造成的损害是潜在的、不断累积的，若不重视，危害将越来越大。

（2）干扰通信。电磁辐射对飞机、舰船等交通工具的通信和导航系统可能造成电磁干扰，从而影响交通安全。雷电等天然电磁污染可能对电器设备、飞机、建筑物等直接造成危害，还会在广大地区从几千赫到几百兆赫以上的范围内产生严重的电磁干扰。有的电磁波还会对有线电设施产生干扰而引起铁路信号的错误、交通指挥灯失控。太阳黑子活动引起的磁暴也会产生电磁干扰，这些电磁干扰对通讯的破坏特别严重。

（3）危害工业安全。高频设备产生的电磁波能干扰各种电子设备、仪器仪表的正常工作，使控制失灵，通信失误，并且这种电磁波能沿着各种导线，如高压输电线、电话线、低压配电线等传播，波及很远的地方。电磁辐射还可能使得金属器件之间相互碰撞而打火，从而引起火药、燃油或气体的燃烧和爆炸，引发安全事故。

11.2.2　电磁辐射的测量及相关标准

11.2.2.1　电磁辐射的测量

电磁辐射污染的测量实际上是电磁辐射强度的测量。测量时的环境条件应符合测量仪器的使用条件，并且不同的测量目的应采取不同的测量方案。测量前应估计最大场强值以便选取合适的测量设备，测量设备应定期校准。测量时应避免或尽量减少周边偶发的其他辐射源的干扰。测量后应该保留详细的文件资料，包括测量设备的校准证书、测量方案、测量布点图、原始测量数据、统计处理方法等。

电磁场有近区场和远区场之分。近区场是指距离场源一个波长范围内的区域，其传播的电磁能是以电磁感应的方式作用于受体的；远区场是以场源为中心，半径在一个波长之外的区域，电磁能是以空间放射方式传播并作用于受体的。由于两种区场电磁辐射能传播特性不同，其测量特点也不同。

（1）近区场电磁污染的测量。由于射频电磁场近区场中电场强度与磁场强度不呈固定关系，因此近区场场强的测定应分别进行电场强度和磁场强度的测定。在每个方位上以设备面板为相对水平零点，分别选取 0.1m、0.5m、1.0m、2.0m、3.0m、10m、50m 为测定距离直至近区场边界为止。在每个测定距离上选取三种测定高度，头部（距地面 1.5～1.7m）、胸部（距地面 1.1～1.3m）、下腹部（距地面 0.7～0.9m）。测定方向以测定仪的天线中心点为中心，全方位转动探头，以指示最大的方向为测定方向。为避免人体对测定的影响，测定电场时，测试者不应站在电场天线的延伸线方向上，测定磁场时，测试者不应与磁场探头的环状天线平面相平行，应尽量远离天线，也不要在天线附近放置金属物品，测量时还应尽量避开对电磁波有吸收或反射的物体。

（2）远区场电磁污染的测量。由于远区场的电场强度和磁场强度之间存在固定的数学关系，而且磁场强度易于测量，所以对于远区场电磁辐射强度常常先测定磁场强度然后再推算电场强度。测定前先要确定远区场的起始边界，然后在 8 个方向上分别选取 3m、11m、30m、50m、10m、150m、200m、300m 作为测定距离，每个距离的测定高度均取2m，若有高层建筑，则分别取 1 层、3 层、5 层、7 层、10 层、15 层等测量高度。

11.2.2.2　电磁辐射的相关标准

为了有效防止电磁辐射污染，保护环境，保障公众健康，促进伴有电磁辐射的正当实践的发展，我国于 1988 年制定了《电磁辐射防护规定》（GB 8702—88）。该规定给出的最敏感段照射功率密度限值，职业照射是 $20\mu W/cm^2$，公众照射为 $40\mu W/cm^2$。

对于一切人群经常居住和活动场所的环境电磁辐射（不包括职业辐射和射频、微波治疗需要的辐射）限值，我国于 1988 年颁布了《环境电磁波卫生标准》（GB 9175—88），具体内容见表 11-6。

表 11-6　环境电磁波容许辐射强度分级标准

波长类型	容许场强	
	一级（安全区）	二级（中间区）
长、中、短波/V·m⁻¹	<10	<25
超短波/V·m⁻¹	<5	<12
微波/μW·cm⁻²	<0	<40
混合	按主要波段的场强；若各波段场分散，则按复合场强加权确定	

11.2.3　电磁辐射的控制技术

由于电磁辐射无色、无味、无形，它的危害性很容易被人们忽视。为了防止、减少或避免电磁辐射对环境的污染和对人体健康的损害，应当采取必要的防治措施。根据电磁辐射污染的特点，必须采取防重于治、防治结合的方法才能从根本上控制电磁辐射污染。第一，要减少和控制电磁辐射的污染源，对于产生电磁波的工业设备和家用电器要采用严格的设计指标，减少电磁泄漏。第二，要采用合理的工业布局，减少人们生活遭受污染危害的可能。第三，要采取积极有效的防护措施，保障作业人员和公众的人身安全。第四，要制定并严格执行相关标准和法规，加强电磁辐射污染危害和控制措施的宣传。

（1）屏蔽防护。电磁屏蔽是目前应用最多的一种电磁防护技术。屏蔽是指使用某种能抑制电磁辐射扩散的材料，将电磁场与环境隔离，换句话说，就是采用一切技术手段把电磁辐射污染限制在一定的空间范围之内。屏蔽体通常可用金属材料如铜、铁、铝制造，也可以用涂有导电涂料或金属镀层的绝缘材料制造。一般来说电场屏蔽优先选用铜，磁场屏蔽优先选用铁。

屏蔽的原理实际上就是电磁感应现象，由于磁力线的交联耦合，在电磁场中存在电磁感应，若屏蔽体产生的感应电流能在屏蔽空间内产生与外界电磁场方向相反的磁力线，抵消场源磁力线，则可以达到屏蔽的效果。

电磁屏蔽分为主动屏蔽和被动屏蔽。主动屏蔽是指将电磁场的作用限定在某个范围之内，即将辐射源置于屏蔽体内部，也称有源场屏蔽。主动屏蔽由于辐射源与屏蔽体间距离小，结构严密，所以能够屏蔽电磁辐射强度很大的场源，但主动屏蔽必须保证屏蔽体良好的接地，让屏蔽体与大地之间保持一个等电势分布。被动屏蔽也称无源场屏蔽，是将电磁辐射源放置于屏蔽体之外，使场源对一定范围内的生物体以及仪器设备不产生影响。被动屏蔽的屏蔽体与场源之间距离大，屏蔽体可以不必接地。

（2）距离防护。由于电磁场的强度与辐射源到被照射受体之间的距离成反比，所以增加辐射源到受体之间的距离可以较大幅度地衰减电磁辐射强度。合理地进行城市规划和工业布局，同时加强绿化，是既简单又有效的防止电磁辐射污染的措施之一。

（3）吸收防护。将铁粉、石墨、木材和水等加入塑料、胶木、橡胶或陶瓷等材料中，做成涂层吸收材料、泡沫吸收材料或塑料吸收材料，能有效地吸收电磁辐射的能量，大幅度衰减电磁辐射强度。材料吸收主要应用于微波辐射的控制，可分为谐振型和匹配型两种，前者适用于频率范围较窄的微波辐射，后者则适用于吸收频率范围宽的微波辐射。

（4）个人防护。对于在高频辐射环境内的作业人员必须采取个人防护措施，穿防护服、戴防护头盔和防护眼镜，以保护作业人员的身体健康。改进工艺，多使用低辐射产品和设备，多采用机械化或自动化作业，减少人员直接曝露在强电磁辐射下的时间和次数。还可以在日常生活中多食用芥菜、油菜、胡萝卜等蔬菜，调节饮食，抵抗电磁波辐射的危害。

11.3 放射性污染与防治技术

11.3.1 放射性污染及其来源

自然界的所有物质都是由各种元素组成的，构成这些元素的基本单位是原子。某些物质的原子核是不稳定的，它能自发地、有规律地改变其结构变为另一种原子核，即发生衰变。在原子核衰变的过程中会放射出人们肉眼看不见也感觉不到、只能用专门的仪器才能检测到的射线。物质的这种性质叫做放射性。具有放射性的核素进入环境后就会对环境和人类造成危害，产生放射性污染。放射性污染源可以分为天然放射性污染源和人工放射性污染源。

11.3.1.1 天然放射性污染源

天然放射性污染源是指自然界中本来就存在的辐射源。自古以来人类就受到天然存在的各种放射性源的照射，人类已经适应了这种天然辐射。天然辐射是判断环境是否受到放射性污染的基础参照，即天然本底照射。环境中的天然本底照射主要来自于宇宙射线、宇生放射性核素和原生放射性核素。

（1）宇宙射线。从外太空向地球的辐射叫宇宙辐射。由外层宇宙空间向地球大气层辐射的高能质子和 α 粒子叫初级宇宙射线。初级宇宙射线与大气层中的氮、氧等原子核发生碰撞和核反应，生成中子、电子、光子等粒子射向地面，就形成了次级宇宙射线。在生物圈内，宇宙射线所产生的本底照射主要是由次级宇宙射线产生的。

（2）宇生放射性核素。在次级宇宙射线的形成过程中，还会同时形成放射性核素，如 ^3H、^7Be、^{14}C、^{22}Na 等，称为宇生放射性核素。宇生放射性核素通过气象运动、分子热运动、生物代谢等大自然的活动方式分布于地球表面上，成为天然本底照射的来源之一，但由于其含量极低，实际上对环境辐射的影响不大。

（3）原生放射性核素。一些半衰期特别长的放射性核素，如 ^{238}U、^{40}K、^{232}Th 等，从地球形成时就存在于地壳中，称为原生放射性核素。这些放射性核素和它们的子体广泛分布在自然界中，形成主要的天然本底照射，也称为陆地辐射。

11.3.1.2 人工放射性污染源

人工放射性污染源是指由生产、研究和使用放射性物质的单位所排放出的放射性废物和核武器试验所产生的放射性物质形成的污染源，是对人类及其生存环境造成放射性污染的主要来源。人工放射性物质种类多，剂量大，对人类已经构成极大威胁。

（1）核武器爆炸的沉降物。据国际原子能委员会统计，在 1945 年到 1980 年之间，世界各国共进行了 423 次大气层核武器试验。核武器爆炸能瞬间产生穿透性极强的核辐射，主要为中子和 γ 射线；爆炸后，裂变产物和剩余裂变物质以蒸气状态存在，随着爆炸产生的推动力迅速上升，然后与空气混合、降温并凝结成放射性气溶胶，沉降到地面或随风扩散到更广泛的区域，对大气、土壤、水体和动植物造成污染。细小的放射性颗粒甚至可以到达平流层并随大气环流流动，经过几年的时间才回落到对流层，造成全球性污染。

（2）核能开发和利用过程中的排放物。核能已经成为世界上重要的能源之一。核能的开发利用包括铀矿开采、矿石的前处理、铀燃料的生产、核反应堆的运行以及燃料后处理和放射性废物浓缩处理等一系列环节。虽然放射性废物的处理设施不断在研发、完善，正常运行的核电站一般不会对环境造成严重污染，但是每个环节都避免不了会向环境中排放少量的放射性污染物质。核工业一旦遇到自然灾害等导致意外事故，就可能会泄漏大量的放射性物质，产生严重的不可挽回的污染。

（3）医疗照射。X 光透视和照相是应用最早和最广泛的辐射医疗诊断技术。随着现代医疗技术的发展，辐射作为医疗诊断和治疗技术应用越来越广泛，如 X 射线断层扫描仪（CT）、γ 照相机、人工放射性同位素诊断以及癌症的放射治疗等，大大增加了操作人员和病人受到的辐射。

（4）其他。某些居民消费用品如彩电、夜光表和工艺品以及一些建筑材料和室内外装修石材等，会增加人们居住环境的照射强度。某些采用放射性物质来分析、测试的仪器设备也会对职业操作人员产生辐射危害。

11.3.2　放射性污染的特点、危害及其污染途径

11.3.2.1　放射性污染的特点

放射性污染物的种类很多，毒性、射线种类、能量、半衰期等差异很大，处理起来非常复杂。放射性废物中的放射性物质一旦进入环境就会不断地辐射出放射线，人们无法采用一般的物理、化学或生物的方法将这些放射性物质消除或破坏，只有通过放射性核素的自身衰变才能使放射性衰减到一定的水平。许多放射性元素的半衰期很长，并且衰变的产物又会变成新的放射性元素。放射性剂量的大小只能用专门的仪器测定，哪怕强到直接致死的水平，人类的感觉器官都没有任何直接感受，也不会有本能的躲避反应。放射性物质产生的辐射损伤对人体有累积作用，并且可能影响遗传，给后代带来隐患。

11.3.2.2　放射性污染的危害及其污染途径

放射性实际是一种能量形式，它对人体的危害程度主要取决于所受辐射剂量的大小和照射部位，而且这种危害有时有一定的潜伏性和累积性。大剂量的放射性照射会使得机体内某些大分子结构的原子或分子电离，或将体内的水分子电离成活性很强的自由基从而影响肌体的组成。

大剂量照射对人体的伤害有三种形式，包括急性效应、远期效应和遗传效应。急性效应表现为皮肤、骨骼和内脏细胞的损伤，免疫功能遭到破坏，使人产生恶心呕吐、脱发、腹泻、体温升高、睡眠障碍等神经系统和消化系统症状，甚至直接导致死亡。急性效应恢复一段时间以后或低剂量照射后数年、数十年，一些症状才会表现出来，如白血病、骨骼肿瘤、甲状腺癌、肺癌等疾病或影响生长发育以及不同程度的寿命缩短，这称为辐射损伤的远期效应。胚胎和胎儿对放射性射线更为敏感，根据照射量和照射时期的不同，有可能出现致死、致畸、致癌或严重影响智力发育，低剂量照射还可能增加胎儿今后患白血病和

癌症的几率。放射性污染还会损伤遗传物质，会引起基因突变和染色体畸变，这都是遗传学效应的表现，有时在第一代子女中出现，也可能在后几代中出现。

放射性污染造成的危害主要是通过放射物发出的照射来危害生物体，对人体有害的射线有 α 射线、β 射线、γ 射线等。α 射线穿透能力弱，在空气中极易被吸收，所以外照射对人体影响不大，但是它的电离能力强，一旦进入人体后所产生的内照射伤害极大。β 射线是带负电的电子流，γ 射线是波长很短的电磁波，它们的穿透能力都很强，对人体的外照射危害大。放射性污染物可以通过外照射的方式危害人体健康，还可以通过空气、水和食物等途径进入人体，产生内照射。

（1）对大气的污染。放射性物质进入大气后，对人产生的辐射伤害通常有浸没照射、吸入照射和沉降照射三种方式。人体浸没在有放射性污染的空气中，全身的皮肤受到外照射，这称为浸没照射。吸入照射是指吸入有放射性的气体，使全身或甲状腺、肺等器官受到内照射。沉降照射则是指沉积在地面的放射性物质对人产生的照射，如放射性物质放出 γ 射线产生的外照射可能会通过食物链转移到人体内产生内照射。沉降照射的剂量一般比浸没照射和吸入照射的剂量小，但有害作用持续时间长。

（2）对水体的污染。核试验的沉降物会造成全球地表水的放射性物质含量提高。核企业排放的放射性废水以及冲刷放射性污染物的用水，容易造成附近水域的放射性污染。地下水受到放射性污染的主要途径有放射性废水直接注入地下含水层、放射性废水排往地面渗透池、放射性废物埋入地下等。地下水中的放射性物质也可以迁移和扩散到地表水中，造成地表水的污染。放射性物质污染了地表水和地下水，影响饮水水质，并且污染水生生物和土壤，又通过食物链对人产生内照射。

（3）对土壤的污染。放射性物质可以通过多种途径污染土壤。如放射性废水排放到地面上、放射性固体废物埋藏到地下、核企业发生的放射性排放事故等，都会造成局部地区土壤的严重污染。

11.3.3 放射性的计量和测定方法

11.3.3.1 放射性的计量

放射性物质的量除了能用浓度（以 mg/L 为单位）表示之外，通常还用以下几种方式来表示：

（1）照射量。照射量表示射线的辐照剂量，也称空间剂量，它是指单位质量空气中光子释放出来的全部电子被阻止在空气中时，在空气中形成的粒子总电荷的绝对值，单位为"伦琴"（R），简称"伦"。$1R = 2.58 \times 10^{-4} C/kg$。

（2）吸收剂量。吸收剂量是指单位质量物质吸收电离辐射能量的数量，用"拉德"（rad）作单位，1 rad 相当于 1g 物质吸收 $10^{-5} J$ 的能量。由于拉德这个单位比较小，所以国际单位制用"戈瑞"（Gy）作单位，$1Gy = 100 rad$。

（3）放射性强度。放射性强度是指放射性物质在单位时间内发生的核衰变数目，最常用的单位是"居里"（Ci），国际单位用"贝可"（Bq）表示。1Bq 表示 1s 内发生 1 次核衰变。居里和贝可的换算关系为：$1Ci = 3.7 \times 10^{10} Bq$。

（4）剂量当量。剂量当量是指一定吸收剂量所引起的生物效应的强度，单位为"雷姆"（rem）。1 rem 相当于 1g 生物组织吸收后产生的相对生物效应等于 1 rad 的辐射能。国际单位用"希沃特"（Sv）作单位，$1Sv = 100$ rem。剂量当量是以电离辐射影响生物的效应为着眼点的实际剂量。

11.3.3.2　放射性的测定方法

物质的放射性可以用很多方法来分析定量，一般环境样品中放射性物质含量较低，需要用较灵敏的仪器测定，如分光光度法、荧光法等。而对于环境中的核辐射测定则更多的是为了控制和判定核辐射对人体所产生的影响，所以需要用专门的放射性探测仪。由于放射性射线是不能直接感觉到的，所以测定时必须使射线与其他物质相互作用，产生可以观察得到的效应。因此，一个基本的放射性探测装置应包括能量转换器和测量记录仪两个部分。常用的放射性探测仪一般可分为气体探测仪、固体探测仪、感光探测仪等。

放射性测量方法可分为物理测定法和化学分析法，其中物理测定法主要包括放射性强度测量、衰变测量和能量测量。

（1）物理测定法。

1）放射性强度测量。放射性强度测量实际上就是测定样品在单位时间内的衰变数。根据不同的测定误差要求，放射性强度测定可分为绝对测量法和相对测量法。通过测量直接给出或经过一系列的校正后给出样品的绝对放射性强度称为绝对测量。相对测量法则是把已知强度的标准源与待测样品分别在同样条件下进行测量，从标准源的强度求出待测样品的强度。由于此方法中标准源的选取对结果的影响很大，因此应尽量选取与待测样品核素相同的标准源，且强度最好相差不大，否则测定结果还需校正。

2）衰变测量。半衰期是放射性核素的基本特征之一，利用衰变测量可以求得核素的半衰期从而可以鉴定放射性核素。半衰期的测定一般采用时间跟踪法，以不同时刻测得的计数率为纵坐标，以时间为横坐标，在半对数坐标纸上作图得到一条直线，再由该直线的斜率求出半衰期。

3）能量测量。通过对能量的准确测定，可以鉴别放射性核素。不同的射线需要用不同的仪器来测定，如 β 谱仪、γ 谱仪等。在环境放射性分析中使用低本底的 γ 谱仪可以直接测定放射性水平在 10^{-2} Bq 的样品，还可以确定造成污染的核素组成。

（2）化学分析法。放射化学分析是把待测放射性核素的稳定同位素盐类加入样品，使之与待测核素完全交换，再用沉淀、萃取、离子交换等化学方法把放射性核素分离出来，测量其放射性强度，同时对与样品源核素一致的放射性标准源采取同样的方法处理，测量其放射性强度，最后通过对比和计算得到样品中待测核素的放射性强度。对于半衰期极长的放射性核素或弱放射性样品来说，化学分析法更为准确和灵敏，但分析方法复杂费时，在环境分析中的实际应用不多。

11.3.4　放射性污染的控制技术

由于放射性污染和其他污染相比，不容易被人所察觉，但却容易在人体中积累，并有遗传效应，所以对环境中的放射性污染要有科学的认识，并采取适当的防护和控制。其主要的是要控制污染源，认真做好放射性"三废"的处理与处置。

11.3.4.1　放射性污染控制的一般要求

核工业厂址选址要考虑当地的气象、水文条件，要有利于核工业所排放的废水和废气的稀释扩散，要选择地震烈度较低的地区，并且远离人口密集区。生产过程中应选用安全可靠的工艺和设备，安全生产，严防事故。对于从事放射性工作的人员，要做好外照射防护，控制曝露时间并尽量进行远距离操作。加强核企业周围的放射性污染监测，全面检测周边环境中放射性水平的变化，以便及时采取应急措施。严格控制放射性"三废"，加强对放射性废水、废气和废物的处理与处置。为防止人们受到不必要的照射，在有放射性物质和射线的地方应设置明显的危险标记。

11.3.4.2　外照射防护

辐射防护主要是针对 β 射线、γ 射线、中子或 X 射线等外照射射线，控制人体所受外照射的辐射量，尽量使之保持在最低水平。一般来说，外照射的辐射量与受照时间成正比，随离辐射源的距离增加而减小。所以，对外照射的防护一般可归纳为三种基本手段：尽量增大与放射源的距离、尽量减少受照射时间、用屏蔽物遮挡以降低辐照水平，即时间防护、距离防护和屏蔽。

（1）时间防护。人体受照的时间越长，所接受的照射剂量也越大，缩短受照射时间是最简单有效的防护手段。做好充分的准备工作并进行模拟操作训练以确保动作的准确和熟练，可以大大缩短操作时间，减小操作人员所受的照射剂量；也可以增加人员配置，轮流操作以减小个人的受照时间。

（2）距离防护。人体距离辐射源越近，受照量就越大，因此采用间接操作或远距离操作可以减轻辐射对人体的影响。例如可采用长柄操作工具，工具长度从 15cm 增加到 30cm，操作人员手部的辐照剂量可降低为原来的四分之一。但距离加大，操作灵活性降低，可能会延长操作时间，所以距离防护和时间防护可以统筹起来灵活运用。

（3）屏蔽。当时间防护和距离防护受限时，常采用屏蔽的方法。对放射性污染的屏蔽是指在放射性辐射源与接受体之间放置某些屏蔽材料，利用材料对射线的吸收来降低接受体所受外照射剂量。不同的射线所适用的屏蔽材料不同，α 射线穿透力较弱，所以一般用薄铅膜即可吸收；β 射线的穿透力较强，一般可用有机玻璃、铅板、普通玻璃或烯基塑料屏蔽；γ 射线穿透能力很强，危害最大，要用足够厚度的铁、铅、钢或混凝土等材料才能有效屏蔽。

11.3.4.3　内照射防护

极微量的放射性物质可能不会造成很严重的外照射影响，但如果进入人体内就会造成相当大剂量的内照射，且若不能及时排出体外，人体组织将一直受到它的照射直至它衰变殆尽。为减少放射性物质的摄入，对从事开放型放射性工作的人员必须配备个人防护用品，并且严格执行工作场所相关规定。

（1）污染水平低的工作场所，应视情况穿戴专用的鞋、手套、衣帽等。在有放射性气溶胶污染的场所，须配备全包封的气衣或戴有供气设备的过滤面具。

（2）工作人员在工作场所内不得吸烟和饮食。

（3）工作人员离开工作场所时要做必要的清洗并做表面污染检查测量，工作器具和清扫用具不得从污染区带出。

（4）尽量杜绝工作人员在工作场所受伤的可能，若发生放射性污染应立即清洗去污。

11.3.4.4　放射性"三废"的处理与处置

《放射性废物管理规定》（GB 14500—2002）把含人工放射性核素比活度大于 $2×10^4$

Bq/kg 或含天然放射性核素比活度大于 7.4×10^4 Bq/kg 的固体、液体和气体废物统称为放射性废物，但小于此水平的放射性物质也应妥善处理。按比活度和半衰期的不同，放射性废物可分为五类：高放长寿命、中放长寿命、低放长寿命、中放短寿命以及低放短寿命，其中寿命的长短按半衰期 30 年为界。我国推介的放射性"三废"分类和各类放射性废物的来源以及相关屏蔽和处置方法见表 11-7。

表 11-7   我国推介的放射性废物分类标准

分类	分级	主要来源	屏蔽及处置方法
废气	高放	核反应工艺废气	需要分离、衰变储存、过滤等方法综合处理
	低放	放射性厂房或放化实验室排风	需要过滤和（或）稀释处理
废液	高放	核燃料后处理废液、乏燃料及同位素生产	需要厚屏蔽、冷却、特殊处理
	中放	铀矿开采和水冶过程、使用放射性同位素的工厂和研究部门	需要适当屏蔽和处理
	低放	核电站、使用放射性同位素的实验室、工厂等的正常排放	不需要屏蔽或只需简单屏蔽，简单处理
固体废物	高放长寿命	如高放固化体、乏燃料元件、超铀废物等	深地层处置
	中放长寿命	如包壳废物、超铀废物等	深地层处置或矿坑岩处置
	低放长寿命	如超铀废物等	深地层处置或矿坑岩处置
	中放短寿命	如核电站废物等	浅地层埋藏、矿坑或岩穴处置
	低放短寿命	如城市放射性废物等	浅地层埋藏、矿坑或岩穴处置、海洋投弃

注：超铀废物是指原子序数大于 92、半衰期大于 20 年、比活度大于 3700 Bq/g 的废物。

放射性"三废"的处理与处置所需的设备材质应为耐腐蚀、耐辐射的合金材料，且所有的操作需要在严密的防护和屏蔽条件下进行。对于大多数放射性废物应作深度处理，处理时要考虑回收利用，减少排放，处理过程中所产生的二次废物必须一同进入后续处理程序进行进一步处理或处置。

A   放射性废气的处理处置

放射性污染物质在废气中通常有放射性气体、放射性气溶胶和放射性粉尘三种存在形式，根据存在形式的不同采用不同的处理方法。对于挥发性放射性气体通常可以用吸附或扩散稀释的方法来处理，比如活性炭吸附以及经由高烟囱稀释排放。对放射性粉尘和气溶胶通常可以采用气体除尘技术来达到净化的目的，例如可用机械力除尘器、湿式除尘器做预处理，再由高效过滤器过滤吸附，最后经由高烟囱排放。常用的高效过滤器滤材有石棉、玻璃纤维、聚氯乙烯纤维和陶瓷纤维等。使用过的滤材必须作为放射性固体废物加以处理。

B   放射性废液的处理处置

放射性废液一般采用常规的物理、化学或物理化学方法处理，使放射性物质最大限度的浓缩于最小的体积内，再作进一步处理或处置。不同浓度放射性废液的处理方法不同。

（1）低放废液。清洁的低放废液可以直接采用离子交换、化学沉淀、吸附、蒸发浓缩和膜分离等常规水处理方法进行浓缩处理，浓缩液按照中放废液继续处理。浑浊的放射性废液一般采用化学混凝—沉淀—过滤—离子交换的工艺处理，沉渣和废弃滤料以及交换树脂应作为放射性固体废物做进一步处理。

（2）中放废液。对于中放废液最常用的处理方法是蒸发浓缩，减小体积，然后按照高放废液的方法做进一步处理与处置。在蒸发浓缩过程中产生的二次污染物一般按低放废物的方法进行处理。

（3）高放废液。根据回收利用的角度来看，高放废液的常用处理方案有四种：不考虑回收利用，将全部高放废液用玻璃、水泥沥青等固化起来，直接进行最终处置；把高放废液中的利用价值高的锕系元素分离回收，其余的废液再做固化处置；从高放废液中提取有用的核素如 ^{137}Cs、^{155}Eu、^{90}Sr、^{147}Pm，其他再做固化处理；把高放废液中所有放射性核素全部提取、回收。

由于核工业废物中的放射性物质绝大多数都集中在高放废液中，因此高放废液的最终处置问题一直备受人们关注。为了将放射性废物产生的热降低到可控制水平，高放废液在处置前一般都要储存冷却一段时间，然后用固化技术进一步处理，即把放射性废液固定到高度稳定的惰性固体物中，如水泥、水玻璃、陶瓷、沥青等。固化处理后的固化体最终会运送到由国家统一管理的安全储存库。

C 放射性固体废物的处理处置

放射性固体废物主要是含铀矿石提取铀的过程中产生的废矿渣，铀精制厂、核燃料元件加工厂、反应堆、核燃料后处理厂和使用放射性同位素研究、医疗等单位排出的沾有人工或天然放射性物质的各种器物以及放射性废液处理过程中形成的残渣和废物的固化体。

对于含铀尾矿渣，现在通常用土地堆放或矿井回填的方法，暂时无法最终解决污染问题。有些国家正在研究根本解决的方法，例如地下浸出和就地堆浸技术、尾矿渣的固化和造粒技术以及利用各种化学药品和植被使尾矿坝层稳定。

对于可燃性固体废物如纸、布、塑料、木制品等，经过焚烧，体积一般能缩小到 $\frac{1}{15}$ ~ $\frac{1}{10}$。焚烧后，放射性物质绝大部分聚积在灰烬中。放射性固体废物的焚烧要在焚烧炉内进行，要有完善的废气处理系统，焚烧的残余灰分和余烬也要妥善管理以防被风吹散，收集的灰烬一般装入密封的金属容器或进行固化处理。由于焚烧过程中对放射性污染面的控制要求很高，运行费用很大，焚烧法的实际应用有一定的局限性。

对于不可燃烧的放射性废物，如受放射性污染的各种金属设备、部件和器皿等，可采用破碎、压缩、煅烧熔融的方法进行处理，减小其体积以便于储存、运输和最终处置，也可以用清洁去污、电解、喷镀的方法对受污染表面做处理。

D 放射性固体废物的最终处置

大多数放射性"三废"经过处理后会形成稳定的固态或半固态物，放射性废物的最终处置是要将这些废物置于与生物圈有效隔离的最终储存库中，确保有害物质对人类和环境不产生危害。最终储存库的选址较一般有毒有害废物的最终处置地更为严格，一般选在沙漠或谷地等远离人类活动的地区。放射性废物在最终处置时要确保有四重隔离保障：进行处置的废物应封装于不锈钢容器中；最终储存室应采用钢筋混凝土结构并用不锈钢覆面；储存室外应设置混凝土墙或金属板来加强深层地质结构并用地下水抽提系统来保证储存室外的低地下水位；储存库的具体选址应充分考虑地质介质的特性，如导热性、机械性能、热容量、透水性等，并选择低地震区。

11.4　其他物理性污染及其防治技术

11.4.1　振动污染及其防治技术

物体沿直线或曲线在平衡位置附近随时间做周期性的往复运动称为机械振动或振动。振动是自然界普遍存在的一种运动形式，任何机械都会产生振动。生产性振动是指生产过程中产生的振动，主要原因有不平衡的转动或往复运动、机械部件冲击或摩擦、空气冲击波的激振以及磁力不平衡等。

11.4.1.1　振动的危害

振动对建筑和仪器设备会产生很多不良影响。振动会破坏结构强度，降低设备和零件寿命，破坏设备的连接，特别是与固定构件的连接，如底座、机脚、管路支架等。振动还会降低仪器仪表的测量精度，影响自动控制系统正常工作，甚至导致各种继电器失灵。

振动会引起噪声污染。当振动的频率在 20~20000Hz 的声频范围内时，振动源同时也是噪声源。振动源不仅仅会引起空气噪声污染，还会将振动传给基础、墙壁、楼板等建筑结构，引起结构振动并以弹性波的形式在建筑物内传播，产生结构噪声污染。

振动对人的影响包括两个方面，恶化工作或乘坐条件以及损害人体健康。人们在振动的环境下工作，更容易注意力不集中，易疲劳，容易出差错引起安全事故。乘坐振动剧烈的汽车、轮船等交通工具会使人感到非常不舒服。振动对人体健康的影响根据振动作用性质的不同可分为全身振动和局部振动。人体能感受到的振动按频率可分为三等：<30Hz 的为低频振动；30~100Hz 的为中频振动；>100Hz 的为高频振动。低频振动（跳动或颠簸）随频率、振幅和持续时间等会引起头晕、恶心等反应，反冲击力强烈的振动会损伤骨关节。中频振动会引起关节变化、血管痉挛等。高频振动则会造成振动病，临床表现为手麻、手僵、疼痛、关节痛以及四肢乏力。最有害者是振动频率与人体某些部位如胸腔、腹腔等的固有频率相吻合的振动，会引起部分器官的共振，对该器官产生严重的影响。

11.4.1.2　振动防治技术

在实际工程中，振动现象是不可避免的，人们在长期的生产实践中积累了丰富的有效控制振动的方法。由于振动系统可分为三个部分，即振源、振动传播途径以及接受体，所以研究振动的防治方法也主要分为以下三个方面：控制振源、切断传播途径和保护接受体。

A　控制振源

通过改进振动设备的设计，提高设备制造、加工和装配精度来减弱或消除振源的振动级是防治振动最有效最根本的方法。优化设计结构，改善系统的动静平衡，减小不平衡激振力，提高制造质量和装配质量，并对设备薄板结构采取必要的阻尼措施等均可改善设备或系统的动态性能，减少系统扰动。

由于共振的放大作用会带来更为严重的破坏和危害，所以在减少振源激振力的基础上，控制或防止系统共振响应也是振源控制的一个重要方面。可以通过改变机械结构的固有频率或改变机器转速来避免共振。还可以将振源安装在非刚性基础上，防止主机的扰动特性和系统振动特性间的不良配合，并对管道和传动轴采用隔离固定，在薄壳体上采用阻尼减振技术等，以减少共振的影响。

  B 隔振技术

  所谓隔振就是在物体和基础之间设置具有弹性的隔振装置，使得振源所产生的大部分振动由隔振装置来吸收，达到减少振动传播的目的。工程上隔振技术可分为主动隔振和被动隔振两类。如果隔振对象就是振源，隔振技术应用在振源附近，把振动能量限制在振源上而不向外界扩散，避免激发其他构件振动，此称为主动隔振（积极隔振）。通常一些旋转机械、冲压或锻造设备都采用这种隔振方式。如果隔振对象是需要保护的受体，隔振技术应用在受体附近，把需要避免振动的物体同振动环境隔离开，减少物体受到的振动影响，此即为被动隔振（消极隔振）。被动隔振的对象一般是精密仪器、贵重设备、电子仪表等。不论是哪种隔振方式，其隔振原理和实施方法都是一样的，都是通过物体和基座间安装隔振器或隔振垫来实现的。

  隔振器是连接设备和基础的弹性元件，用以减少和消除由设备传递到基础或由基础传递到设备的振动。隔振器具有稳定的形状和性能，使用时可以作为机械零件进行装配。常用的隔振器主要有金属弹簧、空气弹簧、橡胶隔振器等。隔振垫一般没有固定的形状尺寸，它是利用弹性材料本身的自然特性，根据实际需要来剪裁或拼接，常见的有橡胶、软木、毛毡、泡沫塑料、酚醛树脂玻璃纤维板等。常见的隔振器或隔振垫的特性及应用见表11-8。

表 11-8 常用隔振器及其特性与应用

名　称	特　性	应　用
金属弹簧	弹性高，可承受较大的负荷，耐油、水、溶剂等的侵蚀，抗高温，但本身阻尼小，易产生共振，高频隔振性能差	低频隔振性能好，适用于大激振力设备的隔振
WJ型橡胶隔振垫	可承受任意方向的载荷，载荷越大越不易滑动，耐热耐油，价格低廉	通用性较强，适用于各种机器设备
橡胶隔振器	隔振缓冲和隔声性能良好，可承受压缩和剪切力，不能承受拉力，阻尼大不易共振，但易老化，不耐油污和高、低温	高频隔振性能好，适用于中小型设备和仪器隔振
空气弹簧	水平稳定性好，承受载荷能力大，但需要压缩气源和辅助系统，荷重只限于一个方向	常用于高要求的火车、汽车和有特殊要求的精密仪器设备
软木	质轻，有一定的弹性，耐腐蚀，保温性能好，加工方便，但周边易膨胀，防油防水性差	对高频振动和冲击振动有一定隔振效果，常与弹簧、橡胶连用
毛毡	经济、方便，但防火、防潮、防腐性能差	适用于负荷很小且隔振要求不高的设备
泡沫橡胶	刚度小，弹性大，承载力小，性能不稳定，易老化	适用于小型仪表的隔振
泡沫塑料	承载力小，刚度小，性能不稳，易老化	适用于特小仪表的隔振
酚醛树脂玻璃纤维	阻尼性好，弹性大，耐化学腐蚀，耐潮耐高温	适用于机器或建筑物基础的隔振

当然，还可以采取改变振源位置、加大与振源距离的方法来减小振动的影响。此外，如果振动主要是由地面传播的话，防振沟也是一种有效的防振措施，即在振动机器基础的四周开凿具有一定深度和宽度的沟槽，里面可填充木屑等松软物质。一般来说防振沟越深隔振效果越好，但需要考虑施工成本和可操作性，沟的宽度对隔振效果影响不大。

C　阻尼减振

所谓阻尼，是指结构或系统在持续受力状态下消耗能量的能力。在结构和材料中均存在一定的阻尼，阻尼是降低共振响应最有效的方法。阻尼材料是一类内摩擦阻力较大的材料如沥青、软橡胶或其他高分子材料，能有效地抑制构件振动并降低辐射的噪声。把阻尼材料粘贴或喷涂在容易传导振动的轻薄金属构件上，当金属薄板发生弯曲振动时，振动能量迅速传递给阻尼材料，由于材料的伸缩使得材料内部分子产生相对摩擦，使得振动能量转变为热能耗散出去，从而达到减振的效果。

阻尼材料必须具备的条件是内阻尼高，弹性模量大，有足够的强度以便在物体或设备振动过程中不易被剥落。常用的阻尼材料可分为橡胶类、塑料类和沥青类三种。工程上常常把阻尼材料与金属板材黏结成复合结构，由金属承受强度，阻尼材料提供阻尼，来抑制和减弱随机振动和多自由度的结构共振。

11.4.2　光污染及其防治技术

光对人类的居住环境、生产和生活至关重要。光环境是由光照射于其内外空间所形成的环境，可分为天然光环境和人工光环境。天然光环境的主要光源是太阳，由太阳发射出的直射光及其在天空中的扩散光是天然光环境的主要组成部分。现代的人工光源如白炽灯、弧灯、荧光灯等，为人类在夜间以及天然光难以到达的地方提供了照明，形成了人工光环境。

11.4.2.1　光污染及其危害

人类活动造成的过量光辐射对周围的光环境造成危害，使得原来适宜的光环境变得不适宜，对人类生活和生产环境形成不良影响或对人的视觉和健康产生损害的现象称为光污染。光污染主要来源于人类生产环境中的日光、灯光、各种反射、折射光以及红外和紫外线灯造成的各种过量和不协调的光辐射。现代意义上的光污染不仅仅从视觉的生理反应来考虑照明的负面影响，还要顾及美学需求以及人的心理需求。

根据不同的分类原则，光污染可分为不同的类型。国际上一般把光污染分为白亮污染、人工白昼污染和彩光污染；按照光波波长不同光污染又可以分为可见光污染、紫外线污染和红外线污染；根据影响范围光污染还可以分为室外视环境污染、室内视环境污染和局部视环境污染。

（1）白亮污染及其危害。当太阳光照射强烈时，城市里建筑物的玻璃幕墙、釉面砖墙、磨光大理石和各种涂料等装饰反射光线，白亮耀眼，称为白亮污染。长时间在白色光亮污染环境下工作和生活的人，视网膜和虹膜都会受到程度不同的损害，视力急剧下降，白内障的发病率升高。白亮污染还会使人头昏心烦，甚至发生失眠、食欲下降、情绪低落、身体乏力等类似神经衰弱的症状。玻璃幕墙强烈的反射光还会增加室内温度，增加能耗。烈日下驾驶员的眼睛受到玻璃幕墙反射光的强烈刺激，很容易诱发车祸。

（2）人工白昼及其危害。夜幕降临后，商场、酒店上的广告灯、霓虹灯闪烁夺目，令人眼花缭乱。有些强光束甚至直冲云霄，使得夜晚如同白天一样，即所谓人工白昼。在这样的"不夜城"里，人们难以入睡，人体正常的生物钟被扰乱，导致白天工作效率低下。强光还可能破坏昆虫或动物在夜间的正常活动，还会影响天文观测、航空等。

（3）彩光污染及其危害。娱乐场所安装的黑光灯、旋转灯、荧光灯以及闪烁的彩色光源构成了彩光污染。黑光灯所产生的紫外线强度大大高于太阳光中的紫外线，且对人体的危害持续时间更长，人如果长期接受这种照射，可诱发流鼻血、脱牙、白内障，甚至导致白血病和其他癌变。彩光污染还会干扰大脑中枢神经，使人感到头晕目眩，出现恶心呕吐、失眠等症状，不同程度地引起倦怠无力、神经衰弱等身心方面的病症。

（4）红外线及其危害。红外线近年来在军事、人造卫星以及工业、卫生、科研等方面的应用日益广泛，因此红外线污染问题也随之产生。红外线是一种热辐射，对人体可造成高温伤害。较强的红外线可造成皮肤伤害，其损害与烫伤相似。波长为 $750 \sim 1300nm$ 的红外线对眼角膜的透过率较高，可造成眼底视网膜的伤害，尤其是波长为 $1100nm$ 左右的红外线，可使角膜、晶体等前部介质不受损害而直接造成眼底视网膜烧伤。人眼如果长期曝露于红外线照射还可能引起白内障。

（5）紫外线及其危害。紫外线对人体主要是伤害眼角膜和皮肤。紫外线对角膜的伤害作用表现为一种叫做畏光眼炎的极痛的角膜白斑伤害，除了剧痛外，还导致流泪、眼睑痉挛、眼结膜充血和睫状肌抽搐。紫外线对皮肤的伤害作用主要是引起红斑和小水疱，严重时会使表皮坏死和脱皮。人体胸、腹、背部皮肤对紫外线最敏感，其次是前额、肩和臀部，再次为脚掌和手背。不同波长紫外线对皮肤的效应是不同的，波长 $280 \sim 320nm$ 和 $250 \sim 260nm$ 的紫外线对皮肤的效应最强。

（6）眩光及其危害。眩光是城市可见光污染中最主要的形式，它是指一种由于视野中的亮度分布或亮度范围的不适宜，或存在极端的对比，以致引起不舒适感，或降低观察细部与目标能力的视觉条件。由定义可知，眩光并不是特指某种光亮，而是一种与物理、生理、心理都有关系的视觉条件。眩光按其形成机理可分为由人的视线上或视线附近有高亮度光源而引起的直接眩光，由光滑表面内光源的影像所引起的间接眩光，以及由扩散反射与定向反射在同一表面相叠加而形成的光幕眩光。

眩光对人体的生理影响主要是对人眼睛的影响，凡是在视野内能使人们的视觉功能有所降低的眩光被称为失能眩光或生理眩光。当眼睛在舒适状态下突然看到亮光刺激，眼睛会留有后像，使得可见度减退，视野内的适应亮度和刺激亮度之差越大，可见度的降低也就越大。眩光对人心理的影响主要表现在对舒适度和情绪的影响。由于人的心理状态和所处的光环境不一样，所以同样的眩光效果下人们的反应、情绪对舒适度的变化有直接的影响，此外环境亮度是眩光对舒适度影响的客观因素。人们受到不舒适的眩光后，会感到刺激和压迫，长时间的不舒适会产生厌烦、急躁、惊慌不安等情绪。

11.4.2.2　光污染的防护措施

光污染很难像其他环境污染那样通过分解、转化和稀释等方式消除或减轻，其防治主要以预防和加强管理为主。

（1）加强工业生产中的光污染防护。在有红外线或紫外线产生的工作场所用可移动屏障将有害光源与非操作者分开，操作人员应佩戴护目镜和防护面罩以保护皮肤和眼睛。

（2）加强城市规划和管理，减少光污染的来源。加强对反光系数大的装饰材料的管理，对玻璃幕墙的设计、制作、安装和使用范围等作出严格统一规定，坚决制止不合理的设计和施工，减少其对城市环境的负面影响。

（3）改善建筑物的照明条件，合理设计夜景照明。正确使用灯光，白天尽量利用自然光线。对室内灯光进行合理布置，注意色彩协调，避免灯光直射入眼。夜间灯光主要功能是照明，其次是美化，照明光强不宜过高，以免干扰车辆和行人。夜景照明要根据需要来设计，不是越亮越好，应综合考虑节能、功用以及景观需求。

（4）大力提倡绿色照明，加强预防光污染的灯具和材料的研发工作。绿色照明是指光谱成分均匀无明显色差的全色光，且光色贴近自然光，无频闪。

11.4.3 热污染及其防治技术

热环境是指提供给人类生产、生活以及生命活动的良好生存空间的温度环境。人类活动对热环境的影响是多方面的，如大量燃烧排放的烟尘使得大气浑浊度增加，影响环境接受太阳辐射；燃料燃烧和能量转换过程中不仅会产生直接危害人类的污染物，还会产生对人体无直接危害的 CO_2、水蒸气、热废水等，这些都对环境产生增温作用。日益发展的工农业生产和人类生活中排放出的废热达到损害环境质量的程度时，就造成热污染。热污染会对人类和生态系统产生直接或间接、即时或潜在的危害。

11.4.3.1 热污染的危害

热污染的危害主要表现在对人的生理机能、生活和工作产生影响，以及破坏全球性或区域性的自然环境热平衡。

（1）高温环境对人体的危害。人类生产、生活和生命活动所需要的适宜的环境温度相对狭窄，最适宜温度范围 25~29℃ 称为中性区，超过中性区中点的温度环境都称为高温环境，当环境温度超过中性区就会对人体的生理机能产生影响。高温环境对人体的危害主要表现为高温反应和高温灼伤。如果长时间曝露在高温环境中，体温会逐渐升高，当体温高于 38℃ 时，汗液和皮肤表面的热蒸发就不能满足人体和环境之间的热交换需要。人体温度超过正常温度（37℃）2℃ 时，人体的机能就开始丧失，会出现头晕、胸闷、视觉障碍、呕吐、晕厥昏迷、癫痫抽搐等高温生理反应。当皮肤温度达到 41~44℃ 时，人就会有灼痛感，如果继续升温就会伤害皮肤组织。人的深部体温达到 43℃ 以上，几分钟内就有可能导致死亡。

（2）水体热污染的危害。由于向自然水体排放含热废水，导致水体在局部范围内升温，使得水质恶化，影响水生生物的生态结构，影响人类的生产、生活活动，即为水体热污染。水体热污染的主要热源是工业冷却水，特别是电力工业、冶金、化工、石油、造纸等行业。此外，核电站也是水体热污染的主要源头之一。水的温度将影响水的其他理化指标，如黏度、溶解氧含量等。水体热污染会引起水的黏度降低，水中溶解氧减少，导致水体缺氧，水质变差。水温升高会改变和影响鱼类的生存习性和新陈代谢，甚至可能导致水体中鱼类种群的改变，还会加快水中的生物化学反应，这势必会加剧水中污染物对鱼类和其他水生生物的毒性效应。水温上升还会促使藻类和湖草大量繁殖，进一步消耗水中的溶解氧，影响鱼类生存。温度为 35~40℃ 时，蓝藻将成为水体中的优势藻类种群，破坏水质，产生异味，造成水体富营养化。此外，水体温度上升还可能使一些致病微生物和传病昆虫得以滋生、泛滥，引发疟疾、登革热、血吸虫病、流行性脑膜炎等疾病的反复流行。

（3）大气热污染的危害。随着工业的发展和能源消耗的加剧，越来越多的 CO_2、水蒸气、颗粒物质以及热量被排放到大气中。CO_2 和水蒸气吸收地面辐射的热能，悬浮在空气中的颗粒物吸收从太阳辐射的能量，再加上人类活动对臭氧层的破坏也增加了达到地面的直接辐射，使得大气温度不断升高，造成大气热污染。大气热污染会引起局部天气变化，降低空气质量，降低可见度，并会加剧 CO_2 的温室效应，导致全球变暖。在工商业集中、人口密集的城市地区，人类活动排放大量的热量，再加上城市地面反射率影响了地表和大气间的换热，造成城市气温高于周围地区的现象，即城市热岛效应。城市热岛效应造成城市上空大气稳定度升高，不易发生垂直对流，易形成近地表高温，伴生严重的空气污染，如灰霾和光化学烟雾等。

11.4.3.2 热污染的防治技术

（1）改进能源利用技术，提高热能利用效率。造成热污染最根本的原因是能源没有被最合理、最有效地利用，提高热能的利用率既能节约能源又能减少废热的排放。

（2）充分利用工业余热，加强废热的综合利用。生产过程中会产生各种余热，如高温烟气余热，冷却介质余热、废水废气余热等，要把这些余热作为宝贵的资源和能源来对待。工业上可以通过热交换器利用余热来预热空气和原材料，或干燥产品、供应热水等。农业上可以利用余热来进行温热水水产养殖，或在冬季利用温热水来灌溉，促进种子发芽和生长。此外，还可以用温热水调节港口水温，防止航道和港口冻结，或者在冬季将温热废水引入污水处理系统中，提高活性污泥的降解效率。

（3）增加城市绿地，减少城市热岛效应。城市绿地中的绿色植物通过蒸腾作用，不断地从环境中吸收热量，降低环境空气的温度。$1hm^2$ 绿地平均每天可从周围环境中吸收的热量相当于 189 台空调的制冷作用。植物依靠光合作用来吸收空气中的二氧化碳，$1hm^2$ 绿地每天平均可以吸收 1.8t 的二氧化碳，缓解温室效应。此外，园林植物能够吸附空气中的粉尘，$1hm^2$ 绿地每年滞留粉尘 2.2t，降低环境大气含尘量 50% 左右，净化空气的同时进一步抑制了大气升温。城市绿化覆盖率与热岛强度成反比，绿化覆盖率越高，则热岛强度越低，当覆盖率大于 30% 后，热岛效应得到明显的削弱；规模大于 $3hm^2$ 且绿化覆盖率达到 60% 以上的集中绿地，基本上与郊区自然下垫面的温度相当，即消除了热岛现象。此外，由于水体热容大，且蒸发能力强，因此在城市建设中多保留天然水面或建造人工湿地也能够抑制夏季热岛的强度，还可以推行屋顶栽植、墙面立体绿化等设计措施。

11.5 物理环境风险识别与评价

人类的生产和生活离不开能量，能量在受控条件下能够帮助人们做有用功，一旦失控，就会造成破坏。如果意外释放的能量作用于人体，且超过了人体的承受能力，就会导致人员伤亡；如果意外释放的能量作用于设备、设施、环境等，且超过其承受力，则会造成设备、设施的损失或环境的破坏。所谓事故，就是因为系统接触到了超过其组织或结构承受力的能量，或系统与环境间的正常能量交换受到了干扰。

11.5.1　物理性危险危害因素识别

现代工业不断发展，技术设备不断更新，生产环境及管理方法不断改善，但是安全事故仍然时有发生，不安全因素依然大量存在，因此，对生产过程中的危险危害因素进行预先分析与识别，是保障安全生产，防止安全事故的第一步。危险危害因素是指能对人造成伤亡、对物造成突发性损坏，或影响人的身体健康导致疾病、对物造成慢性损坏的因素（危险因素是指突发性和瞬间作用；危害因素强调在一定时间范围内的积累作用）。一般来说，系统具有的能量越大，存在的有害物质越多，其潜在危险性和危害性就越大，因此危险危害因素是客观存在的，人的不安全行为或物的不安全状态是导致能量意外释放的直接原因。

物理性危害指高温、低温、高湿、高气压、低气压、噪声、振动、电磁辐射、放射性辐射等物理因素对人员、设施和环境造成的危害。与化学性和生物性危害不同，物理性危害更多的是通过物理性质的危害。《生产过程危险和危害因素分类与代码》（GB/T 13861—2009）中将生产过程中的物理性危险危害因素归纳为：

（1）设备、设施缺陷，包括强度不够、刚度不够、稳定性差、密封不良、应力集中、外形缺陷、外露运动件、制动器缺陷、控制器缺陷等；

（2）防护缺陷，包括无防护、防护装置和设施缺陷、防护不当、支撑不当、防护距离不够等；

（3）电危害，包括带电部位裸露、漏电、雷电、静电、电火花等；

（4）噪声危害，包括机械性噪声、电磁性噪声、流体动力性噪声等；

（5）振动危害，包括机械性振动、电磁性振动、流体动力性振动等；

（6）电磁辐射，包括电离辐射如 X 射线、α 射线、β 射线、γ 射线、质子、中子等以及非电离辐射如紫外线、激光、射频辐射、超高压电场等；

（7）运动物危害，包括固体抛射物、液体飞溅物、反弹物、岩土滑动、堆料垛滑动、冲击地压等；

（8）明火；

（9）能造成灼伤的高温物质，如高温气体、高温固体、高温液体等；

（10）能造成冻伤的低温物质，如低温气体、低温固体、低温液体等；

（11）粉尘与气溶胶，但不包括爆炸性、有毒性粉尘与气溶胶；

（12）作业环境不良，包括基础下沉、安全过道缺陷、采光照明不良、有害光照、通风不良、缺氧、空气质量不良、给排水不良、涌水、强迫体位、气温过高、气温过低、气压过高、气压过低、高温高湿、自然灾害等；

（13）信号缺陷，包括无信号设施、信号选用不当、信号位置不当、信号不清、信号显示不准等；

（14）标志缺陷，包括无标志、标志不清楚、标志不规范、标志选用不当、标志位置缺陷等；

（15）其他物理性危险危害因素。

进行危险危害因素识别时必须有科学的安全与环保理论指导，分析清楚系统的安全状况、危险危害因素存在的位置以及方式、事故可能发生的途径及其变化规律，并予以准确描述。用定性和定量的方式表达清楚，用严密的科学的理论予以解释。

11.5.2　物理环境风险评价

环境风险评价的目的是分析和预测建设项目存在的潜在危险、有害因素、建设项目建设和运行期间可能发生的突发性事件或事故（一般不包括人为破坏及自然灾害）以及事故引起有毒有害和易燃易爆等物质泄漏所造成的人身安全与环境影响和损害程度，提出合理可行的防范、应急与减缓措施，以使建设项目事故率、损失和环境影响达到可接受水平。

环境风险评价主要采用毒性鉴定方法进行健康影响评价，以定性研究为主，包括建设项目环境风险评价和生态环境风险评价。建设项目环境风险评价不但研究突发性事故的环境风险评价，还研究长期低浓度排放的累积效应风险，并且同时考察它们对人体健康和生态系统的危害，是对由自发的自然原因或人类活动引发的，通过环境介质传播的，能对人类社会和环境产生破坏、损害等严重不良后果事件的危害程度的评价。在我国风险评价研究过程中，吸收了环境影响评价、管理体系认证等其他类似工作的经验，目前，风险评价已经广泛应用于安全、公共卫生、生态环境保护以及财务管理等的公共决策和法规制定上。

物理环境风险评价应把事故引起厂（场）界外人群的伤害、环境质量的恶化及对生态系统影响的预测和防护作为评价工作重点，在条件允许的情况下，可利用安全评价数据。环境风险评价与安全评价的主要区别是：环境风险评价关注点是事故对厂（场）界外环境的影响，而安全评价着重于有效地预防事故的发生，减少财产损失和人员伤亡。

复习思考题

11-1　什么是物理性污染？它与化学污染、生物污染相比有何特点？

11-2　什么是 A 声级？为什么在噪声控制中通常用 A 声级作为衡量的指标？

11-3　一机器开动前，环境噪声的测量值是 70dB，开动后总噪声为 78dB，请问机器本身的噪声是多少？

11-4　多孔吸声材料和共振吸声结构在吸声原理上有何区别？

11-5　微穿孔板消声器与其他类型消声器相比，有何优点？

11-6　简述电磁辐射对人体的危害。电磁辐射的防护和治理方法有哪些？

11-7　你的居住区周围有哪些光污染？应采用什么措施加以防护或处置？

11-8　何谓放射性污染？有哪些主要的放射性污染源？

11-9　目前应用于实践的中低放射性废液的处理方法有哪些？它们分别有什么特点？

11-10　为了防止和避免微波辐射对环境和人体健康的危害，可以采取哪些安全防护措施？

参 考 文 献

［1］环境保护部．全国环境统计公报（2010 年）［R］．http：//zls. mep. gov. cn/hjtj/qghjtjgb/201201/t20120118—222703. htm.

［2］环境保护部．2010 年中国环境状况公报［R］．http：//jcs. mep. gov. cn/hjzl/zkgb/2010zkgb/.

［3］环境保护部．2011 年中国环境状况公报［R］．http：//jcs. mep. gov. cn/hjzl/zkgb/2010zkgb/.

［4］环境保护部．2012 年中国环境状况公报［R］．http：//jcs. mep. gov. cn/hjzl/zkgb/2010zkgb/.

［5］凯纳兹．水的物理化学处理［M］．李维音，等译．北京：清华大学出版社．1982.

［6］井出哲夫．水处理工程理论与应用［M］．张自杰，等译．北京：中国建筑工业出版社，1986.

［7］德格雷蒙公司．水处理手册［M］．王业俊，等译．北京：中国建筑工业出版社，1983.

［8］张忠祥，钱易．废水生物处理新技术［M］．北京：清华大学出版社．2004.

［9］北京水环境技术与设备研究中心，北京市环境保护科学研究院，国家城市环境污染控制工程技术研究中心．三废处理工程技术手册［M］．北京：化学工业出版社，2004.

［10］聂梅生，许泽美．水工业工程设计手册　废水处理及再利用［M］．北京：中国建筑工业出版社，2002.

［11］雷乐成，汪大翠．水处理高级氧化技术［M］．北京：化学工业出版社．2001.

［12］王琳，王宝贞．分散式污水处理与回用［M］．北京：化学工业出版社．2003.

［13］芈振明，高忠爱，祁梦兰．固体废物的处理与处置［M］．北京：高等教育出版社，1993.

［14］赵由才，牛冬杰，柴晓利．固体废物处理与资源化［M］．2 版．北京：化学工业出版社，2012.

［15］宁平．固体废物处理与处置［M］．北京：高等教育出版社，2007.

［16］聂永丰．三废处理工程技术手册　固体废物卷［M］．北京：化学工业出版社，2000.

［17］杨慧芳，张强．固体废物资源化［M］．北京：化学工业出版社，2004.

［18］高艳玲，刘海春，周长丽．固体废物处理处置与资源化［M］．北京：高等教育出版社，2007.

［19］李秀金．固体废物工程［M］．北京：中国环境科学出版社，2003.

［20］王琪．危险废物及其鉴别管理［M］．北京：中国环境科学出版社，2008.

［21］沈伯雄．固体废物处理与处置［M］．北京：化学工业出版社，2010.

［22］龙朝晖，杨芸，毕朝文．危险废物的环境风险评价探讨［J］．中国资源综合利用，2004，22（11）：21～23.

［23］陈春梅．危险废物风险评价的一般程序及方法分析［J］．中国资源综合利用，2010，28（7）：47～49.

［24］孙兴滨，闫立龙，张宝杰．环境物理性污染控制［M］．2 版．北京：化学工业出版社，2010.

［25］马菊元．噪声控制工程［M］．长沙：中南大学出版社，1994.

［26］朱蓓丽．环境工程概论［M］．北京：科学出版社，2011.

［27］王玉梅．环境学基础［M］．北京：科学出版社，2010.

［28］孙胜龙．环境污染与控制［M］．北京：化学工业出版社，2001.

［29］祖彬．环境保护基础［M］．哈尔滨：哈尔滨工程大学出版社，2007.

［30］李定龙，常杰云．环境保护概论［M］．北京：中国石化出版社，2006.

［31］王光辉，丁忠浩．环境工程导论［M］．北京：机械工业出版社，2006.

［32］徐炎华．环境保护概论［M］．2 版．北京：中国水利水电出版社，2009.

［33］程业勋，杨进．环境地球物理学概论［M］．北京：地质出版社，2005.

［34］邢江勇．物理［M］．南京：江苏教育出版社，2008.

［35］郭春梅，赵朝成．环境工程基础［M］．北京：石油工业出版社，2007.

［36］蒋展鹏．环境工程学［M］．2 版．北京：高等教育出版社，2005.

[37] 王守信，郭亚兵，李白贵．环境污染控制工程［M］．北京：冶金工业出版社，2004.

[38] 韦冠俊．矿山环境工程［M］．北京：冶金工业出版社，2008.

[39] 魏先勋．环境工程设计手册［M］．长沙：湖南科学技术出版社，2002.

[40] 薛建军，田子华，谢慧芳．环境工程［M］．北京：中国林业出版社，2002.

[41] 姜海涛，郭秀兰，吴成祥．环境物理学基础［M］．北京：中国展望出版社，1987.

[42] 柳孝图．城市物理环境与可持续发展［M］．南京：东南大学出版社，1999.

[43] 张乃禄，刘灿．安全评价技术［M］．西安：西安电子科技大学出版社，2011.

[44] 王汝赡，卓韵裳．核辐射测量与防护［M］．北京：原子能出版社，1990.

[45] 凌球，郭兰英．核辐射探测［M］．北京：原子能出版社，2002.

[46] 郑成法．核辐射测量［M］．北京：原子能出版社，1983.

[47] 张沛商，姜亢．噪声控制工程［M］．北京：北京经济学院出版社，1994.

[48] 王文奇．噪声控制技术及其应用［M］．沈阳：辽宁科学技术出版社，1985.

[49] 张庆鸿，张启军，姚慧珠．振动与噪声的阻尼控制［M］．北京：机械工业出版社，1993.

[50] 周兆驹，隋广才．噪声及其控制［M］．东营：石油大学出版社，1993.

[51] 邵汝椿，黄镇昌．机械噪声及其控制［M］．广州：华南理工大学出版社，1994.

[52] 王伯良．噪声控制理论［M］．武汉：华中理工大学出版社，1990.

[53] 黄其柏．工程噪声控制学［M］．武汉：华中理工大学出版社，1999.

[54] 顾强，王畅．噪声控制工程［M］．北京：煤炭工业出版社，2002.

[55] 曲珅．光污染防治立法研究［D］．哈尔滨：东北林业大学，2007.

[56] 藤野雅史．防眩光灯具基本知识及最新技术［J］．中国照明电器，2007，7：7~30.

[57] 程晓辉．建筑物拆除施工噪声评价及控制［D］．武汉：武汉理工大学，2007.

[58] 黄伟军．大亚湾核电站运行安全风险分析及对策［D］．武汉：华中科技大学，2005.

冶金工业出版社部分推荐图书

书 名	作 者	定价(元)
机械优化设计方法（第4版）（本科教材）	陈立周	42.00
轧钢机械（第3版）（本科教材）	邹家祥	49.00
矿山机械（本科教材）	魏大恩	48.00
轧钢厂设计原理（本科教材）	阳 辉	46.00
机械工程材料（本科教材）	王廷和	22.00
材料科学基础教程（本科教材）	王亚男	33.00
工程流体力学（本科教材）	李 良	30.00
环境工程学（本科教材）	罗 琳	39.00
固体废物处置与处理（本科教材）	王 黎	34.00
城市轨道交通车辆检修工艺与设备（本科教材）	卢 宁	20.00
起重与运输机械（高等学校教材）	纪 宏	35.00
控制工程基础（高等学校教材）	王晓梅	24.00
金属材料工程实习实训教程（高等学校教材）	范培耕	33.00
轧钢工理论培训教程（冶金行业培训教材）	任蜀焱	49.00
冶金通用机械与冶炼设备（第2版）（高职高专教材）	王庆春	45.00
机械制图（第2版）（高职高专教材）	阎 霞	46.00
机械制图习题集（第2版）（高职高专教材）	阎 霞	35.00
矿山提升与运输（第2版）（高职高专教材）	陈国山	39.00
烧结球团生产操作与控制（高职高专教材）	侯向东	35.00
工程材料及热处理（高职高专教材）	孙 刚	29.00
液压气动技术与实践（高职高专教材）	胡运林	39.00
金属热处理生产技术（高职高专教材）	张文莉	35.00
采掘机械（高职高专教材）	陈国山	42.00
自动化仪表使用与维护（高职高专教材）	吕增芳	28.00
烧结球团生产操作与控制（高职高专教材）	侯向东	35.00
机械基础与训练（上）（高职高专教材）	黄 伟	40.00
机械基础与训练（下）（高职高专教材）	谷敬宇	32.00
现代转炉炼钢设备（高职高专教材）	季德静	39.00
液压可靠性与故障诊断（第2版）	湛从昌	49.00
真空镀膜设备	张以忱	26.00
机械加工专用工艺装备设计技术与案例	胡运林	55.00
钙邦崛起	郭海军	38.00